WINE TRAILS

环球葡萄酒之旅

寻访全世界52个葡萄酒之乡

中国地图出版社

引言

INTRODUCTION

在旅途中，我们都有过这样的经历——无论是在意大利品着冰镇的普罗塞克起泡酒（Prosecco）欣赏日落，还是在澳大利亚一边享用浓郁的设拉子葡萄酒（Shiraz）一边吃烤肉，与此情此景最匹配的都是当地的葡萄酒。

在原产地品味葡萄酒会带来意外的收获。本书规划的路线涵盖了50多个世界上最好的葡萄酒产区，并为每一处产区都安排了独一无二的度假方案。阅读本书，你可以了解美国加利福尼亚州先进的葡萄酒产业，体验法国汝拉山脉风味独特的葡萄酒，领略西班牙顶级酒庄的诱人魅力，沿葡萄牙美丽的杜罗河探索葡萄酒的历史，探访黎巴嫩和格鲁吉亚，并感受当地的酿酒文化……每到一处，我们的专家级作者（其中包括葡萄酒买手和侍酒师）都会探讨哪里的酒庄才最值得拜访，哪一款酒才是最令人回味的。

这本书专为喜爱品鉴葡萄酒的业余爱好者打造，因此不会总是出现苹果酸、乳酸发酵这样的晦涩术语，也没有评分标准等过于抽象的内容。本书收录了世界各地酿酒师对当地葡萄酒的评语，他们热情而生动的介绍才是本书的魅力所在。

CONTENTS

目录

意大利

摩洛哥

葡萄牙

西班牙

美国

新西兰

斯洛文尼亚

黎巴嫩

南非

土耳其

幕后

葡萄酒的世界

2004年，《美国国家科学院学报》发表的研究成果显示，中国河南的贾湖遗址可能是世界上最早的酿酒地。在遗址中发掘的陶器里留有酒石酸成分，经分析推测为稻米、葡萄、蜂蜜或山楂发酵饮品的残留物，据说可追溯至公元前7000年至前5700年。这一数据颠覆了长久以来被广泛认可的关于伊朗是葡萄酒发源地的说法。然而，贾湖遗址的研究并未确定残留物为葡萄酒而非其他果酒。否则，我们可以自信地宣布：中国才是真正最早的“旧世界葡萄酒产区”。

为什么如今严格禁酒的伊朗会被认为是葡萄酒的发源地？确凿的考古记录证实，在公元前5000年，人类在伊朗新石器时代的一个小村落将形似巨型胡萝卜的锥型土罐（Amphora）藏于泥土中酿酒。而伊朗周边的高加索地区也有诸多关于葡萄和葡萄酒酿造的初始线索，包括最古老的酿酒厂[位于亚美尼亚阿列尼（Areni）的洞穴里]和最早种植欧亚葡萄（Vitis vinifera）的痕迹（位于土耳其东部）。

伴随着古代频发的战争和日益发展的航海贸易，葡萄酒及其酿造技术快速向西扩张至地中海，再分别经由希腊、腓尼基（今叙利亚和黎巴嫩）传至欧洲和尼罗河三角洲，向东经丝绸之路传入中国。欧亚葡萄在传播中不断变异并伴随着本土化。直至今日，已有超过1300多个欧亚葡萄品种。

古罗马时代（公元前1000年），为了便于长途运输，葡萄酒被盛放于精致且密封性强的容器里，如双耳细颈瓶、山羊皮囊或橡木桶。最终，橡木桶由于丰富了葡萄酒的香气而被沿用至今。

有橡木桶香气的酒都是优质酒吗？

不一定。由于橡木桶的价格昂贵，使用寿命有限，为了压缩成本，有的酿酒师会在不锈钢罐中添加橡木条或橡木片来调味。如果你在超市发现一款价格异常亲民的葡萄酒，背标却写着“橡木香气”，那么这款酒极有可能并非陈酿熟化于橡木桶，可能也谈不上是优质酒。

从10世纪起，葡萄酒已不再是当权者或宗教祭祀专属的液体黄金，在法国、西班牙、葡萄牙、德国、匈牙利等国，它都有了更加本土化和平民化的发展。各国纷纷建立酿酒厂，丰富了酿造工艺并开始细分法定产区。到20世纪初，欧亚葡萄的品种跨越至西半球，陆续传入巴西、墨西哥、南非、新西兰、美国等地，并开始了进一步本土化发展。

回到中国，葡萄酒文化源远流长。贾湖遗址（公元前7000年至前5700年）的出土文物证实国人采集并食用野生葡萄的文献记载多始于殷商时期（公元前1700年），暂无关于当时有无酿酒的史料记载。西汉时期，张骞出使西域并带回了来自欧亚的葡萄，葡萄酒的酿造及饮用受到当权者的重视，并得到进一步发展。几度起落，葡萄酒业的发展至元朝达到鼎盛，饮酒文化已普及至平民百姓。至明清时，由于“重赋税”等不利政策的影响，葡萄酒业再次进入低迷期。直到1892年，张弼士创建张裕公司并在烟台栽培葡萄，葡萄酒发展又有了起色。至改革开放后，外资的注入带来了新的酿造设备和技术，葡萄酒业再次得到发展。然而，较为遗憾的是，葡萄酒的发展史在中国的记录来源单一，且存在断层，所以并未在世界上得到广泛的承认。

葡萄酒的产区划分和特点

不客气地说，使用“新世界”或“旧世界”来划分葡萄酒产区的说法如今已经有些过时了。在没有发掘高加索地区和中国贾湖遗址葡萄酒的相关记录时，传统的欧洲葡萄酒生产国（包括法国、西班牙、意大利、德国、葡萄牙、匈牙利、希腊和奥地利）被划分至旧世界产区，而欧洲以外的生产国如澳大利亚、新西兰、美国和智利等国家被称为新世界产区。从大概率上看，旧世界葡萄酒酒体轻柔一些，酒精度相对低，果香微弱而多陈酿香气；而新世界产区的葡萄酒酒精度相对较高，果香充沛。同时，旧世界产区的葡萄酒等级制度更为严格烦琐，不方便认知；而新世界产区的葡萄酒酒标信息较直接，方便读取。

随着更多的考古发现面世，又有人认为，欧亚葡萄酿造工艺的发源地均属旧世界产区。于是伊朗、格鲁吉亚、亚美尼亚和摩尔多瓦等欧亚交界地带都被划进了旧世界产区。然而有趣的是，欧亚葡萄到达中国的时间可比到达法国早了近200年。

所以，与其使用备受争议的新旧世界产区划分，不妨像本书一样，以生产国为单位，漫游其中，品味它们各自的风情。

葡萄酒的酿造工艺

一颗颗酿酒葡萄是如何成为诱人酒液的呢？且从核心原料谈起。

酿酒葡萄

不同于鲜食葡萄，酿酒葡萄都带籽，体积更小、甜度更高。目前使用的90%以上的酿酒葡萄都属于欧亚葡萄。对半剖开，从表及里可以看到果霜（Bloom）、果皮、果肉和籽。这些组成提供了天然的酵母、单宁（Tannin）、香酚（Esters）、糖、酸和苦油（Bitteroil）。

酿造工艺

或许你也碰巧读过教你在家酿造葡萄酒的偏方，工艺简单得让你不禁疑惑：为什么有些官方认证的优质餐酒会非常昂贵。

01 原料处理

从法定优质产区收获成熟、优质的葡萄串，经过筛选，剔除残坏的颗粒，保留完好的葡萄串通过机器去梗，榨成初浆（Must）。注意，是否去皮榨汁是红白葡萄酒酿造的基本区别之一。

02 浸泡

带着皮和籽的初浆被扔进硕大的不锈钢罐中浸泡，等待酵母苏醒，同时促发酚类物质添香上色的技能。值得一提的是，初浆本无颜色，待到色素溶解于初浆后才有了颜色。

03 初发酵

待酵母苏醒，慢慢“吃掉”初浆里的糖，吐出酒精，排出二氧化碳。当糖被“吃完”时，干红便诞生了。但是，“酵母吃糖”的过程比较缓慢，为了提速，常常采用“大脚狂跺葡萄浆”“翻滚吧，初浆！”等方式加速充分发酵。

04 再浸泡

就像人“狼吞虎咽”后都会歇一歇，被折腾完的初浆也需要休息一下，确保有充足的时间上色。

05 过滤

上色结束后，酒浆进入“提纯”期：过滤掉不再需要的碎皮和杂物，只保留自流浆（Free run wine）。

沐昀 摄

⑥ 转化苹果酸

光有“酒气”的葡萄酒是不够诱人的。为了进一步包装它，自流浆被倒进新的罐子里（多为橡木桶）。酒浆里的菌株快速活跃起来，将酸涩的苹果酸包装成丝滑的乳酸，给葡萄酒盖上了属于自己的风味烙印。

⑦ 熟化

风味的改变与成熟都需要时间的打磨。二次“发酵”的葡萄酒被再次转移到烘烤的橡木桶里沉睡，待时间去丰富它的口感，需要6个月至6年不等。

⑧ 装瓶

待时机成熟，深睡的酒体被唤醒，经过澄清和稳定处理后装瓶贴标，葡萄酒就可以上市了。

独一无二的产地优势、手工精选的优质酿酒葡萄、成熟稳定的酿造工艺、上乘的橡木桶、大量的时间（熟化）投入与精选的包装，每一个环节都凝聚着匠人的用心，这才成就了优质的葡萄酒。

用螺旋盖的酒
就是劣质酒？

不一定。螺旋盖技术的引入是为了帮助果香型葡萄酒“锁香”，同时防止使用橡木塞时可能引起的酒污染。这种技术广泛用于新西兰和澳大利亚的葡萄酒，无论优劣。一句题外话：侍酒师向客人展示橡木塞时，主要是为了让客人检查橡木塞是否变质、发霉，影响酒液，可不是用来闻酒香哟。

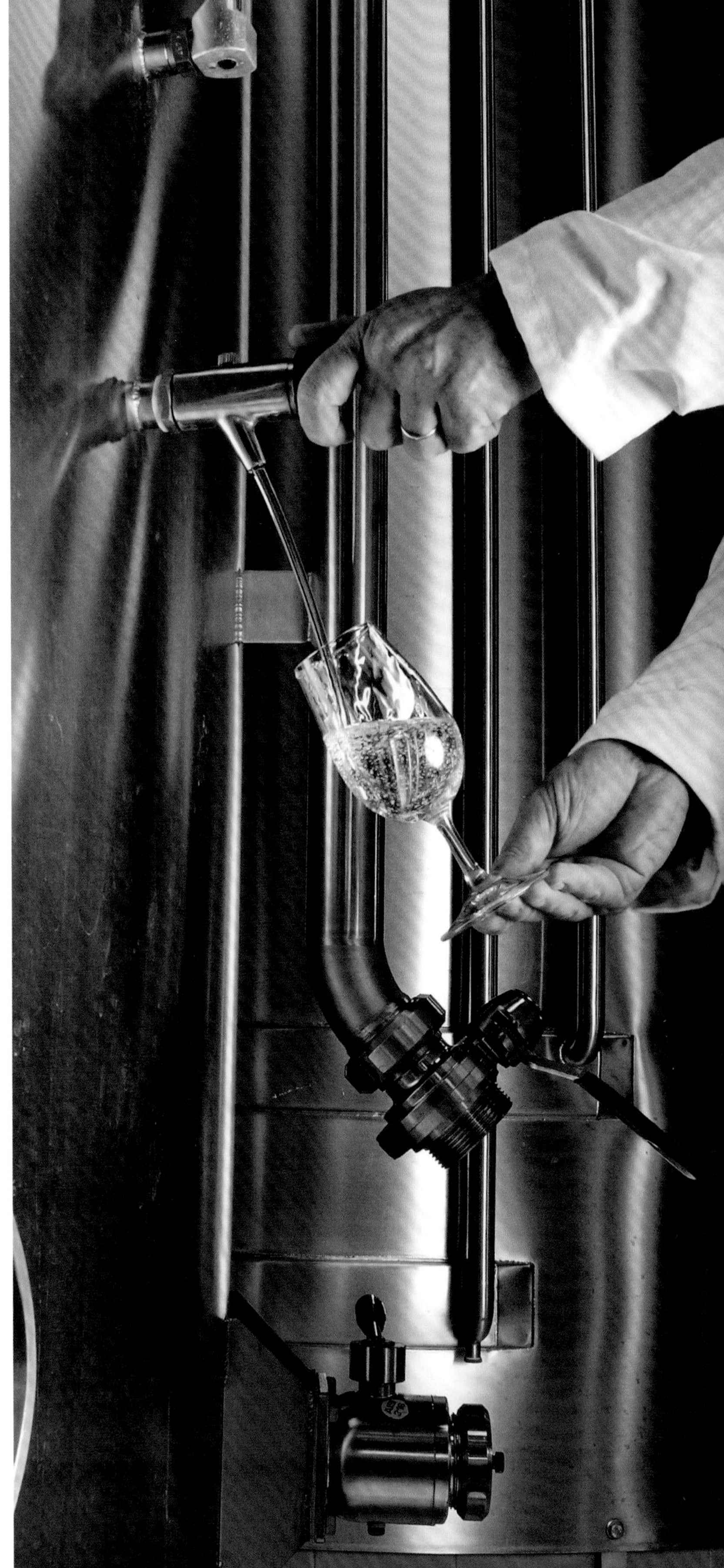

葡萄酒的分类

谈及葡萄酒，中国人往往对“红酒”的叫法尤感亲切，极大可能是受到法国红酒在中国近代市场“先入为主”的影响，以至于长久以来，中国人对法国酒都有一种莫名的偏爱。但是，红酒并不等于葡萄酒。

以颜色区分

可分为白葡萄酒、桃红葡萄酒和红葡萄酒。酒液颜色主要受酿造阶段是否接触葡萄皮以及接触时间长短的影响。时下盛行的橙酒被归为白葡萄酒。

以酒体形态划分

可分为起泡型（Sparkling）和静态型（Still）。是否起泡是最直观的判断方式。起泡酒的种类繁多，常常提及的香槟仅属于其中的一种。

以残糖量划分

可为干型（Dry）、半干型（Off-dry）、中型（Medium）和甜型（Sweet）。另外，静态葡萄酒和起泡酒对于甜度的尺度标准是有区别的。

以酿造工艺划分

可分为发酵型和加强型（Fortified）。常常提及的波特酒和雪利酒都属于加强型。

以饮用形式划分

可分为餐前酒、佐餐酒和餐后酒。餐前酒多为起泡酒、酒精度13°以下，清新易入口的白葡萄酒或单宁轻柔的红葡萄酒，如佳美（Gamay Noir）；佐餐酒酒体大多比较饱满，或单宁强劲，适合搭配美食；餐后酒可为加强型葡萄酒，如波特酒。

葡萄酒越放越香醇？

不一定。除了加强型葡萄酒，只有极少数的葡萄酒品鉴期能达到30年以上，过了最佳品鉴期的优质酒就只剩下收藏价值了。市场上80%的葡萄酒都适合趁早喝（5年内），甚至还有适合酿完即饮的，比如新西兰的长相思（Sauvignon Blanc）和法国的博若莱新酒（Beaujolais Nouveau）。

中国人都喜欢喝干红？

不一定。中国人对于干红的偏爱多半源于法国红酒的知名度。多数国人的葡萄酒认知偏好与味蕾的感知偏好并不匹配。大量的感官实验表明：多数中国人的味蕾更中意果香型的白葡萄酒，对单宁的接受度不一。

如何品鉴一款葡萄酒

如果你还在踌躇如何品酒或者默默瞻仰某位品酒大师，“四步法则”可以拉进你与大师之间的距离。

第一步：望（Observe）

指观察酒液的清澈度、色泽和黏性（即“挂杯”）。酒体是否干净？色泽是否纯粹？是寡淡如水的年轻派还是珠光宝气的成熟派？轻轻晃杯后，酒珠是缓慢蠕动还是快速聚结？这些细节都可以助你轻松推导出糖分、酒精，甚至品种和产区。

第二步：闻（Smell）

闻香是件极有情调的事，心仪的香气总会和美好的记忆联系在一起。你可以着重感知“三重调”。

初调：葡萄品种赋予的香气，如果香、花香或者草木香。例如，长相思大多草香扑鼻，混着清新的柑橘果味，偶尔夹着热带百香果的芬芳。

中调：香气派生于发酵的过程，如奶香或者黄油面包香。

尾调：熟化过程中酯类物衍生出香气，如焦香（太妃糖、雪茄、巧克力和坚果等）或者香料香（香草、肉桂、香叶等）。

第三步：品（Taste）

你需要慢慢构建味蕾对“酸甜苦咸鲜”这五感的认知。对葡萄酒而言，品的是酒的结构和复杂度。以10~15秒为限，自酒滑进舌尖开始体会，随着时间的推移这款酒有没有任何层次上的变化？是丰富还是平庸？

第四步：鉴（Conclude）

即使品同一款酒，不同饮者的感知也会天差地别。这种意见的不统一主要源于两个方面：一是对酒的认知差异；二是味蕾的感知差异。

在葡萄酒的世界里，没有绝对的好与坏。有的只是你的味蕾在感知哪一款酒时更为愉悦。换句话说，与其一窝蜂地抢购“网红”产品，不如细细发掘自己的“千里马”。

葡萄酒要醒一醒才能喝？

不一定。当打开一款酒无法识别任何香气时，或者尝起来单宁过重时才需要醒酒。便宜的葡萄酒因为硫化物的影响有一股臭鸡蛋味，醒酒有利于快速消散这种不愉快的味道；而昂贵的葡萄酒大多沉睡太久，可以通过快速接触空气唤醒其酒香。香气本就浓郁的白葡萄酒若是被迫醒酒，只会有害无益。

关于葡萄酒的高频术语

葡萄酒酿造

BLEND：中文译为混酿，表示不同的葡萄品种按各种比例混合，比如波尔多混。

RESIDUAL SUGAR (R.S)：中文译为残糖量，表示酿酒葡萄发酵结束后存留的糖含量，是用来划分葡萄酒干型到甜型的主要指标。

TERROIR：中文译为产地，表示受到纬度、气候、水土、地貌以及酿造工艺等诸多因素影响的一块（酿酒葡萄种植）地区，其影响可呈现在优质葡萄酒的独特风味上。

NOBLE ROT：中文译为贵腐，表示受贵腐霉菌（Botrytis cinerea）感染，葡萄缩成毛茸茸且干瘪的小果子，使得葡萄糖分增加，为酿造甜酒增添了蜂蜜、姜及洋甘菊等特别风味。

FORTIFIED WINE：中文译为加强型葡萄酒。表示在葡萄酒酿造过程中，发酵未完成时添加酒精，提高酒的酒精含量，酒变得更“有劲”了，酒力也被“加强”了。

葡萄酒品种

经典款

RIESLING（Reese-ling）：中文译为雷司令，芬芳型品种，多为半干至半甜型，以蜂蜜和金银花香为主，酒体油性，酒精度较低，是餐前酒的不二选择。

SAUVIGNON BLANC（Sah-vee-nyoh blonk）：中文译为长相思，酒体轻盈，颜色淡雅，酸度高，草本香带着柑橘的清新爽口，适合搭配海鲜。

CHARDONNAY（Shar-dun-nay）：中文译为霞多丽，风格中庸，带苹果香。过橡木桶的则多一丝坚果的黄油烘焙香。

PINOT GRIS（Pee-no gree）：中文译为灰皮诺，酒体轻，多半干型，以白桃、甜瓜等果香为主。

CABINET SAUVIGNON（Kah-berh-nay sah-vee-nyoh）：中文译为赤霞珠，黑李子等黑色水果香气和青椒类植物的香气显著，皮厚果实小，因此单宁重，给酒体增加了浑厚感。

MERLOT（Mehr-loh）：中文译为梅洛或美乐，红樱桃果香和巧克力类橡木香显著，皮薄，易熟，酸度、单宁中等。

SYRAH/SHIRAZ（Seer-ah）或（Shi-razz）：中文译为西拉（法国罗讷河谷）或设拉子（澳大利亚），有蓝莓、李子果香，混合胡椒草本香气和巧克力烟草香气，单宁和酸度中等偏高，果皮色素丰富，酒体颜色偏深。

PINOT NOIR（Pee-no nwar）：中文译为黑皮诺，娇滴滴的“酒中皇后”，单宁低，口感丝滑，拥有黑樱桃、松露的香气，陈年后的黑皮诺适合搭配兔肉、羊肉等野味。

经典混酿

GSM：为歌海娜（Grenache）、西拉（Syrah）和慕合怀特（Mourvèdre）的混搭，多来自法国罗讷河谷、美国和澳大利亚。果香味宜人，法国产地多黑果草本味，美国、澳大利亚和西班牙产区多浆果巧克力味。

BORDEAUX BLEND：中文译为波尔多混，将法定产区红葡萄品种梅洛、赤霞珠、品乐珠（或品丽珠，Sauvignon Franc）、佳美娜（Carménère）、小维多（Petite Verdot）和马尔贝克（Malbec）混搭，多来自法国。美国版的“波尔多混”改名为梅里蒂奇（Meritage）。酒体饱满，单宁较厚重，因为产地差异导致的口感香气差异明显。

CHAMPAGNE：中文译为香槟，法定产区葡萄品种霞多丽、黑皮诺和莫尼耶（Pinot Meunier）的混酿，产自法国香槟区。气泡绵密，酸度高，多为烘焙坚果香，配贝类海鲜、部分烧烤类和甜品。

SAUTERNES：中文译为“苏玳”，经典甜酒，法定产区葡萄品种赛美容（Sémillon）、长相思和慕斯卡黛（Muscadelle）混酿，产自法国波尔多。贵腐酒，有甜腻的花香味，夹杂了杏、姜、蜂蜜和坚果等丰富的香气，除了甜品，与鹅肝也是绝配。

来自中国的优质本土款

龙眼（Longyan）：多产于河北，鲜食、酿造兼用，果粒紫红，用于酿造白葡萄酒。清香苹果果味，酒体晶莹微黄，素有“北国明珠”的美誉。

蛇龙珠（Cabernet Gernischt）：1982年引入中国后改良，多产于山东及宁夏，果皮厚实，果粒深黑，带草木香，像极了文雅版的赤霞珠。

山葡萄（Vitis amurensis）：多产

于东北，耐寒抗冻，鲜食、酿造兼用，酸糖含量高。

北醇 (Beichun)：玫瑰香与山葡萄杂交的中国红葡萄品种，与北红、北玫和新北醇品种相似，鲜食酿造兼用。

烟73/烟74 (Yan73/Yan74)：姐妹品种，多产于山东，色素浓郁，是极好的染色葡萄品种。

酒标

常规

ABV：Alcohol by volume的英文缩写，表示单位体积内的酒精含量。

BLANCO/BLANC/BIANCO/BRANCO：若出现在酒标上，中文通译为白葡萄酒。

CONTAINS SULFITES：中文译为含有硫化物，经常出现在葡萄酒的背标里。二氧化硫是葡萄酒酿造和装瓶过程中常用的一种防腐剂和杀菌剂。

DOCE/DOLCE/DOUX/DULCE/EDES：若出现在酒标上，中文通译为甜型。

EISWEIN：德语，中文译为冰酒，是由自然冰冻状态下收获的葡萄酿造而成，并非贵腐酒。常见冰酒品种为雷司令，酒精度数较低，有浓烈的酸甜度，多为热带水果的果味，如菠萝和荔枝味。

ROSSO/ROUGE/TINTO：若出现在酒标上，中文通译为红葡萄酒。

RESERVE：中文译为珍藏，并非法定等级用语，多为酒庄自定义。

VINTAGE：酒标上出现的年份(如1987)，指采摘酿酒葡萄的年份。

品鉴

AROMA：中文译为香气，专指年轻葡萄酒的(果)香气。

ASTRINGENT：中文译为收敛性，指单宁入口，黏膜收缩产生的干涩感。

BALANCED：中文译为平衡感，指葡萄酒入口后香气、酒精、酸甜和单宁的均衡表现。

BOUQUET：中文译为香气，专指葡萄酒熟化过程中的(酒)香气。

BRETTANOMYCES (BRETT)：酒香酵母，酿造过程中产生的酚化物可以提供美好的培根或者奶香味，或者产生不宜人的汗臭味。

CLOUDY：中文译为混浊，形容酒液清澈度。

COARSE：中文译为粗糙，形容砂质般的单宁感，相对于顺滑。

MADERIZED：中文译为马德拉褐化。储存温度过高或者被太阳直晒都会无意间煮熟葡萄酒。熟透了的葡萄酒可能会产生焦糖或不愉悦的腌制的果香，使得酒态单一，酒色变褐。

2,4,6-TRICHLOROANISOLE (TCA)：中文译为三氯茴香醚，“有缺陷的酒”的指标之一，用来描述被橡木塞感染(Corked)的葡萄酒。最直观的感受就是像霉味满满的硬纸板或者橱柜的味道。

ORANGE WINE：中文译为橙酒。带皮酿造的白葡萄酒，酿造工艺古老，格鲁吉亚土罐工艺(Qvevri)酿造最负盛名。

OXIDIZED：中文译为过度氧化。在酿造或熟化过程中过度接触氧气造成醇化，产生似湿油漆或者烂苹果的味道，“有缺陷的酒”的指标之一。

QUAFFER：中文译为畅饮酒。价格普遍比较低廉且平庸的葡萄酒。

REDUCTIVE：中文译为还原性。多种硫化物在酿造或者熟化过程中过度缺乏氧气造成，产生类似臭鸡蛋、烧过的火柴或者橡胶的味道，是评判“有缺陷的酒”的指标之一。

STRUCTURE：中文译为酒体。表示葡萄酒所有品鉴维度的总和，包括香气、酸甜、单宁和酒精。常用平淡、单一或者丰富、分明形容。

TANNIN：中文译为单宁，红葡萄酒的支柱之一，主要来自葡萄杆、皮、籽和橡木桶中萃取的酚类物质。品尝葡萄酒时口腔感受到的紧缩感和苦涩感都是单宁的作用。

VERTICAL TASTING：中文译为垂直品鉴。用来描述来自不同年份的同一款葡萄酒产品的品鉴。

VOLATILE ACIDITY (V.A)：中文译为挥发酸(主要包括乙酸和乙酸乙酯)。带着强烈的陈醋或者卸甲油的味道，是评判“有缺陷的酒”的指标之一。

主要葡萄酒出产国的酒标等级

法国

法国葡萄酒以品质为标准，从高至低分为：AOP、IGP和Vin de France。AOP(Appellation d' Origine Protégée)中文译为原产地控制命名，是对原产地葡萄酿酒、品种、种植数量、工艺等的法定认证，不允许混合别的葡萄酒汁。一般而言，产区越精细，酒的品质越高，价格也越高，和AOC(Appellation d' Origine Contrôlée)的意思等同。IGP(Indication Geographique Protégée)中文译为地区餐酒。Vin de France为非法定产区酒，酒标上没有产区标识。

2005
SANCERRE
2003
PRODUIT DE FRANCE
1969
APPELLATION MONTHELIE CONTROLEE
DOMAINE
de la
1975
DOMAINE
MARTIN
Les 3 Bastides

意大利

意大利葡萄酒以品质为标准，从高至低分为：DOCG、DOC、IGT和VDT。DOCG（Denominazione di Origine Controllata e Garantita）的中文译为保证法定产区，保证生产和质量控制；DOC（Denominazione di Origine Controllata）指法定原产区，对葡萄品种、栽种地区及陈酿年限都有规定，相当于法国的AOC等级；IGT（Indicazione Geografica Tipica）中文译为地区餐酒，85%的葡萄原料需要来自所标定的产区；VDT（Vino da Tavola）中文译为一般餐酒，只需标注酒精度和意大利出产。

西班牙

西班牙葡萄酒以品质为标准，从高至低分为：VP、DOC、DO、VDLT、VC和VDM。VP（Vinos de Pago）中文直译为"付费的红酒"，于2003年引入西班牙葡萄酒等级体系，是西班牙最高级别的酒，表示具有地形、气候等独特性的特定产区产出的风味出众的优质葡萄酒；DOC（Denominación de Origen Calificada）中文译为优质法定原产区，严格规定产区和葡萄酿制；DO（Denominación de Origen）中文译为法定原产区，与法国AOP等级相似；VDLT（Vino De La Tierra）中文译为优良地区餐酒，对产区标注有一定要求；VC（Vino Comarca）中文译为优质日常餐酒，相当于法国的IGP；VDM（Vino De Mesa）中文译为日常餐酒，相当于法国的Vin de France。法定原产区酒（DO）以陈酿年份由短及长，还分为新酒（Joven）、陈酿（Crianza）、珍藏（Reserva）和特级珍藏（Gran Reserva）。

德国

德国葡萄酒以品质为标准从高至低分为：Pradikatswein、Qualitätswein、Landwein和Tafelwein。Prädikatswein中文译为特级法定产区优质酒，其葡萄来自13个法定产区，禁止人工添加糖分。根据葡萄的天然成熟度，又可细分为珍藏（Kabinett）、晚摘（Spätlese）、逐串精选（Auslese）、逐粒精选（Beerenauslese）、枯萄精选（Trockenbeerenauslese）和冰酒（Eiswein）6个等级。Qualitätswein中文译为法定产区优质酒，此级别葡萄酒也都来自13个法定产区，由法定葡萄酒品种酿造。根据甜度分为干型（Trocken）、半干型（Halbtrocken），微甜型（Feinherb），半甜型（Liebliche）和甜型（Süß or Süss）。Landwein中文译为地区餐酒，是带有产地特色的日常餐酒，酒标需标明产地，酒多为干型或半干型，相当于法国的IGP等级。Tafelwein中文译为日常餐酒，产量小，等级最低，对质量和技术的要求低，多限于德国国内消费，相当于法国非法定产区酒等级。

01

Courtesy of Bodega Salentein

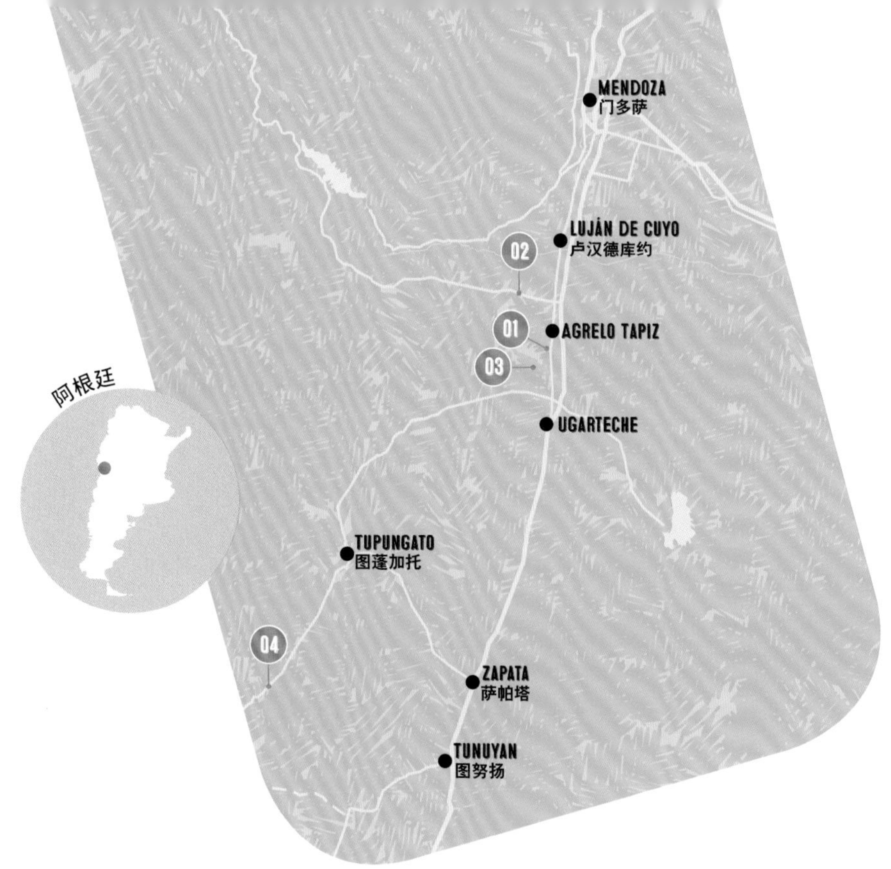

【阿根廷】

门多萨 MENDOZA

群山环绕的门多萨是阿根廷的葡萄酒之都。当地的葡萄酒产业经久不衰，传统的酿酒手法和现代的创新技艺在此交融，让人尽情享受探险般的美酒之旅。

对普通人而言，在地图上指出意大利的葡萄酒产区，或是分辨法式和美式橡木酒桶的差异，都绝非易事。但提及阿根廷葡萄酒的国际声誉，他们肯定都有所耳闻。翻阅酒单，“马尔贝克”（Malbec）这个词频繁出现。打开收音机，阿根廷葡萄酒也是大厨们口中搭配夏季烧烤的经典佳酿。

如果你此时才突然意识到阿根廷葡萄酒的重要地位，没关系，你不是一个人。阿根廷人一直为门多萨的自然风光自豪，但在近期才发现本地葡萄酒的价值。门多萨的葡萄酒生产中心坐落于大雪纷飞的安第斯山下，那里阳光绚烂，风景旖旎，绝佳的气候条件让徒步、骑马、滑雪、钓鱼、漂流或者骑行爱好者都流连忘返。你可以在酣畅的骑行之后，尽享当地的葡萄美酒。

门多萨地区的葡萄酒，无论是出自历史更加悠久的卢汉德库约（Luján de Cuyo）产区，还是潜力无限的优克谷（Uco Valley），都不仅仅是自然的馈赠。这些美酒是新生代酿酒师们的杰作，他们熟知法国或意大利的酿酒技艺，也明白如何推陈出新。这里是南美的创新乐园，是传统与新技术的交汇点。请举杯——我们来到了门多萨，这里正是美妙的新世界！

如何抵达

门多萨国际机场（Mendoza El Plumerillo）距离门多萨8公里远，是最近的大型机场。可以租车。

01 塔皮斯酒庄(TAPIZ)

成群的羊驼是塔皮斯的活动路标。这些羊驼在葡萄园周围的田野中游荡，既可以清除杂草、生产肥料，还能出产驼毛。当地的手艺人会用这些驼毛制作传统的毛毯和斗篷，并把成品放在酒庄的精品店里向游客出售。

悠闲漫步的羊驼家族是当地的传统景观，与之形成新旧对比的，则是塔皮斯酒庄先进且可持续的酿酒技术。这里收获的葡萄是阿根廷精品葡萄酒马尔贝克和托隆特斯(Torrontés)的原材料，除此之外，这两种酒还会使用格雷洛(Agrelo)、优克谷、萨尔塔(Salta)的卡法亚特(Cafayate)出产的葡萄，后者位于阿根廷最北边的葡萄酒产区。世界知名的法国酿酒师让-克洛德·贝鲁埃(Jean-Claude Berrouet)是这里的品牌顾问。如果想体验一次尤为难忘的品酒之旅，可以预订乘马车游览葡萄园的活动，然后品尝直接从桶中取出的葡萄酒。

www.bodega-tapiz.com.ar；电话 +54 261-490 0202；Ruta Provincial（RP）15，km 32；周一至周五9:30～16:30，周六和节假日至12:30

“当地气候温和，土壤肥沃，举世无双的美酒佳酿定会产于此地……”

——卡氏家族酒庄庄主劳拉·卡帝那（*Laura Catena*）

02 汝卡玛伦酒庄(RUCA MALÉN)

汝卡玛伦酒庄的联合创始人曾说过，酒庄的葡萄酒是用来品尝的，而不是用来评说的。让·皮埃尔·蒂博（Jean Pierre Thibaud）也说过：“如同鉴赏艺术品一般，品酒的乐趣只源于个人发现。”

或许体验这种非同寻常的葡萄酒的最佳方式，是在餐馆里美餐一顿。在洒满了阳光、可以俯瞰周围葡萄园的餐厅里，享用五道菜的午餐以及与之相配的美酒，被认为是门多萨的顶级体验之一。有一点忠告：在享受过如此盛宴之后，你可能直到第二天才能腾出空间来品尝更多的葡萄酒。虽然酒庄的名字来自一个古老的马普切（Mapuche）传说，但是汝卡玛伦的品酒和调酒课程所涉及的都是现代的酿酒技术。

01 萨兰亭酒庄的葡萄园
02 在优克之家计划湖畔假日
03 门多萨的马尔贝克酿酒葡萄
04 卡氏家族酒庄
05 探索优克之家的葡萄园是一种时尚
06 萨兰亭酒庄的地下酒窖
07 萨兰亭酒庄里的葡萄
08 优克之家的顶级餐馆

Yadid Levy © Alamy

Courtesy of Catena Zapata

Courtesy of Casa de Uco

www.bodegarucamalen.com; 电话 +54 261-15 4540974; RN 7, km 1059, Agrelo; 品酒活动 周一至周五10:00、11:00和15:30,周六10:00和11:00

03 卡氏家族酒庄 (CATENA ZAPATA)

与门多萨一样,卡氏家族酒庄也代表着古老的传统和现代酿酒业的完美结合。这座葡萄园的创建者是尼古拉·卡帝那(Nicola Catena),这位意大利移民早在1902年就种下了第一批马尔贝克葡萄。这里日后成了阿根廷著名酿酒师尼古拉斯·卡帝那(Nicolás Catena)及其女儿劳拉的试验场。劳拉是卡氏家族酒庄的现任庄主,也是2010年出版的话题书籍《阿根廷葡萄酒:阿根廷葡萄酒及葡萄酒产地的内部权威指南》(*Vino Argentino: An Insider's Guide to the Wines and Wine Country of Ar-*

gentina）的作者。她那充满活力而又朴实无华的酿酒手艺正在彻底改变阿根廷葡萄酒的面貌。

找找卢卡（Luca），这里由劳拉管理的低产量、手工品质的系列葡萄酒就是用这种阿根廷老藤葡萄酿造的。可以从为游客准备的几种游览和品酒活动之中择其一，尝尝酒庄里直接从酒桶或发酵罐中取出的经典马尔贝克。

www.catenawines.com；电话 +54 261-413 1100；Cobos s/n, Agrelo；周一至周五9:00～18:00

04 萨兰亭酒庄（SALENTEIN）

萨兰亭酒庄位于优克谷，由荷兰人经营。它既是一处地标性建筑，也是葡萄酒爱好者的热门目的地。这里的主建筑设计成了十字形，四个侧翼中的每一个都是一家两层的小酒庄——一层摆满了不锈钢罐和法式木桶，另一层的地下酒窖则存放着装在橡木桶里的陈酿葡萄酒。十字形的中央大厅如同一个时髦的圆形剧场，外形和风格则源于古典庙宇。

一定要提前查看日程安排，除了定期的品酒活动，萨兰亭还会在酒窖和画廊里举办一系列音乐演出和艺术展览。还有什么地方更适合品尝该品牌著名的2009年份的黑皮诺（Pinot Noir）呢？为它安排一个周

末，入住拥有16个房间的萨兰亭旅馆（Posada Salentein）。不要错过周日美妙绝伦的asado criollo，这场转变为美食活动的传统阿根廷烧烤盛宴会持续几个小时。

www.bodegasalentein.com；电话 +54 026-2242 9500；RP 89, Los Árboles, Tunuyán；周一至周六9:00～17:00

Courtesy of Bodega Salentein

去哪儿住宿

HUENTALA HOTEL

这家雅致的酒店有81个房间，还有一座酒窖，而且就坐落在门多萨的一座主广场附近。如果你想在镇上留宿，这里是不错的选择。

www.huentala.com; 电话 +54 261-420 0766; Primitivo de la Reta 1007, Mendoza

优克之家葡萄园和酒庄（CASA DE UCO VINEYARD & WINE RESORT）

这座既时髦又注重可持续发展的湖畔度假村有一家颇具格调的餐馆，周边有大片的土地可供骑马。酒店坐落在优克谷内，附近有很多优克谷最好的酒庄。

www.casadeucoresort.com; 电话 +54 9261-476 9831; RP 94, km 14.5, Tunuyán

去哪儿就餐

BODEGA MELIPAL

在卢汉德库约一边享用丰盛的午餐，啜饮配餐的美味葡萄酒，一边俯瞰一望无际的葡萄园。这是在葡萄酒产区的经典体验。

www.bodegamelipal.com; 电话 +54 261-479 0202; Ruta 7, km 1056, Agrelo

1884 RESTAURANTE

1884 Restaurante餐馆开在一座浪漫的带有庭院花园的老房子里，这家地标性餐馆的经营者是颇具开创精神的阿根廷厨师及酿酒师弗朗西斯·马尔曼（Francis Mallmann）。

www.1884restaurante.com.ar; 电话 +54 261-424 3336; Belgrano 1188, Mendoza

活动和体验

安排一次徒步游、骑马观光、漂流探险，甚至可以顺便从镇上的众多户外旅行用品供应商之中选择一家，参加一次前往阿空加瓜山（Aconcagua）的旅行——这座山是南半球海拔的最高点。如果想在市中心附近活动，可以租一辆自行车自己转转，或者参加有组织的酒庄游览。回到镇上后，再到Vines of Mendoza品酒屋去尝尝来自周围产区的葡萄酒。

www.vinesofmendoza.com; 电话 +54 261-438 1031; Belgrano 1194, Mendoza

庆典

门多萨的年度盛事是丰收节（Fiesta de la Vendimia），在每年的3月初举行，为期10天，届时整座城市都会陷入节日的海洋。该节日为庆祝水果丰收而设立，但亮点肯定还是葡萄。除此之外，你还可以体验包括传统美食、民俗音乐会、绚丽多彩的游行活动，以及为节日皇后加冕的盛典。一定要早早预订。丰收节会吸引来自阿根廷和世界各地的大批人群。

www.vendimia.mendoza.gov.ar

Courtesy of Casa de Uco

01

Courtesy of Hahndorf Hill

LOBETHAL
WOODSIDE 伍德赛德
OAKBANK 奥克班克
BALHANNAH
HAHNDORF 哈恩多夫
澳大利亚

【澳大利亚】

阿德莱德山区 ADELAIDE HILLS

笑翠鸟的叫声在山间此起彼伏！这里是南澳大利亚交通最便利的葡萄酒产区，气候凉爽，出产的各种特色葡萄酒让人神清气爽。

在大多数游客眼中，澳大利亚的旅行元素包括红岩遍布的无垠沙漠、弄潮于浪尖的冲浪者和迪吉里杜管（didgeridoo，澳大利亚的一种吹奏乐器）的阵阵乐声。实际上，这个国家的魅力不仅限于此。以阿德莱德中央商务区路旁排列着蓝花楹的街道为起点，沿M1高速公路向东南方向爬升，一路上树木越来越茂密，道路也越来越安静。旅途中不时会看到外出兜风的骑行者，还有苹果园或樱桃园。只需要半个小时，你就会到达阿德莱德山区产区的中心。

19世纪，一些德国人和路德会教徒为了逃避迫害，前往位于南澳大利亚的阿德莱德定居。时至今日，当地蜿蜒曲折的公路依然带有一丝欧洲风情，连接着哈恩多夫（Hahndorf）等可爱的小镇。对南澳首府的居民来说，阿德莱德山区是风景绝美的周末度假胜地，当地小酒厂酿造的葡萄酒也深受大众喜爱。目前，澳大利亚很多葡萄种植区都面临着气温上升的困扰，但阿德莱德山区依旧气候宜人，非常适合种植长相思（Sauvignon Blanc）和新品种的设拉子（Shiraz）葡萄。这里的葡萄园跟德国并没有多少联系（澳大利亚最好的雷司令葡萄酒仍然产自克莱尔谷；见27页），不过有些已经在绿维特利纳（Grüner Veltliner）的培育上取得了成功。阿德莱德山区是一个新兴的葡萄酒产区，但是它正在迅速成长。就在几年前，这个地区的道路上还没有设置酒庄的路标——然而情况正在发生变化。

阿德莱德本身是一座美食之城，拥有澳大利亚最好的食品市场之一，主张"从农场到餐桌"的当地农产品业也一派繁荣。这座城市只会在每年3月的阿德莱德节（Adelaide Festival）期间忙碌起来。而在一年中的其他时候，这座安静的小城是一处很棒的品酒基地。

如何抵达

阿德莱德机场是距离最近的可以租车的机场。也有从城市出发的团队游活动。

01 哈恩多夫山酒窖

02 铂金瀚酒庄

03 肖和史密斯酒庄

01 戈尔丁酒庄(GOLDING WINES)

戈尔丁酒庄是葡萄酒界的新秀，其首批产品于2002年发售。虽然酿酒时间不长，但阿德莱德地区水果种植的悠久传统在此得以沿袭。达伦·戈尔丁（Darren Golding）的父亲是当地的水果商，主要出售苹果和梨。他们一起设计并修建了体现澳大利亚美学的酒窖：铁皮屋顶，裸露在外的木头、砖块和石头。

他们先是开始种植成片的黑皮诺和长相思，但很快就推陈出新，培育了他们认为是阿尔巴里诺（Albariño）的葡萄品种。"这些是西班牙政府送给澳大利亚的，"达伦说，"几年后，我们发现这些葡萄实际上是萨瓦涅（Savignan），一种来自法国汝拉地区的品种。在那里，它们被用于酿造黄葡萄酒（vin jaune；见97页）。"迈克尔·赛克斯（Michael Sykes）是戈尔丁的酿酒师，会用这种葡萄酿造晚收酒（Lil' Late），这是一种带有热带风味的甜葡萄酒。

© Robin Barton

尽管如此，酒庄的招牌酒依然是能够体现设拉子果香的手推车设拉子（Handcart Shiraz）和勃艮第式黑皮诺。"阿德莱德山区的凉爽夜晚有利于葡萄酒保持酸度，"达伦解释道，"不管是红葡萄酒还是白葡萄酒都口味醇美，富有活力。"那么，他还会推荐这个地区的哪些地方呢？"可以去洛夫蒂岭酒庄，"达伦建议，"那里的葡萄酒很不错，还可以俯瞰皮卡迪利谷（Piccadilly Valley）。"

www.goldingwines.com.au；电话 +61 08 8389 5120；52 Western Branch Rd, Lobethal；每天11:00～17:00

02 洛夫蒂岭酒庄 (MT LOFTY RANGES)

"我只想酿造能代表本地特色的葡萄酒。"酒庄的老板加里·斯威尼（Garry Sweeney）说道。妻子莎伦（Sharon）选定了酒庄的地点，她的选择非常正确，酒窖的位置相当令人羡慕，位于海拔550米处，还可以俯瞰草木葱茏的小山谷。

种植葡萄可以拉近人与人之间的关系。"每个人都会伸出援手，"他说，"如果你的拖拉机坏了，就会有人过来帮忙。在种植葡萄的第一年，我不知道该怎么修剪，也有其他的酿酒师来给我做示范。"这些帮助让酒庄出产的葡萄酒品质得以提升，洛夫蒂岭酒庄的黑皮诺、雷司令（Riesling）和霞多丽（Chardonnay）葡萄酒都很可口。

品酒屋注重材料回收，有一个开放式壁炉，还有通向葡萄园的平台。如果你在3月中旬至4月初来这里，可能会发现正在葡萄树间采摘的加里和他的团队。

www.mtloftyrangesvineyard.com.au；电话 +61 08 8389 8339；166 Harris Road, Lenswood；周五至周日11:00～18:00，周四和周一11:00～17:00

03 铂金瀚酒庄(BIRD IN HAND)

铂金瀚酒庄坐落在公路旁，酒窖门上的老旧窗板令人印象深刻，这是老板安德鲁·纽金特（Andrew Nugent）和妻子苏茜（Susie）从法国带回来的。酒窖处处洋溢着法国风情，这要归功于阴凉的露台。葡萄园偶尔会举办现场音乐表演。

这里的葡萄酒也有很多不同的口味，而且拥有3个级别："比翼双飞"（Two in the Bush）系列的入门级葡萄酒，优选的“铂金瀚”（Bird in Hand）系列——包括设拉子、一种梅洛·卡本内（Merlot Cabernet）和一种蒙特布查诺（Montepulciano），还有只在最好的年份才会酿造的“稀世之珍”（Nest Egg）系列。设拉子尤其值得关注，这种经典的凉爽产区红葡萄酒果香浓郁、风味独特而且恰到好处。

www.birdinhand.com.au；电话 +61 08 8389 9488；Bird In Hand Rd & Pfeiffer Rd，Woodside；周一至周五10:00~17:00，周六和周日11:00~17:00

04 肖和史密斯酒庄（SHAW + SMITH，也译为沙朗酒庄）

肖和史密斯是山区产区相对较大的酒窖之一。这里主要酿造4种葡萄酒：长相思、霞多丽、黑皮诺和设拉子。只要花上15美元，就可以品尝全部4种酒，而且会配上一大盘奶酪。其中长相思是最成功的，可以和果香诱人的新西兰马尔堡（Marlborough）出品的长相思，以及源自法国的清新爽口的桑塞尔（Sancerre）相媲美。

www.shawandsmith.com；电话 +61 08 8398 0500；136 Jones Road，Balhannah；每天11:00~17:00

05 哈恩多夫山酒庄（HAHNDORF HILL）

酒庄种植了几种澳大利亚特色葡萄，这里的葡萄酒口感独特，名字也很拗口。山地温暖的白天和凉爽的夜晚很适合绿维特利纳的生长，酒庄的所有者拉里·雅各布（Larry Jacobs）和马克·多布森（Marc Dobson）在2006年第一次种植这种葡萄。蓝佛朗克（Blaufrankisch）是一种红葡萄，在哈恩多夫已经种植了20多年——这两个品种的成功皆得益于蓝色板岩、石英和铁矿石土壤所含有的丰富矿物质。这对搭档还酿造了一款带有梨子香气的灰皮诺（Pinot Grigio），以及来自优质凉爽产区的设拉子，你可以一边品尝这些酒，一边欣赏由葡萄园和桉树林组成的美景。

www.hahndorfhillwinery.com.au；电话 +61 08 8388 7512；38 Pains Rd，Hahndorf；每天11:00~17:00

实用信息 ESSENTIAL INFORMATION

去哪儿住宿

AMBLE AT HAHNDORF

位于哈恩多夫镇的Amble是一个既不失乡村风情又颇为奢华的居所，这里有费恩（Fern）单室公寓、雷恩（Wren）小屋以及一套公寓（Amble Over）。雷恩的特色是水疗浴室和私人平台，费恩的私人庭院里有一个烧烤架。

www.amble-at-hahndorf.com.au；电话 +61（0）408 105 610；10 Hereford Avenue，Hahndorf

FRANKLIN BOUTIQUE HOTEL

Franklin是一个时髦的新住处，它位于阿德莱德，对于不喜奢华的住客，这家酒店是绝佳的选择。条件简朴的（“豪华”）房间虽小，却足够时尚，以至于你不会介意它的面积；精品房和高级房的浴室更大，照明设备更别出心裁，价格也更贵。

www.thefranklinhotel.com.au；电话 +61 08 8410 0036；92 Franklin Street

去哪儿就餐

CHIANTI

Chianti是阿德莱德历史悠久、备受推崇的意大利餐馆，由于当地的种植者就是供应商，所以餐厅的食材异常丰富。他们可能会告诉你risoni con frattaglie里酥脆的猪耳朵，或者意式纸包鱼（pesce al cartoccio）所用的鱼产自哪里。

www.chianti.net.au；电话 +61 08 8232 7955；160 Hutt Street，Adelaide

活动和体验

从阿德莱德到坎加鲁岛（Kangaroo Island，也译为袋鼠岛）的短途游很受欢迎。那里不仅居住着袋鼠，还有很多惊人的有袋类动物，周围的海里还有海豚和海豹。

www.tourkangarooisland.com.au

庆典

阿德莱德地区有两场年度盛宴。夏季，压榨节（Crush festival）会在1月席卷30多家酒庄。为期3天，其间不但有品酒活动，还有美食和音乐。一场以“爱丽斯梦游仙境”为主题的舞会为周末画上完美的句号。在冬季，7月的冬日红酒周末（Winter Reds Weekend）人头攒动，有30多家酒庄参加，届时会点燃篝火。

www.crushfestival.com.au

【澳大利亚】

克莱尔谷 CLARE VALLEY

沿着雷司令小径（Riesling Trail）穿过寂静的克莱尔谷，去拜访友善的酿酒师，并品尝一些澳大利亚最适合搭配各种美食的葡萄酒。

沿着一条从克莱尔（Clare）小镇向南延伸的小路前行、左转、右转，然后在蓝绿色桉树林的树冠下方左转，几分钟后，你就可以在斯基罗加里酒庄的门廊上啜饮冰镇的雷司令了。南澳大利亚克莱尔谷产区大约有40家家庭经营的酒庄，斯基罗加里就是其中之一。这座伊甸园般的高原（而不是山谷）位于阿德莱德以北大约2小时车程的地方。这里的大多数酒庄都有提供品酒服务的酒窖，通常还会配上一盘盘当地出产的农产品。每一处待客都很热情，就像澳大利亚的阳光一样温暖。

斯基罗加里酒庄的所有者戴维·帕尔默（Dave Palmer）说，克莱尔是葡萄酒界的神秘之地，也是葡萄酒之旅的精彩一站，和巴罗萨（Barossa）不同，这里的酒窖没有可供长途汽车停放的车位。第二个原因是这里非常漂亮，僻静的酒庄都隐藏在背阴的小巷里。最后一个原因在于那些酒庄酿造的酒——一些世界上最好的雷司令就产自此处。

雷司令是一种很有特色的白葡萄酒，很多时候都与欧洲北部联系在一起（见77页的阿尔萨斯，以及129页的摩泽尔），但是在克莱尔种植的雷司令葡萄丧失了部分甜味，并且加入了浓郁的矿物口感。可以说，最后在这里酿造而成的杯中物可能最适合搭配亚洲菜肴。

大多数游客会从阿德莱德前往这里——在远离克莱尔的地方，地势会变得越来越崎岖，直到你途经弗林德斯岭（Flinders Ranges），深入内地。在抵达克莱尔之前，你还会经过巴罗萨，如今很多澳大利亚最知名的葡萄酒皆产于此地。如果不是因为那里有几家比较有趣的酒庄——它们拥有澳大利亚最古老的葡萄树，我们会建议完全避开这个产区。我们把它们加在了行程的最后，不过，你也可以在北上前往克莱尔的途中在那里停留。

如何抵达

阿德莱德机场是最近的机场，从那里开车前往克莱尔需要2小时，比巴罗萨谷（Barossa Valley）更远。

Courtesy of Skillogalee

01 斯基罗加里酒庄 (SKILLOGALEE)

"我们是在城市长大的孩子，但是总想在乡下做点什么。"戴维·帕尔默如此说道。于是，戴维和戴安娜·帕尔默（David and Diane Palmer）买下了斯基罗加里，这座葡萄园带有一栋小屋，它于1851年由一名来自科尼什（Cornish）的矿工建造，自建成以来几乎没有发生过什么变化。当时德国移民在巴罗萨定居下来，来自英国、爱尔兰和波兰的移民便冒险来到了更北边的克莱尔，科尼什人则成为了矿工。

帕尔默夫妇在1989年接管酒庄的时候，对酿酒一无所知，戴维对此非常坦诚。"一名当地人对我说：'只要看到你的邻居开拖拉机，你就学着他做同样的事，我们就是这么学会酿酒的。'"

如今，他们的儿子丹（Dan）是酿酒师，他酿造的葡萄酒在克莱尔数一数二，女儿妮古拉（Nicola）则在舒适的餐馆里担任厨师。斯基罗加里出品的筐式压榨设拉子带着薄荷的香气，酸度恰到好处，比巴罗萨产的红葡萄酒更适合搭配食物，后者的酒精含量通常更高一些。酒庄的顶级葡萄酒在装瓶时会贴上特雷瓦里克（Trevarrick）的商标。这家人希望葡萄园符合可持续发展的标准，于是种植了覆盖作物以保护土壤，并把作物的外皮、种子和枝茎制成堆肥，用来滋养土壤。

酒庄坐落在桉树成行的小巷内，位置颇为偏僻，帕尔默夫妇在那里过着澳大利亚的田园乡村生活。他们的外廊下有针鼹，池塘里有青蛙，在屋后还能看到袋鼠。"日落时，"戴维说，"我们会带着一瓶酒和几个玻璃杯爬上山顶，欣赏夕阳缓缓沉没在西方的牧羊区和麦田后面。"

www.skillogalee.com.au*；电话 *+61 08 8843 4311*；*Trevarrick Rd, Sevenhill*；每天*10:00~17:00

02 宝莱特酒庄(PAULETT WINES)

听从了奔富酒庄（Penfolds）首席酿酒师的建议，尼尔·宝莱特（Neil Paulett）和艾莉森·宝莱特（Alison Paulett）在克莱尔谷开办了这家酒庄。"这个地区很可靠，"艾莉森·宝莱特说，"海拔造就的炎热白天和凉爽夜晚延缓了葡萄的成熟，进而突

“酿造能带给人欢乐的葡萄酒是一种荣幸。”

——斯基罗加里酒庄庄主戴维·帕尔默

Courtesy of Tim Adams Wines, Jim Barry Wines

06

Courtesy of Paulett Wines

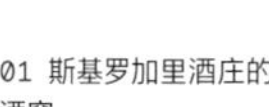

01 斯基罗加里酒庄的酒窖

02 斯基罗加里酒庄的葡萄树

03 正在工作的斯基罗加里酒庄庄主戴维·帕尔默

04 蒂姆·亚当斯酒庄

05 金百利酒庄的汤姆和萨姆·巴里

06 从宝莱特酒庄远眺

07-09 红顶鹳酒庄的酒窖

显了雷司令的质朴风格。”酿酒师尼尔酿造的波兰希尔河雷司令（Polish Hill River Riesling）带着丰富的柑橘香气，以及浓烈的矿物口感，可以陈年10年以上。他们的单一葡萄园安德烈亚斯设拉子（Andreas Shiraz），得名自庄园的第一位波兰主人，是用树龄80年的葡萄树结出的葡萄酿造的，之后还会在法国橡木桶中存放两年以上。“最重要的是让人们知道克莱尔在哪儿。”艾莉森笑着说。他们的葡萄酒正在传播这个信息。

www.paulettwines.com.au；电话 +61 08 8843 4328；Polish Hill River Rd, Clare；每天10:00~17:00

03 蒂姆·亚当斯酒庄 (TIM ADAMS WINES)

蒂姆·亚当斯酒庄位于克莱尔谷的中心地区，那里的酿酒师布雷特·舒茨（Brett Schutz）认为，欧洲的雷司令酿酒师正在接受澳式酿造风格，因为这种酿造方式的含糖量更低。与之相反，克莱尔谷则采纳了欧洲的观念：“风土条件是生产葡萄酒的决定性因素。克莱尔没有两个完全一样的地方，这里有许多微气候，所以你可以把沃特韦尔（Watervale）的矿物口感和克莱尔气候更加温暖的北区出产的果香更为浓郁的葡萄结合在一起。”这样的结合造就了一款活泼、清爽的雷司令干白葡萄酒，而这要归功于14天的快速发酵。布雷特说：“蒂姆要我们做的，就是通过葡萄酒来展现水果的风味。”

www.timadamswines.com.au；电话 +61 08 8842 2429；Warenda Rd, Clare；周一至周五10:30~17:00，周六和周日11:00~17:00

04 金百利酒庄(JIM BARRY WINES)

如果想体验克莱尔海拔最高、历史最悠久的葡萄园所出产的葡萄酒，就一路往北走，到城镇的另一边去。阿马（Armagh）葡萄园得名于爱尔兰移民故乡的青山，这里从20世纪60年代开始种植葡萄，酿造的设拉子葡萄酒享誉全球。位于沃特韦尔的弗洛里塔（Florita）葡萄园是该地区最古老的葡萄园之一，这里出产的庐舍山庄雷司令（Lodge Hill Riesling）口感绝佳。

www.jimbarry.com；电话 +61 08 8842 2261；33 Craig Hill Road, Clare；周一至周五9:00~17:00，周六和周日9:00~16:00

05 红顶鹳酒庄(TURKEY FLAT)

在返回阿德莱德的途中，你可以在巴罗萨谷的红顶鹳酒庄停留一下，那里生长着一些世界上最古老、最盘根错节的设拉子葡萄树。“它们已经有170年的树龄了，”酿酒师马克·布尔曼（Mark Bulman）说，“能跟它们共事是我的荣幸。”这里之所以会有如此古老的葡萄树，是因为巴罗萨一直没有遭受根瘤蚜虫病的侵害，这种植物病害摧毁了法国的众多葡萄园。这个地区是很多澳大利亚最著名的红葡萄酒产地，然而它并不像克莱尔谷，是一处漂亮的旅游胜地。红顶鹳是这里值得拜访的两家酒庄之一，在2月至3月中旬，分批采摘葡萄并进行发酵的时候，你会发现他们忙得不可开交，到处都是果汁。这里的酒窖以前是一家肉店，一瓶屠夫干红葡萄酒（Butcher' s Block red）在这里仅售20美元，划算得令人震惊。

www.turkeyflat.com.au；电话 +61 08 8563 2851；Bethany Rd，Tanunda；每天11:00~17:00

06 吉布森酒庄(GIBSON WINES)

罗布·吉布森（Rob Gibson）是巴罗萨特立独行的人物之一，想见他（或者至少尝尝他酿造的葡萄酒）就得绕道前往巴罗萨北边的莱特帕斯村（Light Pass）。在那里会看到夯土建成的酒窖、锈迹斑斑的铁皮屋顶，以及裸露着砖块的庭院——里面还有法式滚球场和跳房子游戏。在这个充满了家庭气息的地方，你将体验到这位曾在奔富酒庄工作的酿酒师的手艺。罗布掌握着一些巴罗萨最古老的葡萄田，他的代表作“多特曼”（The Dirtman）设拉子葡萄酒是在酒庄之外介绍巴罗萨的最佳名片。

www.gibsonwines.com.au；电话 +61 08 8562 4224；Lot 190 Willows Rd，Light Pass；每天11:00~17:00

实用信息 ESSENTIAL INFORMATION

去哪儿住宿

CLARE VALLEY MOTEL

价格实惠的汽车旅馆是在葡萄园享受周末的理想之地。这里的老板已经在最近几年对其进行了翻新，不过保留了传统乡村汽车旅馆的古雅氛围。

www.clarevalleymotel.com.au；电话 +61 08 8842 2799；74a Main North Road，Clare

SKILLOGALEE

在这家酒庄的小屋中过夜，能让你在享用过家常的晚餐之后，再在葡萄园的祥和中醒来吃早餐。这可是难得的双重惊喜。

www.skillogalee.com.au；电话 +61 08 8843 4311；Trevarrick Rd，Sevenhill

去哪儿就餐

SEED

Seed最近刚在克莱尔“生根发芽”，这家全天营业的餐馆位于一栋富有情调的老建筑内，主要供应新鲜、健康的地方风味菜肴，包括供大家分享的大盘饭菜。到了晚上，葡萄酒吧会变得人声鼎沸。

电话 +61 08 8842 2323；308 Main North Rd，Clare

活动和体验

沿着奥本（Auburn）和克莱尔之间废弃的铁路线延伸的雷司令小径妙不可言，它全长24公里，是一条禁止车辆通行的自行车小道。平缓的坡度意味着你可以轻松地沿着它步行，或者推着婴儿车漫步。可以去探索沿途的几十条通往酒窖的岔路。能租到自行车。

www.rieslingtrailbike-hire.com.au

弗林德斯山脉国家公园（Flinders Ranges National Park）是南澳大利亚的一个亮点，从克莱尔驾车前往那里大约需要3小时。公园内的锯齿状山脉是本地野生动植物的家园，雨后还能看到野花遍地的美景。占地80平方公里的威尔皮纳庞德（Wilpena Pound）天然盆地是那里的一大看点。威尔皮纳庞德度假村（Wilpena Pound Resort）可以提供住处。

庆典

在每年5月的克莱尔谷美食周末（Clare Valley Gourmet Weekend）期间，你可以率先试饮出自当地酿酒师之手的新品葡萄酒，还可以享用美食，欣赏现场音乐演出。

www.clarevalley.com.au

【澳大利亚】

玛格丽特河 MARGARET RIVER

在广阔无垠的西澳大利亚，美酒佳肴的圣地位于玛格丽特河畔。在这里度周末，看葡萄酒与印度洋的海滩、迷人的风光融为一体。

无论你是坐在弗里曼特尔（Fremantle）的海边酒吧里，还是空寂无人的海滩上，西澳大利亚海岸的日落都令人印象深刻。时间仿佛放慢了脚步，而你会发现自己正在思索人生中最大的问题，比如："一杯香槟到底能释放多少个气泡？"

如何抵达

距离最近的机场是珀斯国际机场。玛格丽特河在它的南面，驾车前往大约需要3个小时。

可以肯定的是，玛格丽特河葡萄酒产区的太阳正在冉冉升起。对澳大利亚人来说，该国很多最优质的葡萄酒都来自西部地区，这从来都不是什么秘密。但由于飞往珀斯（Perth）的航班拥有颇具竞争力的价格，这个产区的葡萄酒正在向世界各地出口。这真是一件幸事！该产区位于珀斯以南275公里处，西面紧邻印度洋，其海岸线在博物学家角（Cape Naturaliste）和卢因角（Cape Leeuwin）之间分别向北和向南延伸了大约90公里。玛格丽特河周围有一些世界上最高的树、可以追溯到40,000年前的洞穴系统、鲸鱼、野花，以及可以进行世界级冲浪活动的原始海岸线。这里的澄澈阳光令人惊叹，似乎将整个西澳大利亚的色度调成了11（相当饱和）。在远离该州的城市——珀斯及其近邻弗里曼特尔，还有距离遥远的布鲁姆（Broome），自然界用原色支配着一切：红色的沙漠、蓝色的海洋，以及黄色的太阳。

玛格丽特河畔是一片气候温和的绿洲。"重质量而非数量"是当地葡萄酒界所信奉的真理。玛格丽特河出产的葡萄酒只占澳大利亚葡萄酒总量的3%，却包揽了其中四分之一的优质葡萄酒。这或许就是葡萄酒品酒师詹西丝·罗宾逊（Jancis Robinson）发表以下观点的另一个理由，她说："在我广泛寻求知识的过程中，玛格丽特河是我到访过的葡萄酒产区中最接近天堂的地方。"

说到知识，上文关于香槟的那个问题，答案是2000万个左右……

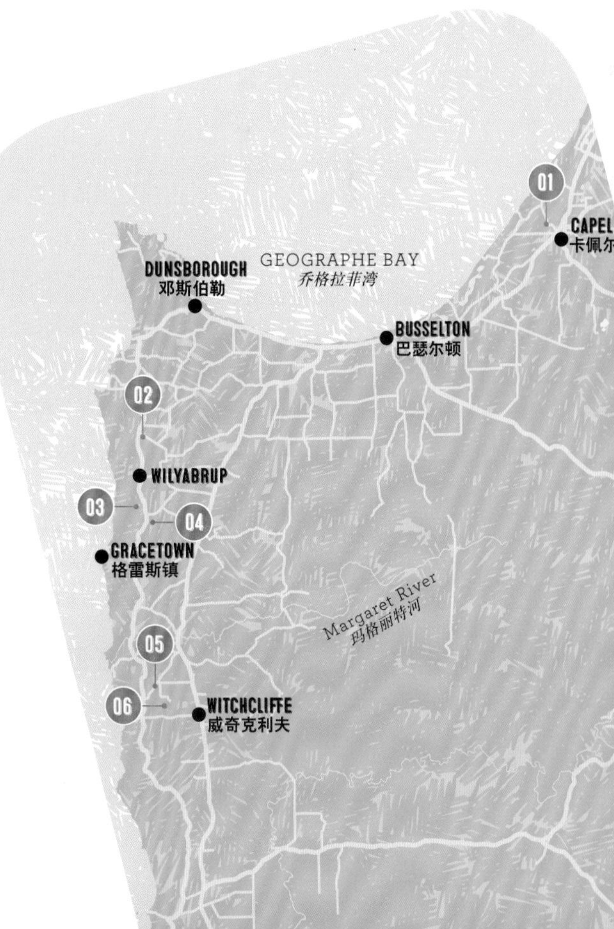

Courtesy of Knee Deep Wines

01 卡佩尔酒庄(CAPEL VALE)

可以从最北边的酒庄开始探索，从玛格丽特河驾车过去大约需要1小时。卡佩尔酒庄是来自珀斯的彼得·普拉滕医生（Dr Peter Pratten）于1974年创立的，其中一座单一葡萄园就坐落在卡佩尔河（River Capel）边上。可以说，它是西澳大利亚葡萄酒业的先驱之一。现在它成了规模更大的生产商，种植着种类繁多的葡萄，包括桑娇维塞（Sangiovese）、丹魄（Tempranillo）和内比奥罗（Nebbiolo），还有玛格丽特河的主要作物赤霞珠（Cabernet Sauvignon）和霞多丽（Chardonnay），这两种葡萄在沿海的很多地方都有种植。澳大利亚最著名的品酒师詹姆斯·哈利迪（James Halliday）对这里的很多葡萄酒都赞赏有加。

不过，拜访卡佩尔酒庄的理由并不是它所获得的殊荣，而是为了学习应该如何搭配食物和葡萄酒，因为这里酿造的葡萄酒多种多样。餐馆配合这些酒，推出了来自世界各地的各种各样的菜肴，灵感分别来自西班牙小吃吧、意大利红酒吧以及日本寿司吧。在搭配方面有一些窍门大家应该觉得熟悉：牛排配设拉子，龙虾配霞多丽——只是不要尝试巧克力配卡本内（Cabernet）。

www.capelvale.com.au；电话+61 08 9727 1986；118 Mallokup Rd, Capel；每天10:00~16:30

02 长膝酒庄(KNEE DEEP WINES)

长膝酒庄的所有者是来自珀斯的医生菲利普·奇尔兹（Philip Childs），主要酿造玛格丽特河产区的经典品种：霞多丽、长相思和赤霞珠。“玛格丽特河为这些葡萄提供了理想而稳定的生长条件。”酿酒师布鲁斯·杜克斯（Bruce Dukes）说，“印度洋缩短了漫长而温和的生长季，它在冬季提供了充足的雨水，还起到了降温的作用。炎热、干燥的夏季则创造了完美的成熟条件。”

温暖的气候与酒窖的热情接待很相配。在菲利普·奇尔兹不摆弄他50英尺长的赛艇时，你就可能在柜台后面看到他的身影。

如果你需要补充能量，可以在长膝餐馆享用午餐，这里会用搭配极为巧妙的有机材料烹制亚洲风味的菜肴，比如用当地的龙虾配上乌冬面、熏鱼高汤和海苔丝。布鲁斯说：“玛格丽特河是美食和美酒爱

01 卢因博物学家自然公园（Leeuwin Naturaliste National Park）的落日

02 长膝酒庄的葡萄园

03 长膝酒庄的酿酒师布鲁斯·杜克斯

04 长膝酒庄的酒窖

05 库伦酒庄的餐馆

06 露纹酒庄的艺术系列葡萄酒

07 航海家酒庄

08 菲历士酒庄的酒窖

09 露纹酒庄的现场音乐演出

Andrew Watson © Getty Images

05

好者的天堂，用于烹饪的当地农产品品质极佳。”

***www.kneedeepwines.com.au*; 电话 *+61 08 9755 6776*; *160 Johnson Rd*, *Wilyabrup*; 每天*10:00~17:00*开放**

❸ 库伦酒庄（CULLEN WINES）

库伦酒庄是个充满魔力的地方，至于魔力的来源，或许就是皎洁的月光吧。

这家酒庄创立于1971年，当时玛格丽特河产区的开拓者凯文·库伦（Kevin Cullen）和戴安娜·库伦（Diana Cullen）在这里种下了一片赤霞珠和雷司令葡萄。库伦酒庄总是能够走在潮流的前沿——它是最早实现有机化的酒庄之一，也是澳大利亚的第一座碳中和葡萄园。

现在酒庄的所有者是他们的女儿瓦尼尼亚（Vanya），于1989年成为这里的首席酿酒师之前，她在勃艮第和加利福尼亚积累了不少经验。在她的带领下，库伦在2004年成为完全采用生物动力法的酒庄，这其中月亮也发挥了一定的作用。生物动力法理论主张，种植和收获之类的关键工序应该与行星的宇宙节律关联在一起，例如，应该在月亮和土星位置相对的时候进行种植。生物动力法的内容比月球运动要复杂得多，比如填满了粪肥的牛角，不过这一理念的核心是与大自然和谐相处，以避免使用化学物质，进而保证葡萄酒中没有额外的成分。库伦建了一座螺旋形的花园来介绍生物动力法，这将是一次很有吸引力的经历。

瓦尼亚的葡萄酒本质上是天然的葡萄酒，原料葡萄生长在一片特殊的土地上，由古老的花岗岩和含有砾石的土壤组成。无论是红葡萄酒还是白葡萄酒，装瓶后都是无可挑剔的精品，会令世界各地的品酒师都赞不绝口。

***www.cullenwines.com.au*; 电话 *+61 08 9755 5277*; *4323 Caves Rd*, *Wilyabrup*; 每天*10:00~16:30*开放**

❹ 菲历士酒庄（VASSE FELIX）

幸运是菲历士的关键词。这家酒庄的名字来自法国水手托马斯·瓦塞（Thomas Vasse），1801年，他在随船考察澳大利亚的海岸时被水卷走了。1967年，酒庄的创始人汤姆·卡利缇博士（Dr Tom Cullity）在建立玛格丽特河产区的第一家酒庄时，在失踪水手的名字后面加上了“Felix”（幸运的意思），并以此为酒庄命名。一开始他几乎颗粒无收，1971

Courtesy of Leeuwin Estate, Vasse Felix

Andrew Watson © Getty Images

年，酒庄第一个葡萄收获期的收成大部分都被鸟儿吃掉了。博士弄来了一只游隼以便驱赶野鸟，但是它转眼就消失在了远处的树林里，猎鹰的图案就这样加到了酒标上。

情况很快就出现了转机，在现任酿酒师弗吉尼娅·威尔科克（Virginia Willcock）的带领下，这里的葡萄酒，尤其是顶级霞多丽（Premier Chardonnay），已经成了玛格丽特河产区出品的最佳葡萄酒的经典范例。要了解这款酒，可以参加在酒窖进行的2小时的指导品酒活动。这里的餐馆据说是该地区最好的一家，每天都会供应午餐。

www.vassefelix.com.au；电话 +61 08 9756 5000；Tom Cullity Dr和Caves Rd交叉路口，Cowaramup；每天10:00～17:00开放，指导品酒 周一至周五10:30

05 航海家酒庄(VOYAGER ESTATE)

继续往南走，回到玛格丽特河镇上，你可能要在航海家酒庄或者露纹酒庄之间做出选择，这两处都是玛格丽特河最显赫的庄园。如果你想看看优雅而简朴的开普荷兰式建筑、修剪整齐的花园和澳大利亚第二高的旗杆，就前往航海家酒庄。这里带有围墙的花园是南非景观设计师德翁·布朗克霍斯特（Deon Bronkhorst）设计的，在玫瑰花丛盛开的时候，这里就是散步的绝佳去处。

航海家酒庄创立于1978年，但是在酿酒师史蒂夫·詹姆斯（Steve James）的领导下，它依旧保持着冒险精神——用野生酵母酿造白葡萄酒，还会用葡萄酒做试验。在航海家酒庄，总能尝试到一些有趣的东西。

www.voyagerestate.com.au；电话 +61 08 9757 6354；1 Stevens Rd，Margaret River；每天10:00～17:00

06 露纹酒庄(LEEUWIN ESTATE)

最出色的葡萄酒在这家由家庭经营的酒庄里等候你的到来。这是

Courtesy of Leeuwin Estate

位于玛格丽特河的另一处庄园，也是20世纪70年代建造的。这里的艺术系列霞多丽（Art Series Chardonnay）被视为澳大利亚最优质的葡萄酒之一，赤霞珠和设拉子同样不落其后。露纹的理念是将土地和天气状况反映在葡萄酒中，正如酿酒师蒂姆·洛维特（Tim Lovett）所说："每个生产年份都是不同的。这是地域感的展示。"玛格丽特河的所有最佳要素——海洋性气候、古老的澳大利亚土壤，以及技艺高超、思维缜密的酿酒师，比如保罗·阿特伍德（Paul Atwood）和蒂姆·洛维特——都聚集在露纹酒庄。

www.leeuwinestate.com.au；电话 +61 08 9759 0000；Stevens Rd，Margaret River；每天10:00~17:00开放

实用信息 ESSENTIAL INFORMATION

去哪儿住宿

BURNSIDE ORGANIC FARM

这些用夯土和石灰岩建造的平房带有宽敞的平台以及由设计师设计的厨房，周围的农场里饲养着一群动物，还有有机的牛油果园和澳洲坚果园。

www.burnsideorganicfarm.com.au；电话 +61 08 9757 2139；287 Burnside Rd，Margaret River

EDGE OF THE FOREST

准备刷新你对汽车旅馆的认知吧。这个赏心悦目的地方坐落在栖息着很多鸟儿的花园里，旁边就是州立森林（State Forest），还有一直通到前门的步行小径。

www.edgeoftheforest.com.au；电话 +61 08 9757 2351；25 Bussell Hwy，Margaret River

去哪儿就餐

BOOTLEG BREWERY

Bootleg Brewery能让你暂时摆脱葡萄酒，稍微换换口味。酿造啤酒的负责人迈克尔·布鲁克斯（Michael Brookes）还会推荐一些当地的山地自行车小道，只要能让你高兴。

www.bootlegbrewery.com.au；电话 +61 08 9755 6300；Puzey Rd，Wilyabrup

活动和体验

冲浪爱好者喜欢在博物学家角（Cape Naturaliste）和卢因角（Cape Leeuwin）之间的海滩挑战巨大的礁石浪。而在邓斯伯勒（Dunsborough）附近，更好的冲浪地点在伊格尔湾（Eagle Bay）和邦克湾（Bunker Bay）之间。一年一度的冲浪比赛则在玛格丽特河口（Margaret River Mouth）和南区（Southsides）举行。

6月至9月，座头鲸和南露脊鲸会在弗林德斯湾（Flinders Bay）停留。而在9月至12月，鲸鱼，包括稀有的蓝鲸，会频繁地现身于北面的乔格拉菲湾（Geographe Bay）。

www.westernaustralia.com

庆典

一年一度的玛格丽特河美食节（Margaret River Gourmet Escape）在11月的一个周末举行，届时会展示这个地区的世界级美食和美酒。节日会吸引一些客席厨师，此外还会组织很多露天活动。

www.gourmetescape.com.au

01

【澳大利亚】

莫宁顿半岛 MORNINGTON PENINSULA

迅速逃离维多利亚州的首府，到这座半岛的葡萄园和小巷之间度过一个周末，享受振奋人心的海滩漫步，以及当地的美酒佳肴。

长久以来，莫宁顿半岛产区一直在墨尔本社会中扮演着重要的角色。在这里，富有的葡萄酒爱好者——墨尔本的大人物和精英——已经在他们梦想的项目上投入了上万美元，他们有理由期待在酒瓶中、而不是资产负债表看到最令人满意的结果。

如何抵达

墨尔本是距离最近的城市；莫宁顿半岛产区位于其南面，驾车前往只需1小时。

该产区的葡萄园从20世纪70年代中叶开始复兴以来（这里首次种植葡萄是在19世纪），在这片土地上绵延了25英里的藤蔓已经见证了50多座酒窖的相继开业，它们吸引着经尼平公路（Nepean Highway）到这儿来度周末的城里人。半岛的西北海岸沿线地区相对发达，不过越往南走就越荒凉，直到你来到莫宁顿半岛国家公园（Mornington Peninsula National Park）。但是，在红丘陵（Red Hill）一带的中央山脊上坐落着很多酒庄，那里有曲折的小巷、迷人的乡村角落和绿色的山谷，几乎处处都洋溢着古色古香的气息。

黑皮诺的精神家园可能是勃艮第，但是它已经在世界的另一边快乐地定居了下来。莫宁顿半岛是澳大利亚唯一拥有真正的海洋性气候的葡萄酒产区，这里的黑皮诺葡萄享受着凉爽的海风，因为这能延长葡萄的成熟周期，提升其口感。半岛产区皮诺葡萄的特征是它包含一种出类拔萃的香味——泥土的芳香、香料的气味、还有果香——这种味道似乎能触动大脑深处的愉悦开关，其酒体也比新世界其他地方出品的皮诺更加轻盈。很少有其他葡萄如此令人难忘。霞多丽是半岛上极具特色的葡萄酒，有一种在其他地方无法找到的精致感。只有少数几家酒庄知晓从彼此的合作关系中获取极品的诀窍。白天品尝过足够多的葡萄酒之后，可以驾车前往东海岸，在一片背靠森林的海滩上欣赏日落。

Rachel Lewis © Getty Images

01 尚克角

02 十分钟拖拉机葡萄酒庄

03 鸟瞰斯托尼尔酒庄

04 斯托尼尔酒庄的葡萄酒

05 斯托尼尔酒庄的桶边试饮

Courtesy of Ten Minutes By Tractor, Stonier

❶ 塔克山脊酒庄(TUCK'S RIDGE)

把莫宁顿半岛产区的所有特色结合在一起，就制造出了像塔克山脊酒庄这样的地方。坡度和缓的山谷两侧散布着纵横交错的田野和灌木树篱，如果没有一排排整齐的葡萄树，眼前的景象几乎能让你产生正身处英国乡村的错觉。塔克山脊的所有者是股票经纪人彼得·霍利克（Peter Hollick），这家酒庄专攻黑皮诺和霞多丽，出品的葡萄酒备受推崇，而且很适合搭配食物。"黑皮诺跟食物很配，尤其是鲑鱼，因为它很'紧致'。"维罗娜·里士满（Verona Richmond）在酒窖里说道。

莫宁顿半岛葡萄园的海拔要高一些，所以温度比平均值低几度，而且，因为这里靠近大海，所以没有霜冻。气候越凉爽，葡萄成熟的时间就越长。炎热的产区出产的葡萄酒更厚重一些（"糖浆状"是一种刻薄的形容）。

维罗娜还说："黑皮诺葡萄的果皮很薄，种植风险颇高，所以采摘的时候每个人都很紧张。它是一种善变的葡萄，会经历风味的波峰和波谷，所以存放5年也不一定能让它变成更好的酒，只是会变得不同而已。"据维罗娜所说，葡萄酒的价格并不能显示你是否会喜欢它。她补充道："我的人生哲学是，为什么要等？打开瓶子，享受那特别的时刻。"

www.tucksridge.com.au；电话+61 03 5989 8660；37 Shoreham Rd, Red Hill South；每天11:00~17:00

❷ 蒙塔托酒庄(MONTALTO)

蒙塔托是一家各方面都很出色的酒庄：世界级的葡萄酒、美味的食物，以及吸引旅行者深入葡萄园的小径。然而，让蒙塔托成为葡萄酒之旅必访之地的，是这里的霞多丽。它曾被詹姆斯·哈利迪（James Halliday）描述为"活力和优雅的化身"，在你能找到的葡萄中，它是最令人愉快的范例。这些主要从蒙塔托朝北的葡萄园，以及从酒窖后面的一小块土地采摘的霞多丽酿成的酒，虽然产量稀少，但是已经赢得了全世界的赞誉。

蒙塔托的所有者是米切尔家族，尽管这里的葡萄园可以追溯到20年前，但是现代的酒窖却是2001年才开始营业的。"虽然我们给自己的定位是酒庄，但经营理念和目标则是成为吸引人们来到莫宁顿半岛的旅游胜地。"约翰·米切尔（John Mitchell）说，"无论人们在世界上的什么地方，当他们喝我们的葡萄酒时，我们都希望他们能回忆起在这里的旅程。"为了达到这个目的，米切尔家族筹备了一座拥有1500棵树的橄榄园（你可以在酒窖里品尝橄榄油），在山谷里的4个地方留出了夏季野餐点，还有一家由香草和蔬菜园供给的餐馆，以及一座果园。不仅如

04

Courtesy of Stonier

05

此，葡萄园周围还散布着等待人们去发现的雕像。另外还有一条湿地步行小径。正如约翰·米切尔所说，莫宁顿半岛提供的不仅仅是葡萄酒，只是就蒙塔托而言，他们在这两方面做得都不错。

www.montalto.com.au；电话 +61 03 5989 8412；33 Shoreham Rd，Red Hill South；每天11:00~17:00

03 斯托尼尔酒庄（STONIER）

杰拉尔丁·麦克福尔（Geraldine McFaul）自2003年开始担任斯托尼尔酒庄的酿酒师，她以酿造莫宁顿半岛产区最富表现力的黑皮诺而闻名，这些葡萄酒带有强烈的地域感。斯托尼尔是半岛上的第一批葡萄园之一，这里种植霞多丽葡萄树的历史可以追溯到1978年，首次种植黑皮诺则是在1982年。不过，对斯托尼尔的黑皮诺影响最大的当属杰拉尔丁·麦克福尔的勃艮第调研之旅。她只酿造三个类别的霞多丽和黑皮诺，从相对年轻的葡萄园出产的混合品种，到单一园葡萄酿制的葡萄酒。酒庄重视风土的特性正是源自勃艮第的理念。斯托尼尔的酒窖是墨尔本建筑师达里尔·杰克逊（Daryl Jackson）设计的，这栋独特的建筑通风良好，是存放这些“雄心勃勃”的葡萄酒的完美场所。

这里会在12月下旬计算花序（花序越少意味着葡萄的风味越浓，因为葡萄树的营养会更加集中）的数量，有些花序可能会被剪掉。“每当这时，我们的葡萄栽培师就会对葡萄酒订购数量感到压力（每桶1200美元至1500美元），我们都在赌能有多大的产量。”酒窖经理诺埃拉（Noella）说道。斯托尼尔位于半岛的东海岸，这里的凉爽天气也很适合霞多丽。“越温暖的地区葡萄酒产量越大，而且会有黄油味。”诺埃拉解释道。在斯托尼尔的霞多丽中要感受的是矿物风味，就像在公路对面的海滩上散步，令人神清气爽。“不过，如果你更喜欢皮诺，”诺埃拉补充，“可以到正脊酒庄去尝尝纳特·怀特的酒。”

www.stonier.com.au；电话 +61 03 5989 8300；2 Thompsons Lane，Merricks；每天11:00~17:00

04 正脊酒庄（MAIN RIDGE ESTATE）

通往纳特·怀特（Nat White）酒窖的那条坑坑洼洼的土路（还有品酒费，以及警告包车旅游团离开的标志），似乎是想让那些漫不经心的酒徒望而却步。同时，柜台后面的纳特·怀特本人戴着眼镜的高大身影也令人胆怯。这位前工程师沉默寡言，学究气十足，看起来好像除了锁好酒窖、回去看他的葡萄以外，他什么都不想做。但是这完全可以理解，因为他的葡萄树是半岛产区在20世纪70

Courtesy of Main Ridge, Visions of Victoria

06 正脊酒庄的纳特·怀特

07 压碎的葡萄

年代中叶复兴时期种植的第一批葡萄树，出产的葡萄酒也是雷德山的火山土壤养育的最迷人的葡萄酒。“我们是莫宁顿半岛上的第一家酒庄，”在他的半英亩黑皮诺（Half Acre Pinot Noir）品酒会上，他说，“所以我们种了几个品种，好看看会有什么收获。我们的产量足以酿造1200箱黑皮诺和霞多丽，还保持着一定数量的梅洛，足够一年酿一桶酒，另外还有一些莫尼耶皮诺（Pinot Meunier）。”

20世纪70年代，纳特和他的妻子罗莎莉（Rosalie）在法国进行了一次公路旅行，返回澳大利亚后，他们一直无法忘记勃艮第的黑皮诺。1975年，他们在正脊种植了第一批葡萄树，并在1980年碾碎了第一批葡萄，目的是复制勃艮第的那种酒体更轻盈、果香更浓郁的黑皮诺。“我发现莫宁顿半岛更加凉爽的气候可以培育出单宁更少的皮诺。”他解释道。纳特在同一块坡地上种了两种皮诺：半英亩的葡萄是从扎根于浅层土的葡萄树上采摘的，而一英亩的葡萄则来自扎根深层土壤的葡萄树。其他所有条件都是一样的，包括在法国橡木桶中逗留18个月，来自半英亩的个头更小的浆果酿出的葡萄酒显然更加浓郁。这里的酿酒课程也没有那么简单易懂，难怪纳特·怀特喜欢让他的葡萄酒自己为自己说话。

www.mre.com.au；电话 +61 03 5989 2686；80 William Road，Red Hill；周一至周五12:00~16:00，周六和周日12:00~17:00

⑤ 十分钟拖拉机葡萄酒庄(TEN MINUTES BY TRACTOR)

十分钟拖拉机酒庄播放的爵士乐，以及现代的极简主义内饰，使它成为莫宁顿半岛上最时髦的酒窖之一。这里的葡萄酒产自3座葡萄园，它们彼此之间的路程如酒庄名称所言，开拖拉机需要10分钟。酒庄的所有者马丁·斯佩丁（Martin Spedding）自2004年开始和导师理查德·麦金泰尔（Richard McIntyre）一起经营这家酒庄，他认为，自从20世纪70年代种植了第一批葡萄树以来，这个地区现在已经走向了成熟。“在这里的60家或70家葡萄酒生产商之中，绝大多数都在酿造品质极佳的葡萄酒。”

这其中自然也包括十分钟拖拉机，这里的顶级葡萄酒每瓶售价60美元。“这些都是小产量葡萄园，所以葡萄酒价格昂贵。”

酒庄的酒窖餐馆有一个可以俯瞰山谷和一小块葡萄田的平台，这里供应的食物都是为酒庄的葡萄酒量身定做的。“黑皮诺比澳大利亚一些酒体更加厚重的红葡萄酒更适合配餐，”马丁说，“现在我们在澳大利亚所吃的食物是亚洲风味和地中海风味的融合，口感比较细腻。人们正在寻找可以衬托食物风味，而非喧宾夺主的葡萄酒。”

www.tenminutesbytractor.com.au；电话 +61 03 5989 6080；1333 Mornington–Flinders Rd, Main Ridge；每天10:00~17:00

06 红丘陵酒庄(RED HILL ESTATE)

红丘陵酒庄位于通往肖勒姆（Shoreham）的路旁，木制装货箱依然散落在老式分拣棚的周围，但是它们周围的空间已经发展成了这座已有20年历史的葡萄园的品酒室。坐落在酒庄后面的餐馆Max's Restaurant可以纵览一直延伸到大海和菲利普岛（Phillip Island）的绿意盎然的乡村风光。厨师马克斯·帕加诺尼（Max Paganoni）会为他深受意大利影响的菜单挑选当地的农产品——阳光岭（Sunny Ridge）的草莓、酒庄自己的手工奶酪厂出品的奶酪等。夏季的周末，你还可以期待看到至少一场在花园里举办的婚礼。

回到酒窖，红丘陵的葡萄酒同样令人着迷。这里的酿酒师专注于霞多丽和黑皮诺，他们会用传统技术，包括野生酵母和更小串的浆果，来提升果皮对果肉的比例。成果是一款口感复杂、带有泥土芳香的经典版黑皮诺（Classic Release Pinot Noir），以及一款和亚拉谷（Yarra Valley）出产的酒颇为相似的霞多丽——没有你在其他地方找到的那么大，也没有那么金光闪烁。这两款酒都需要窖藏很长时间，就皮诺而言最长可达15年。

www.redhillestate.com.au；电话 +61 03 5989 2838；53 Shoreham Rd, Red Hill South；每天11:00~17:00

实用信息 ESSENTIAL INFORMATION

去哪儿住宿

CAPE SCHANK RESORT

虽然你可以住在尚克角真正的灯塔里（见下文），但是这家维多利亚皇家汽车俱乐部（RACV）的度假村空间更大。它俯瞰着原始的巴斯海峡（Bass Strait）。

www.racv.com.au; Trent Jones Drive, Cape Schanck

去哪儿就餐

RED HILL BREWERY

红丘陵的啤酒厂自己种植啤酒花，并酿制欧洲风味浓郁的啤酒——从烈性的比利时风格的淡啤酒和德国比尔森啤酒，到英国的黑啤酒和苦啤酒——以便让那些对啤酒感到好奇的葡萄酒观光客换换口味。这些英国、比利时和德国风格的啤酒还可以配上农夫拼盘和比利时炖鱼waterzooi一起享用。

www.redhillbrewery.com.au；电话 +61 03 5989 2959；88 Shoreham Road, Red Hill South

PORTSEA HOTEL

波特西（Portsea）的酒店位于半岛的最尖端，那里供应不错的酒吧食物，还可以欣赏美景。

www.portseahotel.com.au；电话 +61 03 5984 2213；3746 Point Nepean Rd, Portsea

活动和体验

带上你的轻型徒步鞋，以便进行1小时的荒野徒步，前往位于半岛东南端的丛林人湾（Bushranger's Bay）。这个地方依旧保持着原生态，有很多野生动物，从茶树下呱呱叫的青蛙，到日落时分沿着海滩蹦蹦跳跳的袋鼠。向南眺望可以看到尚克角灯塔，其历史可以追溯到1859年，灯塔内有一座小博物馆，还有膳食自理的住处。

www.parkweb.vic.gov.au；电话 +61 03 5988 6184

庆典

这里的主要节日是两年一度的黑皮诺节（Pinot Noir Celebration，2月），届时来自世界各地的酿酒师会齐聚莫宁顿半岛，赏鉴彼此的皮诺，并交流剪枝的诀窍。在一年中的晚些时候举行的冬季美酒周末（Winter Wine Weekend，6月）则是结识生产商、参加研讨会和品尝葡萄酒的好机会。这两次盛会期间都要尽早预订住处。

www.mpva.com.au/events

© Robin Barton

【澳大利亚】

路斯格兰 RUTHERGLEN

深入维多利亚州北部，那里正上演着一些甜蜜而独特的故事。一些澳大利亚历史最悠久的酒庄在这个乡村地区酿造了最不同寻常的葡萄酒。

路斯格兰下雨了。农民们欣喜不已。凤头鹦鹉在绿林间欣喜地游荡，白色的羽毛更显光泽。酿酒师却因意想不到的好运而露出了困惑的表情。路斯格兰位于维多利亚北部深处，从堪培拉（Canberra）前往那里需要4个小时，从悉尼（Sydney）出发则需要花费7个小时。这里可能会遭遇40℃的炎夏，因此必须在葡萄变成果酱之前疯狂抢收——甚至半夜也不能停工。但雨水会使气温降低，延长该地区特有的麝香（Muscat）和托考伊（Tokay）葡萄的成熟季。这些葡萄在葡萄树上挂的时间越久，路斯格兰产区令人惊叹的加强型麝香和托考伊葡萄酒的品质就越好——这两种都是带有奶油糖果风味且富含葡萄干香气的甜酒。

除了酷暑，路斯格兰还要面对挑战：一些新兴的葡萄酒产区，比如离墨尔本更近的国王谷（King Valley），已经分流了不少游客。此外还有葡萄酒本身的问题：当今的食客都很注意热量的摄入，谁还会点甜酒（澳大利亚人称之为“sticky”）？谁还会点甜点？然而路斯格兰的麝香和托考伊葡萄酒，就像法国南部的巴纽尔斯（Banyuls）一样，理应在餐桌上占有一席之地，因为它们令人陶醉、与众不同且无所拘束。撇开葡萄酒不谈，到路斯格兰游览的另一个原因是该地区的历史。这里的几家至关重要的酒庄，例如诸圣酒庄和莫利斯酒庄，皆始建于19世纪中叶，它们的故事和澳大利亚的故事息息相关，故事的主角是殖民地的开拓者和金矿工人，背景则是宽阔的墨累河（Murray River）。

如何抵达

你需要从墨尔本（3小时）或堪培拉驾车前往那里。最好住在路斯格兰。

01 莫利斯酒庄(MORRIS WINES)

经营甜酒酒庄是一项耗时20年的长期投资，因此路斯格兰被一些已传承了四五代的酿酒家族主宰着，几乎无暇开设新的酒庄。该酒庄的家族渊源可以追溯到来自英格兰兰开夏郡(Lancashire)的乔治·弗朗西斯·莫利斯(George Francis Morris)，正是他在1859年创立了酒庄。和很多同龄人一样，他也在十几岁的时候搬到澳大利亚来谋求发展，并试图加入淘金大军。在淘金热中赚钱的是那些卖镐头的人——就莫利斯的情况而言，这句格言很正确。但最终他卖掉了自己在一家金矿装备店的股份，开始用所得的收益种植葡萄。到了1885年，莫利斯的葡萄园超过了80公顷(198英亩)，而他也成为南半球最大的生产商。五代之后，莫利斯家族仍然在酿造屡获殊荣的葡萄酒，奖杯陈列室中的银器可以追溯到19世纪。他们酿造了种类繁多的加强型葡萄酒，包括茶色波特酒，以及一些口感醇厚的红葡萄酒，例如一款质朴的、在澳大利亚很受追捧的杜瑞夫(Durif)。

www.morriswines.com.au; 电话 +61 02 6026 7303; Mia Mia Rd, Browns Plains; 每天9:00~17:00

02 诸圣酒庄(ALL SAINTS)

不要被外表所蒙蔽，诸圣酒庄看上去可能很像一座苏格兰城堡，甚至角楼顶上插着旗子(其实，它是依据苏格兰凯斯内斯郡的梅伊城堡建造的)，但它可是货真价实的澳式名酒庄。在19世纪60年代的初创期，酒庄的地面还尘土飞扬，建筑也是

用就地烧制的红砖建造的。酒庄的历史与路斯格兰地区的历史紧密相关：它最初的所有者乔治·萨瑟兰·史密斯(George Sutherland Smith)和约翰·班克斯(John Banks)来自苏格兰，当时只有23岁和20岁。他们是工程师出身，在维多利亚州各地设计桥梁和建筑，包括附近的比奇沃思(Beechworth)那栋关押过山贼内

Courtesy of Campbells Wines, All Saints

01 田园般的路斯格兰

02 在康贝尔酒庄品酒

03-05 诸圣酒庄

德·凯利(Ned Kelly)的监狱的一部分。后来，这对朋友于1869年开始在酒庄现今所在的地方种植葡萄树。1873年，他们在伦敦为澳大利亚葡萄酒赢得了第一枚金牌。

如今，在前任酿酒师丹·克兰(Dan Crane)的指导下，诸圣的葡萄酒仍在继续拿奖。“多亏了澳大利亚山脉(Australian Alps)吹来的冷空气，为这里带来了漫长的秋季和凉爽的夜晚，令葡萄得以保有它们的酸度。”他解释道。这使水果的风味和糖分有了交流的机会。麝香和托考伊葡萄会等到秋季晚期的5月下旬才进行采收，再用葡萄自己的重量进行压榨。但是，你必须等待少则8年、多则20年的时间，才能通过诸圣的加强型葡萄酒品尝到最后的成果。

www.allsaintswine.com.au；电话+61 02 6035 2222；All Saints Rd；周一至周六9:00~17:30，周日10:00~17:30

03 瓦尔哈拉酒庄 (VALHALLA WINES)

瓦尔哈拉酒庄不像其他酒庄那样历史悠久。安东·特希尔德森(Anton Therkildsen)——丹麦和苏格兰混血儿——于1997年到路斯格兰来学习酿酒。不到两年他就买下了一块土地，并跟当地的全科医生安托瓦妮特(Antoinette)结了婚。他在较黏重的土壤里种植杜瑞夫和设拉子，在肥沃的中等土壤里种植歌海娜(Grenache)和慕合怀特(Mourvèdre)，并且在最松软的土壤里种植玛珊(Marsanne)和维欧尼(Viognier)。其他葡萄园的免费插枝、借来的拖拉机，以及一位朋友的酒庄一角——通过这些帮助，安东的第一个葡萄酒年份即将到来。

但是他仍然需要一家酒庄，而且希望能以可持续的方式建造它——夫妻俩决定采用厚达1米的稻草砖设计。2007年，墙壁的建造用了3周时间，双层隔热的屋顶又用了3周，最后3周则完成了灰泥的涂抹工作。仅仅两个多月，他们就拥有了一家不需要空调的被动式太阳能酒庄——考虑到路斯格兰的温度在-4℃至40℃之间，这确实是个了不起的成就。不仅如此，所有的雨水也会被收集起来。

安东的可持续发展模式还扩展到了葡萄园，他用散养的鹅为葡萄提供肥料，用野花吸引捕食者并驱赶害虫。“我想为葡萄园带来不同的活力，在工作中注重自然规律，这是我们这个社会失去了的东西。”他解释道，“对我们来说，用自然的可持

06-08 康贝尔酒庄

Courtesy of Campbells Wines

续的方式进行耕种，并回归传统的酿造原则非常重要。我们的理念是竭尽自己所能做到最好，并且让普通消费者同样消费得起。不但要做好，还要正直诚实。"

瓦尔哈拉的另一个目标是宣传酿酒文化。安东不但让他的孩子帮忙采收，还提供了可以体验"一日酿酒师"活动的工作坊。"我很喜欢这项活动，"他说，"葡萄酒很重要的一部分，是展示它的酿造过程。大型酿酒厂可能比较危险，但是我鼓励人们伸手进去，再尝一尝。"把手指伸入装着刚刚压榨的杜瑞夫、正在起泡发酵的大桶，然后尝尝它所拥有的浓郁而甜美的黑加仑味道。

> **"我没什么酿造秘方。我只是单纯地收获葡萄，然后尽力表现它原有的风味。"**
>
> **——瓦尔哈拉酒庄的安东·特希尔德森**

www.valhallawines.com.au; 163 All Saints Rd; 团队游和酿酒体验需要预约

04 康贝尔酒庄(CAMPBELLS WINES)

康贝尔是一个家族拥有的酒庄，也是澳大利亚酿酒传统的重要组成部分。故事的开始和其他酒庄的历史相似：19世纪中叶，苏格兰移民约翰·康贝尔（John Campbell）来到路斯格兰，准备借着维多利亚东北部的淘金热大赚一笔。但是，他意识到这里并没有黄金，反而是最上面的6英寸的土壤中隐藏着更多的金子，正如该地区的第一批酿酒师之中的一位告诉他的那样。于是康贝尔紧随其后，在140年前种下了属于这个家族的第一批葡萄树。他将自己的第一款葡萄酒命名为博比·伯恩斯（Bobbie Burns），取自酒窖对面山上的一座金矿。

康贝尔酒庄保留着很多历史。

为了阻止人们进入而经过加固的仓库一直用到了20世纪20年代。在酒庄最早建成的那个部分的横梁下方，是存放麝香和托考伊葡萄酒的1000升大桶，它们都拥有上百年的历史。每隔3个月，酿酒师就会尝一尝每个桶里的酒，而在酿造年份之间，前面的一个猫洞似的小门还可以让（小个子的）人爬到里面去清理它们。

酿酒使用的所有葡萄都是在这里种植的，包括杜瑞夫，这是法国植物学家杜瑞夫博士（Dr Durif）在19世纪80年代培育的耐热品种。它的颜色深邃，酒精含量较高，通常用于波特葡萄酒，以及味道浓郁的佐餐酒。康贝尔还有自己的装瓶系统，所以，不管在一年中的什么时候前往，应该都有看头。

www.campbellswines.com.au；电话 +61 02 6033 6000；4603 Murray Valley Hwy；周一至周六9:00~17:00，周日10:00~17:00

实用信息 ESSENTIAL INFORMATION

去哪儿住宿

TUILERIES

这个豪华的住处位于乔利蒙特酒窖（Jolimont Cellars）一侧。这里有网球场、游泳池，以及一家很棒的餐馆。不用猜也知道设施齐全的国王葡萄园（King Vineyard）套间可以俯瞰什么样的美丽风光。

www.tuileriesrutherglen.com.au；电话 +61 02 6032 9033；13 Drummond St, Rutherglen

去哪儿就餐

路斯格兰的大多数就餐选择都排列在漂亮的主街（Main St）沿线，这条街能让你体验澳大利亚的乡村建筑。

TASTE

路斯格兰的顶级美食之选是这个坐落在主街上的多功能场所。白天它是咖啡馆，晚上则会变成时髦的餐馆，供应配备葡萄酒的品尝套餐，也可以按菜单点菜。这里的酒吧也有很多有趣的当地杜瑞夫葡萄酒。供应早餐、午餐和晚餐（周三至周日）。

www.taste-at-rutherglen.com；电话 +61 02 60329765；121b Main St, Rutherglen

活动和体验

如果你已经来到了维多利亚东北部，就应该尽可能多地探索澳大利亚这个吸引人的部分。驾车往路斯格兰东南方向走，仅需半小时就会到达比奇沃思，这是公认的澳大利亚最有吸引力的乡村小镇。它以一个十字路口为中心，每条路上都排列着很多保存完好的建筑，许多建筑都有自己的故事，比如那栋监狱。这里还有一家很好的啤酒厂，以及几家不错的小酒馆和餐馆。

位于路斯格兰以西2小时车程处的伊丘卡（Echuca）坐落在墨累河畔，那里有内河船只在营业。

www.visitvictoria.com

庆典

路斯格兰一年一度的酒庄漫步活动（Winery Walkabout）在6月维多利亚州庆祝女王诞辰的周末长假期间举行。大约20家酒庄都会举办品酒会，还会有很多适合家庭参加的活动。周日的乡村集市（Country Fair）会组织踩葡萄和滚桶比赛。

www.winemakers.com.au

01

【澳大利亚】

泰马谷

TAMAR VALLEY

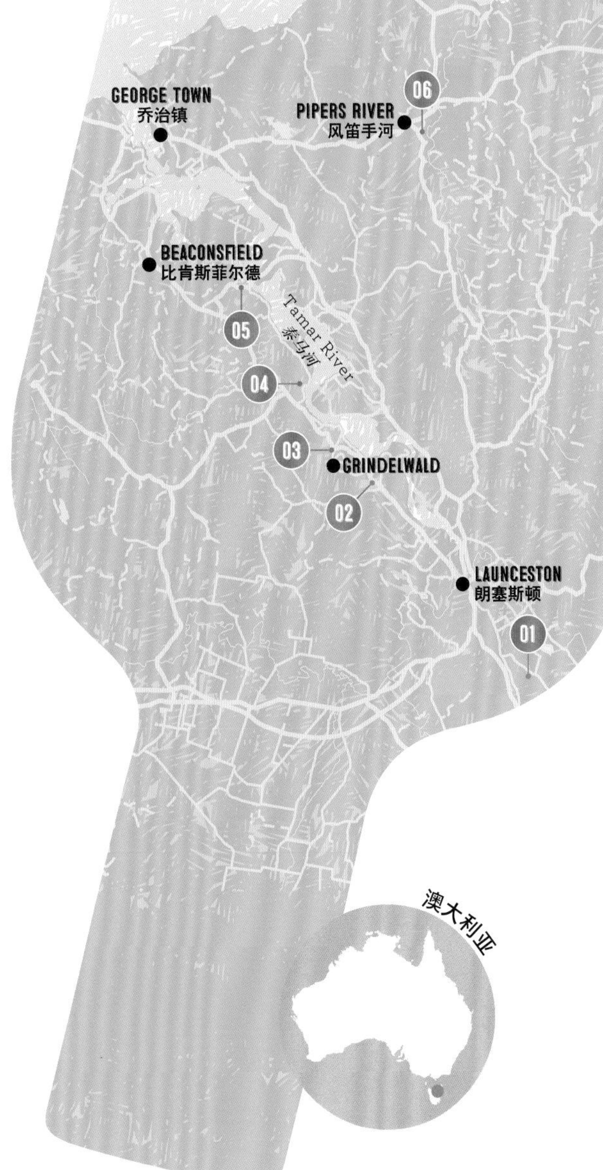

在塔斯马尼亚岛（Tasmania）北部沿着泰马河（Tamar River）进行公路之旅，你将邂逅美味无比的黑皮诺和新鲜健康的当地农产品。

用黑皮诺葡萄酿造的葡萄酒似乎比其他任何酒都更加令人着迷。人们会用近乎神秘的术语来描述优质的勃艮第葡萄酒。在以葡萄酒为主题的文艺电影《杯酒人生》（*Sideways*，这是唯一的一部葡萄酒主题的文艺片吗？）中，迈尔斯（Miles）试图解释他对黑皮诺的钟爱："它敏感、喜怒无常又早熟……需要持续不断的照料和关注……而且只能在世界上那些极其特别、稀少而隐蔽的角落里生长。"那些隐蔽的地方之一就是位于塔斯马尼亚岛北部的泰马谷（以及相邻的风笛手河产区），这里的气候与勃艮第著名的金丘（Côte d' Or）非常相似。

如果你能忍痛离开塔斯马尼亚岛的其他景点——令人惊叹的美丽海滩、需花费数日徒步穿越的原始荒野、独一无二的艺术馆——到泰马河畔去度一个周末，将会发现一些世界上最优质的黑皮诺，还有美味得让人一吃就停不下来的当地农产品。塔斯马尼亚岛北部是澳大利亚的果园，在这里，农贸市场是周末生活的常规特色。岛上的美食跟这里的葡萄酒很相配——一定要尝尝新鲜的海鲜搭配泰马的白葡萄酒，以及羔羊肉搭配黑皮诺。

塔斯马尼亚葡萄酒的发源地是位于朗塞斯顿（Launceston）东部的一座葡萄园，这个地方以前叫普罗旺斯（La Provence），现在则被称为普罗维登斯（Providence）。1956年，一个酿酒家族的儿子让·米盖（Jean Miguet）在这里种下了黑皮诺和霞多丽。20世纪90年代，塔斯马尼亚岛北部的这个地区出产的葡萄酒赢得了国际奖项。

沿着泰马河一路向北走，意味着你将在接近南太平洋的地方结束旅程，可以沿着空无一人的海滩漫步沉思。"萦绕心头、美妙绝伦、引人入胜，而又难以捉摸……"这是迈尔斯在《杯酒人生》中对黑皮诺的描述，这一描述同样适用于塔斯马尼亚岛。

如何抵达

你可以从澳大利亚的大多数城市乘飞机前往朗塞斯顿，也可以从墨尔本乘渡船到达那里。

Courtesy of Josef Chromy

01 约瑟夫·赫罗米酒庄 (JOSEF CHROMY)

这家具有里程碑意义的酒庄的领导者，是澳大利亚葡萄酒业内引人注目的人物之一。在经历了11年的纳粹和苏联的占领之后，一名身无分文的19岁少年离开了他的捷克村庄，前往澳大利亚。在接下来的40年里，他靠当屠夫积累了一大笔财富，并把公司股票上市后的收入投进了新兴的塔斯马尼亚葡萄酒业。他在1994年建立了塔马岭酒庄，还投资了现在的火焰湾酒庄。现在已80多岁的约瑟夫·赫罗米几乎没有放慢过脚步，而酿酒师杰里米·迪宁（Jeremy Dineen）的任务则是酿造赫罗米的同名葡萄酒。“我的酿酒方式主要受地点影响，”杰里米说，“就像人会通过口音来展示他们的故乡，好的葡萄酒也应该通过葡萄园独一无二的特色来透露它们的产地。”他已经掌握了培育赫罗米的黑皮诺葡萄树所需的地理优势：“位于南方的纬度给我们带来了黑皮诺需要的凉爽气候和漫长的成熟季节。作为岛屿，海洋对塔斯马尼亚岛的气候起到了巨大的调节作用，所以我们这里不会出现极端的炎热或寒冷天气。”

杰里米·迪宁已经看到了塔斯马尼亚酒业近年来的发展。这里不仅种出了更多的优质水果，新一代的年轻酿酒师也决心要生产出既独具特色、又富有表现力的葡萄酒。那么，杰里米自己的酿酒灵感是从何而来的呢？答案就是“摩泽尔（Mosel；见129页）的一些令人惊叹的单一葡萄园，还有汤姆·韦茨（Tom Waits）。”

www.josefchromy.com.au；电话 +61 03 6335 8700；370 Relbia Rd, Relbia；每天10:00~17:00

02 维洛酒庄(VELO WINES)

骑自行车和喝葡萄酒一直是个奇妙的组合。其实，在环法自行车赛的早期，骑手们都会在山脚下“突袭”咖啡馆和酒吧，装满能让他们振奋精神的饮品，以便应付前方的艰苦攀登。

遗憾的是，在澳大利亚的奥运自行车手迈克尔·威尔逊（Michael Wilson）成为职业选手的时候，这种传统就已经不见了。然而，作为规模不大但专售精品的维洛酒庄的创始人以

Courtesy of Tamar Ridge, Velo Wines

01 泰马河

02 约瑟夫·赫罗米酒庄的酒窖

03 塔马岭酒庄的奶酪配葡萄酒

04 约瑟夫·赫罗米酒庄的葡萄园

05 维洛酒庄的葡萄树

及资深的葡萄栽培师，他随时都可以享用葡萄酒。迈克尔用一些岛上最古老的葡萄树结出的果实来酿造红葡萄酒，包括一款黑皮诺和一款赤霞珠，这些葡萄树是塔斯马尼亚酒业的先驱格雷厄姆·威尔特希尔（Graham Wiltshire）在1966年种植的。现在，他也依然会参加自行车比赛，甚至还会主办Rapha Prestige Launceston之类的骑行活动——不过，现在骑手们通常只会喝一杯咖啡。

www.velowines.com.au；电话 +61 03 6330 3677；755 West Tamar Hwy, Legana；周三至周日10:00~17:00；Barrel Room餐馆在周末供应午餐和晚餐

03 塔马岭酒庄(TAMAR RIDGE)

跟着泰马谷葡萄酒之路的蓝黄标志来到塔马岭酒庄后，可以休息

Courtesy of Bay of Fires

一下，在草坪上取出自带的野餐，一边享用一边俯瞰逐渐变宽的河流。这是该地区相对较大的酒窖之一，是大企业布朗兄弟（Brown Brothers）向安德鲁·皮里博士（Dr Andrew Pirie）购买的，他是塔斯马尼亚最成功的葡萄酒品牌背后的男人。1994年，皮里安排一款塔斯马尼亚霞多丽参加了国际葡萄酒挑战赛（International Wine Challenge）的盲品，夺得了"最佳白葡萄酒"奖杯。皮里依然在跟布朗兄弟合作，生产一系列优质的起泡酒，但是他把白葡萄酒留给了塔马岭，其中包括一款淡黄色的贵腐型雷司令甜酒，以及一款桃子味的霞多丽。

www.brownbrothers.com.au；电话 +61 03 6330 0300；1a Waldhorn Drive，Rosevears；每天10:00~17:00

⓪④ 斯托尼瑞斯酒庄（STONEY RISE）

葡萄酒跟体育的联系在斯托尼瑞斯酒庄得到了延续，前板球运动员乔·霍利曼（Joe Holyman）现在管理着这家小酒庄，它离泰马河岸只有20分钟的步行距离。退役之后，乔曾经在葡萄牙和法国的酒庄工作过，然后他返回家乡，重建了斯托尼瑞斯。他酿造了两个等级的葡萄酒，一个是入门级的，使用"斯托尼瑞斯"酒标的黑皮诺，另一个是用单一葡萄园采收的葡萄酿制的、使用"霍利曼"酒标的黑皮诺。霍利曼黑皮诺要存放在橡木桶中进行陈年，以便使其成为富有深度、果香浓郁的葡萄酒。你可以在酒窖里品尝这款酒，在那里还可以俯瞰靠近海洋的泰马河。

www.stoneyrise.com；电话 +61 03 6394 3678；96 Hendersons Lane，Gravelly Beach；周四至周一11:00~17:00；7月至9月关闭

⓪⑤ 铁锅湾酒庄（IRON POT BAY）

铁锅湾酒庄隐藏在一条岔路里，正好背靠泰马河，这里的环境非常迷人。酒庄坐落在一栋塞满了珍奇小物件的隔板小屋内，不过新庄主朱莉安娜·马尼（Julieanne Mani）正在对其进行整修。这并没有影响她凭借铁锅湾的霍博（HOBO）起泡酒获奖。这家酒庄专门种植霞多丽和莫尼耶皮诺（Pinot Meunier）等种类的葡萄，并用它们酿出了非木桶酿造的白葡萄酒。品尝过这些酒之后，可以散步到河边看一看，或者在花园里的树荫下野餐。

www.ironpotbayvineyard.com.au；703 Rowella Rd，Rowella

06 火焰湾酒庄的彭妮·琼斯
07 火焰湾酒庄的酒窖
08 泰马的葡萄酒旅游路线

© Robin Barton

06 火焰湾酒庄(BAY OF FIRES)

要为旅程画上完美的句号，就离开泰马谷，到邻近更凉爽一些的风笛手河(Pipers River)产区去比较一下，它就在东边几公里远的地方。火焰湾酒庄得名自塔斯马尼亚岛东海岸的一片景色极美的海湾，而它本身是1773年由托比亚斯·弗诺船长(Captain Tobias Furneaux)命名的。酒庄内部，在塔斯马尼亚出生的彭妮·琼斯(Penny Jones)拥有在澳大利亚多个葡萄酒产区酿酒的经验。她精心酿制的黑皮诺非常成功，它们将黑樱桃、橡木和单宁的口感逐层集结，达到了绝佳的效果。她已经帮助火焰湾成为塔斯马尼亚的焦点酒庄之一，不过她并非孤军奋战，火焰湾还有一个姐妹品牌——阿拉斯之家(House of Arras)，后者专门出品传统的香槟型起泡酒。这也是澳大利亚起泡酒的最佳范例之一。

www.bayoffireswines.com.au; 电话 +61 03 6382 7622; 40 Baxters Rd, Pipers River; 每天10:00~17:00

实用信息 ESSENTIAL INFORMATION

去哪儿住宿

RED FEATHER INN

红羽毛旅馆坐落在泰马谷的海洋尽头处，位于河的东岸，它是塔斯马尼亚岛上最好的精品酒店之一，也供应正餐甚至烹饪课程。住处安排在一系列历史悠久的砂岩建筑内。

www.redfeatherinn.com.au; 电话 +61 03 6393 6506; 42 Main St, Hadspen

去哪儿就餐

STILLWATER

这家餐馆位于朗塞斯顿，坐落在泰马河畔的一家翻修后颇为时髦的、19世纪40年代的面粉厂内。这里供应悠闲的早餐、轻松的午餐，还有相当豪华的晚餐，包括美味的海鲜、肉菜和素菜。

www.stillwater.net.au; 电话 +61 03 6331 4153; 2 Bridge Rd, Ritchie's Flour Mill, Launceston

活动和体验

泰马谷附近的自然风光原始淳朴，举世无双，令人印象深刻。塔斯马尼亚岛的东海岸拥着一片片白沙滩和海湾，它们背后就是古老的森林。西边的克雷德尔山(Cradle Mountain)是国家公园，能让你在塔斯马尼亚岛的最高峰之间体验绝佳的徒步，还有可能看到一些当地的野生动物，包括袋熊和沙袋鼠。但是，如果你没在霍巴特(Hobart)停留，没去参观古今艺术博物馆(Museum of Old and New Art，简称MONA)——这个独树一帜又令人惊叹的地方有自己的酒庄[穆里拉酒庄(Moorilla)]——你的塔斯马尼亚之旅就不算完整。塔斯马尼亚是一座小岛，从朗塞斯顿开车前往霍巴特只需要2小时。

www.parks.tas.gov.au; www.mona.net.au

庆典

朗塞斯顿的节日是庆祝塔斯马尼亚美食、葡萄酒、啤酒和音乐的夏季派对，这个一年一度的活动会于2月的第二个周末在历史悠久的城市公园(City Park)举行，为期3天。这是品尝令人着迷的塔斯马尼亚当地农产品的好机会。

在州首府霍巴特，古今艺术博物馆会主办两场年度盛会——FOMO和MOFO，以分享博物馆在艺术和文化领域的前卫观点。

www.festivale.com.au

01

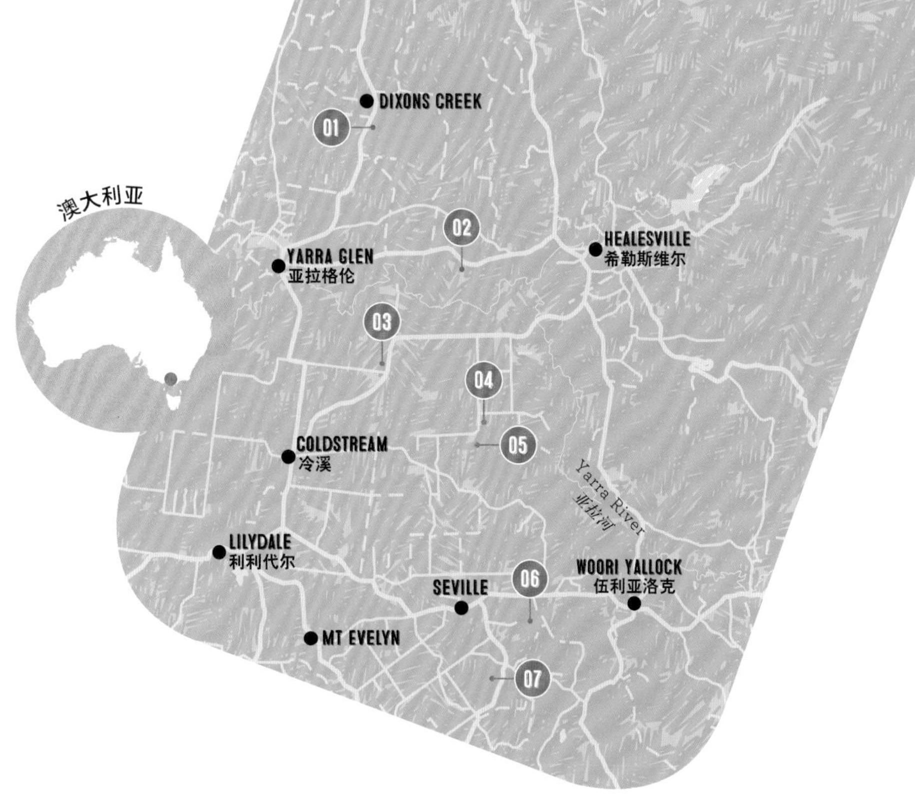

【澳大利亚】

亚拉谷 YARRA VALLEY

美妙的酒庄、迷人的城镇、新颖的艺术馆、游荡的袋鼠：作为完美的度假胜地，亚拉谷极具吸引力，从墨尔本前往那里不过片刻工夫。

20世纪60年代发生了很多好事，其中最好的一件，是像雅伦堡酒庄的吉尔·德普里（Guill de Pury）这样的先驱，打算再次在亚拉谷（Yarra Valley）种植葡萄。自从第一批移民于19世纪30年代来到这个地方，亚拉山脉（Yarra Ranges）的缓坡上一直种植着葡萄，酿酒业却逐渐萎靡，直到吉尔的业余爱好者酿酒师团队重新投入这一行业。雅伦堡最初只有2公顷（5英亩）葡萄园，然而现在吉尔管理着20多公顷（50多英亩）的土地。这种发展势头同样体现在山谷中：如今在乡村小镇亚拉格伦（Yarra Glen）和希勒斯维尔（Healesville）周围散布着大大小小的近100家酒庄和50多座酒窖。

葡萄酒作家及当地居民詹姆斯·哈利迪（James Halliday）把亚拉谷描述为“一个极其有魅力的地方”，它距离墨尔本只有1小时的路程。不过，来自大城市的大批游客——尤其是在周末——似乎毫不费力就融入了这个田园式的度假胜地。这里有数量充裕的酒庄和景点，足以让你找到属于自己的空间。这座山谷位于马伦达高速公路（Maroondah Highway）的北侧，以一排赤桉树为标志的亚拉河，笔直地从山谷中间穿过。天气炎热的时候，找个阴凉的地方游泳，并在河水中冰上一瓶霞多丽，可谓是无法抗拒的诱惑。由于一日游游客络绎不绝，亚拉谷保持着十分出色的配套设施，包括时髦的餐馆（通常坐落在酒庄里）、亚拉谷乳品场（Yarra Valley Dairy）之类的美食店，以及位于希勒斯维尔的很多熟食店，还有精品民宿。这令亚拉谷成了维多利亚州主要的葡萄酒旅游胜地，如果将范围放大到澳大利亚也同样如此。但是要记住，在规模较小的酒窖更有可能遇到真正的酿酒师，比如吉尔·德普里——而这正是葡萄酒之旅的乐趣所在。

如何抵达

距离最近的机场是墨尔本机场，开车大约1小时就可以到达。

01 曼达拉酒庄(MANDALA WINES)

虽然曼达拉酒窖的悬臂式屋顶看起来十分现代，但是这里的葡萄树，主要是黑皮诺和霞多丽，已经生长了近20年。挑选其中最好的葡萄酿造而成的单一葡萄园葡萄酒——岩石（Rock）、预言家（Prophet）、女族长（Matriarch）和蝶舞（Butterfly），可以在选定的周末进行品尝。澳大利亚的单一葡萄园葡萄酒试图引入旧世界的“风土”概念，也就是葡萄酒要体现一块特定土地的特色。可以尝尝两款黑皮诺，“女族长”和“预言家”，它们产自不同的葡萄园，然后找出你自己的答案。曼达拉的另一个亮点是餐馆，那里供应地中海风味的食物。

www.mandalawines.com.au；电话 +61 03 5965 2016；1568 Melba Hwy, Dixons Creek；周一至周五11:00~16:00，周六和周日10:00~17:00

02 泰拉若拉酒庄（TARRAWARRA ESTATE）

马克·贝森（Marc Besen）和埃娃·贝森（Eva Besen）不同寻常的创作带来的视觉效果，是亚拉谷的其他酒庄所无法企及的。这里的混凝土柱投下的阴影，会扫过由夯土墙和泰拉若拉艺术博物馆（Tarra Warra Museum of Art）的弧形玻璃墙围成的庭院。该建筑群坐落在希勒斯维尔和亚拉格伦之间的山脊上面，是墨尔本建筑师艾伦·鲍威尔（Allan Powell）的作品，似乎是亚拉的光线和土地为他带来了灵感。

酒庄的停车场经常挤满了跑车，入口卡在高高的侧墙之间，进去之后豁然开朗，葡萄园和向北延伸的景观庭园呈现在眼前，让人觉得参观这家酒庄的确是一次特别的经历。幸运的是，克莱尔·哈洛伦（Clare Halloran）的葡萄酒经得起大肆宣传的考验：她的霞多丽通常要在橡木桶中熟成10个月，是葡萄酒中个性明确的代表。这里的另一大诱人之处是泰拉若拉艺术博物馆，该馆主办的现代（1950年后）澳大利亚艺术品展览，展出的都是贝森家族自己的收藏。

www.tarrawarra.com.au；www.twma.com.au；电话 +61 03 5962 3311；311 Healesville–Yarra Glen Road, Yarra Glen；每天11:00~17:00

03 雅伦堡酒庄(YERINGBERG)

19世纪50年代淘金者第一次沿着亚拉小径（Yarra Track）前往维多利亚的金矿区，因为当时亚拉河泛滥，无法穿越。这条小径渐渐变成了大路。随着人们在河谷中定居下来，

01 亚拉谷产区
02 雅伦堡酒庄
03 泰拉若拉酒庄
04 曼达拉酒庄的收成
05 泰拉若拉酒庄的美食

Courtesy of Visions of Victoria, Mandala, Yeringberg

葡萄树也开始开花结果，19世纪80年代，第一次葡萄酒热潮席卷了亚拉地区。

像吉尔·德普里（Guill de Pury）这样的先驱带来的第二次葡萄酒热潮出现在20世纪60年代，他的雅伦堡酒庄就坐落在一座已有150年历史的老葡萄园的原址之上，因此这里的很多特点都可以追溯到那个年代。与过去的另一个联系是雅伦堡的玛珊－瑚珊（Marsanne Roussane）白葡萄酒，这款酒是用起初种植在亚拉地区的葡萄品种酿造的，熟成后很美味。

www.yeringberg.com; 810 Maroondah Hwy, Coldstream; 游览需要预约

04 华来美酒庄（WARRAMATE）

几只袋鼠溜进了华来美酒庄的上层围场。不过，就算你指出了这一点，他们也觉得没关系。"哦，是的，它们总是在白天跑到上层的地里去，但是太阳落山后，它们就会下来，回到酒窖前面的葡萄园里来。"酒庄的所有者琼·丘奇（June Church）说，"我们在每条过道上都种了燕麦，所以袋鼠更喜欢吃那些甜草，而不是咀嚼我们的葡萄藤。"30年前，杰克（Jack）和琼·丘奇在退休后来到了华来美——亚拉谷产区历史最悠久的葡萄园之一，不过，现在是他们的儿子戴维（David）负责酿酒。和亚拉的许多酒庄不同，他们在这里培育了几个葡萄品种，包括赤霞珠、黑皮诺、雷司令，以及酒庄标志性的设拉子。

华来美的位置极佳，从木制外廊向河谷的东西两侧眺望，景色十分迷人。间距很宽的葡萄树经过系统化管理，尽量做到将人为干预最

Courtesy of TarraWarra Estate

Courtesy of Visions of Victoria, Steven Morris © Getty Image

06 位于希勒斯维尔的巨步/旁观者酒庄(见61页)

07 冷溪山酒庄

小化。他们手工采摘所有的葡萄，自己装瓶，而且不灌溉葡萄树。"40年前，杰克在欧洲看到了在没有电也没有水的情况下它如何正常运转。"琼解释道，"你不需要为好葡萄浇水，只要它的根扎得够深。我们追求的是质量，而不是数量。"这是一个毫不做作的地方，葡萄酒可以为自己代言。结果可能时好时坏，但大自然就是如此。

www.warramatewines.com.au；电话 +61 03 5964 9219 27; Maddens Lane, Gruyere；每天10:00~18:00

05 冷溪山酒庄(COLDSTREAM HILLS)

当你成为澳大利亚最知名的葡萄酒品酒师时，是否会邀请投资人开办酒庄？这个问题并没有困扰詹姆斯·哈利迪(James Halliday)，他在投资方面做到了言行一致，于1985年创建了冷溪山酒庄。毕竟，这能有多难呢？这里由安德鲁·弗莱明(Andrew Fleming)负责酿酒，其出品的葡萄酒，尤其是黑皮诺，已经获得了广泛的赞誉。在某种程度上，他们的成功得益于将葡萄树紧密地种植在朝北的自然梯地上，就像在欧洲一样。

www.coldstreamhills.com.au；电话 +61 03 5960 7000; 31 Maddens Lane, Gruyere；每天10:00~17:00

06 摩根酒庄(MORGAN VINEYARDS)

退休的威尔士前陆军上尉罗杰·摩根(Roger Morgan)栽种了这座葡萄园，现在它的所有者是西蒙·冈瑟(Simon Gunther)和米歇尔·冈瑟(Michele Gunther)，他们正在翻修酒窖。能让威尔士人都抱怨天气，这里的天气状况可见一斑："这里的天气很极端——有些年会因为北风非常炎热干燥，但是寒冷的天气也会从南方席卷而来。"这种不可预测性延续到了罗杰选择的葡萄当中：难以捉摸又容易令人沮丧的黑皮诺。他解释道，黑皮诺喜欢凉爽、阳光充足的地方，比如塔斯马尼亚岛、新西兰和亚拉谷。"这是一种既敏感又容易生病的葡萄，所以我把它们种在了朝北的葡萄园东侧，那里可以照到朝阳，能让树冠干燥。"他在葡萄园的西侧种植了赤霞珠，这种葡萄很健壮，能够承受下午的烈日。树龄30年的葡萄树正处于生命的鼎盛时期。最后的成果是一款味道浓郁的黑皮诺，以及一款适合配餐、富含矿物气息的霞多丽。

www.morganvineyards.com.au；电话 +61 03 5964 4807; 30 Davross Court, Seville；周一至周五11:00~16:00，周六和周日11:00~17:00

07 五橡园酒庄(FIVE OAKS)

沃利·祖克(Wally Zuk)是五橡园酒庄的幕后决策者。这个和蔼可亲的加拿大人曾是澳大利亚重要的核物理学家。1999年退休后，他来到了利利代尔–伍利亚洛克(Lilydale–Woori Yallock)公路南侧的山顶葡萄园。如今，他运用科学的方法，用一排排赤霞珠尽力酿制品质最好的葡萄酒。经过认真地研究之后，他选定了地点："五橡园的表土层深达25米，下面是一层煤，这为我们提供了很好的排水系统。我们在丹德农山(Mt Dandenong)的背风处，所以不会遭受霜冻或冰雹的困扰。"

五橡园酒庄得名自酒窖和祖克的家之间的五棵橡树，这里会出产一些亚拉谷产区品质最好的赤霞珠。在其他酒庄应对黑皮诺的挑战时，祖克却在专心致志地培育他最喜欢的葡萄，纵向品尝一下他的卡本内就会发现，它们正变得越来越好。特殊年份的酒在装瓶时会作为精品(Seriously Good Shit，简称SGS)进行储备。"精品是从葡萄园的前25排中挑选出来的。"沃利解释说，"南区日照最多，但是自1997年以来，这三个环境截然不同的地区全都遭受过不同的破坏。"

由于葡萄园的位置偏高，沃利种植的葡萄的生长时间比河谷中位置靠下的葡萄要稍微长一些。"从1月下旬和2月起，葡萄树需要耗费很多能量结出果实。"他解释道，"葡萄的风味会进入果皮。它们不需要太多水，只要有温暖的天气和日照就可以了。"收获期越晚，果实中的糖分就越高。压榨后的葡萄汁会放入法国橡木桶熟成。不过，在Zuks' Hail-A-Cab品酒会(票价55美元)上，科学研究的精神仍在延续。自1998年以来，在品酒会上品尝过他的赤霞珠以后，客人就可以调配他们自己的混合饮料了。

www.fiveoaks.com.au；电话 +61 03 5964 3704；60 Aitken Road，Seville；周六和周日10:00~17:00，其他时间需要预约

实用信息 ESSENTIAL INFORMATION

去哪儿住宿

希勒斯维尔酒店(HEALESVILLE HOTEL)

希勒斯维尔酒店即将迎来它的百年诞辰，如果嘎吱作响的地板和古老的管道系统不会令你反感，那么这家很有情调的酒店正好可以成为探索该地区的基地。

www.healesvillehotel.com.au；电话 +61 03 5962 1037；256 Maroondah Hwy，Healesville

去哪儿就餐

巨步/旁观者酒庄(GIANT STEPS / INNOCENT BYSTANDER)

当你享用直接从木柴烤炉里拿出来的比萨时，还可以在错层式餐厅里观察运营中的巨步/旁观者酒庄。创始人艾莉森·塞克斯顿(Allison Sexton)和菲尔·塞克斯顿(Phil Sexton)已经为他们的酒窖增添了奶酪室、手工面包房，甚至还有自己烘焙的咖啡。

www.innocentbystander.com.au；电话 +61 03 5692 6111；336 Maroondah Hwy，Healesville

亚拉谷乳品场(YARRA VALLEY DAIRY)

向亚拉谷乳品场的奶酪致敬，这里是该地区购买奶酪的最佳去处。不论硬质还是软质，大多数奶酪都是在当地制作的。柜台后面有一个用餐区，可以在那里享用奶酪、薄脆饼干和橄榄拼盘。

www.yvd.com.au；电话 +61 03 9739 0023；Mc Meikan's Rd，Yering

活动和体验

在希勒斯维尔动物保护区(Healesville Sanctuary)近距离接触200多种澳大利亚动物，包括袋獾、考拉和袋熊。

www.zoo.org.au/healesville

日出时起飞，在葡萄园上空飞行1小时，然后到优伶酒庄(Yering Station)吃早餐。

www.gowildballooning.com.au

庆典

每年10月的第二个周末，沃伯顿公路(Warburton Hwy)沿线的小酒庄都会为ShedFest美酒节敞开大门。这是结识酿酒师、品尝不幸错过的葡萄酒，以及享受美食和一些现场音乐演出的好机会。

01

【加拿大】

尼亚加拉 NIAGARA

沿着精心设计的乡村葡萄酒小径，体验尼亚加拉产区不断改进的葡萄酒，以及令人愉快的度假式湖畔风情。

如何抵达

布法罗尼亚加拉国际机场（Buffalo-Niagara）是距离最近的大型机场，离云岭酒庄61公里远。可以租车。

尼亚加拉是一个令人兴奋的新兴葡萄酒产区，同时也是加拿大规模最大的葡萄酒产区。它位于安大略湖（Lake Ontario）南岸，距离多伦多以南约2小时车程，这里拥有的可不只是冰酒。尼亚加拉陡崖（Niagara Escarpment）是因古代侵蚀而形成的长长的山脊，其间不仅有迷人的瀑布，还有多样化的土壤类型所构成的奇异风土。再加上北纬43度的地理位置（相当于法国罗讷的阿维尼翁）以及巨大的昼夜温差，使这里有着即使土壤水平一般，也能培育出多种不同葡萄的潜力。和世界上其他年轻的葡萄酒产区不同，将尼亚加拉的特性与任何一个单一品种相结合都没有什么问题。在尼亚加拉酿造的白葡萄酒、红葡萄酒，乃至起泡酒都同样成功，尽管酒庄的规模和范围各不相同。

当地葡萄酒业的发展一度停滞：1974年——也就是19世纪初尼亚加拉培育杂交葡萄的全盛时期过了很久以后——尼亚加拉产区只剩下了6家酒庄。而现在，这里有近100家酒庄，种植的葡萄超过32种，其中大部分都用来酿酒。这片土地充满了重生的活力。作为旅行者，你很容易被那种令人晕眩的、认为一切皆有可能的气氛所感染，尤其是在体验过尼亚加拉很多古老村庄的殷勤好客，以及这里美丽的湖畔风光之后。

当然，早在现代葡萄酒业扎根之前，尼亚加拉就是国际旅游胜地，这要归功于附近瀑布经久不衰的吸引力、一片加拿大最漂亮的城镇，以及大量的自然徒步游和度假去处。一个强大的接待网络已经在这里蓬勃发展了数十年，尼亚加拉“葡萄酒旅游业”的快速成长就是在其基础之上取得的成果。不仅是在品酒室和葡萄园，也在数不胜数的咖啡馆、面包房、餐馆及商店，热情而专业地等候着每一位客人。

和爱德华王子郡（Prince Edward County）一同见证这个正在崛起的产区的未来，着实令人兴奋。

01 云岭酒庄(INNISKILLIN WINES)

尼亚加拉葡萄酒产区就是在云岭酒庄的基础上发展壮大的。酒庄于1975年取得营业执照，在此之前当地是没有正规酒庄的。云岭酒庄的发展促进了当地葡萄酒业的蓬勃发展，让甜美的冰酒成为尼亚加拉的名片。酒庄最引以为傲的当属雷司令、威代尔（Vidal）和品丽珠（Cabernet Franc）冰酒。除此之外，酒庄还生产不同种类的静态葡萄酒，包括多个品质等级的白葡萄酒和红葡萄酒。酒庄出产的葡萄酒品种繁多，来这里参观和品酒，对了解尼亚加拉产区的过去和现在是必不可少的。酒庄离尼亚加拉河（Niagara River）很近，经由3号线公路（Line 3 Rd）过来，进入庄严的白色大门，就会得到热情的迎接。庭院里有一家葡萄酒酒吧，还有休闲的应季烤肉店。

www.inniskillin.com*；电话 *+1 905-468-2187*；*1499 Line 3 Niagara Pkwy, Niagara-on-the-Lake*；夏季 *10:00~18:00*，冬季至*17:00

02 弗罗格庞德农场酒庄(FROGPOND FARM)

弗罗格庞德农场酒庄于2001年开业，素有“安大略省第一家有机认证酒庄”的美誉。自2006年以来，这家酒庄便开始使用由风力和水力驱动的绿色能源，也因此成为当地酿酒业未来发展的方向之一。目前，这里产出的白葡萄酒和红葡萄酒分布相当平均，包括两款用威代尔和香宝馨（Chambourcin）酿制的混合酒。阿尔萨斯风格的雷司令干白尤其值得关注。

www.frogpondfarm.ca*；电话 *+1 905-468-1079*；*1385 Larkin Rd, Niagara-on-the-Lake*；夏季*11:00~18:00*，冬季至*17:00

03 峡谷酒庄(RAVINE VINEYARD ESTATE WINERY)

峡谷酒庄就坐落在弗罗格庞德农场酒庄以南几个街区处，这是一家建立在旧农场（1867年）之上的新庄园（2008年）。第五代所有者诺尔

Courtesy of Ravine Vineyard Estate Winery

01 在珀尔莫里塞特酒庄偶遇当地人

02 峡谷酒庄

03 珀尔莫里塞特的葡萄酒

04 云岭酒庄

05-06 威兰德酒庄和餐馆

07 峡谷酒庄的餐馆

“尼亚加拉是个充满挑战的葡萄产地。今时今日，当地的葡萄种植业正在经历剧变，新一代的葡萄酒从业者也乐于接受这一变革。”

——珀尔莫里塞特酒庄的酿酒师弗朗索瓦·莫里塞特

Courtesy of Pearl Morissette

Wolfgang Kaehler © Getty Images

玛·简·哈伯（Norma Jane Harber）和她的丈夫布莱尔（Blair）与酿酒师马丁·沃纳（Martin Warner）合作，生产了种类颇多的国际知名葡萄酒——霞多丽、雷司令、赤霞珠和梅洛。不过酒庄最棒的葡萄酒当属品丽珠，即便在安大略省，峡谷酒庄的品丽珠也能拔得头筹。记得品尝酒窖中珍藏的瓶装酒。

在这里，你可以参加一系列符合你兴趣的主题游览，比如历史之旅（Historical Tour）或者酿酒之旅（Winemaking Tour），也可以参加私人品酒会。这里还有一家很棒的“从农场到餐桌”式的餐馆，着实是整个旅程的亮点。

***www.ravinevineyard.com*; 电话 +1 905-262-8463; 1366 York Rd, St Davids; 每天开放多次主题游览**

❹ 珀尔莫里塞特酒庄(PEARL MORISSETTE)

这家酒庄由梅尔·珀尔(Mel Pearl)和酿酒师弗朗索瓦·莫里塞特(François Morissette)联合创办，是业界颇具声望、水平极高的佼佼者。这家酒庄以找到最适合尼亚加拉葡萄酒的葡萄品种为己任，不断加以实践。为了找到答案，他们全力以赴、不惜工本。在勃艮第接受过培训的弗朗索瓦照看着超过12公顷(30英亩)的品丽珠、霞多丽、黑皮诺和雷司令，它们分布在两处不同的葡萄园(和产区)里，树龄各异。这里的酒窖是加拿大最棒的酒窖之一：里面装满了成熟年份不同的酒，体现了他们对品质最好的葡萄酒的不懈追求。然而，珀尔莫里塞特的高品质，主要在于对葡萄树无懈可击的管理——如果你在春季和秋季之间来访，可以要求参观葡萄园——另外别忘了打听游泳池的情况。珀尔莫里塞特酒庄就坐落在陶思葡萄园(Tawse Vineyard)东侧，沿81号公路(Highway 81)行驶就可以到达。

***www.pearlmorissette.com*; 电话 +1 905-562-4376; 3953 Jordan Rd, Jordan; 周六和周日，需要预约**

❺ 陶思酒庄(TAWSE WINERY)

陶思是尼亚加拉产区最受认可的酒庄之一(获得了多个奖项)，也是规模最大的酒庄之一。这里的6座葡萄园占地多达80公顷(200英亩)，里面种植着10个品种的葡萄，酿造的酒也涵盖了多种风格：起泡酒、白葡萄酒、桃红葡萄酒、红葡萄酒以及甜酒。葡萄园的管理方法是有机法和生物动力法的结合。建筑本身既宏伟又舒适宜人：一条宽阔

06

Courtesy of Vineland Estates

的私人车道穿过修剪整齐的草坪、漂亮的喷泉和绿树成行的草地，通往设备齐全的品酒室，那里有一家环绕式酒吧(在这里很容易跟其他旅行者混熟)，还有一座欧式酒窖。另外，别忘了品尝芳香四溢、带有热带风味的采石场路琼瑶浆(Quarry Road Gewürztraminer)，以及口感柔滑的黑佳美(Estate Gamay Noir)。

***www.tawsewinery.ca*; 电话 +1 905-562-9500; 3955 Cherry Ave, Vineland; 周一至周五10:00~17:00，周六和周日10:00~18:00**

去哪儿住宿

INN ON THE TWENTY

这是穴泉葡萄园(Cave Spring Vineyards)——其品酒室就在街对面——颇为奢华的"酒店侧翼",能提供几乎所有的便利设施,包括水疗中心,以及一家在搭配安大略葡萄酒和当地食物方面拥有长期经验的餐馆(晚餐菜单包括推荐的配餐酒——当然,酒来自穴泉)。这里的酒单也包括了品质上乘、由其他生产商出品的尼亚加拉葡萄酒。

www.innonthetwenty.com;电话 +1 905-562-5336; 3845 Main St, Jordan Station

PRINCE OF WALES

这个颇具历史意义的地标坐落在该地区最迷人的城市中心地带,就在一条富有魅力而且适合步行的街道上。自1864年以来,这里一直都是一个酒店,并在1999年进行过彻底的修复。它离尼亚加拉河有3个街区的距离,维多利亚时代的宏伟外观面对着绿树成荫的锡姆科公园(Simcoe Park),从著名的萧伯纳节日剧院沿街前行就可以到达。

www.vintage-hotels.com/princeofwales;电话 +1 905-468-3246; 6 Picton St, Niagara-on-the-Lake

去哪儿就餐

除了酒庄,峡谷的工作人员还经营着一家"从农场到餐桌"的餐馆,这个极其出色的地方备受赞誉。他们会在这里烘焙面包、养猪,并且供应自己生产的有机农产品。菜单随季节变动。

www.ravinevineyard.com/restaurant;电话 +1 905-262-8463; 13 York Rd, St Davids;午餐11:00~15:00,晚餐17:00~21:00

威兰德酒庄和餐馆(VINELAND ESTATES WINERY RESTAURANT)

这个高档的午餐去处位于陶思酒庄以南几个街区处。餐馆在一栋19世纪建造的漂亮农场里,下面还有一个酒窖,里面存放的葡萄酒可以追溯到1983年。这里的特色是用当地材料烹制的经典的欧洲-加拿大菜肴。

www.vineland.com;电话 +1 888-846-3526; 3620 Moyer Rd, Vineland

Courtesy of Ravine Vineyard Estate Winery

活动和体验

萧伯纳节日剧院(SHAW FESTIVAL THEATRE)

这是北美规模最大的戏剧节之一,这里全年都会上演萧伯纳的经典著作,也会上映一些流行的戏剧作品。

www.shawfest.com;电话 +1 905-468-2172; 10 Queen's Parade, Niagara-on-the-Lake

湖滨公园的湖滩

位于圣凯瑟琳斯(St Catharines)北侧的这片大受欢迎的湖滨地带是夏季景点之最,有钓鱼冒险(Fishing Adventures)和一条港口小径(Harbour Trail)。

庆典

1月的后3个周末,规模庞大的尼亚加拉冰酒节(Niagara Icewine Festival)会席卷滨湖尼亚加拉镇(Niagara-on-the-Lake),届时镇上许多地方都会举行庆祝活动,纪念安大略最引以为荣的美味冰酒。而6月中旬,在圣凯瑟琳斯举行的新葡萄酒节(New Vintage Festival)期间,游客可以品尝到该地区近30家酒庄出品的新鲜瓶装酒。

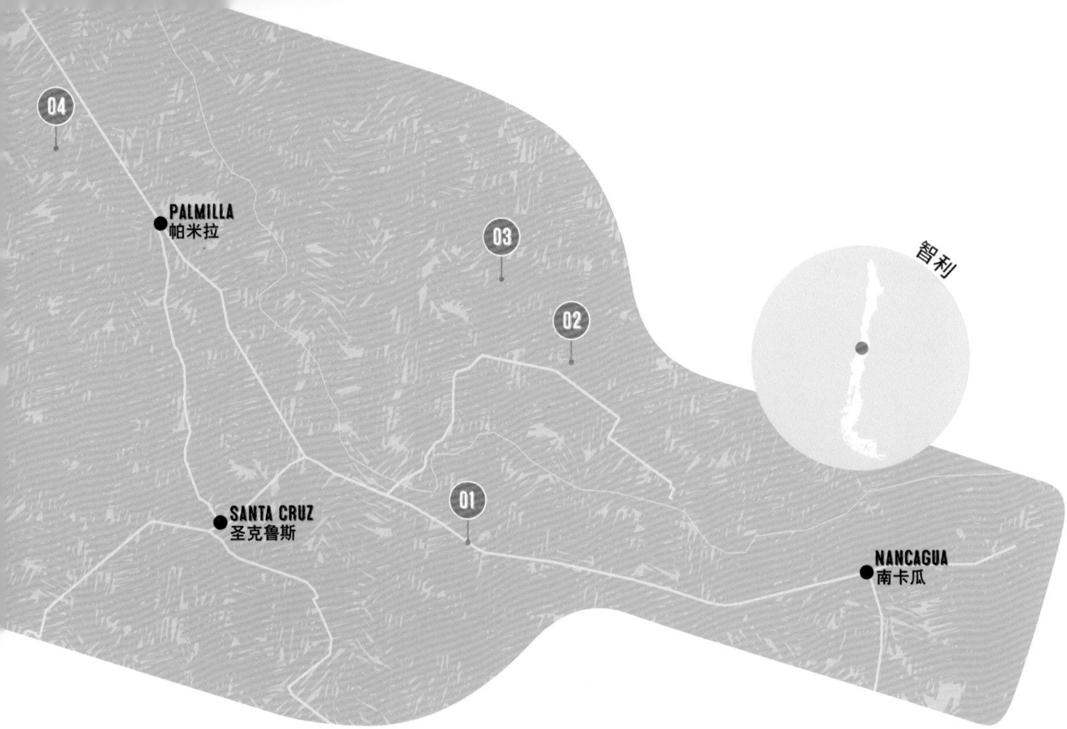

PALMILLA
帕米拉
SANTA CRUZ
圣克鲁斯
NANCAGUA
南卡瓜
智利
Courtesy of Vina Lapostolle

【智利】

科尔查瓜 COLCHAGUA

智利葡萄酒震撼了整个葡萄酒世界。科尔查瓜谷(Colchagua Valley),一个位于山岳与太平洋之间的静谧之地,可以让你尽情享受它的魅力。

夹在安第斯山脉和太平洋之间的智利,拥有非常适合种植葡萄的地形和气候:充足的阳光、凉爽的夜晚、肥沃的土壤以及丰富的水资源。尽管令人难忘的佳美娜(Carmenère)和长相思(Sauvignon Blanc)在几个产区都有产出,但是位于圣地亚哥以南仅2小时车程的科尔查瓜谷是该国最大、最知名的产区,而且在未来几年里,它还会向山坡和大海的方向继续扩张。

考虑到这里出产的葡萄酒的数量和质量,科尔查瓜的旅游业却没有过度发展,这或许有些出人意料。位于该产区中心地带的城镇圣克鲁斯(Santa Cruz),仍然是一个相对安静的地方。而诸如Ruta del Vino酒业协会这样的当地组织,则在城镇的主广场上设置了很有帮助的办事处,以便帮助游客充分利用他们的时间。这里的交通费用昂贵,而且很难安排,所以大多数打算拜访几家酒庄的旅行者都会在圣地亚哥租车,并开车前往。

宁静是科尔查瓜谷魅力的所在,与之形成鲜明对比的,则是当地引领风骚的葡萄酒产业。该领域的许多先驱都是年轻的企业家和酿酒师,他们在过去的一二十年里才开始创业。老藤是秘诀:这里酿造的红葡萄酒世界驰名,在《葡萄酒爱好者》(*Wine Enthusiast*)杂志刊登的最令人兴奋的葡萄酒排名中屡屡上榜,而该产区也是公认的南美最重要的产区之一。其实,由于这些老练的酒庄和令人惊叹的自然风光,科尔查瓜常被拿来与纳帕谷(Napa Valley)进行比较。一边品尝美酒,一边查看地图,考虑绕道前往海滩——你会发现加利福尼亚和智利的共同之处比你想象的还要多。

如何抵达

圣地亚哥是最近的大型机场,离圣克鲁斯172公里远。可以租车。

Courtesy of Vina Lapostolle, Viu Manent

❶ 美娜酒庄(VIU MANENT)

这家由家族所有的酒庄自身就是一处景点：2015年，英国的《国际饮料》(*Drinks International*)杂志将美娜酒庄的La Llavería评为了最佳酒庄旅游地，后者因此荣膺葡萄酒旅游奖(Wine Tourism Awards)。在这里，游客除了品酒，还能乘马车游览葡萄园，学习烹饪课程，参观马术中心、公平贸易精品店、能让你用一杯浓浓的卡布奇诺醒酒的咖啡馆。你也可以用酒庄的免费Wi-Fi，在社交媒体上分享这一切。

酒庄的葡萄酒质量上乘，翻翻《葡萄酒观察家》(*Wine Spectator*)杂志就知道了。2011年，当地出产的单一葡萄园赤霞珠和马尔贝克(Malbec)都获得了90分的高分。这家酒庄历史悠久：其品牌是1935年由一对从加泰罗尼亚移民到智利的父子创立的。

www.viumanent.cl；电话 +56 2-379 0020；Carretera del Vino km 37, Cunaco；每天10:30~17:00

❷ 蒙特斯酒庄(MONTES)

这家颇具声望的酒庄其实是外行一时冲动的产物。"我与葡萄酒的唯一联系就是周日的午餐，仅此而已。"奥雷利奥·蒙特斯(Aurelio Montes)在大学上他的第一门农学课程之前谈到自己的生活方式时说道。1987年，他想要挑战当地的酿酒标准。"智利的酒庄并不追求质量，"蒙特斯说，"他们乐于生产普通的产品，并以一般的价格进行出售。而我想酿造高品质的葡萄酒。"

他做到了：你可以在他位于山坡上的现代酒庄里，品尝蒙特斯酒庄标志性的红葡萄酒。在阿尔弗雷多小馆(Bistro Alfredo)享用午餐和配好的葡萄酒——那里的厨师擅长料理智利巴塔哥尼亚风味的海鲜菜肴——再到可以俯瞰葡萄园的山里来一次带导游的徒步游，为这次探访画上句号。

www.monteswines.com；电话 +56 72-281 7815；Camino a Milahue de Apalta s/n；每天9:00~18:00

❸ 拉博丝特酒庄/阿帕塔丘 (VIÑA LAPOSTOLLE / CLOS APALTA)

拉博丝特是山谷产区最高档的酒庄，也可以说是整个智利最高档的酒庄，这种声望可以用一个词来解释：柑曼怡(Grand Marnier)。马尼埃·拉博丝特家族创立并拥有这个世界闻名的利口酒品牌，所以他们擅长酿造葡萄酒也合情合理。实际上，这些用法国的技术生产的智利葡萄酒，被认为是该国葡萄酒之中的佼佼者——"源自法国，产于智利"是这个品牌的标语。

酒庄的酿酒历史始于20世纪90年代中期，在短时间内就取得了丰

01 拉博丝特的酒窖
02 美娜酒庄的老式游览方式
03 拉博丝特的葡萄收成

硕的成果。“我无法想象我们能如此迅速地生产出阿帕塔丘这样的葡萄酒。”联合创始人亚历山德拉·马尼埃·拉博丝特（Alexandra Marnier Lapostolle）在谈到她于1994年进军智利葡萄酒业时说，“但是从一开始，我就知道我们拥有很棒的风土和葡萄树，它们的树龄都在60年至80年之间。我清楚我们具备潜力，只要我们注重品质。”

拉博丝特酒庄坐落在库纳科镇（Cunaco）的一座传统智利式大庄园内，距圣克鲁斯只有很短的车程。这里有一系列品酒和游览活动可供选择，包括骑马游览葡萄园，酒庄还会提供从圣克鲁斯到酒庄的免费交通。

www.lapostolle.com；电话 +56 72-2953 350；Ruta I-50，Camino San Fernando a Pichilemu，km 36，Cunaquito；周一至周六10:30~17:30，团队游周日10:30出发

04 嘉斯山酒庄（MONTGRAS）

如果对你来说乘马车游览葡萄园听起来太过缓慢，别担心，在嘉斯山酒庄，你也可以滑吊索一览美景。这家友善的酒庄用多种活动吸引喜欢冒险的人们，从骑马和徒步到山地自行车骑行，活动相当丰富。

如果你报名参加一次这里主题为“酿造你自己的葡萄酒”的工坊活动，那么就连品酒也会成为亲身实践的机会。这些先驱酿酒师以尝试新技术而闻名，而他们在建立科尔查瓜谷葡萄酒之路（Colchagua Valley Wine Route）以吸引游客前往产区方面所发挥的作用同样广为人知。《葡萄酒爱好者》认为他们2009年的奎特萝干红葡萄酒（Quatro Red）“一直是智利最有价值的葡萄酒之一，每年都会带来惊喜”。

www.montgras.cl；电话 +56 72-2822 845；Camino a Isla de Yáquil s/n，Palmilla；10:00~16:30开放

去哪儿住宿

圣克鲁斯广场酒店（HOTEL SANTA CRUZ PLAZA）

圣克鲁斯广场酒店十分雅致，而且就位于圣克鲁斯镇中心。令人愉快的游泳池是放松的好地方。

www.hotelsantacruzplaza.cl；电话 +56 72-2209 600；Plaza de Armas 286，Santa Cruz

HOTEL TERRAVIÑA

这间舒适的葡萄酒度假屋坐落在一家经营已久的家族式酒庄的葡萄园中间，是当地旅行者们的最爱。

www.terravina.cl；电话 +56 72-2821 284；Camino Los Boldos s/n，Santa Cruz

去哪儿就餐

VINO BELLO

这是镇上唯一一家意大利餐馆，菜肴精美，还设置了浪漫的、可以俯瞰葡萄园的露天座位。Vino Bello和Hotel TerraViña酒店坐落在同一家酒庄的建筑群内。

www.vino-bello.com；电话 +56 72-2822 755；Barreales s/n，Santa Cruz

PANPAN VINOVINO

这家休闲而又经典的智利餐馆，占据着一家经过翻修，历史可以追溯到1830年的面包房。它位于圣克鲁斯镇外6公里处，就在Carretera del Vino路旁。

panpanvinovino.cl；电话 +56 9-5193 823；I-50，km 31，Cunaco

活动和体验

圣克鲁斯是智利最大的私人博物馆所在地。科尔查瓜博物馆（Museo de Colchagua）的展品包括哥伦布发现美洲大陆以前的人工制品、武器、马普切银器、老爷车，以及蒸汽驱动的机械和酿酒设备。

www.museocolchagua.cl；电话 +56 72-2821 050；Errázuriz 145，Santa Cruz

庆典

科尔查瓜一年一度的葡萄丰收节（Fiesta de la Vendimia）将在3月初举行，以庆祝秋季的葡萄收成。届时可以在当地酒庄设在阿马斯广场（Plaza de Armas）的摊位上免费畅饮葡萄酒。一定要尽早预订，这座安静的城镇届时会有大批游客涌入。

www.vendimiadesantacruz.com

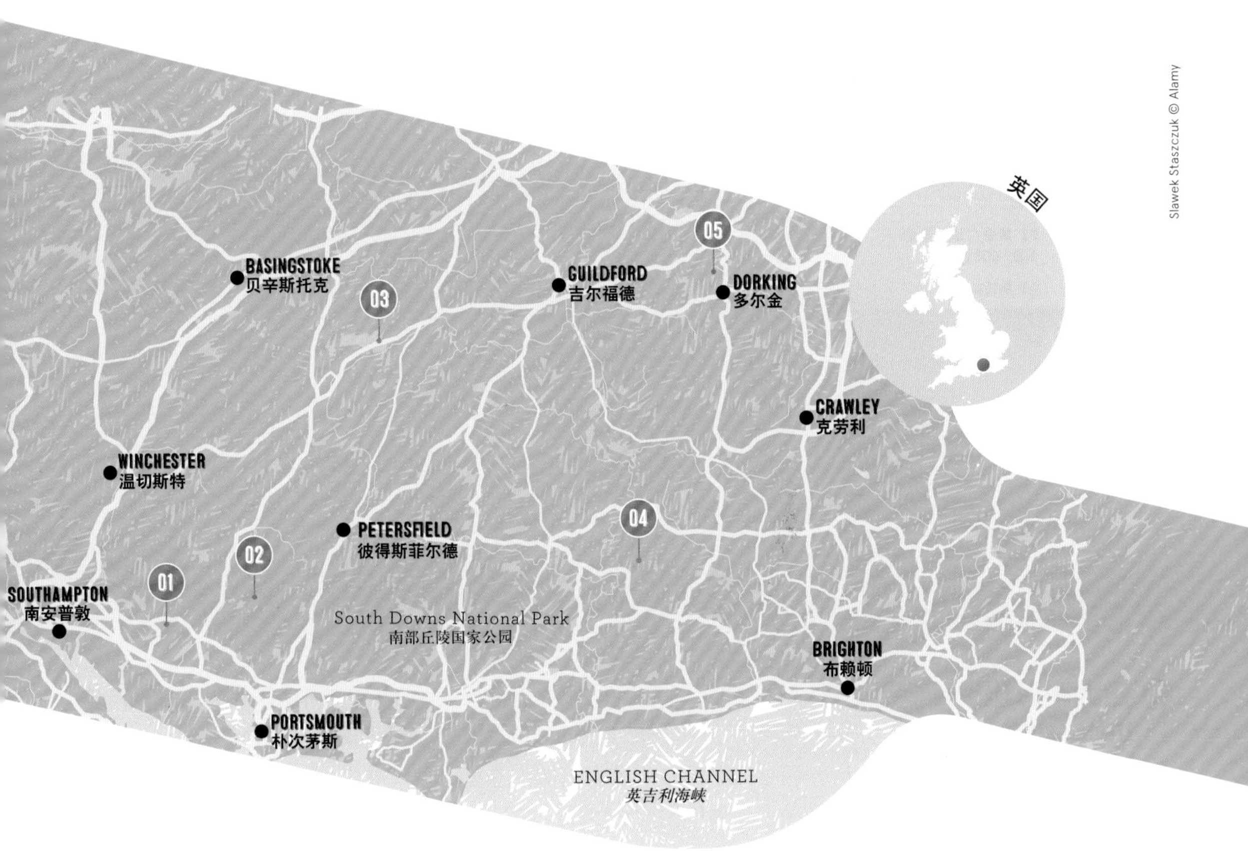

【英国】

南部丘陵 SOUTH DOWNS

气泡丰富、精致优雅而且屡获奖项——英国的白葡萄酒在夏季闪闪发光，夏季也是游览英国南部地区葡萄园的最佳时机。

云雀在苍穹下高歌，绿色的田野从交织着白色小道的白垩质山脊向下延伸。南面是海洋，北面则是汉普郡（Hampshire）和萨塞克斯郡（Sussex）。这就是夏季的英格兰南部丘陵，有村庄和徒步小径。出乎很多人的意料，这里也分布着大量的葡萄园。南部丘陵现在成了一座国家公园，这条狭窄的、160公里长的白垩质山脊，从英格兰的古都温切斯特（Winchester）一直向东南方向延伸，直至伊斯特本（Eastbourne），可以说是重现了海峡对面香槟地区的岩石层。

长久以来，英国的葡萄酒一直是个笑柄，法国人对此尤其嗤之以鼻。英国产的葡萄酒被认为口感寡淡，不是过于酸涩，就是甜度超标。但是近十年来，南部丘陵产区已经出产了一些品质出众的香槟起泡酒。实际上，英国的酒庄彼此相距很远，从肯特郡的滕特登（Tenterden）到康沃尔郡的其他地方都有分布，一次旅行不足以访遍所有酒庄。它们并非全都坐落在南部丘陵产区，很多都在内陆更深处，而且很少向公众开放（这种情况将会有所改变）。有一些酒庄集中在宁静的汉普郡，可以用一个周末去那里探索英国的葡萄酒，以及该郡其他的有趣景点，或许，你会发现意想不到的乐趣。

如何抵达

南安普敦和伦敦盖特威克是最近的机场，但是从伦敦乘火车前往该产区也只需要1小时。

01 南部丘陵国家公园

02 詹金广场酒庄的西蒙·布莱登

03 纳特本酒庄

Courtesy of Jenkyn Place

❶ 三大唱诗班酒庄 (THREE CHOIRS)

位于南部丘陵国家公园（South Downs National Park）西南端、坐落在威克姆（Wickham）的这座葡萄园，是英格兰最古老的葡萄园之一，这点从园中遒劲苍老的葡萄藤上可见一斑。不过，英国种植葡萄的历史可以追溯到更加久远的过去：早在11世纪的诺曼征服时期，葡萄就被酿成葡萄酒了。

现在，三大唱诗班酒庄更为人们所熟知的是它的餐馆，那里供应从本地采购的农产品。

www.three-choirs-vineyards.co.uk/hampshire；电话 +44（0）1329 834700；Botley Rd, Shedfield, Southampton；周三至周日14:30 奶酪和葡萄酒之旅（收费）

❷ 汉布尔登酒庄 (HAMBLEDON VINEYARD)

汉布尔登种植霞多丽葡萄树已经10年了。“我们种植葡萄树的白垩土，是大约6500万年前在巴黎盆地的海床上形成的。”这里的总经理伊恩·凯利特（Ian Kellett）说，“在香槟地区白丘产区（Côtes des Blancs）出产最好的霞多丽的地方，也发现了同样的白垩土。”在杜洛儿香槟（Champagne Duval Leroy）的埃尔韦·热斯坦（Hérve Jestin），以及毕业于兰斯大学（Reims University）的安托万·阿尔诺（Antoine Arnault）等酿酒师的支持下，汉布尔登酒庄与法国的联系十分紧密。

从三大唱诗班往北，开车走不远就会来到汉布尔登酒庄，它坐落在与之同名的汉普郡村庄里，这个美丽宁静的地方有山丘、田野、树林，以及几乎没什么人走的燧石小路。

www.hambledonvineyard.co.uk；电话 +44（0）2392 632358；Hambledon；游览需要预约

❸ 詹金广场酒庄(JENKYN PLACE)

“2004年，我们在尼丁博酒庄（Nyetimber）参加了一个活动，”西蒙·布莱登（Simon Bladon）回忆道，“活动上我们品尝了味道绝佳的葡萄酒。我问主办商酒是哪儿产的，他们说‘这里’。于是，我回来后就种了一片葡萄树，换作是你也会这么做。”詹金广场位于白垩土地带的北部边缘，南部丘陵产区在其南面大约半小时车程处。这是汉普郡一个非常漂亮的角落，靠近作家简·奥斯汀（Jane Austen）居住过的乔顿（Chawton）。这家酒庄只在每年7月作为汉普郡美食节（Hampshire Fare）的一部分，向公众开放几天，但是不管怎样，夏季都是游览的最佳时机。

www.jenkynplace.com, www.hampshirefare.co.uk；Hole Lane, Bentley；7月开放

❹ 纳特本酒庄 (NUTBOURNE VINEYARD)

穿过边界进入西萨塞克斯（West Sussex），去拜访纳特本酒

Courtesy of Nutbourne Vineyards

庄。附近的尼丁博酒庄代表着英国起泡葡萄酒的前沿，可惜不对公众开放。位于普尔伯勒（Pulborough）的纳特本酒庄则对所有人开放。2015年，该酒庄的静态白葡萄酒还在国际葡萄酒暨烈酒大赛（International Wine and Spirit Competition）中获得了金奖，这是第一款获胜的英国静态葡萄酒。这里的起泡酒也极为出色。

这家酒庄由家族所有，其办公地点设在丘陵中间的一座19世纪的风车内。葡萄园爵士乐（Jazz in the Vines）音乐会在每年8月举办。

www.nutbournevineyards.com；电话 +44（0）1798 815196；Gay St, Pulborough；5月至10月 周二至周五14:00~17:00；周六和银行假日11:00~17:00

05 丹比斯酒庄
（DENBIES WINE ESTATE）

从普尔伯勒转向北部丘陵，前往位于多尔金（Dorking）的丹比斯酒庄，这是英格兰规模最大的葡萄园之一。这里专门酿造起泡白葡萄酒，所出产的半干型酒展现了香槟经典的奶油糕点和梨子香气。

www.denbies.co.uk；电话 +44（0）1306 876 616；London Rd, Dorking；4月至10月每天9:30~17:30，11月至次年3月至17:00

实用信息 ESSENTIAL INFORMATION

去哪儿住宿

如果想找位于市中心的住处，以及精心设计的酒单，可以试试坐落在温切斯特——位于南部丘陵产区西端的门户城市——的Hotel du Vin酒店。作为以自己的葡萄酒为荣的连锁酒店的一部分，在南部丘陵另一端的布赖顿（Brighton）也有一家Hotel du Vin酒店。

THE FLINT BARNS

位于丘陵产区东端的拉斯芬尼酒庄（Rathfinny Estate）是一座新兴的葡萄种植园，就在比奇角（Beachy Head）的白色悬崖附近。它提供简单但舒适现代的住宿。除了住所，酒庄还开发了品酒室，可以在此品尝美味的起泡酒。

www.rathfinnyestate.com；Alfriston, East Sussex

去哪儿就餐

HAWKLEY INN

这家乡村酒馆位于詹金广场酒庄和纳特本酒庄之间，在靠近汉普郡和萨塞克斯郡边界的地方，这里供应的午餐很棒，如果天气允许，还可以在大花园里享用。

www.hawkleyinn.co.uk；电话 +44（0）1730 827205；Hawkley

JSW

杰克·沃特金斯（Jake Watkins）的小旅馆内有一家米其林星级餐馆，供应现代英国菜肴。

jswrestaurant.com；电话 +44（0）1730 262030；20 Dragon St, Petersfield

活动和体验

南部丘陵是英国的国家公园，一直吸引着喜爱徒步、骑山地自行车以及骑马的人们。南部丘陵小路（South Downs Way）起起落落，从温切斯特一直延伸到伊斯特本（Eastbourne），长达160公里（100英里）。因为沿途可以到达很多地方，所以你可以一次走一小段。

www.southdowns.gov.uk

庆典

每年7月，汉普郡美食节（Hampshire Food Festival）都会席卷当地各个乡镇。为期1个月的节日期间，会举办各种农产品的庆祝活动，从斯托克布里奇（Stockbridge）产的水牛奶酪，到来自温切斯特的杜松子酒，应有尽有。葡萄酒活动包括快闪晚餐和品酒之旅，这些通常都很受欢迎。

www.hampshirefare.co.uk

01

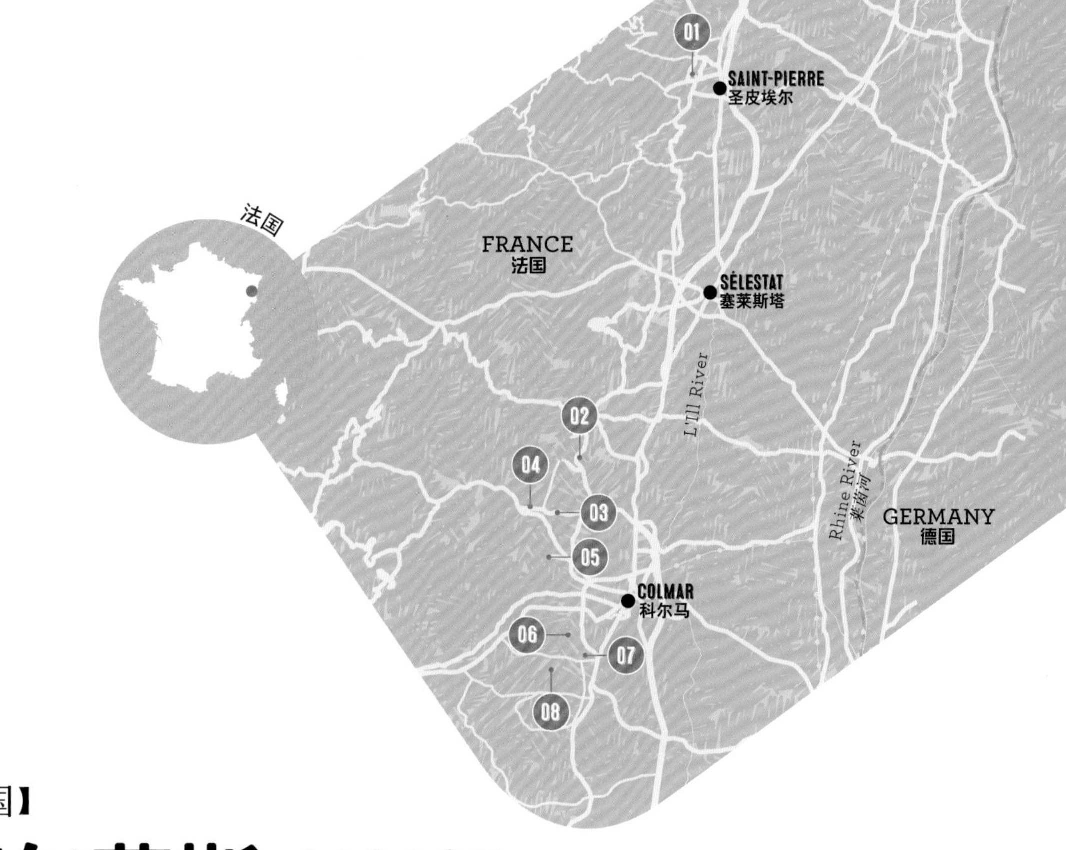

【法国】

阿尔萨斯 ALSACE

走进法国东北部风景如画的村庄，到传统的木质酒庄里去品尝独具特色的白葡萄酒。

从罗马人在这里种下第一批葡萄开始，阿尔萨斯的酿酒业历经起伏，历史悠久。历史资料显示，在中世纪，当地有160个村庄种植葡萄，到了16世纪，当地生产的葡萄酒便享誉欧洲。接下来的300年里，阿尔萨斯被德法轮番统治，战争、根瘤蚜虫病和政治龃龉不断。直到近50年，当地的葡萄酒产业才得以复兴，出产的葡萄酒质量显著提升。今天，阿尔萨斯产区是有机种植运动的先锋。这里风景如画的山坡葡萄藤遍布，其地理环境和气候条件对白葡萄酒来说堪称极致，在7个官方葡萄品种之中，黑皮诺是唯一用来酿造红酒的。每座村庄、每位酿酒师，都对雷司令、琼瑶浆、白皮诺（Pinot Blanc）、灰皮诺（Pinot Gris）、麝香和西万尼（Sylvaner）有着深刻的理解和独到的诠释。

谈到对葡萄酒旅行者的欢迎，法国的任何地方都无法跟这里相比。大约60年前，阿尔萨斯就设计了自己的葡萄酒之路（Route du Vin），而它也是第一个这么做的产区。如今，当地的酿酒师总会想出一些新点子来吸引葡萄酒爱好者：穿过葡萄园的自行车之旅和马拉松赛跑、美食和葡萄酒集市、途经贝尔盖姆（Bergheim；法国最美丽的村庄的有力候选地）童话般的砖木房屋的游行纪念着阿尔萨斯出产的琼浆玉露，以及庆祝活动中点亮的很像起泡酒（Crémant）瓶子的中世纪教堂的灯饰。在阿尔萨斯还有一个悠久的传统，酿酒师会打开他们乡村住宅的大门，将其作为迎接客人的chambres d' hôte，也就是法国版的民宿。与正式的品酒活动不同，留宿的客人通常能够幸运地在酿酒师下班后的晚上跟他一起坐下来，放松地品尝他最喜爱的葡萄酒，这个长长的餐前酒往往会持续到在当地小馆中享用晚餐的时候。

如何抵达

巴塞尔·米卢斯·弗赖堡欧洲机场是距离最近的大型机场，它离米特尔贝尔盖姆99公里远。可以租车。

“阿尔萨斯生产的顶级佐餐葡萄酒，可以完美地搭配各种美食，从辛辣的四川面条到印度咖喱，从寿司到斯蒂尔顿奶酪，皆不在话下。”

——酿酒师艾蒂安·于热尔（*Etienne Hugel*）

01 阿尔贝特·塞尔茨酒庄(DOMAINE ALBERT SELTZ)

米特尔贝尔盖姆（Mittelbergheim）虽荣登法国百座“最美村庄”（Plus Beaux Villages）的榜单，却鲜有游客前往，因此保持了其原有的风貌。当地的酿酒师阿尔贝特·塞尔茨是第16代酿酒师，也是低调的西万尼葡萄的拥护者，他这样描述西万尼葡萄：“没有人想谈论它，甚至宁愿想象它不存在”。与雷司令之类的葡萄相比，西万尼常常会被人们忽视，而塞尔茨坚持不懈地奋斗，就是想让法国的葡萄酒业界承认这一带的西万尼葡萄园是特级园。游客们可以放松心情，品尝阿尔贝特所展示的十几款品质极佳的西万尼葡萄酒，其中包括味道醇郁的米特尔贝尔盖姆葡萄酒，还有妙不可言、产于2001年的老藤（Vieilles Vignes）葡萄酒。对于后者，他富有诗意地描述道：“这酒的光泽像极了深秋的一抹金色，香气醇厚浓郁，搭配炒野蘑菇简直是极致的享受。”不过，不要指望他的酒能得到官方认证，正如阿尔贝特所言：“我，付钱给那些官僚机构来管控我的酒？别开玩笑了！我不稀罕生物酿酒，也不关心生物动力，我是阿尔贝特·塞尔茨！”

www.albert-seltz.fr*；电话 *+33 3 88 08 91 77*；*21 Rue Principale, Mittelbergheim

02 贝克尔酒庄(DOMAINE BECKER)

这家友好而朴实的酒庄是展现阿尔萨斯的酿酒师们如何抓住葡萄酒旅游业潜力的典型例证，他们会将大量的产品直接出售给前来品酒的游客。贝克尔庞大而凌乱的农场内的旧谷仓，已经被改造成了巨型的传统阿尔萨斯式葡萄酒吧，店内的氛围更像令人愉快的小酒馆，而不是精致的葡萄酒吧。除了自产的有机葡萄酒，玛蒂娜·贝克尔（Martine Becker）还会推销当地的特产：蜗牛、蜂蜜、果酱、鹅肝酱以及独特的阿尔萨斯陶器。玛蒂娜是一位性情中人，

01 尼德莫尔斯克维（Niedermorschwihr）村

02 充满魅力的阿尔萨斯产区

03 在克卢尔酒庄的花园里

04 爱弥拜尔酒庄所在的埃圭斯海姆村

© John Brunton

总是准备跳上她那辆破旧的雪铁龙2CV（Deux Chevaux，意为“两马力的车”），到葡萄园里来一段颠簸的旅程。她还知道很多传奇式的乡村故事：“你能想象在第二次世界大战期间，150多名村民晚上都睡在我们的酒窖里以躲避轰炸吗？——爸爸说，他们还喝掉了我们的好多存货，以免将要占领这里的德国军队得到它们！”

www.vinsbecker.com；电话 +33 3 89 47 90 16；4 Route d'Ostheim，Zellenberg

03 保罗·布朗克父子酒庄（DOMAINE PAUL BLANCK ET FILS）

这里的酒窖始建于16世纪，品酒室的木质装潢质朴典雅，巨大的橡木桶摆放其中，上面描绘着传统的阿尔萨斯美景。在这里小坐片刻，你就会发现菲利普·布朗克（Philippe Blanck）是多么了解阿尔萨斯复杂的葡萄酒产业，并能将其准确地介绍给客人们。他能将单一的西万尼、特级园灰皮诺、甘甜的琼瑶浆晚收酒、迟摘型葡萄酒（Vendange Tardive）以及由贵腐霉（botyris cinerea）造就的贵腐葡萄酒（Grains Noble）的奢华甘露之间的差别解释得一清二楚。拔出一瓶稀有的特级园黑皮诺的软木塞，菲利普提供的建议可供所有拜访阿尔萨斯酒窖的游客们参考：“不要只是怀着品酒的希望顺道拜访酒庄，人们应该明白，先打个电话预约总是值得的，这才是与酿酒师会面并交换意见的真正方式。来这里的游客应该做3件事：欣赏我们美妙的葡萄园风光、和酿酒师本人一起品尝葡萄酒，然后问问他到哪去吃饭，因为在你品尝阿尔萨斯菜肴的同时配上我们的葡萄酒才是最完美的。”

www.blanck.com；电话 +33 3 89 78 23 56 32；Grand' Rue，Kientzheim

04 温巴赫酒庄（DOMAINE WEINBACH）

一座被石墙环绕的古老的葡萄园开启了我们在阿尔萨斯村庄凯泽贝尔（Kaysersberg）的葡萄酒之旅。这是一座占地30公顷（74英亩）的庄园的一小部分，卡特琳·法莱（Catherine Faller）和她的儿子泰奥（Theo）在这里致力于酿造精选葡萄酒。石墙后面的宏伟宅邸和酒庄是一座古老的嘉布遣会修道院，1612年，修道士们就在修道院周围5公顷（12英亩）的嘉布遣园（Clos des Capucins）种植过葡萄——文献显示，他们还养殖蜗牛！法国大革命期间，修道士遭到驱逐，后来卡特琳的祖父在1898年买下了这片土地。在这里品尝口感复杂的浓缩型奥登堡灰皮诺（Pinot Gris Altenbourg，2012年份），或者甘甜的晚收型琼瑶浆等葡萄酒，卡特琳都会提出关于食物搭配的完整建议，这是阿尔萨斯的特色，这里的葡萄酒似乎真的很适合搭配每一道菜肴。“难道你想象不到这款麝香搭配新鲜芦笋、白皮诺搭配奶酪蛋奶酥（soufflе），”她对此津津乐道，“或者我们醇厚的珍藏黑皮诺（Pinot Noir W Reserve）配上美味多汁的小羊腿是多么绝妙吗？”

www.domaineweinbach.com；电话 +33 3 89 47 13 21；25 Route du Vin，Kaysersberg；需要预约

05 克卢尔酒庄（VIGNOBLE KLUR）

克卢尔家族是“慢食运动”（Slow Food Movement）的成员，他们为生态型葡萄酒爱好者创造了一个天堂般的度假地。克莱芒·克卢尔（Clement Klur）不但会酿造品质出众的生物动力法葡萄酒，还把自己的家族宅第改造成了不拘于传统的民宿，客人可以在这里参加各种活动，从葡萄酒课程和传统的阿尔萨斯烹饪课程，到诗歌朗诵，应有尽有。庭院一直延伸到了菜园、池塘、桑拿浴室和日光浴室，而且会组织穿过极具吸引力的梯田式葡萄园的步行游览，在那里可以俯瞰卡特藏塔（Katzenthal），即猫谷。这里还有一家休闲的法式小馆，专门供应跟葡萄酒相匹配的小吃，比如新鲜的山羊奶酪搭配雷司令、灰皮诺和栗子慕斯。克卢尔在酒窖里同样创意十足，很多葡萄酒使用的都是螺

Hiroshi Higuchi © Getty Images

旋盖——这在阿尔萨斯几乎属于异端，还有用相对年轻的葡萄树结出的果实酿造的、既经济实惠又非常好喝的卡茨（Katz）系列，这是为喜爱猫咪商标的人们打造的。

***www.klur.net*; 电话 +33 3 89 80 94 29; 105 Rue des Trois Epis, Katzenthal**

06 巴尔布梅彻酒庄
(DOMAINE BARMÈS-BUECHER)

在这家热情四溢的酒庄里，品酒室是极简主义风格的石木结构建筑，也是一座极具魅力的当代沙龙。热纳维耶芙·巴尔姆（Genevieve Barmes）和她的女儿索菲（Sophie）首先会砰地一声打开一瓶招牌零糖分极干型起泡酒（Brut Crémant Zero Dosage），这款酒是用4种葡萄混合酿制的。这里的酿酒师是索菲的兄弟，24岁的马克西姆（Maxime）。他们全家都是生物动力法酿酒模式的狂热爱好者，从拱顶酒窖的风水设计，到尽可能用马在葡萄树之间犁地，无所不为。热纳维耶芙和她已故的丈夫弗朗索瓦（Francois）都来自典型的农家，早在20世纪80年代，他们就决意要结束以化学制品为主导的种植方式，转向有机种植，用他们自己的风格来生产更高品质的葡萄酒。这一切当然已经获得了成功，除了世界葡萄酒评论界的元老们献上的溢美之词，葡萄酒的品质本身就是最好的证明。可以尝尝他们标志性的琼瑶浆，从经典的2009年份的罗森伯格（Rosenberg），到2005年份的特级园斯坦格吕伯（Grand cru Steingrubler），其中的水果香味简直是爆炸性的。

***www.barmes-buecher.com*; 电话 +33 3 89 80 62 92; 30 Rue Sainte Gertrude, Wettolsheim**

07 爱弥拜尔酒庄
(MAISON EMILE BEYER)

迷人的埃圭斯海姆（Eguisheim）自中世纪以来一直没有什么变化，如今游客蜂拥而至，聚集在小镇的广场上，抬头凝视在教堂尖塔的顶上保持着平衡的标志性鹳巢。从1580年开始，广场上传统的色彩鲜艳的砖木结构房屋之中的一栋就成了拜尔家族的酿酒之家。现在他们在城镇的郊区拥有一家现代的酒庄，不过品酒活动仍然在这个铺着鹅卵石的庭院内进行。就像阿尔萨斯各地都在为一场马拉松式的活动做准备一样，拜尔家族也生产了大约30种不同的葡萄酒，这些酒都产自他们占地16公顷（40英亩）的有机庄园。可以尝尝惊人的干型麝香，或者醇厚的橡木桶陈酿黑皮诺，虽然展出的明星是他们的特级园雷司令（Grand cru Riesling）。拜尔妈妈用供应葡萄酒来吸引游客，她的儿子、家族的第14代酿酒师克里斯蒂安（Christian）指出：“有记载最初在这片绵延起伏的山坡上种植葡萄的是罗马人，我相信，当你站在出产我们橡树丘特级园雷司令（Riesling Grand cru Eichenberg）的葡萄树之间，你就会感受到这里不可思议的历史和传统。”

www.emile-beyer.fr；电话 +33 3 89 41 40 45；7 Place du Château，Eguisheim

08 热拉尔·许勒酒庄(GERARD SCHUELLER)

在这座已有500年历史的庄园外面，根本看不出颇具争议的布鲁诺·许勒（Bruno Schueller）是在这里酿造了品质极佳的葡萄酒。这里没有品酒室，只有一张摇摇晃晃的桌子挤在钢桶和橡木桶之间，上面摆着十几瓶半开口的葡萄酒，此外还有一个工作区，布鲁诺会在此将酒标手工粘贴到Bulle de Bild大酒瓶上，这种起泡琼瑶浆混合了10%的雷司令葡萄汁，布鲁诺却不认为这是起泡酒（Cremant）。其实，他经常因为非正统的“自然酒”无法通过官方的品鉴测试而跟官方机构发生冲突，但是这似乎并没有给他带来苦恼，尤其是在他把产品出售给世界上最著名的餐馆时，例如诺马（Noma）和罗卡兄弟（Can Roca），他们都排队等候着他供应的酒。“我喜欢让我的葡萄酒在品尝时保持打开的状态，看看是否会出现氧化作用。不过我并不担心，它们似乎打开放置的时间越长，就会变得越好。”他解释道。品酒开始后，这一点得到了证实。他开了一瓶2012年份的年轻的雷司令，这瓶酒年份尚浅，味道并不淳郁。然后他又拿出了两周前打开的2008年份的特级园雷司令，后者呈深琥珀色，口感极其丰富。

电话 03 89 49 31 54；1 Rue des 3 Châteaux，Husseren les Châteaux；拜访前需致电预约

实用信息 ESSENTIAL INFORMATION

去哪儿住宿

CLOS FROEHN

在马丁（Martine）和阿方斯·奥布雷（Alphonse Aubrey）可以俯瞰葡萄园的17世纪小别墅中，客人会得到无微不至的照顾。早餐时段，阿方斯（以前是乡村面包师）会供应蛋糕和点心。

www.clos-froehn.com；电话 +33 3 89 47 95 68；46 Rue du Schlossberg，Zellenberg

SYLVIE FAHRER

这家民宿价格合理，虽然房间很简单，但是可以在砖木结构的精致沙龙里享用早餐。晚上的品酒活动在改造过的谷仓里进行，那里装满了酒桶和拖拉机。

www.fahrer-sylvie.com；电话 +33 3 89 73 00 40；24 Route du Vin，Saint Hippolyte

去哪儿就餐

WISTUB DU SOMMELIER

这家舒适的阿尔萨斯酒吧是葡萄酒吧和小酒馆的混合体。餐厅供应的酒水种类齐全，涵盖了当地所有的葡萄酒，并搭配与之相应的美食佳肴。

wistub-du-sommelier.com；电话 +33 3 89 73 69 99；51 Grand' Rue，Bergheim

CAVEAU MORAKOPF

在这家舒适而热情的法式小馆里，你不会看到多少游客，不过当地人会在这里尽情享用超大份的烤猪肘（jambonneau）或者美味的鹅肝。

www.caveaumorakopf.fr；电话 +33 3 89 27 05 10；7 Rue des Trois Épis，Niedermorschwihr

BRASSERIE L' AUBERGE

科尔马（Colmar）是阿尔萨斯的葡萄酒之都，这家已有百年历史的餐馆则是传统菜肴的圣殿，尤其是热气腾腾、味道浓郁的泡菜香肠拼盘（choucroute）。

电话 +33 3 89 23 17 57；7 Place de la Gare，Colmar

活动和体验

对喜欢漫步、骑自行车以及划独木舟的人们来说，孚日山脉地区国家公园（Ballon des Vosges national park）宛如天堂。

庆典

莫尔塞姆（Molsheim）会在6月举行令人难忘的周末庆祝活动，包括穿过葡萄园的半程马拉松赛。

01

01 中世纪古镇瑟米尔-昂诺苏瓦

02 坐落在佩尔南-韦热莱斯的Restaurant Le Charlemagne

03 勃艮第的科尔登·安德雷酒庄

【法国】

勃艮第

BURGUNDY

勃艮第声名显赫，让人心生敬畏。不过你大可放心，当地人很喜欢跟游客分享他们大名鼎鼎的黑皮诺的秘密。

勃艮第一直延伸到沙布利（Chablis）、马松（Macon）和夏隆内丘（Côte Chalonnaise）的葡萄园，但是这个历史悠久的葡萄酒产区的精髓，在于沿着夜丘（Côtes de Nuits）和博讷丘（Côtes de Beaune）伸展的、从第戎（Dijon）向南直至桑特奈（Santenay）的50英里长的公路沿线。这一段又被称为黄金海岸（La Côte d' Or）。毫不夸张地说，排列在道路两侧的著名葡萄园的精酿，可能都是世界上最著名的葡萄酒。当地的种植业以葡萄为中心，精心修剪的葡萄园为黑皮诺和霞多丽给出了简洁而又完美的诠释，这两种葡萄在世界上的其他地区同样能够种植，但只有在勃艮第，它们的品质才称得上登峰造极。

勃艮第黑皮诺的风味、色泽和香气，的确会因出产村庄（甚至每片葡萄园）的不同而发生变化，但是通常都以令人回味的果香、平衡的酸度，以及标志性的矿物口感为特征。实际上，因为勃艮第出产的葡萄酒如此完美，所以葡萄的名字并不会写在酒标上，而只会标注被称为“climat”的葡萄园（“climat”一词是勃艮第独有的概念，是勃艮第对于风土条件的总括），还有产地的官方分级——起点是“村庄级”（Village），接着是更有影响力的认可，即“一级园”（Premier cru），以及享有终极荣誉的“特级园”（Grand cru）。

尽管勃艮第生产葡萄酒已有2000余年的历史，出产的葡萄酒也享誉世界，但当地大多数酿酒师依然脚踏实地，热情待客，即便他们家族的葡萄园很多都有数百年的历史。这种友好的接待很重要，因为在勃艮第的品酒经历可能会让人心生畏惧，毕竟酒的品质和价格都高得让人难以置信。一旦你和开朗乐观、脸色红润的酿酒师一起坐下来，在乡村酒窖里有些粗糙的木桌上慢慢开启一瓶颜色深沉而精细的波马尔（Pommard），或者泛着柔和金色的蒙拉谢（Montrachet），就不可能不屈服于勃艮第的友好和魅力。想想看，这里与米其林三星级餐馆的浮华世界相距万里，在那里，衣冠楚楚的酒侍正优雅地为客人倒着同样的葡萄酒。

如何抵达

瑞士日内瓦有距离最近的主要机场，离菲克桑269公里远。从巴黎乘火车到第戎需要1小时33分钟。

© John Brunton, Olimpio Fantuz © 4Corners Images

01 若利耶父子酒庄 (DOMAINE JOLIET PÈRE ET FILS)

菲克桑（Fixin）——当地人会告诉你，它的发音是“Fissin”——就在第戎郊外，它是勃艮第特级园之路（Route des Grands Crus）的起点。然而，寂静的菲克桑实际上并不拥有特级园，而且经常被人们忽视，因为爱好者们会迅速前往位于热夫雷-尚贝坦（Gevrey-Chambertin）、尚博勒（Chambolle）和武若（Vougeot）神话般的葡萄园。但是，如果贝尼涅·若利耶（Benigne Joliet）能实现他的雄心壮志，将他明珠般的葡萄园提升到特级园的地位，这一切就可能会改变。无论如何，他都在酿造品质出众的葡萄酒，而酒庄的地点也十分理想，在这里可以感受到勃艮第酿酒业背后历史的沉重分量。

巨大的庄园和酒窖孤零零地矗立着，看起来就像是守望着菲克桑村的卫士。该庄园是1142年由来自附近的西托修道院（Abbey of Citeaux）的本笃会修道士们建造的，自那之后，它一直保持着原样，而且，俯瞰修道士们当时种植的最初的5公顷（12英亩）葡萄园，的确有一种相当神秘的感觉。坐在巨大的拱顶酒窖里，在一台中世纪的木制压榨机旁，贝尼涅解释了他是如何受到这个神奇的地方激励的。“每天早上，在我进来检查酒桶的时候，都会想象一千年前的情景：修道士们身穿长袍，到外面的葡萄园里工作，既没有电话，也没有电脑。在这里酿造葡萄酒让我感到荣幸，我发誓这里确实很有吸引力。”

由于贝尼涅拥有整个葡萄园，它被归为专用的独占园（Monopole），而且跟勃艮第从各种不同的地块生产大批葡萄酒的大多数葡萄酒商不同，他只提供两款酒：一款红葡萄酒，一款白葡萄酒。红葡萄酒（占产量的90%）非常优雅，已经达到了他的目标：“有人喝完了一瓶我的红酒后，会觉得下面该做的事就是打开另一瓶。”

电话 +33 3 80 52 47 85; Fixin; 需要预约

02 皮埃尔·柏雷父子酒庄 (PIERRE BOURÉE FILS)

一尊西多会修士的雕像竖立在热夫雷-尚贝坦建于11世纪的庄园的入口处，向1000年前为勃艮第的酿酒传统种下第一批葡萄的修道会致敬。但是，该庄园及其2.3公顷（5.5英亩）的宝贵葡萄园最近被卖给了一位中国商人。在葡萄园下方通往博讷（Beaune）的繁忙道路旁，富有进取心的葡萄酒商贝尔纳德·瓦莱

03

（Bernard Vallet）创立了La Table de Pierre，葡萄酒爱好者可以在这里选择他们想要品尝的葡萄酒，再配上一份典型的当地菜肴。La Table de Pierre品酒室装饰着古老的砖墙，摆着公用木桌，这里总是活力十足，酒侍会拔出稀有葡萄酒的软木塞，客人们可以尽情享用丰盛的当地熟肉拼盘。这里还提供很多有用的建议，指导你如何最好地品尝葡萄酒，随后每个人都可以进入酒窖。

贝尔纳德是这家备受尊敬的酒庄的第四代继承人，他豪华的Maison de Vigneron就在马路对面，那里有迷宫般的古老酒窖。虽然他买了大量的葡萄，拥有令人钦佩的40多种葡萄酒[从品质极佳的2012年份佩尔南-韦热莱斯（Pernand-Vergelesses）白葡萄酒，到奢华的2005年份武若特级园]，但是酒庄的核心还是位于热夫雷-尚贝坦、由家族所有的影响深远的地块，其中就包括4个特级园。

www.pierre-bouree-fils.com*; 电话 *+33 3 80 34 30 25; Route de Beaune 40

03 里翁酒庄(DOMAINE RION)

沃斯恩-罗马内埃（Vosne-Romanée）看起来就像是另一座被葡萄园环绕着的宁静的勃艮第村庄，但是几乎在每一扇不起眼的门背后都隐藏着一些世界上最著名的酒庄：罗曼尼-康帝（Romanée-Conti）、利热-贝莱尔（Liger-Belair）和格罗（Gros）。这些葡萄园——塔希园（La Tache）、李奇堡（Richebourg）、罗曼尼（Romanée）——的历史至少能追溯到11世纪，这些可都是无价之宝。这些酒庄很少开放参观，但是里翁家族作为沃斯恩-罗马内埃的居民，他们为自己悠久的

04 佩尔南-韦热莱斯村

05 富有情调的吉利城堡酒店(Château de Gilly)

酿酒传统而自豪，虽然今天他们的酒窖坐落在连接着博讷和第戎的繁忙道路旁。“我父亲在20世纪50年代就认为，把总部设在村子里是不切实际的。”第五代酿酒师阿梅勒·里翁（Armelle Rion）解释道，“像我们这样的小生产商只能在人行道上清洗酒桶，而在收获季期间运送葡萄简直是噩梦。在这里，我们有足够的房间酿造和熟成葡萄酒，还能接待观光客。”阿梅勒主要用新木头来熟成她的沃恩罗曼尼、武若园和香波慕西尼（Chambolle Musigny），她还强调，“我们在这里种植的树龄90年的葡萄树出产的葡萄酒复杂度很高，足以吸收单宁。”

www.domainerion.fr；电话 +33 3 80 61 05 31；8 Route Nationale, Vosne-Romanée

04 卡皮坦-加涅罗酒庄 (DOMAINE CAPITAIN-GAGNEROT)

勃艮第的一个古怪之处是，由于如此多的酒庄都拥有小块的土地，所以即便一座村庄带有特级园的名号，也无法确定最好的葡萄酒就出自该村的酒窖。阿洛克斯-科尔通（Aloxe-Corton）便是如此，这座极其恬静宜人的小村庄有一座童话般的城堡。很少有游客会在忙碌的邻近产区拉都瓦（Ladoix）停留，而卡皮坦-加涅罗酒庄就坐落在通往第戎的干道旁边。不过，观光客也很乐于品尝品质极佳的科尔通特级园，包括一款出色的科尔通-夏尔马涅（Corton-Charlemagne）白葡萄酒，以及不太出名但是足够复杂的拉都瓦一级园本身。

直到最近，庄园外面的招牌才写上了“Domaine”（酒庄），表明这里有一位独立的酿酒师。这里以前只是“Maison”（酒商），意味着它不仅产酒，而且会从其他酿酒师那里买酒。在购买并种植葡萄长达两个世纪之后，这个思想摩登的家族如今把心思都集中在了自己的16公顷（39.5英亩）土地上。

www.capitain-gagnerot.com；电话 +33 3 80 26 41 36；Rue de Dijon 38, Ladoix-Serrigny

05 尚皮酒庄(MAISON CHAMPY)

令人尊敬的尚皮是勃艮第葡萄酒界的翘楚，也是历史上第一个以葡萄酒为业的商人。早在1720年，他就做起了从小农酿酒师那里购买葡萄和“mout”（压榨好的、有时还略带发酵的葡萄汁）的生意。现今，尚皮酒庄已经被德鲁安（Drouin）、亚都（Jadot）和布沙尔（Bouchard；该酒商独自生产的产量就超过了300万瓶）这样的大酒商超越了，它们都位于勃艮第的葡萄酒之都博讷，那里有享有数百年历史的迷宫般的酒窖，以及有组织的导游。但是，尚皮的级别不同——当它在自己位于沃尔奈（Volnay）、波马尔（Pommard）和佩尔南-韦热莱斯的葡萄园酿造有机葡萄酒时，采用的是老式的手工方式（买进的葡萄只能生产35万瓶葡萄酒）。而到15世纪的酒窖里参观也令人难忘，走过布满了蜘蛛网的小道时，你会突然发现无价之宝——满是灰尘的酒瓶上贴的竟是1865年份罗曼尼（Romanee 1865）、1875年份李奇堡（Richebourg 1875）和1877年份蒙拉谢（Montrachet 1877）的酒标。

www.champy.com；电话 +33 3 80 25 09 99；5 Rue du Grenier-à-Sel, Beaune；需要预约

06 蒂埃里·维奥洛-吉尔马酒庄 (THIERRY VIOLOT-GUILLEMARD)

人们常说，蒂埃里·维奥洛-吉尔马对波尔马村的爱，比葡萄藤扎的根还要深。当然，在他的小酒窖里品一次酒，或在由他妻子埃丝特勒（Estelle）经营的舒适民宿里住上两三个晚上，你才能充分感受到典型的勃艮第酿酒师那根深蒂固的殷勤好客。他拥有的6公顷（15英亩）有机葡萄园分布在沃尔奈、博讷、蒙特利（Monthelie）和默尔索（Mersault），不过蒂埃里却以他对波马尔黑皮诺的非凡诠释而著称。“我们最重要的工作通常都在葡萄园里，对酒窖的干预越少越好。而且，葡萄酒的熟成也不该干涉。”在深入酒窖黑暗的深处，取出了一瓶陈年的葡萄酒之后，他深思道。

历史上勃艮第的葡萄园以面积小为特点，但是蒂埃里的一块土地——德里耶圣让园（Clos de Derriere St Jean）保持着最小纪录：只有十分之一公顷大，看起来比后花园还要小。

www.violot-guillemard.fr；电话 +33 3 80 22 49 98；7 Rue Sainte-Marguerite, Pommard

07 皮埃尔父子酒庄 (DOMAINE GLANTENAY PIERRE ET FILS)

俯视着博讷丘（Côte de Beaune）的沃尔奈，拥有肃穆的教堂和庄严的战争纪念碑，看起来是一座质朴的村庄。不过，这里出产的优雅的葡萄酒可一点儿都不质朴。在格兰特奈（Glantenay）家族简单舒适的品酒室内展示的葡萄酒就是如此。勃艮第的酒庄在一代传给下一代的时候通常会分割庄园，因此可能遭受损失。但是皮埃尔·格兰特奈已经把酒庄交给了他23岁的儿子纪尧姆（Guillaume），后者肩负着建造一座令人印象深刻的现代酒窖的重大责任，这个酒窖需要具备完美的条件，以便用环绕着沃尔奈的古老葡萄园出产的葡萄酿造葡萄酒。“通过这种金融投资，我将在酒庄工作很长一段时间，”他笑着说，“但是我们有如此独特的风土，再加上新酒窖，我坚信我可以酿出比我父亲更加出色的葡萄酒。”

www.domaineglantenay.com;电话 +33 3 80 21 61 82;Rue de la Barre,Volnay

08 伊夫·布瓦耶尔·马尔特诺酒庄
(DOMAINE YVES BOYER MARTENOT)

默尔索是勃艮第必游地之一，这里宏伟的市政厅屋顶铺着彩色的瓦片，看上去就像一座城堡。该镇的酿酒师固执己见——尤其是在你提起有机认证这个敏感话题的时候，他们中的大多数都会嗤之以鼻。相比之下，樊尚·布瓦耶尔（Vincent Boyer）给人的第一印象是一位态度谦逊、脚踏实地的酿酒师，他生产了精选的具有特殊矿物风味的默尔索一级园葡萄酒。“我们的葡萄树通常都很老，平均树龄在50~60年，还有很多超过90年的，这意味这里的葡萄产量较低，但是拥有较高的品质。过去几年里，我一直在走向有机化，几乎根除了化学制品的使用，但是由于认证缺乏灵活性，我是不会注册的。因为，在你经历了一场雹暴，损失了50%甚至80%的收成时，就像过去3年里在这里以及波马尔发生过的，你需要保留选择的余地，否则就会面临破产。”

www.boyer-martenot.com; 电话 +33 3 80 21 26 25; 17 Place de L' Europe, Mersault

“在勃艮第，我们所关注的并不仅是terroir（风土），而是climat（不仅包括葡萄藤生长的自然因素，还囊括了几乎所有的人文因素），这包括地理位置、土壤环境、底土成色、海拔高度、坡度高低和历经千年的不懈努力。”

——勃艮第葡萄酒导游及作家尤里·勒博特（Youri Lebault）

09 让·沙尔特龙酒庄
(DOMAINE JEAN CHARTRON)

博讷丘的尽头处是勃艮第最著名的白葡萄酒品牌所在地：蒙拉谢。这里有5座特级园集中在沙萨捏-蒙拉谢（Chassagne-Montrachet）和皮利尼-蒙拉谢（Puligny-Montrachet）村庄的周围。不要指望在皮利尼发现古老的地下酒窖——地质异常使建筑酒窖变得极为困难。但是可以拜访一下让-米歇尔·沙尔特龙（Jean-Michel Chartron；他来自一个酿酒师及制桶匠家族）的现代酒庄，这对深入了解蒙拉谢的历史和神秘之处来说，是最理想的。用从桶里接出的“移液管”品酒的时候，让-米歇尔描述了酿造总是被称为世界上最好的葡萄酒是什么感觉：“这可能很困难，因为你是‘典范’，但是什么也无法夺走在这片独一无二的土地上工作所带来的纯粹的快乐。我不觉得我拥有我的葡萄园，更确切地说，我是数百年来在这片土地上辛勤劳作的工人们和子孙后代的守护者。我在酒瓶上的名字并不重要。”

在历史悠久的葡萄园里漫步之后，再到皮利尼-蒙拉谢村中去品尝这些葡萄酒中的一种，会觉得十分荣幸，大多数人都会忍不住至少买上一瓶。它们并不便宜，但是这些是为那种特殊场合所准备的酒。比方说，一瓶10年的巴塔尔-蒙拉谢（Batard-Montrachet）具有馥郁的苹果、杏仁和香料的芬芳，很适合为家里的浪漫晚餐助兴，搭配扇贝或龙虾简直堪称完美。

www.jeanchartron.com; Grand Rue, Puligny-Montrachet; 电话 +33 3 80 21 99 19

去哪儿住宿

CHÂTEAU DE GILLY

靠近标志性的武若园和罗曼尼-康帝葡萄园的童话式城堡，迎接你的是四柱床，以及14世纪的拱顶餐厅。

www.chateau-gilly.com; 电话 +33 3 80 62 89 98; Gilly-les-Citeaux, Vougeot

CHAMBRE D' HOTE FOUQUERAND

从事酿酒的富克朗（Fouquerand）家族在这座美丽宁静的村庄里经营着一家简朴的村舍民宿。一定要尝尝当地的起泡酒Cremant de Bourgogne。

www.domaine-denisfouquerand.com; 电话 +33 3 80 21 88 62; Rue de l' Orme, La Rochepot

CHÂTEAU DE MELIN

浪漫的城堡民宿，还有草木葱茏的公园和湖泊。每天晚上，阿诺·德拉（Arnaud Derats）都会在中世纪的酒窖里举办品酒活动，来品尝他的葡萄酒，这些酒产自从默尔索到香波-慕西尼的小块土地。

www.chateaudemelin.com; 电话 +33 3 80 21 21 29; Hameau de Melin, Auxey-Duresses

去哪儿就餐

RESTAURANT LE CHARLEMAGNE

周围环绕着葡萄园的Restaurant Le Charlemagne就像一座禅寺，米其林星级大厨洛朗·珀若（Laurent Peugeot）会用融合了日本风味的当地菜肴给客人带来惊喜。

www.lecharlemagne.fr; 电话 +33 3 80 21 51 45; Route de Vergelesses, Pernand-Vergelesses

LA TABLE D' OLIVIER

备受尊敬的酿酒师奥利维耶·勒弗莱夫（Olivier Leflaive）已经用他的酒店和餐馆改变了皮利尼-蒙拉谢，餐馆里的菜单是为搭配葡萄酒而定制的。

www.olivier-leflaive.com; 电话 +33 3 80 21 37 65; Place du Monument, Puligny-Montrachet

LES ROCHES

纪尧姆·克罗泰（Guillaume Crotet）舒适而惬意的餐馆是享用经典勃艮第菜肴的理想去处，比如红酒煮蛋（oeufs en meurette）和熏肉配红酒酱汁。

www.les-roches.fr; 电话 +33 3 80 21 21 63; St Romain

活动和体验

乘驳船沿着勃艮第历史悠久的运河游览，可以将划船、骑车和品酒活动结合在一起。

burgundy-canal.com

庆典

自1851年以来，每逢11月的第三个周日，博讷济贫院（Hospices de Beaune）都会举办世界闻名的葡萄酒慈善拍卖会。

05

Courtesy of Château de Gilly

01

01 香槟-阿登大区(Champagne-Ardenne)

02 兰斯圣母院

【法国】

香槟区 CHAMPAGNE

咕嘟!这片出产起泡酒之王的土地是一座宝库,绵延起伏的山丘、古老的酒窖和传统都在这里等待你去发现。

香槟是法国令人费解的产物:它是世界上最著名的起泡酒,也是公认的高卢魅力的象征,但是大多数法国人对生产香槟的复杂而近乎神秘的诀窍知之甚少。

到香槟产区的神奇土地旅行会让你情绪高涨。在这里,你会看到精心栽培的葡萄树上挂着一串串汁液饱满的葡萄,它们很快就会被采摘,开始漫长而复杂的转化,最终成为独一无二的香槟。可以到汝纳特(Ruinart)或伯瑞(Pommery)之类的酒庄下面已有数百年历史的迷宫般的酒窖里来一次朝圣,那里仿佛是神圣的地下大教堂,或者品味一下小农酿酒师将最新年份的起泡酒注入玻璃杯的那份简单的快乐。接受酿酒师狡猾的说辞吧——他把大部分葡萄都卖给了著名生产商,但是会把最好的留作私人生产,由独立的酒庄直接销售。

该产区充满田园风情的葡萄园横跨绵延起伏的山丘和寂静的村庄,从巴黎驾车前往产区只需1小时,虽然葡萄酒爱好者的旅行通常止步于兰斯(Reims)。兰斯被称为王者之城,是凯歌(Veuve Clicquot)和玛姆(Mumm)等酒庄的所在地,这里惊人的大酒窖内存放着数百万瓶酒,而且每天都会被参观者挤得水泄不通。不过,香槟产区是由成千上万的小酿酒师组合而成的复杂拼图,他们中的一些人酿造自己的香槟,另一些则只向奢华的香槟酒庄提供葡萄,这种近乎封建的关系数百年来从未改变过。所以,游览兰斯之后,最好进入乡村,去见见这些独立酿酒师,他们会解释香槟的3种葡萄——霞多丽、黑皮诺和莫尼耶皮诺(Pinot Meunier)——的调配,“年份”(millesime)葡萄酒和无年份酒(Non Vintage,简称NV)之间的差别,以及一些内幕机密,比如在最终“调制”时加入蔗糖的“糖度”,让每种香槟都有特殊的质感。

如何抵达

夏尔·戴高乐机场是最近的机场,距离兰斯130公里。从巴黎乘火车到兰斯需要50分钟。

01 兰斯(REIMS)

兰斯市是香槟王族的故乡，好奇的游客被允许进入玛姆和伯瑞、凯歌、白雪（Heidsieck）、岚颂（Lanson）及泰亭哲（Taittinger）等酒庄神圣的酒窖。这里是了解世界上最受欢迎的饮品所隐藏的秘密的绝佳地点，口若悬河的导游会讲解享有数百年历史的“点金术”的生产过程。每家大酒商（Grandes Maisons）都有自己的招牌香槟，但是该如何选择呢？岚颂酒庄斥资1400万欧元进行大修，不久前才重新开放了拥有150年历史的酒窖，酒窖里有座装着101个大钢罐的“换酿酒槽”，里面的酒相当于500万瓶的量。岚颂以黑皮诺香槟系列闻名于世，自维多利亚女王时代起，一直为宫廷提供服务。泰亭哲作为少有的由家族所有的酒庄而备受瞩目，它的双层酒窖建于13世纪，主要用于熟成标志性的佳酿“香槟伯爵”（Comtes de Champagne），这是一款不同寻常的特酿（cuvée）。伯瑞的新哥特式城堡塔楼看起来像是媚俗的迪士尼乐园，不过这可是必看的酒窖。140年前，伯瑞夫人构思了一款干型香槟（Brut Champagne），与甜味起泡酒形成有趣的对比，她长达18公里的酒窖堪称独一无二。在这里你会发现“les crayères”，约120个令人惊叹的白垩质洞穴，是高卢罗马人为了建造当时的兰斯城而挖掘的。伯瑞夫人认为它们能为迷宫般的隧道提供完美的通风条件，今天，她的酒窖藏有近2000万瓶酒。

lansonchampagne.com; taittinger.com; vrankenpommery.com

02 嘉德香槟(CHAMPAGNE GARDET)

超过三分之二的香槟，包括全球90%的出口，都是由290家大型酒厂（Negociants Manipulants）生产的。大酒商几乎不拥有葡萄园，但是会在收获季收购葡萄。然而，并非所有酒商都是跨国公司。可以拜访一下令人尊敬的嘉德，它建于1895年，如今仍然为英国下议院供货，比起在酩悦（Moet & Chandon）或伯瑞这样的地方，由公司的葡萄酒导游带着参观，前往这里能获得更多的个人体验。嘉德依然是规模相对较小的酒商，仅拥有5公顷（12英亩）葡萄园，但是每年能生产100万瓶酒，所用的葡萄来自他们购买的另外100公顷（247英亩）的葡萄园。首先，他们位于农村，在一座周围环绕着葡萄园的寂静村庄里。想安排一次访问之旅，就需要提前致电，或者发个电子邮件。嘉德答复时会给出住宿和外出就餐的建议，然后在总部的一条装饰华丽、而且充满了热带植物的新艺术派玻璃外廊迎接游客。之后去参观“cuverie”——酿造葡萄酒的地方，再去看看迷宫般的酒窖，他们会在1个多小时里很好地解释香槟复杂生产过程的所有阶段。

www.champagne-gardet.com*; 电话 *+33 3 26 03 42 03; 13 Rue Georges Legros, Chigny-les-Roses

03 巴诺香槟 (CHAMPAGNE E BARNAUT)

热闹的布齐村（Bouzy）是个独一无二的地方，这里许多酿酒师都主打不起泡的布齐红葡萄酒（Bouzy Rouge），这种黑皮诺的价格很昂贵，就像一位头发花白的酿酒师抱怨的那样：“我们卖葡萄能赚更多的钱来买香槟！”菲利普·巴诺（Philippe Barnaut）是第五代酿酒师，他的想法很有说服力：“过去人们总说香槟是一种同质产品，而我感兴趣的是它的多样性。我把从每块地、每种风土种出来的葡萄分别酿造，再进行至关重要的组合。20年前，我被视为异端，然而现在每个人都在追随我，好像这是一种新潮流。”菲利普已经迈出了大胆的一步，作为香槟生产商，他在一栋坐落在4层酒窖上面的老宅里，开了一家面向葡萄酒游客的、阿拉丁山洞般的商店。除了提供他出色的香槟系列品尝活动，这家木制门面的质朴精品店还供应美味的地区特产美食——野猪肉酱（pâté）、小扁豆、来自兰斯的芥末酱——以及各式各样的酒类小工具。

www.champagne-barnaut.com*; 电话 *+33 3 26 57 01 54; 2 Rue Gambetta, Bouzy

04 梅西埃香槟 (CHAMPAGNE MERCIER)

虽然大多数香槟的著名品牌都集中在兰斯，但是充满了活力的埃佩尔奈（Épernay）才是真正的葡萄酒之都，这里有许多有趣的葡萄酒吧、美食餐馆和法式小馆。在酒窖游览方面，酩悦长达27公里的庞大“洞穴”经过整修后，在2015年年末开放，而巴黎之花（Perrier-Jouet）和宝禄爵（Pol Roger）都不向公众开放。但是，每年都有超过10万名游客来到梅西埃，它可能仍然是法国最受欢迎的香槟。其创始人欧仁·

John Kellerman © Alamy

梅西埃（Eugene Mercier）是他那个时代的理查德·布兰森（Richard Branson），总是很引人注目，他用热气球把客户带到高处，还造了一个巨大的、能容纳25万瓶香槟的木桶，在1900年用牛把它运到了巴黎，使其成了万国博览会上能与埃菲尔铁塔相媲美的明星展品。如今，这个木桶主宰着梅西埃杰出的酒窖的入口处，那里的电梯会把游客送进有些深邃可怖、迷宫般的隧道之中。一列徐徐而行的电动小火车会带客人行进一段距离，由此让你意识到酒窖的工人要在地下走多深。

www.champagnemercier.fr；电话+33 3 26 51 22 22；68 Ave de Champagne，Épernay

05 帝宝香槟（CHAMPAGNE TRIBAUT）

从友好的帝宝家族酒庄那洒满了阳光的露台可以俯瞰葡萄园的全貌，在品尝葡萄酒之前，一定要先游览一下闲适宜人的村庄欧维利耶（Hautvilliers），它被认为是香槟的发源地。这里有一条唐·佩里尼翁街（Rue Dom Perignon），得名自那位著名的本笃会修道士，据说300年前正是他发明了二次发酵的工序，制造出了香槟独一无二的气泡。在吉兰·帝宝（Ghislain Tribaut）和玛丽-若泽·帝宝（Marie-José Tribaut）的孩子们管理酒庄的时候，为了迎接葡萄酒游客，他们拒绝退休。“我是一个典型的‘小农生产者’（Recoltant Manipulant），”吉兰解释道，“在香槟界，这个词指的是种植并收获他们的葡萄，并把绝大部分都出售给像库克（Krug）和泰亭哲这样的大酒商的人，不过我会自己留下足以生产15万瓶酒的葡萄。”在配上桃红干型香槟（Rose Brut），品尝过玛丽-若泽制作的美味的奶酪泡芙（gougère）——夹了格鲁耶尔干酪（Gruyère）的酥皮小点心之后，很多游客最终都会在葡萄收获季重返这里。

www.champagne.g.tribaut.com；电话+33 3 26 59 40 57；88 Rue d' E，guisheim，Hautvillers

06 阿斯帕奇香槟（CHAMPAGNE ASPASIE）

保罗-文森特·阿里斯顿（Paul-Vincent Ariston）称自己是一名“工匠酿酒师”，而参观他那座拥有400年历史的石头农舍，你会产生时光倒流的感觉。与其只是为了品酒而稍作停留，不如在他舒适的民宿里订个房间，这样才有时间跟保罗-文森特一起全面地游览酒窖，他的情绪会像他的香槟一样热情而高涨。他会自豪地展示一台巨大的木制葡萄压榨机，很古老但是依然能够运转，解释了“冷冻除渣”的过程——当杂质冻在瓶子颈部的时候，打开瓶塞，利用压力将其排出，最后封瓶。他还会坚持说：“与其使用能在发酵过程中自动转动500个酒瓶的电动giropalette，我宁愿对每瓶酒进行老式的手工摇瓶（remuage）。”他有一些极具吸引力的特酿，比如绝对独一无二的古葡类干型香槟（Brut Cepages d' Antan），这种酒没有使用惯常的香槟葡萄，而是用3个罕见的品种——小梅利耶（Le Petit Meslier）、拉尔班纳（L' Arbanne）和白皮诺（Pinot Blanc）——酿造的，这些品种在香槟普及之前的几个世纪就生长在这里了。

www.champagneaspasie.com；电话+33 3 26 97 43 46；4 Grande Rue，Brouillet

07 帕尼耶香槟（CHAMPAGNE PANNIER）

帕尼耶是香槟业界知名的合作酿酒师，这种合作社独立生产商（Recoltant Cooperateur）拥有官方头衔，并凭借优质香槟来不断提高声誉。这里离蒂耶里堡（Château-Thierry）不远，对巴黎人来说，其野生动物园比葡萄园更加出名，然而这里种植了大量的莫尼耶皮诺葡萄。帕尼耶以拥有一座令人惊叹的迷宫般的酒窖而自豪，它延伸到了地下30米处，可以追溯到12世纪，当时挖掘这些地窖是为了获取在这个地区建造教堂的石头。今天，你仍然会觉得自己是在探索原始的洞穴，而不是一座酒窖。帕尼耶是生产香槟的名门，其历史可以追溯到1899年，在1974年家族不再有后代的时候，一个由11名酿酒师组成的团体成立了合作社，接管了它。如今，

“大酒商和小农之间的关系很复杂，但是我们互相依赖，才能酿造出这个独特的产品。”

——梅西埃香槟创始人的曾孙埃马纽埃尔·梅西埃（Emmanuel Mercier）

它已经迅速发展成了代表着400个种植户的大酒庄。虽然他们每年会生产数百万瓶酒，但是合作社仍将“帕尼耶”作为自己的信誉品牌，并将当地出产的莫尼耶皮诺，与来自遥远的白丘（Côte des Blancs）和兰斯山（Montagne de Reims）产区葡萄园的霞多丽和黑皮诺进行混合酿造。

www.champagnepannier.com；电话 +33 3 23 69 51 30；23 Rue Roger Catillon，Château-Thierry

08 法莱·达尔香槟 (CHAMPAGNE FALLET DART)

从巴黎驱车前往从事农业的马恩谷（Marne valley）地区只需要1小时，这里在1937年才加入香槟产区的专属会员制俱乐部，虽然这家古老酒庄外面的招牌骄傲地宣称，该家族自1610年起一直都做酿酒师。保罗·达尔（Paul Dart）是一位精力充沛的年轻酿酒师，他大大的圣伯纳犬名叫埃利奥（Elios），不管他走到哪儿都会跟在身边。他们两个让游客觉得非常放松，就像在家里一样。品酒是免费的，对于提前打电话的客人，保罗还会花时间陪同游览酒庄。尽管该庄园属于中型规模，占地超过18公顷（44英亩），但是仍然值得一看，比如其酒窖里存放着的100万瓶酒。一定要尝尝蒙特园（Clos du Mont），这款混合酒产自一座历史可以追溯到7世纪的葡萄园。作为传统酿酒商，酒庄也以它酿造的果酒（Ratafia）而自豪，这是一款甘甜美味的餐前酒，还有高雅的、像干邑白兰地（Cognac）那样在桶中熟成的Fine de Champagne香槟。

www.champagne-fallet-dart.fr；电话 +33 3 23 82 01 73；2 Rue des Clos du Mont，Drachy，Charly sur Marne

实用信息 ESSENTIAL INFORMATION

去哪儿住宿

DOMAINES LES CRAYERES

要获得完整的香槟体验，最好在这座大城堡里留宿。其室内陈设非常奢华，还有一家米其林两星餐馆。

www.lescrayeres.com；电话 +33 3 26 24 90 00；64 Blvd Henry Vasnier，Reims

PARVA DOMUS

克洛德·里梅尔（Claude Rimaire）和吉内特·里梅尔（Ginette Rimaire）在他们位于香槟大道（Ave de Champagne）的舒适而惬意的家里款待客人，丘吉尔曾将这里评为“世界上最适合饮酒的地方”。包含丰盛的早餐，还有到达时的一杯欢迎香槟。

www.parvadomusrimaire.com；电话 +33 3 26 32 40 74；27 Ave de Champagne，Épernay

去哪儿就餐

LA GRILLADE GOURMANDE

这是埃佩尔奈最受喜爱的地方，在这里，酿酒师可以跟大酒商比肩而坐。可以尝尝炉边烤肉，或者精致的菜肴。

lagrilladegourmande.com；电话 +33 3 26 55 44 22；16 Rue de Reims，Épernay

AU 36

这家设计师酒吧是享用美食配香槟的完美去处，供应当地特产拼盘——软厚细滑的沙乌斯（Chaource）奶酪和粉红马卡龙——及3种不同的香槟。

www.au36.net；电话 +33 3 26 51 58 37；38 Rue Dom Pérignon，Hautvillers

BISTROT LA MADELON

这家老式的乡村小馆远离香槟的很多美食餐厅，供应颇为丰盛的特色菜，比如文火炖牛肉。

www.bistrot-madelon.com；电话 +33 3 26 53 14 18；7 Grande Rue，Mancy

活动和体验

兰斯圣母院（Notre-Dame de Reims）是一处必看的景点，这是一座已有800年历史的哥特式大教堂，也是极具历史意义的法国国王举行加冕仪式的地方。

庆典

每年12月中旬，埃佩尔奈都会庆祝为期3天的灯光节（Habits de Lumière），届时香槟将在焰火、绚丽夺目的灯光秀和街头戏剧表演之间流淌。

01

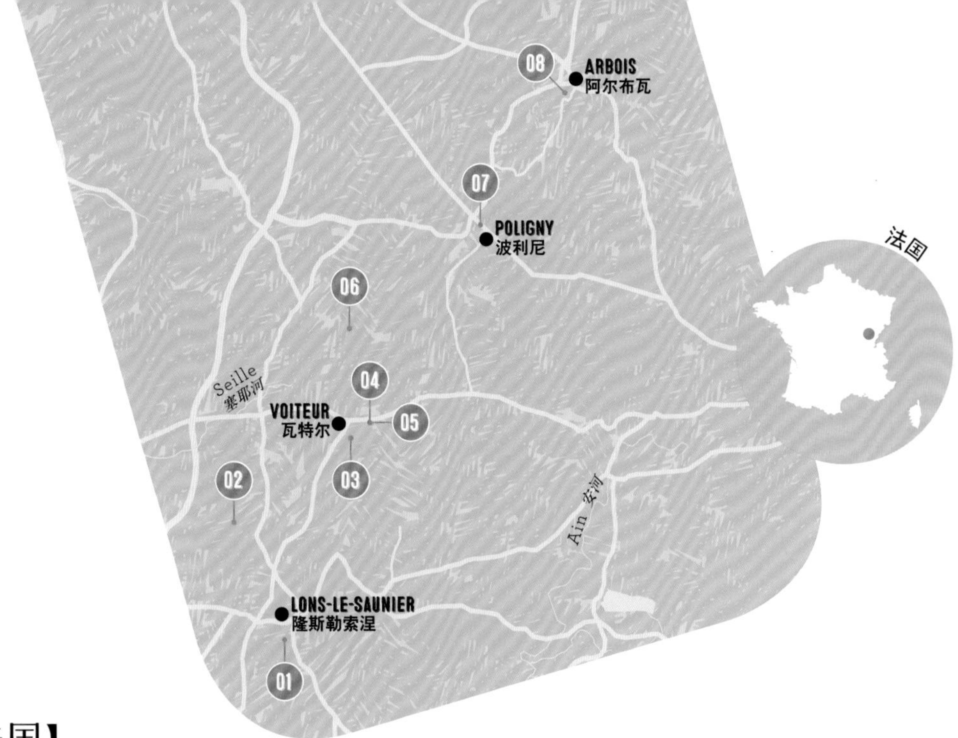

【法国】

汝拉 THE JURA

这个经常被忽视的产区藏在靠近瑞士边境的地方，在长达几个世纪的时间里一直安静地酿造葡萄酒，即使是经验丰富的葡萄酒游客，也会在这里发现一些意想不到的惊喜。

在多山的汝拉，酿造葡萄酒的历史已经远远超过了一千年。然而直到最近，这个与瑞士接壤的小角落才开始在葡萄酒界声名鹊起。这个地区的生物多样性程度很高，这归功于苍翠的山谷和茂密的森林，以及与葡萄园相邻的农业区和牧场。这里种植的大多数葡萄都是鲜为人知的本土品种，从柔和的淡红色品种——特鲁索（Trousseau）、普萨（Poulsard）——到不同寻常的萨瓦涅（Savagnin），后者酿造的白葡萄酒很适合久藏。新一代酿酒师正在这里用现代的酿酒技术及汝拉的传统方法扬名立万。

黄葡萄酒（Vin Jaune）口味独特，没喝过的人完全无法预料其口味。人们对这种酒的评价也毁誉参半，非爱即恨。黄葡萄酒香味独特，混合了核桃、榛子和异国香料的香气，味道也很特别，口感干涩，同时又带着某种果香和坚果的余味。这款酒是极好的烹饪配料，汝拉的所有家庭都会在厨房里备上一瓶，并把它加到奶油酱汁羊肚菌焖鸡之类的菜肴里。它与汝拉味道浓郁的孔泰奶酪（Comté）也是理想的搭配。完全由萨瓦涅葡萄酿造而成的黄葡萄酒要在木桶中熟成6年，但是要留出少量空间让空气进入。这种氧化作用影响是有限的，因为酿成的葡萄酒表面会覆盖上一层天然的薄纱（voile），也就是一层酵母，和赫雷斯（Jerez）生产西班牙雪利酒的方法几乎完全一样。

前往汝拉产区的旅行者一定要知道，葡萄酒旅游业在这里仍然处于初级阶段，但是当旅行者来到一家鲜为人知又地处偏远的酒庄品酒时，肯定会受到热情的迎接。在这些年轻的汝拉酿酒师中，还没有多少人会把自己的家开发成民宿，不过这是迟早的事情。目前，他们把所有的精力和资金都集中在了酿酒上，虽然很多人已经计划要把他们格局凌乱的石头农舍的部分区域改造成度假别墅。

如何抵达

瑞士日内瓦（Geneva）有最近的大型机场，距离蒙泰居（Montaigu）143公里。可以租车。

❶ 皮尼耶酒庄(DOMAINE PIGNIER)

在这家历史悠久的酒庄里品酒，可以更好地了解汝拉葡萄酒产区。你可以向玛丽–弗洛朗丝·皮尼耶（Marie-Florence Pignier）提出请求，让这位第7代酿酒师带你去参观惊人的建于13世纪的酒窖。这座又高又大的拱顶酒窖就像一座大教堂，所以，在得知它最初是由兼任酿酒师的修道士于1250年兴建的修道院时也就不奇怪了，这些修道士还种植了最早的葡萄园。曾经有200公顷（494英亩）的葡萄园环绕在蒙泰居（Montaigu）周围，然而留存下来的只有皮尼耶的15公顷（37英亩）。

如今这里生产的葡萄酒是有机的，而且极具现代感。皮尼耶是第一家完成了生物动力法认证的汝拉酒庄，现在的特酿无疑是“天然的”，不会添加亚硫酸盐，从而让水果风味从特鲁索和普萨红葡萄中爆发出来。也不要错过这里的黄葡萄酒，玛丽–弗洛朗丝自豪地宣称：“即使你等待一个世纪，它也是最出色的陈年佳酿！”

www.domaine-pignier.com; 电话 +33 3 84 24 24 30; 11 Place Rouget de Lisle, Montaigu

❷ 旺代勒酒庄 (DOMAINE VANDELLE)

埃图瓦勒（Etoile）坐落在充满田园风情的山谷之中，周围环绕着一连串连绵起伏的山丘，上面覆盖着葡萄园和树林。“几乎每座山及上面的葡萄园都属于不同的乡村酿酒师，”菲利普·旺代勒（Philippe Vandelle）描述道，“由于土壤和阳光照射的差异，我们每个人酿造的葡萄

David Brabiner © Alamy

Bon Appetit ©

01 风景如画的沙隆堡村

02 沙隆堡的葡萄园

03 汝拉产区的葡萄酒之路

酒都具有不同的个性。”

“这里曾经是‘母牛和美酒’(vache et vin)的富饶乐土，那时家家户户都生产葡萄酒和孔泰奶酪。但是在20世纪，根瘤蚜虫病摧毁了葡萄园，两次世界大战又让这里丧失了很多男性劳动力，在过去30年里，像我这样的家庭才得以开始专注于葡萄酒。”两个多世纪前，旺代勒夫妇从比利时来到了汝拉，菲利普的表亲现在仍然拥有宏伟的埃图瓦勒城堡（Château de l' Etoile）。

菲利普已经把一座石制的工人小屋改造成了温暖舒适的品酒室，令人惊讶的是，他30%的产品——汝拉起泡酒（Crémant du Jura）都是按照传统的香槟酿造方法酿制的。

www.vinsphilippevandelle.com; 电话 +33 3 84 86 49 57; 186 Rue Bouillod 39570 L' Etoile

❸ 瓦特尔果园
(FRUITIÈRE DE VOITEUR)

在你驱车离开瓦特尔（Voiteur）的时候，肯定不会错过道路左侧露出地面的壮观的巨型石灰岩，岩石顶上坐落着沙隆堡（Château-Chalon），而路对面还有一家颇为宏伟的现代酒庄。“汝拉果园已经跟水果毫无关系了，”这里的主管贝特朗·德拉奈（Bertrand Delannay）解释道，“它更像专门经营该地区的两种特产葡萄酒或奶酪之一的农业合作社。”和汝拉的风土人情相似，占地超过75公顷（185英亩）的果园不是没有人情味的工业规模组织，而是只有50个合伙人的家庭式合作社。这里有19种葡萄酒可供品尝，它们的价格非常实惠，而且品种繁多，可以说很有挑战性。

“很多汝拉酿酒师只专注于桶装陈酿葡萄酒，因为这是这里的传统，但是我们也在尝试提供一些口味更加温和的替代品，比如在钢罐中熟成的、年轻的以花香为主的霞多丽。”当然，这里的果园也是吸引年轻的酿酒师们来到汝拉创业的另一个原因，因为众多合作社成员都通过近乎封建式的佃农制度出租他们的葡萄园，而拮据的酿酒师们可以向果园的所有者“支付”1/4的收成来抵租金。

www.fruitiere-vinicole-voiteur.fr; 电话 +33 3 84 85 21 29; 60 Rue de Nevy, Voiteur

04 萨尔瓦多里酒庄 (DOMAINE SALVADORI)

中世纪的沙隆堡是法国最美丽的村庄之一，它俯瞰着纵横交错的葡萄园，其中就包括由开朗快乐的酿酒师让-皮埃尔·萨尔瓦多里（Jean-Pierre Salvadori）栽培的5公顷（12英亩）葡萄园。他质朴的酒窖兼博物馆就坐落在主街上。这里通常都会对游客开放，只要你先打个电话预约，让-皮埃尔的妻子还会准备自己烘焙的糕点，搭配酒庄出产的精美黄葡萄酒。让-皮埃尔坚信沙隆堡的葡萄酒是独一无二的，他解释道：“我们村这一带出产的黄葡萄酒有自己的称号，跟你品尝的其他黄葡萄酒相比，生产方法略有不同。如果我们觉得晚收的萨瓦涅葡萄的质量不够高，就根本不会在那一年生产特酿。”黄葡萄酒用的独特的“clavelin”瓶的容量，只有宝贵的620毫升——按照传统的说法，这是一升酒经过规定的6年零3个月的木桶熟成之后所剩下的量。

电话 +33 3 84 44 62 86; 10 Rue des Chevres, Château-Chalon

05 克勒多酒庄 (DOMAINE CREDOZ)

让-克洛德·克勒多（Jean-Claude Credoz）的酒庄与萨尔瓦多里酒庄在同一条路上，这是一家根植于传统的酒庄。克勒多是现代的葡萄种植者，只在沙隆堡周围种植了9公顷（22英亩）葡萄，“所以我离我的葡萄园只有5分钟路程。”让-克洛德是一位谦逊的酿酒师，他不参加葡萄酒展会，也没有网站，而是靠口碑来提升和巩固声誉。他品质极佳的起泡酒提前一年就会售罄，然而爱好者们来到这里只是为了品尝他的香甜酒（Macvin），这种独特的汝拉餐前酒是他用萨瓦涅葡萄的果汁和蒸馏的果渣在橡木桶中熟成4年酿成的。尽管刚入口时是香甜的果味，但是香甜酒的惊喜在于芳香的果渣带来的酒精快感。他栽培的基本都是老藤，有些树龄超过80年，酿造时要在老桶中熟成3年至7年——之所以使用老桶，是为了保证酒里几乎没有橡木单宁，酿成的白葡萄酒——霞多丽、萨瓦涅和黄葡萄酒——最初入口时优雅而含蓄，然而葡萄所有的微妙表现都会呈现在余味中，让-克洛德亲昵地将其称为“长篇小说”。

电话 +33 6 80 43 17 44; Rue des Chèvres, Château-Chalon; 需要预约

06 多洛米酒庄 (LES DOLOMIES)

不要指望能在赛琳·戈尔马利（Celine Gormally）的车库酒窖里品尝黄葡萄酒，因为这里的葡萄酒出产周期为6年，而她在2010年才建立了自己的酒庄。“我们的酒庄富有团队精神，”她解释道，“我先是申请有机认证，然后得到了一个志同道合的团体的帮助，这个由汝拉的葡萄种植者组成的团体名叫Le Nez dans le Vert。而且从一开始，我就能以公平交易价格从农业协会租用地块，那里生长的可是优质的拥有70年树龄的老藤。”为了进一步减轻经济负担，赛琳开办了自己的私人俱乐部Location de Cep，会员可以订购即将到来的年份葡萄酒，但是要提前一年付款，还有不少人在收获季前来提供无偿的帮助。她的白葡萄酒产自单独地块的葡萄园，而黑皮诺的酒体对汝拉产区来说丰满得惊人。还可以要求品尝Chat Pet，一种天然发酵的起泡酒。

www.les-dolomies.com; 电话 +33 6 87 03 39 98; 40 Rue de l' Asile, Passenans; 需要预约

07 巴多酒庄 (DOMAINE BADOZ)

巴多家族的酿酒传统可以追溯到1659年，至今已经传承了10代人。贝尔纳·巴多（Bernard Badoz）在1977年发起了汝拉黄葡萄酒节（Percee du Vin Jaune），汝拉产区的每位酿酒师都要在那里展示他们的葡萄酒，这个鲜为人知的产区由此登上了世界葡萄酒版图。如今贝尔纳正式退休了，他把产业交给了雄心勃勃的儿子伯努瓦（Benoit），后者已经将酒庄的规模扩大了一倍。“爸爸虽然退休了，但仍然闲不住，他前脚离开酒窖，后脚就会从窗户爬回去。”伯努瓦笑着说。今天，游客们可以前往他们坐落在波利尼（Poligny）

繁华的镇中心的现代精品店，你可以在那里品尝来自其表亲的农场的孔泰奶酪，还有有机蜂蜜，以及烟熏莫尔托（Morteau）香肠这样的地区手工熟食。伯努瓦还开发了一系列新特酿，都很值得一试。用他儿子的名字命名的“爱德华”（Edouard），是用木桶熟成的霞多丽，这种桶是用波利尼上方的森林里的木头特制的，而“傲慢”（Arrogance）是他“谦虚”地为自己起的名字，这是一款按常规熟成的口感脆爽、酸度较高的萨瓦涅，而没有用黄葡萄酒常用的传统的发酵菌膜来进行氧化。

www.domaine-badoz.fr；电话 +33 3 84 37 18 00；3 Ave de la Gare，Poligny

08 雷加特酒庄 （DOMAINE RIJCKAERT）

阿尔布瓦（Arbois）是汝拉产区活力十足的酿酒之都，然而你需要绕到后街小巷，才能找到精力充沛的酿酒师弗洛朗·卢弗（Florent Rouve）的酒窖。在美丽宁静的小村庄莱普朗什（Les Planches）入口处的指示牌上，标着鳟鱼垂钓、山羊奶酪，以及前往迷人瀑布的森林漫步。但是弗洛朗既没有招牌，也没有品酒室，取而代之的是，他会在当地的度假别墅（gîte）接待游客。然而，从没有人在品尝过他美妙绝伦的手工葡萄酒之后失望而归。弗洛朗痴迷于白葡萄酒，他只钻研霞多丽和萨瓦涅，所以这里没有红葡萄酒，可以尝到香甜酒或稻草酒（Vin de Paille），也没有黄葡萄酒，因为在完全做好准备之前，这个完美主义者并不打算生产。他的酒桶堆放在两座17世纪的酒窖里，里面有些发霉，既寒冷又潮湿，按照弗洛朗的说法，这是用传统的薄纱法熟成葡萄酒的理想环境。“我先把葡萄汁榨好，然后倒进桶内等待熟成。酿造好酒其实并不复杂，你只需要耐心。”他苦笑着说。

www.rijckaert.fr；Arbois；电话 +33 6 21 01 27 41，拜访需致电

实用信息 ESSENTIAL INFORMATION

去哪儿住宿

LE RELAIS DE LA PERLE

纳塔莉·埃斯塔瓦（Nathalie Estavoyer）欢迎旅行者来到她精心修复的酿酒之家（maison de vigneron），这里会组织品酒活动，甚至还有葡萄园上空的热气球之旅。

www.lerelaisdelaperle.fr；电话 +33 3 84 25 95 52；184 Route de Voiteur，Le Vernois

GOTHIQUE CAFE CHAMBRES D'HOTES

宏伟的罗马式博姆莱梅谢于尔（Baume-les-Messieurs）修道院已经成了汝拉地区最令人印象深刻的景点之一。可以选择私人套间，那里被改造成了迷人的民宿。

chambresdhotes-baume.free.fr；电话 +33 6 42 19 56 01；L'Abbaye，Baume-les-Messieurs

去哪儿就餐

BISTROT CHEZ JANINE

安德烈夫人（Madame Andre）用她丰盛的Planche Comtoise让嘈杂的酿酒师们保持安静，这道佳肴堆满了奶酪、香肠（saucisson）、熏火腿和自己腌制的小黄瓜。

电话 +33 3 84 44 62 43；Route de la Vallee，Nevy-sur-Seille

LA FINETTE TAVERNE D' ARBOIS

位于汝拉酿酒之都的质朴木屋。你可以尽情享用地区特色菜，比如美味多汁的黄葡萄酒焖鸡。

www.finette.fr；电话 +33 3 84 66 08 78；22 Ave Louis Pasteur，Arbois

BISTROT DE PORT LESNEY

装饰着红格桌布和镀锌吧台的Pontarlier充满了高卢魅力，厨师阿诺·科莱（Arnaud Collet）会烹制传统菜肴，比如蒜味欧芹酱汁配青蛙腿。

www.bistrotdeportlesney.com；电话 +33 3 84 37 83 27；Port-Lesney

活动和体验

参观萨兰莱班（Salins-les-Bains）被联合国教科文组织列入《世界遗产名录》的地下盐矿。

庆典

每年2月的第一个周末，都会有一座不同的村庄主办汝拉黄葡萄酒节，届时将有40,000名葡萄酒爱好者前往那里为新年份的葡萄酒举杯欢庆。

【法国】

朗格多克 LANGUEDOC

这个充满了活力的葡萄酒产区用陡峭的悬崖和树木繁茂的山谷迎接游客，它正迅速成为法国最令人惊喜的品酒圣地。

Luigi Vaccarella © 4Corners Images

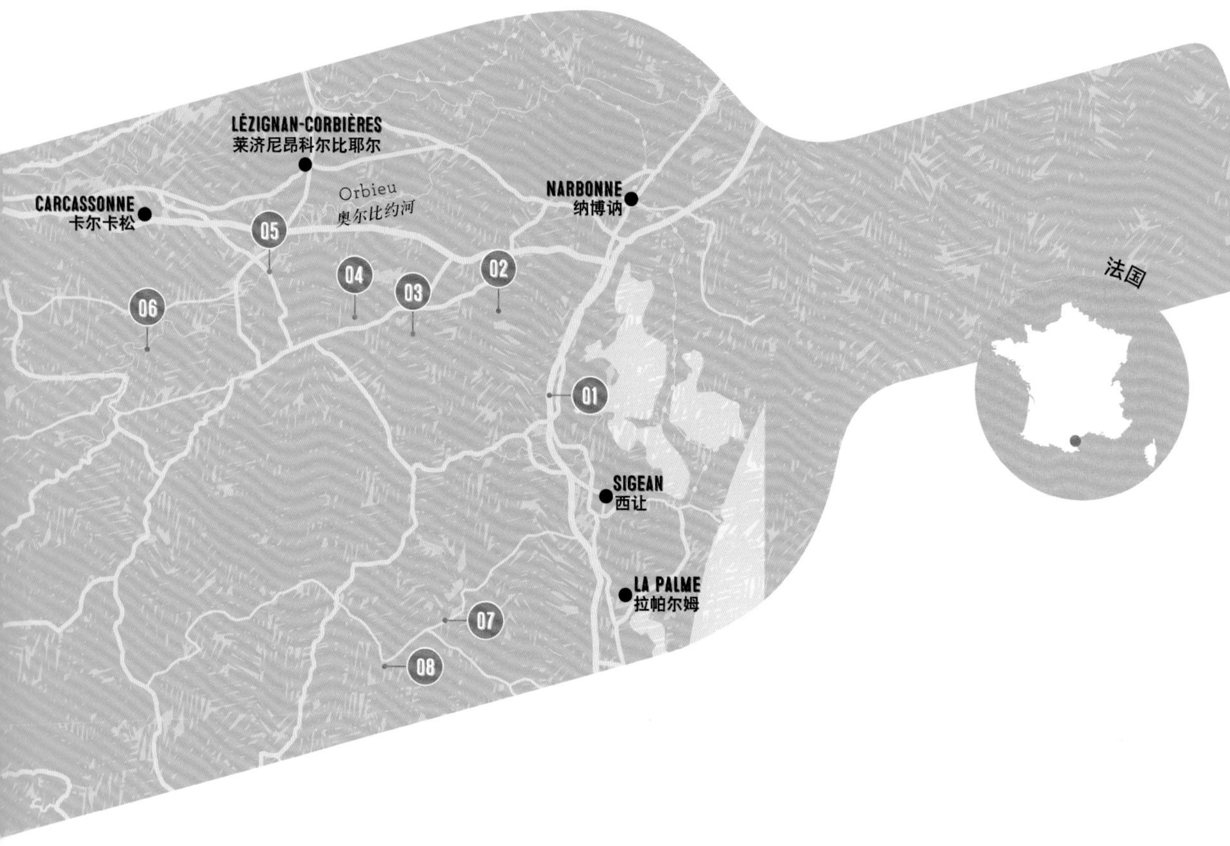

如何抵达

布法罗尼亚加拉国际机场（Buffalo-Niagara）是距离最近的大型机场，距云岭酒庄61公里远。可以租车。

一些令人称赞的创新葡萄酒正在法国崛起，它们来自广阔的朗格多克-鲁西永产区（Languedoc-Roussillon）。这一产区包括法国南部的大部分地区，从西班牙边境一直延伸到位于普罗旺斯（Provence）和蔚蓝海岸（Côte d' Azur）的葡萄园。法国三分之一的葡萄酒都产自这里，然而多年来，该产区一直饱受生产过剩和品质低劣之苦。如今，这辛酸的经历早已成为过往。酒庄业界已经发生了显著的变化，不仅涌现了一大批新名称，还迎来了法国地区餐酒（Vin de Pays）的盛行，以及葡萄园和酒窖的进步。这里吸引了活力十足的年轻酿酒师，他们不是为了给旧制度的酿酒合作社做贡献，而是想要建立自己的小葡萄园，通常还是有机的，以及采用生物动力法的。以下是该产区冉冉升起的新星：产自圣卢峰（Pic St-Loup）和克拉普山（La Clape）的紧致的红葡萄酒，利穆-布朗克特（Blanquette de Limoux）起泡酒，以及脆爽的皮内-匹格普勒（Picpoul de Pinet）白葡萄酒，后者很适合搭配当地的牡蛎。还有一个名叫科比耶尔（Corbières）的偏僻地区，它夹在蒙彼利埃（Montpellier）和佩皮尼昂（Perpignan）之间，低调而神秘，等待着人们来发现。

当地的地貌复杂多变，风景迤逦迷人。葡萄园沿着滨海佩里亚克（Peyriac-de-Mer）满是火烈鸟的潟湖向地中海延伸，穿过壮丽的石灰岩丘陵和山谷——旅行者可以在价格实惠的民宿（chambres d' hôtes）里留宿，它们大多隐藏在偏僻的中世纪小村庄中——就在清洁派教士（Cathar）于12世纪在比利牛斯山脉高耸的山麓丘陵地带建造的激动人心的山地城堡之上。在这个崎岖多岩的角落找到一家餐馆通常并非易事，但是当你找到了，会发现产自科比耶尔的歌海娜（Grenache）、西拉（Syrah）和佳利酿（Carignan）红葡萄酒坚实、辛辣而浓郁，酒精含量也较高，正是该地区同样丰盛的菜肴的完美补充——比如油封鸭和白豆焖肉、墨鱼辣香肠（chorizo）和血肠烩菜，以及野生迷迭香烤羊肉等菜肴。

01 法布雷－科尔东酒庄
(DOMAINE FABRE-CORDON)

作为独立酿酒师，阿芒迪娜·法布雷－科尔东（Amandine Fabre-Cordon）凭自己的实力在科比耶尔闯出了一片天地，成为对葡萄酒怀有热忱的年轻女性的楷模。她的父亲亨利（Henri）起初是一名葡萄园工人，后来在法国的“租佃”（fermage）制度下租用了葡萄园，现在他拥有了自己的占地12公顷（30英亩）的小庄园。阿芒迪娜在新西兰和加利福尼亚学习了酿酒手艺之后，于2011年接管了庄园，她已经为酒庄做了稳妥的规划。这里的风土被称为科比耶尔地中海（Corbières Méditeranée），因为地中海离风景如画的渔村佩里亚克只有3公里远。该酒庄有格外浓郁的精选白葡萄酒和桃红葡萄酒——白歌海娜（Grenache Blanc）、维欧尼（Viognier）和维蒙蒂诺（Vermentino）。从2013年开始，葡萄园获得了有机认证，通常都欢迎游客前来品酒，还有一栋可供出租的度假别墅（gîte）。

附近可以拜访的其他富有活力的女性酿酒师，包括塞西勒·博纳费（Cecile Bonnafous, www.domaine-esperou.fr）和范妮·蒂塞尔（Fanny Tisseyre, www.graindefanny.com）。

www.chateaufabrecordon.fr*; 电话 *+33 4 68 42 00 31; L' Oustal Nau, Peyriac-de-Mer

02 丰弗鲁瓦德修道院酒庄
(ABBAYE DE FONTFROIDE)

这座壮丽的中世纪修道院是感受科比耶尔的历史和酿酒传统的完美去处。丰弗鲁瓦德就坐落在这个地区的古都纳博讷（Narbonne）城外，它是修道士于1093年修建的，他们紧接着种植了葡萄树，以便为宗教仪式提供葡萄酒。在鼎盛时期，这些西多会修士曾经管理着成千上万公顷的土地。19世纪末，这座修道院被废弃了，后来法耶（Fayet）家族在1908年买下了它，如今这里由他们的孙女洛尔（Laure）及她的丈夫尼古拉斯·德谢尔农·维莱特（Nicolas de Chernon Villette）经营。他自称是一名工匠酿酒师，种植着36公顷（89英亩）的葡萄。虽然尼古拉斯仍会将60%的产量出售给地方合作社，但是他开始在附近的现代酒窖里酿造一些优质葡萄酒，尤其是干型麝香和特酿1093（Cuvée 1093），后者是一款非常令人惊叹的西拉。游览过修道院及其美妙的花园再去品尝葡萄酒，实在令人难以忘怀。

www.fontfroide.com*; 电话 *+33 4 68 45 11 08; Route Departemantale 613, Narbonne

03 卡尔韦尔酒庄
(DOMAINE CALVEL)

吉兰和帕斯卡尔·卡尔韦尔（Ghislain and Pascale Calvet）有一个宏伟的计划：把他们庞大而格局凌乱的家庭农舍改造成可以品酒的酒窖，再举办一些文化活动，建造一栋度假别墅来迎接游客。不过这完美的规划尚未付诸行动。乐于发现优质葡萄酒的爱好者们必须打电话预约，然后前往村庄边缘处的一座工业仓库。这是真正的车库酿酒——外面没有招牌，内部相当凌乱，遍地都是水泥罐、盒子和橡木桶。但是，一旦吉兰开启年份较早的葡萄酒，比如口味深沉的2006年份Cru Boutenac——这款酒需要沉淀几年才能显现出醇厚的口感——围在桶边的即兴品酒活动就会变成令人难忘的事。他们以百年树龄的佳丽酿葡萄为主体的葡萄园，坐落在科斯（Les Causses）山脉绵延起伏的丘陵地带。帕斯卡尔从1996年开始打理这座葡萄园，当时她继承了8公顷（20英亩），并把收获的葡萄直接出售给酿酒合作社。到了2002年，他们已经拥有了15公顷（37英亩）土地，还建造了这座临时酒窖，来酿造他们的第一批葡萄酒。现在，他们跟儿子一起工作，庄园的面积则达到了22公顷（54英亩）。

电话 +33 6 88 76 88 10; 16 Rue de la Rivière, Saint-André-de-Roquelongue

04 奥利厄罗马尼酒庄
(CHÂtEAU LES OLLIEUX ROMANIS)

正如名字所暗示的那样，这座位于Boutenac Cru（科比耶尔产区内的一个小规模但高品质的产地）中心地带的大庄园可以追溯到古罗马时代，现今，这家拥有150公顷（370英亩）葡萄园的酒庄，是科比耶尔产区规模最大的私人酒庄之一。不过，围绕在所有者皮埃尔·博里（Pierre Bories；他曾是巴黎的一位非常成功的金融家）身边的热心的酿酒师团队，会为游客提供非常热情而人性化的接待。这里仍然带有老式农场的感觉，驴在四处闲逛，绵羊和山羊在吃草，鸡到处乱跑，而皮埃尔总是跟他忠实的长毛狗泰迪熊（Nounours）在一起。皮埃尔的祖先在1896年买下了这个地方，并用庄园采石场的石头，在山顶上建造了宏伟的酒庄和酒窖，时至今日，它们依然没什么变化。他的父母在20世纪80年代做了一个至关重要的决定，他们没有拔掉老藤，种植新藤，这意味着皮埃尔继承了生长在红黏土和砂岩混合土壤中的大量树龄高达120年的葡萄树。尽管没有获得有机认证，但是他们不使用除草剂和杀虫剂。

www.chateaulesollieux.com；电话 +33 4 68 43 35 20；Route Départementale 613，Montséret

05 勒多格酒庄 (DOMAINE LEDOGAR)

勒多格家族在费拉勒（Ferrals）的酿酒历史已经传承了数代人，他们与当地的酿酒合作社关系密切，直到坚定的兄弟二人格扎维埃（Xavier）和马蒂厄（Mathieu）来到这里。他们是所谓的"自然酒"原教旨主义者，自1997年以来，一直从根本上以Boutenac Cru备受尊敬的风土为中心，创建和开拓了22公顷（54英亩）的葡萄园。他们生产100%有机葡萄酒，按照农历节气来种植葡萄树，不用硫黄，用手工采摘。这里种植了十几种不同的葡萄——不仅有经典的佳丽酿和歌海娜，还有慕合怀特、马卡贝奥（Maccabeu）和梅尔塞朗（Merselan）——这些葡萄会先按小地块分别酿造，再进行混合。他们在费拉勒镇中心拥有一间小品酒室，那里的讨论可能正热火朝天——或许正好是休息一下转移阵地，到马路对面新开的出色小馆Chez Bembe的绝佳时机，后者由一名巨人般的橄榄球爱好者经营，是这一带的另一个热情的好去处。

电话 +33 6 81 06 14 51；Place de la Republique，Ferrals-les-Corbières；需要预约

06 卡斯卡德酒庄 (DOMAINE LES CASCADES)

选择科比耶尔作为酒庄的理想地点的新一代年轻酿酒师不在少数，而洛朗（Laurent）和西尔维·巴舍维利耶（Sylvie Bachevillier）正是其中的典型代表。他们也清楚地意识到了葡萄酒旅游业的潜力，而且已经在邻近酒窖的地方开了一家迷人的、带有3个房间的民宿和生态度假别墅。该酒庄以生物多样性的理念为主旨，不仅从占地6公顷（15英亩）的小葡萄园出产有机葡萄酒，还生产蔬菜、藏红花、松露和橄榄油。洛朗不使用化学杀虫剂，而是让他们的两头驴和三只吓人的匈牙利绵羊到葡萄园里去吃草。他们的葡萄酒将让你大吃一惊。以西尔维的名字命名的Cuvée S是一款自然酒，由100%的歌海娜酿造，而没有添加亚硫酸盐；Cuvée L则是一款产量极低的浓缩型西拉。这座村庄里有几座酒窖，同样值得一去的还有鲁伊尔·塞居尔酒庄（Domaine Rouire Segur），这个更加传统的科比耶尔生产商就坐落在马路对面。

www.domainelescascades.fr；电话 +33 6 88 21 84 99；4 Ave des Corbières，Ribaute

“我一看到这些优质的、已有百年树龄的灌木式葡萄树生长在科比耶尔产区的石灰岩山丘上，就知道这里是我酿造葡萄酒的绝佳地点。”

——英国酿酒师乔恩·鲍恩

07 圣克鲁瓦酒庄 (DOMAINE SAINTE-CROIX)

在你开始攀登科比耶尔（Haut Corbières）令人印象深刻的嶙峋山脉时，景色也会随之变化。这里几乎没有农业，村庄稀少而分散。石灰岩、黏土、片岩、火山岩齐聚在小片的土地上，上面生长着葡萄老藤。正是这种多样性吸引了富有冒险精神的英国酿酒师乔恩·鲍恩（Jon Bowen）和他的妻子伊丽莎白（Elizabeth），他们是10年前来这里定居的。“这里的气候也极具吸引力，”鲍恩说法语时带着明显的朗格多克口音，“因为受到了山脉和海洋的双重影响——海洋离我们只有15公里远。”在酒窖里，他同样很有想法，他更喜欢水泥罐而不是钢罐，并且保守地用老桶熟成。他说：“只是想让人对木头有个概念，仅此而已。”这些有机葡萄酒拥有强烈的特性，不管是醇厚得惊人、又带有矿物风味的拉塞尔（La Serre）白葡萄酒——一款白歌海娜和不太知名的灰歌海娜（Grenache Gris）的混合酒，还是味道浓郁的马涅（Magneric）红葡萄酒，他在这款酒中混合了鲜为人知的当地葡萄——莫纳斯特莱（Morrastel）和阿利坎特（Alicante）——以及老藤的佳丽酿和歌海娜。这是一座肆无忌惮的车库酒庄，坐落在原始而偏僻的村庄中，所以在游客到访的时候，乔恩会直接把酒瓶和玻璃杯放在一个旧木桶上，将其当作即席品酒桌。

www.saintecroixvins.com；电话 +33 6 85 67 63 88；7 Ave des Corbières，Fraisse-des-Corbières；需要预约

08 恩布雷-卡斯泰勒莫尔 (EMBRES CASTELMAURE)

发现这个历史悠久的酿酒合作社的过程简直是一次探险。这座合作社位于一个只有150人的偏僻小村庄，该村隐藏在原始且大风肆虐的卡瑟尔（Cathar）山脉里，当地人说它"坐落在世界的尽头"。但这里出色的接待服务、非常现代的品酒室内的嘈杂氛围，以及非同寻常的葡萄酒，都值得到此一游。你在科比耶尔产区不可能避开酿酒合作社文化，这个制度曾经为酿酒师们提供了资金保障。这个合作社创立于1921年，有69名参与者，所有人都不同寻常，但是谁也比不上做了29年社长的帕特里克·马里安（Patrick Marien）。利用合作社占地400公顷、种植着老藤佳丽酿和歌海娜的灌木式葡萄园，马里安和专家级酿酒师Berhard Puiyo[在本地，他们被称为菲德尔和谢（Fidel and Ché）]一直在做试验——在酒瓶里而不是桶里熟成，使用老方法的水泥罐，低剂量的亚硫酸盐，以及设计令纽约的广告公司都心生羡慕的创意酒标。每款葡萄酒都是一个惊喜，从并不复杂的La Buvette——他们对解渴酒（vin de soif）的称呼，到给人以感官享受的木桶陈酿科比耶尔N° 3（N° 3 Corbières）皆是如此。

www.castelmaure.com；电话 +33 4 68 45 91 83；4 Route des Canelles，Embres-et-Castelmaure

实用信息 ESSENTIAL INFORMATION

去哪儿住宿

CHÂTEAU DE L'HORTE

这家酿酒师民宿坐落在一栋宏伟的建于18世纪的庄园内，有4间卧室，卧室下面就是巨大的酒窖（chai）。这里有游泳池和可供烧烤的花园露台。

www.chateaudelhorte.fr；电话 +33 4 68 43 91 70；Rue d'Escales，Montbrun-des-Corbières

CHÂTEAU DE LASTOURS

拉斯图尔将最先进的酒庄、大型当代户外雕塑、餐馆，以及10个设在独立小屋中的民宿房间结合在了一起。

www.chateaudelas-tours.com；电话 +33 4 68 48 64 74；Portel-des-Corbières

去哪儿就餐

O VIEUX TONNEAUX

佩里亚克以湿地潟湖和火烈鸟，以及这家舒适的法式小馆而闻名。克里斯泰勒·贝尔纳伯（Cris-telle Bernabeu）会烹制美味的炖鳗鱼（bourride d'anguille）。

www.ovieuxtonneaux.com；电话 +33 4 68 48 39 54；3 Place de la Mairie，Peyriac-de-Mer

BISTROT PLACE DU MARCHÉ

在这家充满活力的美食小馆里，可以跟酿酒师们并肩而坐。埃里克·德拉朗德（Eric Delalande）在这里供应美味的菜肴。

电话 +33 4 68 70 09 13；8 Ave de la Mairie，Ville-séque des Corbières

RESTAURANT LA LUCIOLE

这座小小的酿酒村庄曾经有十几家法式小馆，但是久而久之都关门了。来自巴黎的吉勒（Gilles）和埃莱娜·弗利安特（Helene Fliant）重新开了一家La Luciole。当地人会成群结队地到这儿来享用美食。

www.restaurantlalu-ciole.fr；电话 +33 4 68 40 87 74；3 Place de la Repub-lique，Luc-sur-Orbieu

活动和体验

科比耶尔山脉以令人赞叹的清洁教派的城堡为标志，它们坐落在悬崖顶上。不要错过极度危险的佩雷佩尔蒂城堡（Château de Peyrepertuse）。

www.payscathare.org

庆典

每年11月，小镇孔希拉克（Conhilac）都会举行长达1个月的国际爵士乐节。

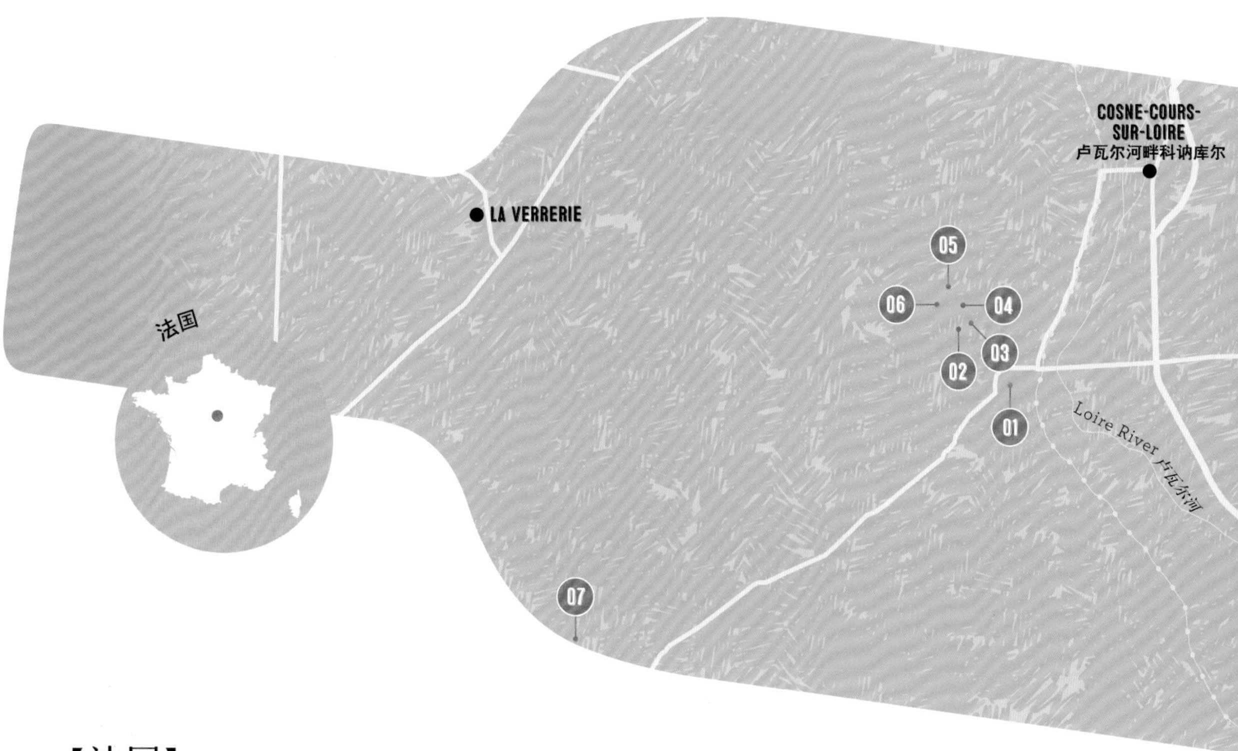

【法国】

卢瓦尔 THE LOIRE

花些时间，去探索法国中部慵懒的卢瓦尔河地区脆爽的白葡萄酒和童话般的城堡，可以乘船，可以骑车，也可以自己开车。

卢瓦尔河是法国最长的河流，其沿岸孕育了一些该国最著名、最多样化的葡萄酒：口感辛辣的白葡萄酒慕斯卡德（Muscadet）和安茹（Anjou），起泡酒武弗雷（Vouvray），以及单宁酸质地清纯的希农（Chinon）和索米尔（Saumur）的品丽珠（Cabernet Franc）。桑塞尔（Sancerre）标志性的葡萄园距巴黎只有200公里，那里出产的与众不同的赤霞珠（Sauvignon）已经成了世界上最受欢迎的葡萄酒之一。壮丽的中世纪城镇桑塞尔威严地坐落在覆盖着葡萄园的小山顶上，俯瞰着十几座使用其称号的村庄。历史上首次提及桑塞尔葡萄酒是在583年，当时图尔的格雷戈里（Gregory of Tours）提到了这里的葡萄酒。在1886年的葡萄根瘤蚜流行之前，这里生产的大部分酒实际上都是红葡萄酒——黑皮诺——直到重新种植葡萄园的时候，才决定改种现在著名的长相思。

如今当地的酿酒师生活富足，酒窖设备先进，但卢瓦尔在几十年前还不过是个贫瘠之地，这点鲜有人知。酿酒师艰难地出售着名气不足、无人问津的葡萄酒，他们的家庭只能靠妻子的贴补勉强维持——她们会饲养山羊来生产Crottin de Chevignol奶酪。桑塞尔现在的声誉和成就归功于两个因素：一是“二战”结束后，年轻一代的葡萄酒商把他们的葡萄酒带到了巴黎，还开了葡萄酒吧，让首都的人们确信桑塞尔葡萄酒是一种时尚；二是鼓励巴黎人探访桑塞尔，去看看葡萄园，并直接从酿酒师那里买酒，这使他们成了葡萄酒旅游的早期倡导者。如今情况依然如此，葡萄酒游客依然会受到特别的欢迎。而且，现在全世界似乎都爱上了桑塞尔。

如何抵达

巴黎戴高乐机场（Paris Charles de Gaulle）是最近的主要机场，距桑塞尔226公里远。可以租车。

❶ 阿方斯·梅洛酒庄 (DOMAINE ALPHONSE MELLOT)

在镇中心和阿方斯·梅洛一起品酒是了解桑塞尔葡萄酒的最好方式。老阿方斯是个精力充沛的酿酒先驱，他既是一位富有传奇色彩的人物，也是桑塞尔葡萄酒的民间大咖，曾凭一己之力将葡萄酒推广到了全世界。他的儿子小阿方斯（Alphonse Jr）继承了父亲的工作，在葡萄园和酒窖两方面改造着酒庄。梅洛家族的19代人可以追溯到1513年，代代都在这里酿酒。他们当中有一位塞萨尔·梅洛（Cesar Mellot），他曾担任过太阳王路易十四（Louis XIV）的葡萄酒顾问（Conseilleur de Vin）这一卓越的职务。

当你在桑塞尔街道下方建于15世纪的酒窖里漫步时，这段不可思议的历史显而易见。不过，品酒会让你感受到现代酿酒技术的进步。小阿方斯已经在这片50公顷（123英亩）的葡萄园里普及了生物动力法，收获时每株葡萄藤只能采摘4串至6串葡萄，这令品质得到大幅度的提升。酒庄的基石——穆西埃（La Moussière）是一款经典的带有燧石风味的桑塞尔，而木桶陈酿埃德蒙（Cuvée Edmund）风味浓郁、香气含蓄，对一款赤霞珠而言十分罕见。第19代（Generation XIX）是一款令人印象深刻的黑皮诺，值得与优质的勃艮第葡萄酒、而不是桑塞尔红酒（Sancerre Rouge）相比较。

www.mellot.com；电话 +33 2 48 54 07 41；Rue Porte César, Sancerre

❷ 安德烈·杜泽父子酒庄 (DOMAINE ANDRE DEZAT & FILS)

桑塞尔的酿酒师总是能确保让游客得到热情的迎接，法国很少有产区能通过酒庄游览直接向公众出售如此多的葡萄酒。杜泽家族是这一理念的先驱之一，而和蔼的家长安德烈·杜泽（人们通常称他为Le P'tit De）是其中的典型，他在“二战”后接管了酒庄。他的两个儿子路易（Louis）和西蒙（Simon）继承了他的事业，现在他们的两个儿子阿诺（Arnaud）和菲尔曼（Firmin）也在帮忙。该家族在生产经过了反复推敲的优质葡萄酒方面享有盛誉，或许每年都会在不同阶段微调，但是从不追逐时尚。他们标志性的长相思通常用钢罐熟成，而品质极佳的黑皮诺则在3年至5年的老木桶中陈酿，还有一款用树龄50年的老藤结出的葡萄酿造的特酿（Cuvée Speciale），是用新的橡木桶熟成的，如果你有足够的耐心，把酒存放几年是最理想的。不管在一天中的什么时候前去品酒，都像是在拜访一群老朋友，那里可能还有已经买了20年酒的荷兰游客、忙着为他们的“酒窖”补货的巴黎人，以及当地的牧师或警察。

www.dezat-sancerre.com；电话 +33 2 48 79 38 82；Rue des Tonneliers, Chaudoux, Verdigny

❸ 保罗·谢里埃酒庄 (DOMAINE PAUL CHERRIER)

斯特凡·谢里埃（Stephane Cherrier）是一名对过去充满了敬意的年轻酿酒师。他以祖父为荣，并把他身穿“一战”时军人制服的肖

02

像挂在品酒室里。斯特凡讲述道：“我的祖母，像这里的大多数村民一样，曾饲养山羊来生产奶酪。在歉收的时候，或者桑塞尔变成如此受欢迎的葡萄酒之前，通常是祖母赚的钱才让一家人免于贫困。实际上，直到10年前，我们还在把葡萄酒批发给中间商。”斯特凡曾在智利、新西兰和澳大利亚的葡萄园里工作，后来他回到了这里，开始经营酒庄。他进步得非常快，不但削减了葡萄园中化学制品的使用，还在酒窖里做了一些尝试。

斯特凡的一部分葡萄树生长在黏土-石灰质土壤的低洼地上，坡上的葡萄园则以更加独特的白土

BODY Philippe © Getty Images

（terre blanche）为特色，正是这两种土型真正给桑塞尔的葡萄酒赋予了个性。尽管他口感辛辣、酸度较高的赤霞珠是在钢罐里熟成的，但是他也会用木桶来酿造复杂的菲莉帕特酿（Cuvée Philippa）。这里没有正式的品酒室：斯特凡会热情地带领到访者参观酒窖，不只是开几瓶酒，还会把玻璃移液管直接插进酒桶检测熟成度，然后再决定装瓶的时机。

电话 +33 2 48 79 37 28；Chemin Matifat，Chaudoux，Verdigny；需要预约

❹ 樊尚·戈德里酒庄（DOMAINE VINCENT GAUDRY）

樊尚·戈德里是一名工匠酿酒师，他在酿酒方面很有想法。桑塞尔只是慢慢地接受了有机葡萄酒革命，但是从2002年开始，该酒庄就获得了官方有机认证（法国人称之为bio）。他古老的酒窖位于尚布尔村（Chambre），然而占地11公顷（27英亩）的葡萄园却分成数块，散布在叙里昂沃（Sury-en-Vaux）、圣萨蒂南（Saint-Satur）、韦尔迪尼（Verdigny）和桑塞尔等市镇。“因为我想让葡萄生长在这个地区的几种具有代表性的土壤上，”樊尚解释道，“含燧石的硅石、石灰石和黏土–石灰质土。”他用小个儿的老木桶熟成葡萄酒，拒绝在酒窖里使用空调，更喜欢随季节而变化的自然温度。他说：“这里建于18世纪，那时就很适合酿酒，那么现在为什么要改变？”酒庄的葡萄酒很有爆发力，尤其是天蝎座（Constellation du Scorpion），这款赤霞珠是用100%的硅石土种出来的葡萄酿造的。“我想延续我们的葡萄酒所拥有的独特风格，”他说，“尊重那些让桑塞尔闻名于世的长辈，而不是为了改变而改变。”

www.vincent-gaudry.com；电话 +33 2 48 79 49 25；Petite Chambre，Sury-en-Vaux；需要预约

❺ 马丁酒庄（DOMAINE MARTIN）

在桑塞尔周围的所有村庄中，沙维尼奥勒（Chavignol）是最古雅美丽的，村里古老的中世纪房屋被

03 Riccardo Spila © 4Corners Images

DUCEPT Pascal © Getty Images

两座陡峭的山坡紧紧地包围着，坡上满是星罗棋布的葡萄园。这里出产的葡萄酒的质量能够达到极高的水平，这使该村的名字得以跟桑塞尔相提并论。然而，在山坡上工作非常困难，不管是照料葡萄树，还是在收获季摇摇晃晃地手工采摘葡萄。在法国各地不同的葡萄酒产区积累了工作经验之后，皮埃尔·马丁（Pierre Martin）在10年前回到这里，帮他的父亲伊夫（Yves）打理占地17公顷（42英亩）的庄园。他们一起与时俱进：葡萄园正在朝有机的方向改造，皮埃尔和他的妻子还计划在村里开一间正规的品酒室和民宿。皮埃尔不需要费多少口舌就能把游客带到他那两座获过奖的葡萄园上面去，这两座葡萄园是Les Culs de Beaujeu和诅咒山（Les Monts Damnes）。不过，你得能够登高，因为葡萄园陡得就像悬崖的边缘，连接每块梯田的狭窄台阶都非常危险。回到酒窖，配上著名的Crottin de Chavignol山羊奶酪享用葡萄酒简直无可挑剔。

“桑塞尔的酿酒师一直有个传统，那就是热情欢迎努力到这里来拜访我们的葡萄酒爱好者。”

——酿酒师阿方斯·梅洛

电话 +33 2 48 54 24 57; Le Bourg, Chavignol; 需要预约

06 帕斯卡尔和尼古拉·勒韦迪酒庄（DOMAINE PASCAL ET NICOLAS REVERDY）

你必须沿着最狭窄曲折的道路，穿过美景如画的葡萄园，才能到达小村庄迈姆布雷（Maimbray），这里有40户居民，包括10个酿酒家族。帕斯卡尔·勒韦迪在1992年接管了这家14公顷（34英亩）的酒庄，他不再向合作社出售葡萄，而是集中精力酿造自己的葡萄酒。今天，帕斯卡尔14岁和17岁的儿子也在给他帮忙，他们都决心要成为酿酒师。如果他在品酒开始时就倒上了果香浓郁的新鲜黑皮诺，请不要惊讶。“我觉得桑塞尔白葡萄酒（Sancerre Blanc）太香，不适合在一开始就品尝，因为它可能会令后面的桃红葡萄酒和红葡萄酒显得平淡乏味。”

01 维朗德里城堡（Château de Villandry）的花园

02 布尔格伊（Bourgueil）葡萄园的葡萄收成

03 卢瓦尔河畔的布卢瓦（Blois）镇

04 索米尔城堡及其葡萄园

这里曾经是一座农场，酒窖就像是博物馆，里面装满了古老的农具，而舒适的品酒室看上去仿佛是家庭餐厅。只是别问帕斯卡尔酒庄网站的事情。“你是在开玩笑吧！”他惊呼道，“你知道，我们是在迈姆布雷。这里没有商店、酒吧或者餐馆，人们只专注于酿造最好的葡萄酒。网站什么的，还是让孩子们去折腾吧。”

电话 +33 2 48 79 37 31; Maim-bray, Sury-en-Vaux

07 亨利·佩莱酒庄 (DOMAINE HENRI PELLE)

佩莱家族占地40公顷的产业从桑塞尔产区蔓延到了毗邻的默讷图萨隆（Menetou-Salon）产区。这家酒庄是必访之地。它提供了品鉴默讷图萨隆出产的长相思和黑皮诺的绝佳机会——长久以来，这个产区一直是桑塞尔的“穷亲戚”，但现在它成了冉冉升起的新星，当地葡萄酒的品质总有一天会令桑塞尔黯然失色。28岁的保罗-亨利·佩莱（Paul-Henry Pelle）本人就是这一带最新一代酿酒师之中的明星之一。他欢迎游客来到最先进的酒窖，那是一个巨大的Tronconic桶迷宫，用于在葡萄酒熟成时限制木质的影响，而且，只要一有机会，他就会让你乘上他那辆破旧的老军用吉普车，带你去游览周围的葡萄园。你还需要做好品尝很多葡萄酒的准备，因为保罗-亨利会把每个级别的葡萄园出产的葡萄分别酿制，并且经常把它们作为单独的特酿装瓶，以展示土壤是如何彻底改变一款葡萄酒的。

www.domainepelle.com; 电话 +33 2 48 64 42 48; Morogues

实用信息 ESSENTIAL INFORMATION

去哪儿住宿

MOULIN DES VRILLERES

酿酒师民宿在桑塞尔产区很罕见，游客会受到克里斯蒂安（Christian）和卡里娜·劳韦尔雅（Karine Lauverjat）的热烈欢迎，他们会安排完整的酒窖游览，以及品酒活动。

www.sancerre-online.com; 电话 +332 48 79 38 28; Sury-en-Vaux

LA CÔTE DES MONT DAMNÉS

让-马克·布儒瓦（Jean-Marc Bourgeois）是知名桑塞尔酿酒师的儿子，但他决定先成为一名厨师，再回家翻修陈旧的酒店。客人可以在经过精心设计的房间里放松自己，并在他的餐馆里享用美味。

www.montsdamnes.com; 电话 +33 2 48 54 01 72; Place de l' Orme, Chavignol

去哪儿就餐

RESTAURANT LA TOUR

这家米其林星级餐馆的特色是大厨巴蒂斯特·富尼埃（Baptiste Fournier）的才能。不要错过圣康坦乳鸽。

www.latoursancerre.fr; 电话 +33 2 48 54 00 81; 31 Nouvelle Place, Sancerre

AU PETIT GOUTER

这家出色的乡村小馆有本地50多家桑塞尔生产商出产的葡萄酒，能够与之完美搭配的，是老板儿子制作的著名的Crottin de Chavignol奶酪，以及另一个特产——油炸从卢瓦尔河里捕捞的小鱼。

电话 +33 2 48 54 01 66; Le Bourg, Chavignol

活动和体验

桑塞尔俯瞰着宽广的卢瓦尔河，如果想在品酒的间隙以健康的方式休息一下，可以沿着河岸漫步或者骑车，也可以租一艘独木舟，还可以选择圣萨蒂南村的沙坪、在水边晒太阳，或者下水游一会儿泳，不过要当心水流。

庆典

没有什么比多汁的牡蛎更适合搭配脆爽的冰镇桑塞尔。在每年10月的最后一个周末，这里都会庆祝牡蛎节（Fetes des Huitres），这个葡萄酒和牡蛎的盛大节日在巨大的Caves de la Mignonne（www.caves-de-la-mignonne.com）举行，这座地下采石场的历史可以追溯到14世纪。

01

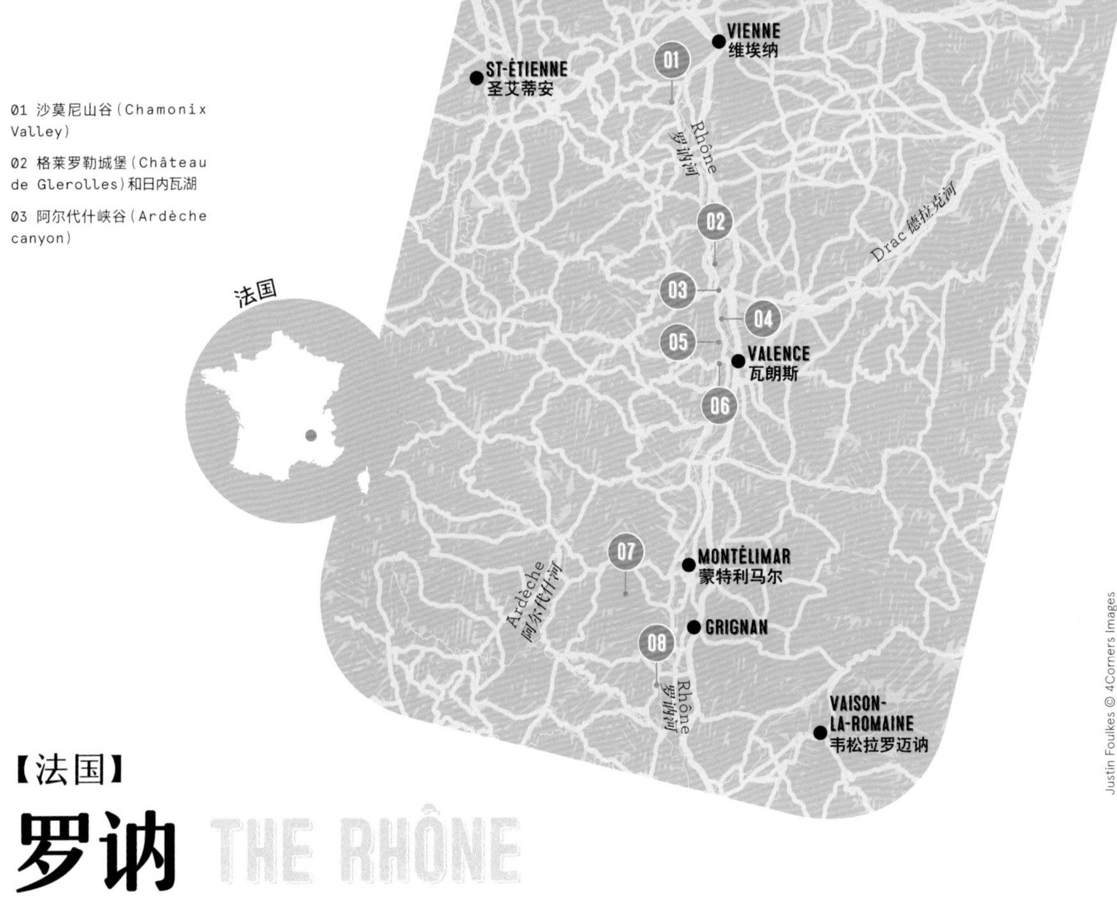

Justin Foulkes © 4Corners Images

【法国】

罗讷 THE RHÔNE

法国有一个惊为天人的葡萄酒产区，北部是白雪皑皑的山脉，南部是宽阔炎热的山谷，这里出产的红葡萄酒一鸣惊人，肯定会征服你的味蕾。

罗讷谷（Rhône Valley）的葡萄酒产区从里昂（Lyon）下方开始向南延伸，经过阿维尼翁（Avignon），穿过南部地区，宽广的河流将在那里汇入地中海。该地区种植葡萄的历史长达2000多年，在你沿着河谷旅行的时候，会发现各种各样的葡萄酒。

北罗讷（Northern Rhône）是从维埃纳（Vienne）向南直至瓦朗斯（Valence）的地区，这里拥有壮观的景色，陡峭的河岸上覆盖着梯田葡萄园，而且会出产一些法国最著名的葡萄酒：浓郁的罗蒂丘（Côte-Rôtie）西拉、科尔纳斯（Cornas）和埃米塔日（Hermitage），以及用复杂的维欧尼葡萄酿造的优雅的孔德里约（Condrieu）。从瓦朗斯向南，景色会变得更加"普罗旺斯"，西拉会与歌海娜、慕合怀特及佳利酿生长在一起。这些葡萄通常是通过调配酿造的，可以生产出有力而著名的教皇新堡（Châteauneuf-du-Pape），还有一些大有前途的新名号，比如吉恭达斯（Gigondas）、瓦凯拉斯（Vacqueyras）和拉斯多（Rasteau），或者罗讷丘（Côtes du Rhône），你会发现每家法式小馆都有这款经典的葡萄酒。旅行者很快就会注意到，北罗讷地区的酿酒师通常更加传统。然而，一旦来到瓦朗斯以南——这里的葡萄田要便宜得多——新一代的年轻酿酒师就会加入进来，他们渴望新的尝试，尤其是自然酒，它现在可是大多数欧洲城市时髦葡萄酒吧中的热门选择。

葡萄酒旅游在罗讷产区已经成了一门组织完善的艺术，旅行者可以在很多诱人的酒庄留宿，餐馆则发现了葡萄酒配餐这个绝佳的机遇：口感辛辣的克罗兹-埃米塔日（Crozes-Hermitage）白葡萄酒搭配当地的奶酪，比如软厚细滑的圣费利西安（Saint-Félicien）和味道浓烈的皮科东（Picodon）；具有燧石风味的圣佩雷（Saint-Péray）和盐焗海鲈鱼组合；以及味道浓郁的科尔纳斯与野鹿瘦肉片和森林浆果的完美搭档。

如何抵达

里昂有最近的主要机场，离沙瓦奈（Chavanay）49公里远。从巴黎乘火车到里昂需要2小时20分钟。可以租车。

Imagebroker © Alamy

01 蒙泰耶酒庄

(DOMAINE DU MONTEILLET)

斯特凡·蒙特兹(Stephane Montez)是那种典型的富有传奇色彩的法国酿酒师之一。他的新酒窖采用了最先进的技术，高耸在孔德里约的葡萄园上方，当地的酿酒师、酒商、厨师和好奇的游客整天进进出出，热闹非凡，都是为了品尝他品质极佳的葡萄酒。手持一杯孔德里约，走出极简主义风格的现代酒窖，就可以眺望一直延伸至罗讷河畔的葡萄园。举家出游的人在这里也可以放松，因为有一个配备了游戏的儿童角。一定要到品酒室后面去，那里的玻璃墙能让你一窥在岩面上开凿的酒窖。

"我是第10代酿酒师，"斯特凡自豪地说，"我们只是在1732年发现并买下了一片葡萄园，如今我仍然拥有它。"斯特凡的葡萄园位于罗讷两个最负盛名的产区，出产的是罗蒂丘红葡萄酒和孔德里约白葡萄酒，后者是用维欧尼葡萄酿造的，一些专家认为这是法国最好的白葡萄酒。他解释了其中的原因，直到20世纪80年代初，"孔德里约一直以'维欧尼'而著称，这是我们自己的本土葡萄。如今全世界似乎都在种植维欧尼，从澳大利亚到美国加利福尼亚，再到智利，但是它只在这里酿出了好酒，因为贫瘠的土壤和适中的气候(不能太热也不能太冷)才是这种葡萄生长的理想环境。"

www.montez.fr; 电话 +33 4 74 87 24 57; 6 Le Montelier, Chavanay

02 法约勒子女酒庄

(FAYOLLE FILS ET FILLE)

美丽的热尔旺(Gervans)村有5位酿酒师，其中3位都姓法约勒。然而，你必须驾车穿过迷宫般的后街小巷，才能到达葡萄园的边缘，法约勒兄弟姐妹——洛朗(Laurent)和赛琳(Céline)拥有的简单而舒适的酒窖也坐落在这里。他们一家是第一个不再向合作社出售葡萄，并开始酿造克罗兹-埃米塔日的家族——这是北罗讷面积最大的产区，占地超过1600公顷(3953英亩)。他们的10公顷(24英亩)庄园从靠近罗讷河岸的平坦平原——洛朗(那里仍然用马来犁地)，一直延伸到连绵起伏的山丘，那里的土壤变成了密度较大的花岗岩。每株传统的无脚杯型灌木式葡萄树都倚靠着一根长长的木桩，以防弯曲和折断。这是典型的罗讷种植法，在罗蒂丘，葡萄树需要插3根木桩来抵御强风。用超过60年树龄的玛珊(Marsanne)葡萄树结出的果实，酿造的蓬泰白葡萄酒（Pontaix White）主要用钢罐熟成，这款酒带着柔和的蜂蜜口味。

www.fayolle-filsetfille.fr；电话 +33 4 75 03 33 74；9 Rue du Ruisseau, Gervans

03 坦恩酒庄（CAVE DE TAIN）

在罗讷河爬满了葡萄藤的陡坡沿线，著名酒庄那独具特色的好莱坞式招牌不断映入眼帘——长久以来，它们一直主宰着这里的葡萄酒贸易。莎普蒂尔（Chapoutier）、嘉伯乐（Jaboulet）和吉佳乐（Guigal）都以拥有自己的酒庄而自豪，不过它们也充当酒商，用收购的、而不是自己种植的葡萄生产数百万瓶葡萄酒。坦恩酒庄是一个重要的市场参与者，它不追求招牌，而是以品质闻名，品酒师称它为法国顶级的酿酒合作社。酒庄创立于1933年，旗下有300名合作社成员，涵盖1000公顷（2471英亩）的葡萄园。尽管它每年会生产令人震惊的500万瓶酒，但是成员仅限于半径大致为15公里以内的酿酒师。而且，坦恩是稀有的、拥有自己酒庄的合作社之一。正是这些宝贵的葡萄园，包括一些价值极高的地块，令它成了埃米塔日的第二大所有者。埃米塔日不仅是产区的名字，也是笼罩着他们酒窖的那座山的名字。到访这里还可以参观新开的酒窖，这座投资了1000万欧元的酒窖拥有多种性能，从可以容纳2000个大橡木桶（barrique，用新橡木制成的酒桶）的酒窖房间，到进行单一地块葡萄酒酿造的水泥“河马”现代技术，皆包含在内。

www.cavedetain.com；电话 +33 4 75 08 20 87；22 Route de Larnage, Tain-l' Hermitage

04 库尔比斯酒庄（DOMAINE COURBIS）

驱车进入中世纪市镇沙托布尔（Châteaubourg），你肯定不会错过一幅巨型壁画，那是库尔比斯兄弟洛朗（Laurent）和多米尼克（Dominique）生产的圣约瑟夫（St Joseph）和科尔纳斯（Cornas）葡萄酒的广告。这对兄弟的家族在这里的历史可以追溯到16世纪，但如今他们的现代化酒窖使用了所有最新的技术。酒窖就坐落在葡萄园所在的山坡脚下，由于坡度太陡，要看到顶上可能会弄伤你的脖子。这是典型的科尔纳斯产地，可以跟罗蒂丘高得令人眩晕的梯田相媲美。而圣约瑟夫的葡萄园则沿着罗讷河伸展了50公里。库尔比斯生产的红葡萄酒和白葡萄酒价格都很合理，开启时无须进一步熟化就可以享用。西拉口感辛辣而浓郁，玛珊白葡萄酒则具有令人难以置信的矿物风味——如果你驾车前往鲁瓦葡萄园（Les Royes），看到生长着葡萄树的贫瘠的多岩石石灰岩土壤，就不会觉得意外了。

www.vins-courbis-rhone.com；电话 +33 4 75 81 81 60；Route de Saint-Romain, Châteaubourg

05 阿兰·沃歌酒庄（DOMAINE ALAIN VOGE）

在科尔纳斯的近代历史上，阿兰·沃歌是一位备受尊敬的人物，他将名不见经传的葡萄酒，打造成“顶级罗讷葡萄酒”这一头衔的有力竞争者。该酒庄目前由阿尔贝里克·马祖瓦耶（Alberic Mazoyer）经营，他以前在莎普蒂尔工作。10年来，阿尔贝里克已经把酒庄的酿酒模式发展成了几乎100%有机及采用生物动力法，这在罗讷谷的这个地区是相当罕见的成就。“只要开车前往科尔纳斯葡萄园带有围墙的梯田，”他说，“你就会发现，我们的工作和建筑工人一样多，每年都要花几个月的时间修复及修补葡萄园的围墙。这些围墙可以追溯到古罗马时代，我们也经常挖掘出人工制品和化石。这就是这些葡萄酒相对昂贵的理由，因为必须投入大量的资金，如果我们严格遵循有机种植法，甚至还要投入更多的资金。”

你必须顺利地穿过科尔纳斯狭窄的后街小巷，才能找到隐藏在庭院里的庄园酒窖。品酒室里装饰着与众不同的现代绘画和雕塑，拜访者坐在大木桌旁，由阿尔贝里克或他的一名助手开启酒瓶。通常只能品尝最新年份的葡萄酒——这是个问题，因为科尔纳斯需要熟成几年

“人们声称西拉原产自希腊、西西里岛甚至遥远的波斯，但是现在我们有官方的DNA证明，它就诞生在罗讷谷的山坡上。”

——坦恩酒庄负责人格扎维埃·戈马尔（Xavier Gomart）

才能被充分地欣赏——除非沃歌先生本人露面，决定请客人品尝他私人收藏的落满了灰尘的陈酿。

www.alain-voge.com; 电话 +33 4 75 40 32 04; 4 Impasse de l' Equerre, Cornas

06 隧道酒庄 (DOMAINE DU TUNNEL)

在他位于圣佩雷（Saint-Péray）大街的精品品酒室里，待人和善的酿酒师斯特凡·罗伯特（Stéphane Robert）坐在舒适的皮革扶手椅上，大方地承认自己的酒庄并没有网站。他得意地问大家，这世上能有几家建在9世纪的火车隧道里的酒窖。斯特凡的酿酒事业始于他父母的车库。迄今为止，他一直专注于生产独特的高品质却鲜为人知的圣佩雷白葡萄酒[包括一款品质极佳的100%瑚珊（Roussanne）特酿]，以及同样出众的浓郁的科尔纳斯葡萄酒，其中一些是用树龄超过100年的葡萄树结出的果实酿造的，需要很多很多年的陈酿才能达到理想的成熟状态。

电话 +33 4 75 80 04 66; 20 Rue de la République, Saint-Péray

07 马泽尔酒庄(LE MAZEL)

对自然葡萄酒运动的斗士们来说，南罗讷的这个角落就像是圣地，这里有一群新时代酿酒师酿造的零亚硫酸盐葡萄酒，有时可能会出现不稳定、轻微氧化或是有点儿起泡之类的问题，然而一旦达到了完美的状态，即便是最内行的品酒师也会为之惊艳。热拉尔德（Gérald）和若瑟兰·乌斯特里克（Jocelyne Oustric）继承了一座占地30公顷（74英亩）的庄园。今天，他的农场只有18公顷（44英亩），一半以上的区域都租给了两名志同道合的年轻酿酒师。在一些当地人眼中，法国人西尔万·博克（Sylvain Bock）和古怪的捷克人安德烈亚·恰莱克（Andrea Calek）仿佛来自另一个星球，但是他们的自然酒得到了品酒师的赞赏，并远销至日本和美国。

要安静地品尝以便真正了解这些不同寻常的葡萄酒，最好的去处是热拉尔德·乌斯特里克的酒窖，这座古老的石头小屋坐落在风景如画的瓦尔维涅雷（Valvignères）村中心。在一扇巨大的木门后面，你会发现在他的"重要特酿"（C' est Im-Portant Cuvée）中大放异彩的波丹（Portan）葡萄，而沙博尼埃特酿（Cuvée Charbonnières）则是对霞多丽的独特诠释，这款酒要在钢罐中熟成一年，然后在老木桶中再熟成两年。热拉尔德在酒窖里工作的时候，若瑟兰负责品酒活动，并解释令他们的自然酒喝起来如此不同寻常的独到之处。最后，大多数游客都会到La Tour Cassée去尝尝那里的当日特色菜（plat du jour），这家友好的小馆就在路对面，酒单也相当出色。

电话 +33 4 75 52 51 02; Valvignères

08 利比亚纳酒庄 (MAS DE LIBIAN)

随着罗讷产区向南延伸到瓦朗斯和蒙特利马尔（Montélimar）下方，那里的葡萄园可能没什么名气，酿酒师都很年轻，不落俗套，也敢于不断超越自己。在恬静的普罗旺斯村庄圣马塞尔-达尔代什（Saint-Marcel d' Ardèche），有两家由精力充沛的女性家族经营的大酒庄。生气勃勃的萨拉丹（Saladin）姐妹伊丽莎白（Elisabeth）和玛丽-洛朗西（Marie-Laurence; www.domaine-saladin.com）酿造了多款大胆的葡萄酒，比如果香浓郁的歌海娜桃红葡萄酒塔拉拉（Tralala），以及用慕合怀特和黑歌海娜有效混合而成的月之子（Fan de Lune）。几乎与之相邻的利比亚纳酒庄是一个酿酒师"母亲氏族"，其庄园拥有珍贵的灌木式葡萄树，而且可以追溯到1670年。埃莱娜·蒂邦（Hélène Thibon）和她的妈妈及姐妹一起，对利比亚纳进行了改造，现在这里生产的是获得了有机认证并采用生物动力法酿造的葡萄酒，她们还跟一匹名叫内斯托尔（Nestor）的健壮驮马一起犁地。她们最受欢迎的特酿是Vin de Pétanque，这款用歌海娜和西拉混合酿造的酒非常适合在闷热潮湿的夏夜饮用，而酒体更加丰满的海亚姆（Khayyam）是木桶陈酿的黑歌海娜，女士们以一位波斯诗人的名字为它命名，"因为他的作品歌颂了葡萄酒和女性"。

www.masdelibian.com; 电话 +33 4 75 04 66 22; Quartier Libian, Saint-Marcel d' Ardeche

去哪儿住宿

LA GERINE

这家高居罗讷河上方的舒适民宿被罗蒂丘的葡萄园环绕着。有令人放松的游泳池，还可以欣赏周围壮观的美景。

www.lagerine.com; 电话 +33 4 74 56 03 46; 2 Côte de la Gerine, Ampuis

HOTEL MICHEL CHABRAN

这家很有魅力的老式旅馆，坐落在神秘的通往法国南部的7号国道（Route Nationale 7）旁边。经营者是一位米其林星级大厨。

www.chabran.com; 电话 +33 4 75 84 60 09; 29 Ave du 45 ème Parallèle, Pont de l' Isère

DOMAINE NOTRE DAME DE COUSIGNAC

酿酒师拉斐尔·波米耶（Raphael Pommier）和他的美国妻子蕾切尔（Rachel）欢迎客人来到这座乡村农舍，在这里每晚都可以品尝他们的有机葡萄酒。

www.ndcousignacville-giature.fr; 电话 +33 6 27 30 69 92; Quartier Cousignac, Bourg Saint-Andéol

去哪儿就餐

AUBERGE MONNET

坐落在罗讷河中一座小岛上的浪漫餐馆，供应地区特色菜，比如青蛙腿、填馅猪蹄，以及美味的奶酪和熟肉。热情的老板埃里克（Eric）有不少品质极佳的精选葡萄酒，论杯出售。

www.aubergemonnet.com; 电话 +33 4 75 84 57 80; 3 Place du Petit Puits, La-Roche-de-Glun

LA TOUR CASSÉE

这家舒适的乡村小馆将最受人们喜爱的阿尔代什传统菜肴（丰盛的卷心菜汤）和充满了异域风情的食谱结合在了一起，比如大枣木梨油封鸭塔吉锅，还有很棒的自然葡萄酒酒单。

www.restaurant-tour-cassee.fr; 电话 +33 4 75 52 45 32; Valvignères

LA FARIGOULE

这家老式小馆俯瞰着一座葡萄园，是享用冰镇的罗讷丘桃红葡萄酒配美味的当地肉糕（caillette）的理想去处。

www.auberge-lafarig-oule.com; 电话 +33 4 75 04 02 60; Bidon

活动和体验

从瓦隆蓬达尔克（Vallon Pont d' Arc）出发，沿着阿尔代什河（Ardèche River），在导游的带领下体验一日游独木舟之旅，你将在壮观的峡谷间曲折前行。

庆典

罗讷产区的两端有两个精彩的节日：从6月26日开始的为期两周的维埃纳爵士乐节（Jazz à Vienne; www.jazzavienne.com），以及会持续整个7月的阿维尼翁戏剧节（Avignon' s Theatrical Festival; www.festival-avignon.com）。

01

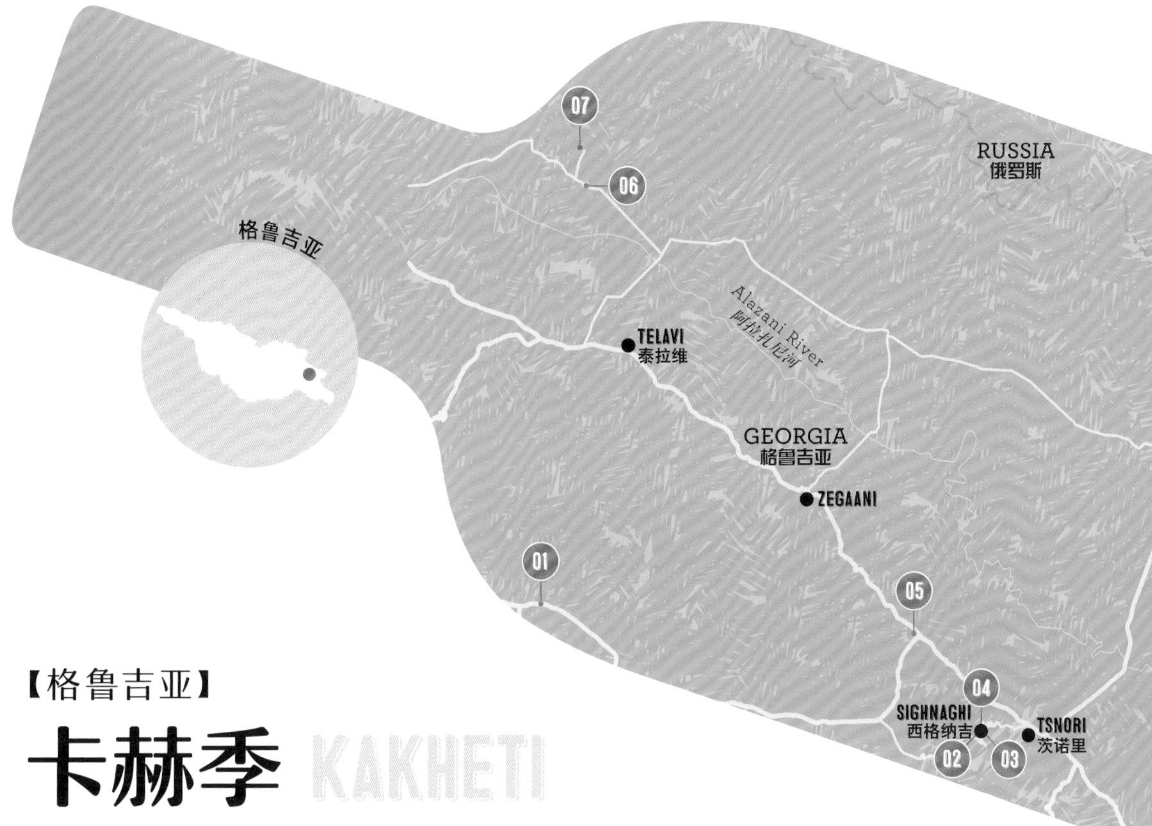

【格鲁吉亚】

卡赫季 KAKHETI

在这片古老的山地，充满活力的氛围与世界级的传统葡萄酒会给热爱葡萄酒的旅行者带来未知的体验。

格鲁吉亚的葡萄酒体验是独一无二的。这里关于葡萄酒的故事是如此古老、如此真实，以至于我们所知的古希腊和古罗马似乎都成了近代史。

格鲁吉亚是公认的人类第一次掌握驯化野生葡萄藤方法的地方，那是在公元前6000年前后。从那以后，这个国家大部分地区的酿酒技术一直没有发生多少变化。人们仍然手工采摘葡萄，在古树挖空的树干里靠脚踩榨汁。葡萄汁会流入埋在地下的被称为克维乌里（qvevri）的传统黏土罐，在里面发酵及成熟，不需要添加剂，也不用操作。当密封的克维乌里在次年春季被打开的时候，质地清澈、颜色鲜艳而且极其纯粹的葡萄酒就酿好了。当然，并非所有的格鲁吉亚葡萄酒都是用这种祖传方式酿造的——也有许多工业葡萄酒厂用拖拉机和钢铁配合生产——但是相当多的自然工匠都在继续发扬着传统。

就产量而言，格鲁吉亚最重要的葡萄酒产区是位于东部山区的卡赫季。该国近三分之二的葡萄酒皆产自这里。这里的葡萄酒多为白葡萄酒，酿造过程中，白葡萄会长期保持未脱皮的状态。“卡赫季”也因此成为格鲁吉亚语中形容酒品的词语，泛指那些单宁酸含量高、口感淳厚的葡萄酒。卡赫季的区域多样性非常明显，拥有多种微气候、不同土壤和葡萄品种。大部分海拔最高的葡萄园都坐落在这里。通常情况下，这里比格鲁吉亚的其他地方更干燥、更温暖。

贡博里（Gombori）山脉将卡赫季划分为内外两个区域。小城西格纳吉（Sighnaghi）是卡赫季的文化之都，它高悬在山脊之上，是游人探索自然的门户之地。透迤的高加索山脉覆盖着皑皑白雪，西格纳吉掩映山间，如此美景是卡赫季甚至是整个格鲁吉亚的形象名片。在你从这里踏上行程时，一定要做好心理准备——卡赫季最好的葡萄酒一般不会公开出售，而是深埋在村民的院内，等候识货的葡萄酒爱好者去发现。

如何抵达

第比利斯国际机场（Tbilisi）是最近的大型机场，离西格纳吉100公里远。可以租车。

01 尼基·安塔泽酒庄 (NIKI ANTADZE)

尼基是个涉猎领域甚广的商人，酿酒是他众多事业最新的主线。从2006年开始，他每年都会借用一些朋友的场地精心酿造自己的葡萄酒，有些场地甚至算不上"酒窖"。如今，他有了十几个埋在地下的克维乌里罐，它们位于卡赫季西部的村庄马纳维（Manavi），就在一座小公寓的旁边。马纳维是世代相传的特级园所在地，因为这里阳光充足，而且朝向南方，能令葡萄更加成熟。当地气候环境绝佳，非常适合种植姆茨瓦涅（Mtsvane）白葡萄。

这里没有品酒室或零售店。目前，尼基正在为他的酒庄（marani）做最后的修整工作：酒庄修筑了涂抹着薄灰泥，并用干草隔热的墙壁，还有能促进空气流动的高高的屋顶。这座酒庄并无特别之处，却是格鲁吉亚最值得一游的葡萄酒圣地。在这里，你会看到尼基为葡萄酒产业升级所做出的努力。

直到2014年，他基本只灌装两种葡萄酒：白羽（Rkatsiteli）和姆茨瓦涅。现在，除了酒庄的变化，他还决定开始生产单一葡萄园和单一克维乌里葡萄酒，并进行其他令人兴奋的尝试，包括卡赫季产区最好的萨佩拉维（Saperavi）红酒之一（不过要记住，他不是总有空，而且酒的数量很少）。

从第比利斯取道S5公路往东，再左转往北，即是马纳维。对于是否能拜访尼基以及进一步的方位，可以到Gvino Underground Wine Bar（Tbilisi，电话+995 322 30 96 10）了解。需要预约

02 山鸡之泪酒庄 (PHEASANT'S TEARS)

如果说哪家酒庄对格鲁吉亚葡萄酒的国际声誉产生过重要影响，那非山鸡之泪莫属。合伙人约翰·沃德曼（John Wurdeman；国际发言人、画家、美国侨民）和格拉·帕塔利什维利（Gela Patalishvili；多代格鲁吉亚酿酒师、无懈可击的主持人）致力于用祖传的克维乌里罐来酿造产自当地葡萄品种的葡萄酒——不仅在格鲁吉亚国内如此，在国外也如此。山鸡之泪在激励当地种植者继续坚持数个世纪以来的工作传统方面起到了无法估量的重要作用。同时，该团队在出口多种产品上投入的精力也是无限的。

他们种植并酿造的一些白葡萄酒品种，包括白羽、基西（Kisi）、

01 卡赫季收获的葡萄

02 里奥尼河谷（Rioni River Valley）

03 用克维乌里酿造的格鲁吉亚葡萄酒

04 阿拉韦尔迪大教堂（Alaverdi Cathedral）

Andrew Montgomery © Lonely Planet Images

“格鲁吉亚的传统葡萄酒是精心酿制的家庭酒，饱含着让每一个喝酒的人都能充满喜悦的期望。”

——卡赫季产区阿奇尔·纳茨夫利什维利

姆茨瓦涅以及琴纳里（Chinuri）。红葡萄酒则有萨佩拉维、沙乌卡比多（Shavkapito）和塔芙科利（Tavkveri），以及该国最好的酒之一——用橡木桶陈酿的白兰地（chachas）。每一种都承载着悠久的酿造传统和负责任的生产方式。拜访该酒庄将令你确信卡赫季产区跟整个葡萄酒界有着必不可少的关联。另外，他们还在2015年完成了该国最大、最全面的酿酒及熟成酒窖的建设。一定别错过！

电话 +995 355 23 15 56；18 Baratashvili St，Sighnaghi；需要预约

03 克罗瓦尼酒窖（KEROVANI WINE CELLAR）

这是现今卡赫季产区出现的最新、最令人兴奋的酒窖之一。41岁的阿奇尔·纳茨夫利什维利（Archil Natsvlishvili）在忙乱地把克维乌里罐埋在自家地下之后，于2013年推出了首批自产的葡萄酒——白羽和萨佩拉维，目前他又在地下室门口建造品酒及游客接待室。他的葡萄酒不含添加剂，有成为当地业界标杆的潜力。“品酒室”就位于有6个克维乌里罐的酒窖底部，简洁清爽，毫不造作。新建的熟成室就在上面——别忘了要求简短地参观一下。

电话 +995 599 40 84 14；18 Aghameshenebili St，Sighnaghi；需要预约；品酒室已在2015年秋季开放

04 奥克罗酒庄（OKRO'S WINE）

富有魅力的约翰·奥克鲁阿什维利（John Okruashvili）领导着这家富有远见的酒庄，这里专门经营白羽葡萄酒，并以尽可能少地添加硫黄，以达到最佳纯度为目标。他酿造的一系列葡萄酒的价位都很亲民，他还为旅行者精彩地讲述卡赫季产区的潜能。

电话 +995 516 22 22 28；7 Chavchavadze St，Sighnaghi；需要预约

05 索利科·察伊什维利酒庄（SOLIKO TSAISHVILI）

索利科在葡萄酒研发方面具有很强的影响力，尼基·安塔泽尊

Andrew Montgomery © Lonely Planet Images

05 格鲁吉亚式宴席

06 山鸡之泪葡萄酒

称其为老师（sensei），其他很多种植者无疑也会表示认同。索利科是一名学者及翻译，他早在几十年前就开始将酿造葡萄酒当成一项副业，并于2003年开始和4名热爱葡萄酒的朋友一起酿酒。索利科的葡萄酒贴的酒标是“我们的酒”（Our Wine），这个名字具有双重含义：这款酒不仅在他这群朋友里是“我们的”，在格鲁吉亚自然葡萄酒这个层面也是“我们的”，与苏联的工业产品截然相反。

索利科的葡萄酒完全由克维乌里罐酿制。他运用了生物动力法，还喜欢尝试新的酿酒方法——他有时会以雪利酒的制作方法酿造克维乌里酒，有时则会调整配方，改变使用葡萄藤茎的方法。他所酿造的白羽和萨佩拉维口感纯正，限量出售，都是卡赫季葡萄酒拥有无所限制口感的前卫例证。因为他是一位家庭酿酒师，所以不要期待豪华的品酒室，而是在一个特别的晚上，在温馨的后院，伴着鸟鸣，以及你椅子下面尚在熟成的葡萄酒，享受漫长而详细的品酒过程。如果你赶上了美好的夜晚，他才华横溢的妻子正好在做饭，你就能体验到这些葡萄酒跟卡赫季产区独特的辛辣菜肴是如何搭配的了。

电话 +995 599 11 77 27；Bakurtsikhe（从西格纳吉沿5号公路驱车向北走20分钟）；游览需要预约

06 双子酒窖（TWINS WINE CELLAR）

在这座酒窖，你不但能学习有关葡萄酒的知识，还能住在双胞胎Gia和Gela Gamtkitsulashvili修建的客房里（见127页），参观专门展示克维乌里艺术的博物馆。这座酒庄非常适合游览，内设图片展和全尺寸模型，游客可以漫步其中，充分理解熟成容器对成品葡萄酒口味的重要性；目前这里正在使用的克维乌里罐有近110个。这里还有个餐馆，游客可以帮忙烤面包、采摘葡萄、参与克维乌里罐的清洁和成熟葡萄酒的过程，并观察蒸馏过程。

电话 +995 551 74 74 74；Napareuli

07 卡哈·别里什维利酒庄（KAKHA BERISHVILI）

卡哈的萨佩拉维是这个葡萄品种的“旗手”。来到这里，体验短时间的垂直品鉴，将你带回可能出现在品钦（Pynchon）梦中20世纪60年代的美国，那时蒂莫西·利里（Timothy Leary）、迪安·莫里亚蒂（Dean Moriarty）和艾伦·金斯伯格（Allen Ginsberg）等颇具影响力的人物还在人世。这家“酒庄”说穿了是一个为拥有全球视野的农学家们服务的嬉皮士群体，它坐落在美丽的蓝色Didkhevi River河沿岸，就在西格纳吉北面，泰拉维（Telavi）附近。一不留神就容易在这里闲逛一整天，在树下饮酒，谈论年份，品尝美味的当地特产，这样的经历会让你更了解葡萄酒。葡萄经过生物制剂的处理后，会用马车运送到1公里外的酒庄。这里的chacha白兰地也非常独特，但不见得能喝得到。

电话 +995 551 60 76 08；Artana Village

去哪儿住宿

客栈

虽然卡赫季有很多酒店，但是在一个当地家庭或“客栈”留宿可能是最好的选择。不仅因为这是结交新朋友的绝佳机会，而且你的东道主通常都会提供家常便饭、只收取一小笔费用的志愿司机服务，还会向游客推荐游览当地的地标。可以登录网站www.hostelworld.com/sighnaghi，获取可供选择的简短名单。

双子酒窖（TWINS WINE CELLAR）

纳帕雷乌利（Napareuli）村位于卡赫季北部，在这里可以欣赏高加索山脉和葡萄园令人难忘的美景。在该村双子酒窖的正上方恰好坐落着8个标准间和4个豪华间。如果你打算用双子酒窖的品酒活动来结束一天，这里正是在第二天早上动身前好好睡一觉的理想去处。

电话 +995 322 42 40 42; Napareuli

HOTEL PIROSMANI

这家酒店装修不尽人意，餐厅色调太白，但是房间很舒适，阳台很棒，价格也很合适。最重要的是，位置难出其右。这家酒店就

06

Sean Caffrey © Getty Images

位于市中心，去哪儿都不过几分钟的路程——从克罗瓦尼酒庄沿着街道走下去即是。

电话 +995 355 24 30 30; 6 Agmashenebeli St, Sighnaghi

去哪儿就餐

山鸡之泪(PHEASANT'S TEARS)

大厨吉亚·罗卡什维利（Gia Rokashvili）和他的团队在这里为客人烹饪美食，他们会以葡萄酒的搭配为前提，精心烹制深受传统影响的、新鲜的创意菜肴，而且所用的材料就来自当地的市场。夏季，宽敞的私人户外露台对亲密的用餐者和大型团体同样适用，在那里可以欣赏壮观的景色，通常还有自发的非常欢乐的现场音乐。

电话 +995 355 23 15 56; Baratashvili St, Sighnaghi

活动和体验

博德贝圣妮诺修道院（MONASTERY OF ST NINO AT BODBE）

从西格纳吉开车前往修道院只需几分钟，这是该国最神圣的教堂之一。修道院始建于9世纪，目前包括一座女修道院，以及圣妮诺的坟墓和圣物。这位圣女曾手握用葡萄藤和自己的头发绑成的十字架，将基督教带到了格鲁吉亚。

这里的圣像极具艺术价值。在山谷上方、地面倾斜、周围还环绕着柏树林的庭院内漫步，会让人永生难忘。

生活之根牧场(LIVING ROOTS RANCH)

生活之根牧场就坐落在西格纳吉城外，多亏了这里好客的团队，让你能以最适宜的方式——在马背上——探索卡赫季地区丘陵起伏、森林密布的乡村。不管你骑马的熟练程度如何，都会有适合你的马匹和向导。这里也欢迎孩子们。

庆典

每年5月，格鲁吉亚的首都第比利斯（在西格纳吉以西大约1小时车程处）都会在格鲁吉亚葡萄酒俱乐部（Georgian Wine Club）的支持下，庆祝新酒节（New Wine Festival）。届时，企业将与种植者、农民和中型酒厂一起展示他们的葡萄酒。这是见证格鲁吉亚葡萄酒生产全局的最佳去处之一。在秋季临近收获季的时候，卡赫季北部城市泰拉维通常会在纳迪克瓦里公园（Nadikvari Park）举行以卡赫季为中心的葡萄酒节。

01

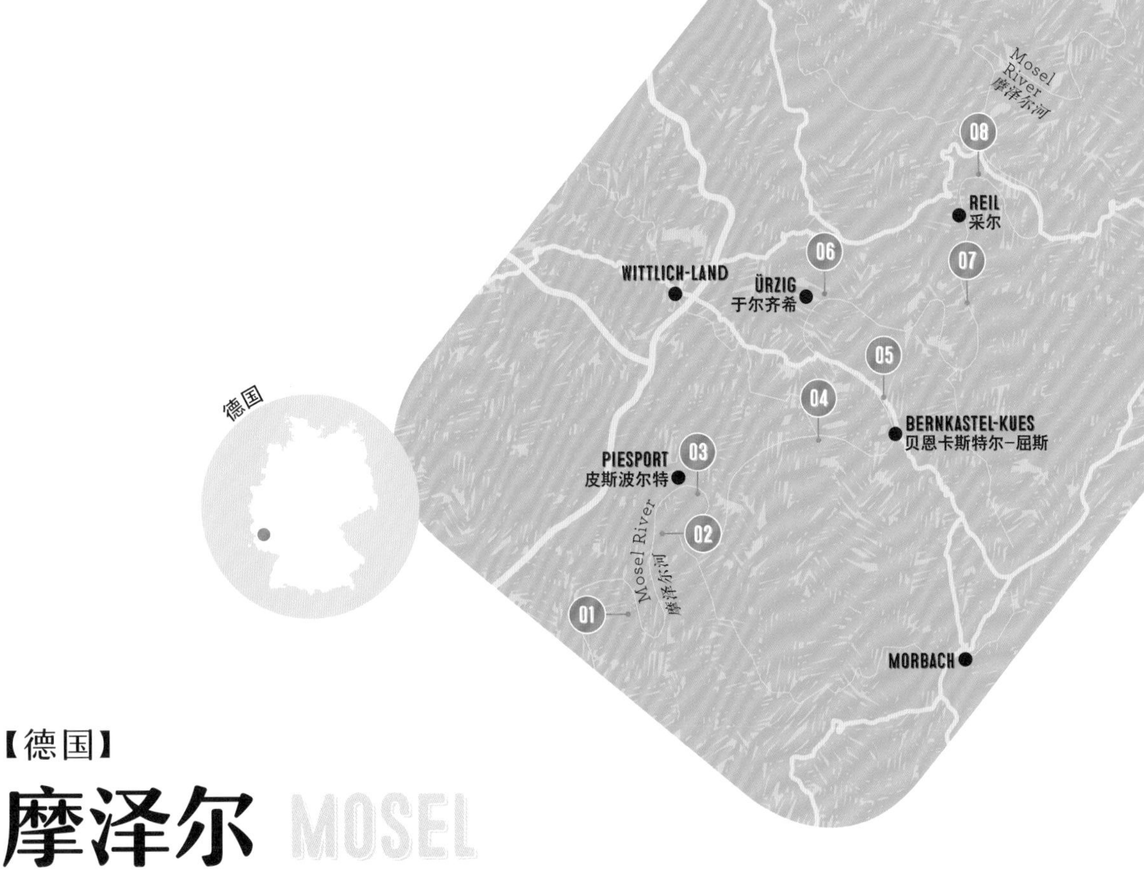

【德国】

摩泽尔 MOSEL

摩泽尔的陡坡为葡萄的生长提供了最佳环境。旅行者可以在巴洛克式的住宅和葡萄园中品尝美酒，放松心情。

沿着蜿蜒曲折的摩泽尔河谷从特里尔（Trier）向北前往科布伦茨（Koblenz），这大概是最美好的葡萄酒之旅了。保持原貌的中世纪村庄排列在摩泽尔河畔，在半明半暗、云起云落的天空下散发着永恒的魅力。在老旧的古罗马酒桶旁，被太阳晒得发硬的板岩以及娇嫩花朵的芬芳在地面上弥散。每时每刻，还有每次转弯都会有崭新的景色映入眼帘：繁茂的葡萄园比比皆是，颇具特色，连绵的梯田间分布着古老的石头日晷，以与好莱坞山上巨大的Hollywood标识一样的字体镌刻的葡萄园铭牌矗立其中。在夏秋两季，由蓝色、灰色和绯红色的石头组成的万花筒，在一片翠绿的树叶"挂毯"下面闪闪发光，魅力十足。而历史就在这种气息之间流传。

雷司令是这里的贵族品种。得益于当地多样的气候土质，这种葡萄酒品种繁多，从极干型到起泡型，从半甜到有油脂感，不一而足。判定摩泽尔的葡萄酒是一种三维体验，需要同时考虑几种因素：葡萄园、种植者和地块。随着时间的推移，单一葡萄园会在不同的标准下进行品质判定。和勃艮第一样，每座葡萄园往往会由几名种植者负责，而每名种植者都有自己的生产方法（对于一些规模较大的葡萄园，所有者的数量可能多达数百人）。此外，在每一处获得了认可的单一葡萄园内，还存在着谱系更高阶的小块土地。理解这种相互作用以发现哪些葡萄酒真正代表着该产区的惊人潜力，并让其与你的味蕾交谈，可能会成为一生的冒险。

值得庆幸的是，自己开车或者骑自行车游览摩泽尔很容易，每天最多能拜访4家酒庄，这在某种程度上要归功于葡萄酒的新鲜度和相对较低的酒精含量。一路上，客栈、啤酒馆、公园和令人愉悦的美食足以让人眼花缭乱。而你的同伴正是强大的摩泽尔本身，从它的角度来看，自奥索尼乌斯（Ausonius）及以前的时代以来，几乎没有发生过什么改变。

如何抵达

法兰克福（Frankfurt）是最近的大型机场，距莱文（Leiwen）160公里远。可以租车。

01 卡尔·勒文酒庄 (CARL LOEWEN)

卡尔酿造的雷司令不但可以立即享用，而且具有浓烈的矿物风味。他以对未嫁接的老藤充满兴趣而闻名，这种葡萄能提供独特而诱人的口感。不容错过的葡萄酒包括他的施密特－瓦格纳马克西曼赫伦贝格晚收型（Schmitt-Wagner Spätlese Maximin Herrenberg），以及品质极佳的勒文里奇精选型（Loewen Auslese Ritch）。

www.weingut-loewen.de; 电话 +49 65 07 30 94; Matthiasstrasse 30, Leiwen; 需要预约

02 A.J.亚当酒庄(A J ADAM)

安德烈亚斯·亚当（Andreas Adam）被认为是摩泽尔“新一代”中最优秀的酿酒师之一。他的葡萄酒因其出众的品质和极小的产量获得了狂热追捧。他的酒庄总计不到4公顷，这片土地上有很多富有挑战性的斜坡，而德龙河（Dhron）支流的这个分产区尤其陡峭，工作起来特别困难——他是少数坚持手工酿酒的人之一，而且密切关注着地质状况，并在不添加更多添加剂的前提下，用天然的酵母进行发酵。他所有的葡萄酒都值得考虑，尤其是法因赫布黄金液滴（Feinherb Goldtropfchen）和霍夫贝格晚收型（Spätlese Hofberg）。

电话 +49 65 07 21 15; Bruckenstrasse 51, Neumagen-Dhron; 需要预约

03 罗伊舍尔－特酒庄 (REUSCHER-HAART)

马里奥·施旺（Mario Schwang）从2006年开始掌管这座古老的庄园（其历史可以追溯到1337年）。他的青春活力给葡萄酒注入了新鲜的吸引力，这些酒的品质在皮斯波尔特（Piesport）一直数一数二；它们会呈现出迷人的果香，以及奶油般的香气。这里的位置也很有吸引力，正好面对着摩泽尔河以及一座漂亮的跨江桥。

www.weingut-reuscher-haart.de; 电话 +49 65 07 24 92; St Michaelstrasse 20, Piesport; 需要预约

04 马克斯·费尔德·里希特酒庄(MAX FERD RICHTER)

在里希特参加一次完整的品酒活动是非常难忘的体验，能让你深入地了解摩泽尔的复杂性，以及雷司令的多样性：这座庄园有超过8座葡萄园，产出的葡萄酒各具风味。酒庄现任掌门迪尔克·里希特（Dirk Richter）对摩泽尔的历史和潜力所知甚广。可以期待这些瓶装酒能直接、纯粹而明确地体现它们的产地。

www.facebook.com/MaxFerdRichter; 电话 +49 65 34 93 30 03; Hauptstrasse 85, Mülheim; 需要预约

05 维利·舍费尔酒庄 (WILLI SCHAEFER)

在整个河谷都很难找出比维利·舍费尔出产的葡萄酒更受人喜爱、更吃香的品牌。这里的产量很低，每年不到3000箱，而且只有两个产地，不过这两个产地是摩泽尔产区最好的两处：希默尔赖希（Himmelreich）和多普勒布斯特（Domprobst）。舍费尔的葡萄酒传达了友好的“诱人”感，以及一个地方令人难以忘怀的复杂感。一定要特别留意产自多普勒布斯特并带有“编号”的精选系列——那将是你尝过的最难忘的葡萄酒之一。

www.weingut-willi-schaefer.de; 电话 +49 65 31 80 41; Hauptstrasse 130, Bernkastel-Graach; 需要预约

06 教堂山/克里斯托弗尔酒庄(MONCHHOF/CHRISTOFFEL)

教堂山哥特式的品酒室里装饰的全都是涂了漆的老木制品和分层玻璃，与他们生气勃勃的单一葡萄园雷司令形成了完美而有趣的对照。这里的品酒活动在河谷中相当独特，你可以体验一组放在一起的、产自不同类型的板岩土（蓝色、红色和灰色）的葡萄酒，并开始认真思考是什么让它们变得如此不同。他们还有产自历史悠久的教士园（Prälat）的颇为华丽的葡萄酒，可别错过品尝的机会。

www.moenchhof.de; 电话 +49 65 32 93 164; Monchhof 54539, Ürzig; 需要预约

07 伊米希－巴特里贝格酒庄(IMMICH-BATTERIEBERG)

以迷人的村庄恩基希（Enkirch）为中心的伊米希－巴特里贝格酒庄，拥有摩泽尔产区最古老的历史：在908年的一份皇家契约中，这座酒庄被首次提及。从1425年开始，酒庄由家族经营的历史超过了500年。现任酿酒师格诺特·科尔曼（Gernot Kollmann）用产自4个产地——巴特里贝格、斯特芬斯贝格（Steffensberg）、埃勒格鲁布（Ellergrub）和策普温格特（Zeppwingert）——的葡萄，精心地酿制品质极佳的葡萄

01 摩泽尔河上方的雷司令葡萄树

02 伊米希-巴特里贝格葡萄园

Courtesy of Batterieberg

酒。庞大而格局凌乱的宅第以及品酒室是在连续几代人的努力下建成的，是该地区重要历史的见证。

www.batterieberg.com；电话 +49 65 41 81 59 07；Im Alten Tal 2，Enkirch；需要预约

08 克莱门斯-布施酒庄 (CLEMENS-BUSCH)

自20世纪80年代开始酿酒以来，克莱门斯和丽塔·布施（Rita Busch）一直以生产"自然"精酿葡萄酒闻名，这些酒如今在河谷最纯葡萄酒的榜单上仍然名列前茅。克莱门斯和丽塔脚踏实地，而且彬彬有礼——游客甚至舍不得离开他们可爱的木房子。

酒庄的土壤以灰色板岩为主，蓝色和红色板岩则在地下蔓延。布施夫妇在鉴别此类"微土壤"方面颇有建树，会对不同土质进行区分。在他们酿造的葡萄酒中，大部分雷司令都是干型的，他们也生产少量的黑皮诺、起泡酒和蒸馏酒。

www.clemens-busch.de；电话 +49 65 42 22 180；Kirchstrasse 37，Pünderich；需要预约

实用信息 ESSENTIAL INFORMATION

去哪儿住宿

ZELTINGER HOF

这家有品位的小酒店位于贝恩卡斯特尔（Bernkastel）以北几公里处，可以提供一组舒适的房间。这里的酒窖棒极了！

www.zeltinger-hof.de；电话 +49 65 32 93 820；Kurfürstenstrasse 76，Zeltingen-Rachtig

WEINGÜTER MÖNCHHOF VINOTHEK UND GÄSTEHAUS

这家酒庄及客栈就像一座哥特式灯塔，矗立在乌尔齐希·维尔茨加滕（Urziger Würzgarten）葡萄园的下方，可以提供色彩丰富的宽敞的房间。

www.moenchhof.de；电话 +49 65 32 93 164；Moselufer D-54539，Ürzig

去哪儿就餐

ZUR TRAUBE, HOTEL RESTAURANT

这里供应传统摩泽尔菜肴，菜式虽然简单，却也经过精心烹饪。一定要在露台上找个座位，那里能欣赏到一段最宁静的河景。

www.zurtraubeuerzig.de；电话 +49 65 32 93 08 30；Moselufer D-54539，Ürzig

DIE GRAIFEN: WEINE LEBEN, ESSEN

无论是内部装潢还是外部环境，这家餐馆都很有情调，而且殷勤好客。季节性菜单既用西班牙小吃式的拼盘迎合了休闲的用餐者，也满足了寻找更加丰盛的菜肴的晚餐食客。

www.graifen.de；电话 +49 65 41 81 10 75；Wolfer Weg 11，Traben-Trarbach

活动和体验

结束你的摩泽尔之旅后，在乘船从科布伦茨去往吕德斯海姆（Rudesheim）的途中，可以不慌不忙地喝一杯啤酒。

从吕德斯海姆镇中心出发的缆车也可以让你一览莱茵河及其周围葡萄园的绝佳风光。

庆典

摩泽尔地区全年有几十个不同的节日。在9月的第一周，贝恩卡斯特尔为期4天的摩泽尔中部葡萄酒节（Wine Festival of the Middle Moselle）是绝对不容错过的。7月上旬，小镇克勒夫（Kröv）会主办葡萄酒和民间艺术节（Wine and Folklore Festival），届时可以欣赏世界音乐，还有著名的河上浮动舞台。

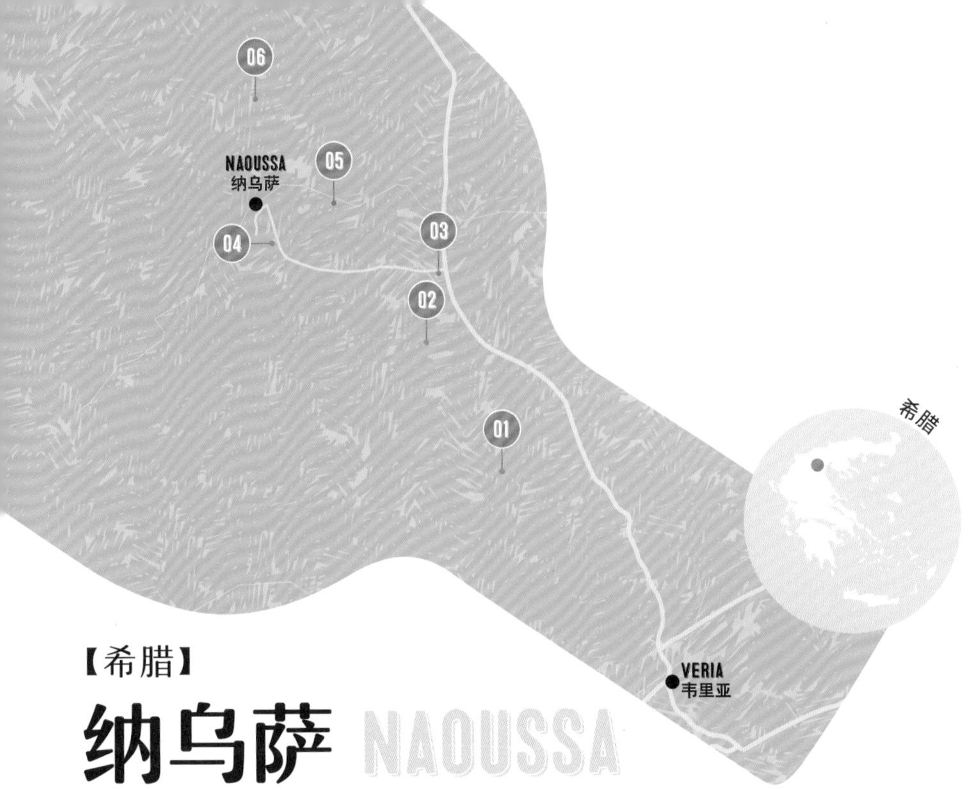

06

NAOUSSA
纳乌萨

05

04

03

02

01

希腊

VERIA
韦里亚

Courtesy of Thymiopoulos

【希腊】

纳乌萨 NAOUSSA

这片葱郁旖旎的希腊山区以自然风光见长。这里的野外景观与当地出产的可口葡萄酒相得益彰。

纳乌萨的地理位置得天独厚，希腊高原东北部维密欧山区（Vermio Mountains）被森林覆盖的山坡便是它的藏身之地。其城市本身颇具历史意义，所在地区不仅拥有丰富的古代洞穴和水源，并且在希腊神话里有着特殊的地位。这里也是上好红葡萄酒的原料葡萄——希诺玛洛（Xinomavro）在这个国家的最佳产地。

"希诺玛洛"一词原意为"又黑又苦"（这里指它浓郁的颜色和强烈的单宁味道），但这种葡萄实际上香气扑鼻，沁人心脾。与意大利的内比奥罗（Nebbiolo）葡萄相比较，它有更强的单宁味，口感更酸涩，陈年感更强。在优秀的酿酒师手中，它会彰显其优雅，让人不禁想起黑皮诺（Pinot Noir）的结构。最重要的是，这两种葡萄都不能在产区以外的地方种植，如同内比奥罗之于意大利的皮埃蒙特（Piedmont）产区和黑皮诺之于法国的勃艮第产区一样，希诺玛洛葡萄是属于纳乌萨产区独有的。希诺玛洛这种葡萄在纳乌萨以外的其他地区也有种植，但是它的所有优雅潜质只能在这里呈现。事实上，早在1971年，纳乌萨就被认定为希腊第一个上品葡萄酒的原料葡萄（特别指黑喜诺葡萄）现代种植区，并成为之后希腊全国葡萄种植法规依据的标准。如何鉴别黑喜诺葡萄，以及它有怎样的特质使其能为希腊葡萄的代言呢？其实一切源于它那无法取代的清新百里香和鼠尾草芳香，以及类似油浸干番茄、藏红花和甘草那样的强烈味道和香气。可以与黑橄榄、辛辣味的蔬菜和多汁的羊肉一起搭配食用。

去纳乌萨的最佳途径是从塞萨洛尼基（Thessaloniki）出发，开车向西穿越伊马夏（Emathia）平原（大约1小时），行驶途中会看到维密欧山区缓缓抬升，在天边围成一个高高在上的绿色新月。一旦进入山区后，与之前经过的那些又窄又崎岖的道路形成鲜明对比的是辽阔且一望无垠的山谷，这种反差会让你的心情愉悦起来。到达城市后，向东南眺望阿提卡（Attica），此时你就会领会为何这是古时候贸易路线的交会处和守护希腊传统的最后阵地。请在这里驻足一会儿，深吸一口气，感受时光静静地流逝。随后就去探索那些装点了群山的数不尽的家庭葡萄种植园，以及定义了现代希腊葡萄酒的著名的建筑吧。

如何抵达

塞萨洛尼基
是最近的大型机场，
距离纳乌萨93公里。
可以租车。

Courtesy of Boutari

01 帝米奥普洛斯酒庄(THYMIOPOULOS)

年仅30来岁的阿普斯托洛斯·帝米奥普洛斯(Apostolos Thymiopoulos)是纳乌萨地区最年轻和最传奇的酿酒师。2004年,他开始灌装并销售家族几代人生产的葡萄酒。他遵循生态动力学原理进行种植,并力求以最少的加工还原希诺玛洛葡萄的新鲜风味和丝滑口感。他的Young Vines瓶装葡萄酒满载着这个理想。在这里,黑喜诺葡萄的辛辣和蔬菜的鲜香结合成了一种纯粹的水果味。他还酿造了一种叫作"Uranos"的高档葡萄酒,更"干"(酸度高)更醇厚,陈年期更长。

阿普斯托洛斯满脸笑容地迎接了我们的到来,并同我们亲切地握手。他对于纳乌萨以及未来的热情极具感染力。在年轻人纷纷进城安家落户的当下,植根于故土的他有着不俗的勇气。建议由阿普斯托洛斯带领游览葡萄种植园:生机勃勃的葡萄树直接体现了这里葡萄酒的浓郁口感。

电话 +30 69320 64161; PO Box 62, Trilofos, Imathia; 需要预约

02 布塔里酒庄(BOUTARI WINERY)

希腊第一款上市的葡萄酒就是由布塔里家族于1879年出品的一种纳乌萨黑喜诺葡萄酒。经历了一个世纪,布塔里公司遍布全希腊,几乎成为希腊葡萄酒的代名词。但它的根和灵魂依然在纳乌萨。布塔里在纳乌萨的酒庄有希腊最大的酒窖之一,内藏无数特别年份的琼浆。它同时也是仍在运作的酒庄、地标和博物馆。布塔里公司也是了解纳乌萨在希腊葡萄酒历史中重要地位的一个绝佳场所。从宽阔的大理石门廊开始，你将走进一系列陈列着葡萄酒和奖杯的房间，沉浸在多媒体展示的环境中，听着关于纳乌萨葡萄酒的故事，由向导带领着参观酿酒设备，品尝葡萄酒并搭配当地美食。

受到人口波动、病虫害和引进国外葡萄品种的影响，黑喜诺葡萄几经生死。布塔里家族在保护黑喜诺葡萄方面，所付出的努力是至关重要的。

www.boutari.gr；电话 +30 23320 41666；59200 Stemimachos, Naoussa；周一至周五8:00~15:00，需要预约

03 莎塔里酒庄（TSANTALI）

又一个传奇式的希腊酒庄，始建于1890年，莎塔里家族与布塔里家族颇有渊源，两家在希腊有多个共同投资的项目，一大批葡萄酒和酒庄所有者相互扶持继续着黑喜诺这一品种在纳乌萨的荣光。莎塔里家族在纳乌萨不仅拥有葡萄园，还与这里的葡萄种植户有合作关系，使传统的葡萄耕种方法得以生存和延续。虽然这里只生产两种黑喜诺葡萄酒（纳乌萨和纳乌萨保护区），但是这种精雅的花香风格葡萄酒很值得你前来品鉴。

在这里，你仿佛置身于远古世界的穹顶，颜色深沉、质地粗糙的葡萄藤拔地而起，幻化成几十种深浅不同的蓝色，脚下古老的群山环绕，绵延万里，直达天际。

www.tsantali.com；电话+30 23320 41461；59200 Naoussa（railway station）；需要预约

04 达拉玛拉酒庄（DALAMARA WINERY）

地处维密欧山东部山脚，毗邻纳乌萨城，这个历史悠久、土生土长的酒庄现由其第五代传人雅尼斯·达拉玛拉（Yiannis Dalamara）和凯特琳纳·达拉玛拉（Katerina Dalamara）共同经营，此外聘请了一名酿酒师兼顾问帮助其打理。客人到达后，会被招待一杯美味且淳朴的自酿齐普罗酒配当地橄榄菜肴。建议去户外平台欣赏葡萄园和眼前群山圆润的曲线。随后，主人们会很高兴地陪你逛逛酒庄，在他们温馨的石质品酒室喝喝小酒，看看他们简易的酿酒设备。

他们生产两种以玛拉格西亚白葡萄（Malagouzia）为主的混酿葡萄酒，一种是由橡木桶陈年，另一种非橡木桶陈年，还有一种黑喜诺和梅洛混酿红葡萄酒，称作Aghechoros。除了擅长酿制齐普罗（Tsipouro）外，这里的明星葡萄酒是一种由橡木桶陈年的被称为帕里欧卡莱斯纳乌萨的黑喜诺葡萄酒。它有着在浓郁酒体和阴柔香气之间的巧妙平衡。除了能喝到上述葡萄酒外，最特别的要数“酒窖特供”或“特酿”，它们是新的混酿、克隆品种葡萄酒和只有在此才能喝到的单一种植园葡萄酒。

www.dalamarawinery.gr；电话 +30 23320 28321；59200 Naoussa；需要预约

“最近关于黑喜诺酒有种流行说法，人们说这种酒优雅味美，口感丰富，层次分明，好得不像是希腊产的葡萄酒。”

——特德·迪亚曼蒂斯（*Ted Diamantis*），希腊葡萄酒进口商（钻石进口商）

01 帝米奥普洛斯酒庄的黑喜诺葡萄采摘

02 布塔里酒庄

03 布塔里酒庄的酒窖

Courtesy of Boutari

Courtesy of Thymiopoulos

04 帝米奥普洛斯酒庄的生态动力葡萄酒

05 帕里波利酒店（Palea Poli）的餐厅

05 卡利达斯酒庄（KARYDAS）

从任何一个角度看，卡利达斯都是一个精品酒庄，例如，它专门生产黑喜诺葡萄酒，整个酒庄面积很小，产量极为有限，总是缺货。然而，只要来过一次，你就会意识到这里哪儿也不“精”。实际上，如果不知道的话，你一点儿都不会觉得这里是个酒庄。反倒像你一个慈祥的亲戚的家，而亲戚恰好擅于酿好酒。卡利达斯家族迎接客人的热情让人终生难忘。年轻腼腆的30来岁小伙儿佩特罗斯·卡利达斯（Petros Karydas）目前掌管着酒庄的日常业务。他们的黑喜诺葡萄树从1980年至今就生长在后院一片2公顷（5英亩）的地界上。“酒庄”的历史可以追溯到1994年，地下室里还有几个水泥砌的大池子和橡木桶，酒庄采用的酿酒方法极为简单。葡萄树全由人工精心照料，葡萄的采摘和发酵也不过分讲究。这里的葡萄酒非常纯净，无须陈年就可以入口，陈年后味道更佳。强烈推荐佩特罗斯妈妈制作的以发酵后的酒渣为原料的“葡萄酒饼干”。

电话 +30 23320 28638; 59200 Ano Gastra, Naoussa; 需要预约

06 吉尔-雅尼酒庄（KIR-YIANNI）

“吉尔-雅尼”希腊语的意思为“约翰爵士”，在希腊语中是见面打招呼时的礼貌用语。“约翰”指的是著名的葡萄酒世家布塔里家族中的雅尼·布塔里。雅尼在希腊当地是个极为重要的角色，除了葡萄酒外，他还涉足政坛和野生动植物保护。1996年，他将家族中比较大的那个酒庄给了他的兄弟康斯坦丁（Konstantinos），在获得纳乌萨的Yianakohori和Amyndeo两片葡萄园后，开启了他自己的一片天地。这一举动后来被证明是非常成功的，有几个在国际上流行或很快获得认可的纳乌萨葡萄酒品牌就与他有关。这里生产的葡萄酒无数，不仅包括了黑喜诺，还有国外的葡萄品种，及不同种类的葡萄酒，从白葡萄酒到红葡萄酒再到桃红葡萄酒和起泡酒。在这里游览是对你之前在卡利达斯酒庄跟佩特罗斯·卡利达斯听到的关于葡萄酒酿造过程的细节补充。酒庄本身在Yianakohori，坐落在纳乌萨的最高点。这里的品酒体验可谓是马拉松式的，然而又像好友相聚般其乐融融。一定记得鸟瞰葡萄种植园和零星的几个石头堡垒，还可以远眺群山。

www.kiryianni.gr; 电话 +30 23320 51100; 59200 Yianakohori, Naoussa; 需要预约

去哪儿住宿

PALEA POLI

位于纳乌萨“老城区”的中心地段，帕里波利酒店（Palea Poli）石制大宅（建于1900年）有8间客房和1套上下3层的奢华“行政套房”。价格均十分公道（每晚约100美元）。内饰优雅，有裸露的砖头墙作为装饰，后院和室内都有壁炉，十分温馨，还有当地最好的早餐之一。

www.paleapoli.gr; 电话 +30 23320 52520; Vassileos Konstantinou 32, Naoussa

GUESTHOUSE NIAOUSTA

不可错过的方便僻静的旅舍，位于纳乌萨到维密欧山方向3公里（2英里）处。漂亮的当地建筑、现代化的客房、宽敞的草坪环绕、视线开阔的阳台……这里应有尽有，且价格便宜。免费的无线网络、骑马运动、一应俱全的酒吧，一切都让你难以离开。

www.niaousta.gr; 电话 +30 23320 22374; Militsa, 59200, Naoussa

去哪儿就餐

12 GRADA

从纳乌萨开车南行不远，就可以到达这座当地人引以为傲的酒馆。这里是一个迷人的葡萄酒酒吧兼餐馆。菜品从简食到高档菜一应俱全，质量始终优良，店内常常挤满了前来吃两口小菜、品两口茴香酒的友善的本地人。

电话 +30 23311 00112; Sofou 11, Veroia

MARGARET' S ISLAND HOTEL RESTAURANT

这里不仅有精心烹饪的传统的希腊山区菜，而且地理位置极佳。在纳乌萨山区里，有一个被树木环绕的巨大溪畔平台，置身其中犹如在林中度假一般。

电话 +30 23 32 05 26 00; Agios Nikolaos, Naoussa

活动和体验

马其顿诸王的陵墓（THE TOMBS OF THE KINGS OF MACEDONIA）

从纳乌萨东南出发，车行几公里到达维尔吉纳村，参观近代发掘的（1977~1978年）多位马其顿国王的墓穴。亚历山大大帝（Alexander）的父亲——腓力二世（Philip II，公元前382年至公元前336年）的陵墓就在这里。其中最有意思的可能是出土文物展现了同一时期平民百姓和皇亲贵胄之间贫富悬殊的情况。

阿拉皮斯塔河（RIVER ARAPITSA）

从纳乌萨开车仅几分钟，你可以漫步在故事中的阿拉皮斯塔，它是古时候伊马夏平原和维密欧山区的自然分界线。可以趁着夏季在绿色森林和瀑布的背景下，对这个地区的历史进行冥想。

SELI SKI RESORT

从12月到次年3月，希腊的最佳滑雪胜地就坐落在这里。它距纳乌萨仅20公里（12.5英里），拥有18个滑雪场，6部升降机，大本营里还有众多餐馆和咖啡店。

庆典

每年9月到11月，纳乌萨城会主办一系列以葡萄酒文化为主题的活动，这些活动告诉游客这一地区是集酿酒、文化、艺术和当地社会之大成的。在春季的狂欢节期间，纳乌萨还会在基督教圣灰星期一（Ash Monday）的前后举办一次为期12天的系列庆祝活动。这个时候，希诺玛洛将会空前热闹。

05

Courtesy of Palea Poli

【匈牙利和斯洛伐克】

托考伊产区 TOKAJI-TOKAJ

时光倒流，有欢乐和友好相伴，去匈牙利和斯洛伐克品尝神秘古老的托考伊葡萄酒。

在脑海中想象这样一幅场景，匈牙利的东北地区和斯洛伐克的东南地区，在秋天黎明时分，天气阴寒，沿着低矮的、被遗忘的淡绿色小山，穿过风光旖旎的古代村落，一条小河缓缓流淌着。在这片绵延起伏的联合国教科文组织保护地，湿润的空气裹挟着薄雾扶摇直上。随着大量葡萄的茁壮生长，贵腐霉（botrytisation）也开始生息繁衍。培养贵腐霉也许是葡萄酒酿造中最奇特的过程。故意让葡萄过熟、腐烂使得葡萄形成独特的甜度和酸度，从而得到传奇的托考伊奥苏葡萄酒（Tokaj Aszú wine）的独特口感。

过去，酷爱奥苏酒（斯洛伐克语称为Vyber）的人很多。奥匈帝国的玛丽亚·特丽莎（Maria Theresa）女王和拿破仑就曾对这种酒赞不绝口。路易十四曾将其誉为“酒中之王，王者之酒”。它有着琥珀色的光泽，还有比世上其他葡萄酒更甜更浓的味道，现存于世的最上乘的特殊年份葡萄酒更是每一滴都给人不同的惊喜。奥苏酒目前在国际上受原产地名称保护产品认证，被限制在某些特殊的地区，但是依然不乏爱好者为它长途跋涉。尽管奥苏酒可以上溯到至少16世纪，但是半个世纪的共产运动打断了中间的发展，直到1989年之后，原来公有化的酿酒业才得以恢复。行业形象重塑最先发生在田间和酒窖中，酿酒师发现在托考伊还可以种植不计其数的不同品种的干白葡萄，这些干白随后被证明大获成功。随后是有商业头脑的人意识到还可以用酒做其他文章，于是他们运营葡萄酒馆、葡萄酒温泉、葡萄酒主题酒店、葡萄酒主题徒步游等，甚至还出售葡萄酒果酱。

正在发展中的托考伊还保留着未被开发的本分感觉。酿酒师依然会与游客侃侃而谈，高速公路上只有几个托考伊的路标而已。总之，这是一片魅力无穷，未被工业完全破坏，在国际舞台上光芒初绽的土地。到此一游绝对会让你体会到探索未知领域的乐趣。

如何抵达

布达佩斯费伦茨·李斯特机场（Budapest Ferenc Liszt）是最近的大型机场，距马德（Mád）225公里。可租车。

Zsolt Szentirmai / tokajwineregion.com

02

01 赛普斯·潘斯酒庄(SZEPSY PINCE)

以下是千真万确的事实：伊什特万·赛普斯(István Szepsy)是托考伊最知名的酿酒师，也是他于20世纪90年代通过一系列控制产量的做法，让世界重新认识了这一产区的葡萄酒。即便是现在，他也依然愿意以牺牲产量为代价换取葡萄酒的优质口感。因此，这位性格古怪但对葡萄种植无所不通的赛普斯先生，也是让你前来的主要原因。

为了真正了解他，你需要先看看他的葡萄园，那是一片有着不同土质的土地，每一部分都代表着托考伊葡萄酒未来可能前进的方向。赛普斯认为，托考伊葡萄酒的进步没有唯一的答案，只有尝遍从不同地质特征地区生产的葡萄，才能全面了解当地情况，进而继续发展。你可以边看边品尝他目前研制出的最好的葡萄酒，那是产自Úrágya种植园的2011年富尔民特酒(2011 Furmint)。

www.szepsy.hu；电话 +36 47-348 349；3909 Mád，Batthyány utca 59；需要预约

02 HOLDVÖLGY酒庄

虽然Holdvölgy酒庄的葡萄酒质量毋庸置疑是吸引你来这里的原因之一，但是长达2公里(1.2英里)的迷宫般的酒窖绝对是这里的亮点，也能让随行的小朋友心情愉快。它位于马德中心曲曲折折的小路上，2013年后才对外开放。

下酒窖之前，先拿一份地图，之后按图索骥，找到藏酒的地方，再返回地面，如果你还能找回原路的话。

www.holdvolgy.com；电话 +36 20-806 6811；3909 Mád，Batthyány utca 69；需要预约

03 蒂斯诺库酒庄(DISZNÓKŐ)

即便是个破车库，只要是在如画般的蒂斯诺库酒庄里也能立即变身成为一件艺术品(因为作为背景的白色帐篷和火山太美了)，作为当地最美的酒庄，它将一切都提高了一个层次。这里每月举办一次的周日市场是酿酒师的社交活动。酒庄有一个口碑极好的饭店和一间葡萄酒商店，也可以作为结婚场地。游客通常也会去那个19世纪的观景楼转转，从那里能看到相当震撼的美景。

言归正传，作为托考伊地区比较大的葡萄酒制造企业，酒庄有实

力专门生产价格最贵、最费时间的奥苏葡萄酒。蒂斯诺库酒庄可谓奥苏葡萄酒产业的奠基者，他们出品的1993年奥苏是第一支在新时代酿造的全新的奥苏酒，一改过去的厚重感。新酒有着柑橘的清新，残糖量都在最高的5和6之间。蒂斯诺库酒庄无疑是托考伊最活跃的葡萄酒创新者。

www.disznoko.hu；电话 +36 47-569 410；3931 Mezőzombor；需要预约

04 格若芙·德费尔德酒庄
(GRÓF DEGENFELD)

格若芙·德费尔德酒庄的美誉来自它是仅有的几个生态酒庄之一。这里郁郁葱葱的环境、优雅的酒店和极具特色的酒庄，统统被无农药的葡萄园所带来的永恒的田园风情所升华。每隔一行葡萄树旁边就种满了野花，以此来吸引吃掉害虫的益虫。这家酒庄甚至还在高处的山坡上种植树木，用来制造盛酒的木桶。

德费尔德是匈牙利古老的家族之一，拥有200年历史的酒窖身处大山之中，依旧保持着它19世纪的迷人风采，比如刻在橡木门上的原始的德费尔德家族徽章。请注意他们的招牌酒：这是一种晚收型半贵腐（late-harvest partially botrysised）富尔民特酒。还有一个不错的葡萄酒商店坐落其中。

www.grofdegenfeld.hu；电话 +36 47-380 173；Terézia kurt 9，Tarcal；需要预约

05 托考伊春天酒窖
(TOKAJ KIKELET PINCE)

在很多跟1989年后匈牙利托考伊葡萄酒品牌复兴相关的事情上，法国都能扯上关系。从卢瓦尔河葡萄酒产区（Loire）请来的史蒂芬妮·拜莱茨（Stephanie Berecz）就是其中一位。作为最受尊敬的小生产者之一，她从附近的蒂斯诺库酒庄身上学习经验，完善了自己的经营策略。她和丈夫两人经营的酒庄毫无章法，率性而为。

她说："每年生产的葡萄酒都不一样，整齐划一也是绝不可能的。对我们来说重点是要做自己，永远忠实于土地、气候和自然条件。这一信条是我们之所以能够做出属于我们自己的酵母菌的原因，因为一切都是天然的，一切都是为了能够做出最大限度代表本地的葡萄酒。"

除了有能给你带来惊喜的品酒活动之外，团队游包括从葡萄园出

Zsolt Szentirmai / tokajwineregion.com

发，徒步爬山去一个老矿上的湖，湖里适宜游泳，沿途还能亲眼看到影响了当地的葡萄酒口味的不同种类的岩石。

***www.tokajkikelet.hu*；电话 *+36 47-636 9046*；*3915 Tarcal, Könyves Kálmán utca*；需要预约**

06 ZOLTÁN DEMETER PINCÉSZET酒庄

令人遗憾的是，在托考伊地区的托考伊镇，除了Zoltán Demeter，没有太多高档酒庄。Zoltán Demeter和他在格若芙·德费尔德酒庄的前同事赛普斯（Szepsy）一起经营，这个个体经营的占地7公顷（17英亩）的酒庄以老板的人格魅力吸引着游客。这里的葡萄酒是听着莫扎特的音乐发酵的。主要生产干白。

***www.facebook.com/ demeterzoltantokaj*；电话 *+36 20-806 0000*；*3910 Tokaj, Vasvári Pál utca*；需要预约**

07 帕雷斯酒庄（PATRICIUS）

一流的葡萄园并不代表其能生产出一流的葡萄酒，但是如果整个酒庄里的葡萄品质都是一流的，那怎么说都还是有希望生产出上乘葡萄酒的。帕雷斯家族是托考伊主要的葡萄酒生产商，但是他们这座泛着珍珠白的酒庄却低调地隐藏在葡萄园中。上面的山上还有城堡的遗址。建筑下方是葡萄酒生活博物馆，这里展示着与机械化种植不同的旧式葡萄种植，以及不同种类葡萄的今昔对比，其中包括几种根瘤病（phylloxera）的治疗展示。

酒庄本身非常现代，有一座现代化酒室兼画廊。如果预约，你还可以参加帕雷斯葡萄酒跟当地手工制作的巧克力搭配的品尝活动。

patricius.hu*；电话 *+36 47-396 001*；*3917 Bodrogkisfalud, Várhegy-dűlő 3357 hrsz*；开放时间 周一至周五 *8:00~16:00*，周六和周日*10:00~18:00

08 托考伊麦克克酒庄（TOKAJ MACIK）

带状的斯洛伐克葡萄酒产区会为你开启一段极为享受的旅程。Malá Trňa村（这里的主要街道名叫“托考伊”和“在两座酒窖之间”应该会给你一点这里的人都在忙乎什么的剧

01 远眺匈牙利马德的老国王葡萄种植园(Öreg Király)
02 匈牙利种植园的爵士乐表演
03 稀有的长毛匈牙利曼加利察猪(Mangalica pig)
04 匈牙利沙罗什保陶克(Sárospatak)的托考伊葡萄酒大拍卖会的野餐
05 匈牙利沙罗什保陶克的缪斯庙(Temple of the Muses)
06 在蒂斯诺库酒庄采收奥苏葡萄
07 蒂斯诺库酒庄的丰收

透吧)里的托考伊麦克克酒庄会把你引入一座宛若《权力的游戏》(*Games of Thrones*)场景一般的中世纪地下迷宫。这座壁灯照耀下的13世纪酒窖最初是用来抵御土耳其人的进攻的。

当酒窖内的湿度升至95%,墙上就会长满一种罕见的黑霉,被称作枝孢窖菌(cladosporium cellare),托考伊酒凭借着它获得了特殊的辛辣口感。在酒窖的6轮品酒之余,你还会听到"葡萄酒那些事"。在斯洛伐克,奥苏葡萄酒(请记住奥苏酒的斯洛伐克语为Vyber)才是主流。它的口味最高能达到6度含糖量(比大多数匈牙利的托考伊酒颜色更深、气味更重)。

旁边被草半掩着的是另外几个酒窖,被小规模生产托考伊酒的酿酒师作为更有个性的地下品酒之用。

***www.tokajmacik.sk*; 电话 *+421 56-679 3466*; *Medzipivničná 174*, *Malá Trňa*, *Slovakia*; 需要预约**

实用信息 ESSENTIAL INFORMATION

去哪儿住宿

BARTA PINCE WINERY

16世纪农舍改建的优雅客栈,有宽敞的房间。小有名气的陡坡上种植园里的葡萄吸收了天地日月之精华。

电话 +36 30-324 2521*; *www.bartapince.com*, *3909 Mád*, *Rákóczi utca 81

GRÓF DEGENFELD CASTLE HOTEL

这家有陶制屋顶的大宅坐落在同名酒庄的地界上。大宅有匈牙利帝国鼎盛时期的装修风格,有多个网球场和一个游泳池。

电话 +36 47-580 400*; *hotelgrofdegenfeld.hu*; *Terézia kurt 9*, *Tarcal

去哪儿就餐

ELSŐ MÁDI BORHÁZ

面朝葡萄种植园的小酒馆展示了马德协会(Mád Circle,马德地区酿酒师协会)的所有葡萄酒,还有一个高科技的葡萄酒机。他们可以帮你送餐到葡萄种植园指定地点。

电话 +36 47-348 007*; *www.mad.info.hu/elso-madi-borhaz*; *Hunyadi utca 2*, *Mád

GUSTEAU

坐落在私密庭院中的精品高档饭店,主营与当地不俗的葡萄酒搭配的佳肴。

电话 +36 47-348 297*; *www.gusteaumuhely.com*; *3909 Mád*, *Batthyány utca 51*, *Hungary

活动和体验

先别光顾着喝酒,跟托考伊的果酱制作者Ízes Őrőmest来一次短途旅行吧。在这个夫妻店里,丈夫打理酒庄事务,妻子做跟葡萄酒相关的果酱。

在Tarcal the Vino-Sense水疗馆的Andrassy Residence有奥苏酒脸部美容和全身裹敷疗程。www.facebook.com/izesoromest; andrassyrezidencia.hu

庆典

6月的某个周末,马德的酒窖和饭店会整晚营业,提供美食、音乐和令人意乱情迷的气氛。5月底,Trňa、Vel'ka Trña和Viničky周围的古代酒窖会加入城市酒窖开放日中。

tokajwineregion.com*; *www.tokajregnum.sk

01

Olimpio Fantuz © 4Corners Images

【意大利】

上阿迪杰 ALTO ADIGE

从阿尔卑斯山绵延到地中海，处处皆有惊艳的美景和风物，这片弹丸之地的葡萄酒区将一众美酒统统收入囊中。

意大利蒂罗尔（Tyrol）州远及阿尔卑斯山前麓，与奥地利接壤。从南面的博尔扎诺（意大利语Bolzano，德语Bozen）到北面的布雷萨诺内（意大利语Bressanone，德语Brixen），各个村子的名字都由意大利语和德语双语表示。即便是在距维罗纳（Verona）高速公路车行一小时的地方，本地人也是用德语"Grüss Gott"而不是用意大利语"ciao"跟你打招呼，吃的是德式丸子和苹果卷，而不是意大利面和提拉米苏。

早在罗马人到来之前，上阿迪杰州的雷塔恩人（Rhaetian）部落就开始酿造葡萄酒了。直到最近，集体酒庄还生产低质的散装葡萄酒。如今情况大有改观，你会在这里发现很多意大利最好的白葡萄酒：白皮诺、灰皮诺、霞多丽、苏维浓和琼瑶浆。另外需要重新认识两种当地生产的红葡萄酒：轻柔上口的菲玛切（Vernatsch）和珍藏版黑皮诺（Pinot Nero Riserva）特酿甚至可以媲美法国的勃艮第（Burgundy）葡萄酒。

上阿迪杰州历史葡萄酒路线[斯特拉达德尔维诺（Strada del Vino）]沿途的风景特别美丽。它穿过陡峭的冰川峡谷，谷底生长着上千株的葡萄树，两侧的山上则是如几何状迷宫一样的葡萄种植园。这是意大利最古老的葡萄酒旅游路线之一。不管你路痴成怎样，周围总会有一个写着"Strada del Vino"的明显路标给你指引正确的方向。这里全年都有徒步活动、骑车、骑马游览及美食节。

如何抵达

威尼斯马可波罗机场（Venice Marco Polo）是最近的大型机场，距马格尔埃（Magrè）250公里。可租车。

❶ 阿洛伊斯·拉格德酒庄（ALOIS LAGEDER）

从临近的特伦蒂诺（Trentino）地区开车进入上阿迪杰州，第一站便是先锋酿酒师阿洛伊斯·拉格德（Alois Lageder）的酒吧。从1823年开始，拉格德家族5代人主宰了上阿迪杰州的酿酒业，并一直不断向更高的标准推进。阿洛伊斯是文明儒雅的新时代农民，他对未来有着前瞻性的理解。早在1995年，他就创建了一座由太阳能供电的创新型酒吧。今天，这个家族拥有50公顷（125英亩）的有机生态动力学种植园，并且也影响了为其提供葡萄的100家小种植园，它们之中超过30%都转变为有机生态动力学种植园。

产量巨大的150公顷（370英亩）葡萄种植园出产150万瓶葡萄酒，然而却很低调。特别是在天堂酒庄（Paradeis），它坐落在一个15世纪的大宅子里，是品酒的地方，只有一家主营有机素食饭菜的小饭店。35种不同的葡萄酒被明确地划分为有机生物的泰努塔·拉格德（Tenuta Lageder）系列和出自小种植园的经典阿洛伊斯·拉格德系列。高档系列有特别的马西农庄酒（masi farmsteads），包括优质霞多丽干白（Lowengang Chardonnay）和优雅但充满奇异果香，且酒体饱满的格拉夫斯（Krafuss）黑皮诺。

www.aloislageder.eu；电话 +39 0471-809580；Piazza S Geltrude 10, Magrè；3月至10月周一至周六10:00～18:00开放，11至次年2月开放时间稍短

❷ 特拉敏酒庄（CANTINA TRAMIN）

神奇的特拉敏村入口处有路标自豪地写着：这是琼瑶浆（Gewürztraminers）的源头。香气扑鼻的葡萄在这里已经有上千年的种植历史，现在则遍及世界各地。特拉敏也是上阿迪杰地区最具历史地位的两大葡萄酒酿酒师的故乡，艾琳娜·沃尔什（Elena Walch）的酒窖有150年的用巨大的木质酒桶酿造历史，而霍夫斯达特家族（Hofstatter）则勇于创新。

在镇子外围的葡萄酒大道上，这个夸张的先锋派集体酒庄外观是像迷宫一样的绿色立方体，从玻璃全景幕墙的品酒室可以俯瞰这一地区的

01 博尔扎诺的圣塔马拉莱纳(Santa Maddalena)附近的葡萄种植园

02 特拉敏酒庄(Tramin)的前卫酒吧

03 上阿迪杰州风光

04 特兰诺酒庄

05 Pfefferlechner酒庄

© John Brunton

美景。在威廉·斯图尔茨(Willi Sturtz)1992年被任命为这里的酿酒师以前,酒庄生产的都是散装葡萄酒。他接手后开始提升种植园的品质,降低产量。酒庄现在每年生产180万瓶高品质葡萄酒。这里的灰皮诺和米勒-图高(Muller-Thurgau)都有令人惊讶的口感,努斯巴乌美(Gewürztraminer Nussbaumer cru)琼瑶浆特酿尤其惊为天人。

www.cantinatramin.it; 电话 +39 0471-096633; Strada del Vino, 144, Termeno; 周一至周五9:00~19:00, 周六至17:00

❸ 克洛斯特霍夫酒庄(KLOSTERHOF)

客人们来到奥斯卡·安德加森(Oskar Andergassen)的这座酒庄肯定会受到他的热情欢迎。他是新一代小作坊中的一员,不再售卖葡萄,而是转而酿制自己的葡萄酒。他坐拥一片在卡尔达罗湖(Lake Caldaro)周围山上位置极好的4公顷(10英亩)葡萄种植园。

跟集体酒庄动辄让你品尝25种到30种酒相比,这里只有简简单单的3种葡萄酒让你品尝,毫无负担。奥斯卡专心于酿制优质白皮诺、菲马切和黑皮诺(Pinot Nero)。他的白皮诺在洋槐木的酒桶中陈年存放,珍藏版菲马切(Vernatsch Riserva)则是取自以传统的高棚式引枝(Pergola system)的方式种植的古代葡萄树上的葡萄。

奥斯卡的儿子汉斯(Hannes)刚拿到酿酒师的从业资格,他在酒窖内安装了蒸馏设备,用稀有的黄莫斯卡托(Moscato Giallo)葡萄和杏子葡萄(apricot grappa)来酿酒。克洛斯特霍夫不仅仅是一个酒庄,还有一家舒适的蒂罗尔式酒店。酒店有一个在种植园中的游泳池和一间温馨的葡萄酒酒吧,推荐品尝一下他们自制的火腿和在山上洞穴里保存以增加其风味的奶酪。

www.klosterhof.it; 电话 +39 0471-961046; Prey-Klavenz 40, Kaltern; 每天开放

❹ 卡特琳酒庄(CANTINA COLTERENZIO)

无论你置身上阿迪杰的任何

© John Brunton

06 奢华的德尔韦恩梅塞斯酒店（Der Weinmesser hotel）

一个地方，你一定不会错过这个非常醒目的黑色高塔，它代表了卡特琳集体酒庄。酒庄都会有固定的客源来参观这里现代感十足的酒庄品酒室。酒庄出产从便宜且酸涩的霞多丽到灰皮诺，以及一种品质极高的梅洛和赤霞珠混酿的科尼科厄斯葡萄酒（Cornelius），这种酒多次获得授予意大利顶级葡萄酒的“三支酒杯”奖（Tre Bicchieri）。

这里的酿酒师马丁·勒梅尔（Martin Lemayr）兼有明星和普通人的气质，他曾经影响了艾琳娜·沃尔克和霍夫施泰特尔两位酿酒师，他也是集体葡萄酒庄的会员，拥有1公顷（2.5英亩）葡萄园。在1960年集体酒庄创立之初只有28个酒庄加入，发展到今天已经有300名会员，年产180万瓶葡萄酒。

www.colterenzio.it；电话 +39 0471-664246；Strada del Vino 8，Cornaiano；周一至周五9:00～12:30和14:30～18:30，周六9:00～12:30

❺ 斯考伯霍夫酒庄（STROBLHOF）

1664年这个时间被雕刻在斯考伯霍夫酒庄的入口，主人安德烈斯·尼克鲁西（Andreas Nicolussi）说：“我们一直以这里种植园出产的葡萄酒来搭配本地农场出产的肉类产品。我们认为吃火腿时不配一杯菲马切，就像缺了点什么，喝酒吃肉是我们这里的常态。”

如今，在斯考伯霍夫酒庄小住的客人比以往要更加舒适，他们可以品尝美食，去水疗或淡水湖里游泳，愉悦身心。酒庄的环境特别好，小酒馆和种植园就在高耸的曼多拉山（Mandola mountain）脚下。这里的土壤是混合了火山石和石灰石的土质，出产非常酸且有矿物质口味的白皮诺。安德烈斯将白皮诺在大酒桶中陈年，将比较涩的黑皮诺在小酒桶里陈年18个月。

虽然整个酒庄拥有5.5公顷（16英亩）的面积，但安德烈斯依然控制产量，每年仅生产4万瓶高品质葡萄酒。他重新种植了园内的葡萄树，果断舍弃了居由式种植（Guyot）的引枝，从而在酒店之下建立了一座现代化的酒庄。

www.stroblhof.it；电话 +39 0471-662250；Via Pigano 25，Appiano；每天开放

❻ 特兰诺酒庄（CANTINA TERLANO）

特兰诺酒庄是富有远见的葡萄酒酿造师塞巴斯蒂安·斯托克（Sebastian Stocker）的传奇之作。他把这个酒庄由一个建于1893年的小而保守的集体酒庄发展成了如今几乎是上阿迪杰地区最好的酒庄。

斯托克认为特兰诺地区的气候是“昼热夜凉”，这里的斑岩火山土壤非常适合白葡萄酒的陈年。很多年来，不了解情况的集体酒庄其他成员一直都是售卖未陈年的新酒。斯托克则从1955年开始每年将几百瓶的葡萄酒封存于酒窖里。当他后来把这些酒拿出来的时候，其他的酒庄一开始极为恼火，但品尝了这些经过陈年后的葡萄酒之后，他们又不得不对其品质赞不绝口。

如今，经过陈年的葡萄酒已经达到空前的2万瓶，他们每年还会推出一种由最好的白葡萄出品的珍酿，之后封存10年再上市。强烈推荐这处未来感十足的酒窖。

www.cantina-terlano.com；电话 +39 0471-257135；Via Silberleiten，Terlano；周一至周五8:00～18:00，周六至正午

❼ 印纳莱森酒庄（INNERLEITER）

到印纳莱森酒庄这条窄窄的道路，东拐西拐地途经一系列让你汗毛直立的弯道，最终止步于海拔大约500米的地方。如此艰辛跋涉的回报绝不仅仅是在阿尔卑斯山区的特色客舍酒店住宿，饱览美到让人窒息的白雪皑皑的阿尔卑斯山，还有品尝到可能是上阿迪杰地区最小的独立种植园出产的美酒。

卡尔·皮希勒（Karl Pichler）经营着这个围绕着酒店的1.7公顷（4英亩）种植园，独自建立并打理着这个现代化的酒庄，制定了很多大胆的经营决策，例如完全不使用瓶塞，一律改用瓶盖包装。他说："这里的很多酒店跟我们一样有自己的种植园，但是他们的酒店和种植园各自为政，我想把酒店和酒庄合二为一。在我们这里，你可以在品酒室里品尝后厨为每一种酒搭配的美食，通过玻璃墙就能看到库房里一桶桶的葡萄酒。"他的白皮诺和赤霞珠只在不锈钢酒桶中陈年，具有特殊的矿物质口味和香味。

www.innerleiterhof.it；电话 +39 0473-946000；Leiterweg 8，Scena；每天开放

08 诺瓦西亚修道院酒庄（ABBAZIA DI NOVACELLA）

即便不是为了他们生产的上阿迪杰地区最好的葡萄酒，这里宏伟的奥古斯丁修道院、巴洛克教堂和富丽堂皇的图书馆也值得你绕道过来看一看。酒庄自1142年建立至今一直进行着葡萄种植。

现在这些建筑和花园依然保留在这个依然香火不断的修道院中，院长全权负责葡萄酒酿制。他们还很有心地聘请了本地另一位专家级的酿酒师——乌尔万·冯·卡勒贝尔斯伯格（Urban von Klebelsberg）博士，他为打造诺瓦西亚修道院酒庄的名声立下了汗马功劳。

修道院坐落在布雷萨诺内（Bressanone）的外围，它的白葡萄酒种植园建在海拔1000米的山坡上。红葡萄酒则产自博尔扎诺附近的另外一家修道院。在这个酒庄里一定要试一下果味和矿物质口感的西万尼（Sylvaner），米勒-图高（Muller-Thurgau），维特利纳（Veltliner）、雷司令和菲马切混酿的肯纳（Kerner）。另外不要错过香气扑鼻的桃红莫斯卡托（Moscato Rose），因为太香了，经常会被误认为是粉色花瓣酒。

www.abbazianovacella.it；电话 +39 0472-836189；Via Abbazia 1，Varna；周一至周六10:00~19:00

实用信息 ESSENTIAL INFORMATION

去哪儿住宿

GASTHAUS KRAIDLHOF

被苹果树和葡萄树环抱的小农舍，有一个看上去像是日式禅园中的池塘一样的游泳池。

www.kraidlhof.com；电话 +39 0471-880258；Hofstatt 2，Kurtatsch

德尔韦恩梅塞斯酒店（DER WEINMESSER）

酒庄的主人科尔格吕贝尔（Kohlgruber）是葡萄酒发烧友和侍酒师。他的豪华酒店里外上下都跟葡萄酒相关，例如葡萄种植园观光、在酒窖里品酒以及葡萄酒水疗。

www.weinmesser.com；电话 +39 0473-945660；Via Scena 41，Scena

GASTHOF HALLER

坐落在繁忙热闹的布雷萨诺内边上，这栋阿尔卑斯山小木屋风格的旅店是安静的天堂。与店主的葡萄园一步之遥。木质小餐馆里提供美味菜肴。

www.gasthof-haller.com；电话 +39 0472-834601；Via dei Vigneti 68，Bressanone

去哪儿就餐

PFEFFERLECHNER

独特的酒庄，内有一间可以直接看到马棚和牛圈的餐厅。有啤酒花园、小酿酒作坊和一个用来进行葡萄蒸馏的铜质蒸馏器。

www.pfefferlechner.com；电话 +39 0473-562521；St Martinsweg 4，Lana

HOPFEN & CO

位于中世纪时博尔扎诺的心脏位置，这间有150年历史的小酒馆提供像烤猪蹄和德国酸菜这样的蒂罗尔本地菜。

www.boznerbier.it；电话 +39 0471-300788；Piazza Erbe 17，Bolzano

活动和体验

在梅拉诺（Merano）古老的温泉浴（Terme Merano）泡上一天，这里有泳池、桑拿和水疗。

www.termemerano.it；电话 +39 0473-252000；Piazza Terme 9，Merano

庆典

每年2月的梅拉诺美酒美食节；5月的埃尼亚（Egna）黑皮诺节；4月/5月的特兰（Terlan）芦笋收获季也是有葡萄酒身影的盛宴。各酒庄每年在10月底开始推出晚熟葡萄季（Torggele season），这时你便可以搭配烤板栗品尝半发酵的葡萄果汁。

01

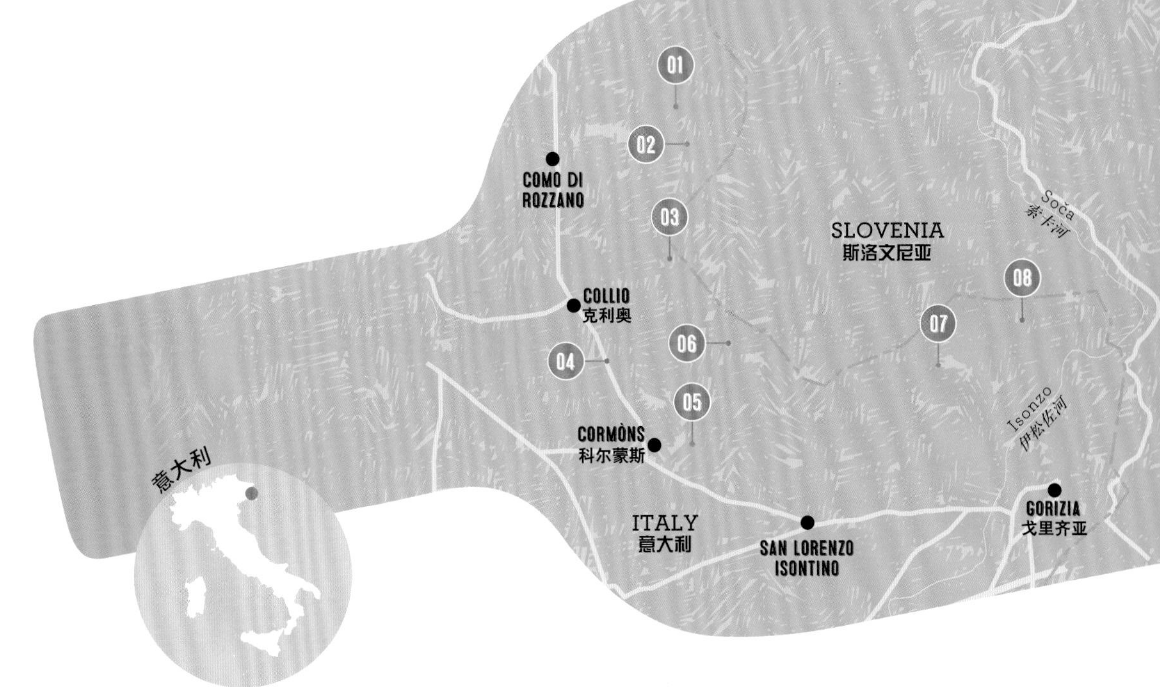

【意大利】

弗留利 FRIULI

还未被开发的意大利东北地区、白雪覆盖的群山和肥沃的平原衬托着这里出产的多种葡萄酒，从浓郁的红葡萄酒到芳香甜美的白葡萄酒，应有尽有。

崎岖的弗留利地区从亚得里亚海（Adriatic）海边一直延伸到阿尔卑斯山，像楔子一样插在意大利的国境线上，分割着东欧和中欧。葡萄酒种植园沿意大利的"圣河"——皮亚韦河（Piave）一路在平原上绵延。那里的粗犷的拉波索（Raboso）葡萄酒曾是欧内斯特·海明威的最爱。因为拥有喀斯特地貌，巨石嶙峋的半岛直达利雅斯特（Trieste），半岛上的酒庄通常建在地下岩洞里。

内陆的克利奥东山地区（Collio Orientale）在环绕着奇维达莱（Cividale）镇的群山东面，以当地味道醇厚的莱弗斯科（Refosco）和匹格诺洛（Pignolo）葡萄酿制的优质红葡萄闻名。然而弗留利皇冠上的明珠要数克利奥（Collio），像项链般环绕在群山上，全长50公里。黏土和沙石的土质使得这里出产了一些意大利最好的白葡萄酒，比如果香醇美的丽波拉（Ribolla Gialla）；风味独特的皮科里特（Picolit）是晚熟葡萄酿制的甜酒，可以跟苏玳（Sauternes）一拼高下；以及在当地最受欢迎的弗留利（Friulano），在这里依然被称为托考伊（Tokai），尽管现在这一名称被专门用来指称著名的匈牙利产甜酒。

尽管很多克利奥的种植园都已经开放作为民宿，也有游客专门前来品尝特色的明黄克利奥葡萄酒，但是弗留利依然尚未完全开发，游客还是会得到当地人淳朴热烈的欢迎。外出饮食也是如此，乡下民风淳朴的农舍周末营业，提供传统的弗留利特色美食，这里的饮食受中欧的影响更深：大颗的土豆丸子里裹着乌梅，是酸味弗留利葡萄酒很好的下酒菜；更具风味的丽波拉跟多汁的乌鱼仔炒微苦的红菊苣很搭；广受欢迎的弗留利醇味炖牛肉，绝对值得你开一瓶丽斐酒庄（Livio Felluga）的弗留利干红，这种酒兼具梅洛（Merlot）和莱弗斯科（Refosco）的味道。

如何抵达

的利雅斯特有最近的主要机场，距Dolegna del Collio30公里。可租车。

© John Brunton

01 威尼卡酒庄 (VENICA & VENICA)

开车进入静静的多莱尼亚村（Dolegna）之前，你会在车行进方向的右手边看到一个小路标，指引着你沿着窄路拐进克利奥最重要的酒庄。"威尼卡"指威尼卡两兄弟：詹尼（Gianni）和乔治（Giorgio）。他俩把由他们祖父80年前创建的小种植园发展成如今这个占地37公顷（90英亩）的非常现代的酒庄。他们不仅因其获过奖的创新葡萄酒知名，还是葡萄酒旅游业的先驱人物。他们在1985年就开设了一家有泳池和网球场的豪华民宿，除周日外开放酒窖。你可以打电话预约一次全程2个小时的游览，导游会详细为你介绍如何酿造葡萄酒。包括游览和品尝5种酒的全部费用为10欧元，这些项目在意大利通常是不收钱的，所以看上去有些古怪。实际上，只要你在他家买酒（估计大部分人也肯定会买的），这笔费用就会抹去。有一种叫朗可·伯尼兹亚（Ronco Bernizza）的葡萄酒你一定不要错过，这是一种令人惊艳且有着扎实口感的霞多丽，很适合与意大利面炒花蛤（spaghetti alle vongole）一起饮用。

www.venica.it；电话 +39 0481-61264；località Cerò 8, Dolegna del Collio，周一至周五9:00~18:00，周六10:00~17:00

02 隆基弗拉戈拉酒庄 (RONCHI RO DELLE FRAGOLE)

从多莱尼亚继续向山上开，穿过紧贴着山崖边的树林，这一路需要不断地给自己打气，而且千万别信车载导航的提示。一路艰辛获得的回报是发现一座由罗密欧·罗西（Romeo Rossi）饱含真情创办的小巧新颖的酒庄，以及他女朋友卡洛琳娜（Carolina）在他们古老的石头农舍里创办的田园风情民宿。

罗密欧来自葡萄酒世家，曾在克利奥（Collio）的顶级酒庄工作。2005年他下海购买了这片3公顷（7.5英亩）的土地，投身于赤霞珠葡萄单一品种的种植。罗密欧的种植方法非常高科技，陈年后的酒有着与富含矿物质口感的富美（Fumé）葡萄酿造的、产自普伊（Pouilly）和卢瓦尔河（Loire）桑赛尔（Sancerre）的长相思相类似的品质。但是罗密欧也是传统的弗留利酒（Friulan）继承者，他发现了一棵树龄50年的弗留利葡萄树，随后进行栽种，并用产出的葡萄酿造了一种弗留利特酿，以向这种葡萄酒致敬。

www.ronchiro.com；电话 +39 338-5270908；località Cime di Dolegna，Dolegna del Collio；需要预约

03 CRASTIN酒庄

拉塔尔斯（Ruttars）拥有地标式的中世纪教堂里高高的钟塔，位于意大利与斯洛文尼亚接壤的边界上，是高里奥地区的最高点。道路突然向下拐进Crastin酒庄，非常狭小的村落里只有塞尔吉奥（Sergio Collari）耕种的一块小小的7公顷（17英亩）土地。

他是个结实的农民，用比较文艺一点的词说就是原生态农民，一直在土生土长的这片区域生活和劳作，姐姐薇尔玛（Vilma）也时不时地帮衬一下。他们从一起卖散装酒起家，一直发展到拥有这个生产着3万瓶高品质葡萄酒的小酒窖。高里奥地区不光有著名的弗留利和丽波拉，还有酒体饱满的梅洛（Merlot）和在橡木桶里陈年的品丽珠（Cabernet Franc）。每周末这里挤满了前来参加农庄游的游客，薇尔玛会为游客们准备美味的火腿、香肠和奶酪拼盘，塞尔吉奥则会服侍游客们品酒。

www.vinicrastin.it；电话 +39 0481-630310；località Crastin，Ruttars；3月至6月和9月至12月需要预约

04 LIVIO FELLUGA酒庄

这片家族经营的酒庄由100岁的家庭长者Livio Felluga掌管，在克利奥和毗邻的克利奥东山地区的葡萄园中树立了卓越的标杆，在那里，广袤的庄园绵延160公顷（395英亩）。

Signor Livio说道："60年前，当我开始清理林地和种植藤蔓时，遭到了很多人的怀疑，但历史告诉我，葡萄酒已经在这里生产了几个世纪，我确信这是白葡萄的完美产地，例如适合弗留利（Friulano）、赤霞珠（Sauvignon）和灰皮诺（Pinot Grigio）及我们当地的红如雷弗斯科（red Rofosco）。"

酒吧位于科尔蒙斯（Cormons）郊区，在这里，客人可以预约在设计简约的设计师品酒室中品酒，并受到款待。但就在马路对面，你可以在Terra & Vini品尝Felluga酒庄的葡萄酒，繁华的小酒馆由Livio热情洋溢的女儿埃尔达（Elda）经营，在这间长长的酒吧里，葡萄酒爱好者喧闹地谈天说地，而美食爱好者的传统盛宴则会出现Friulan frico（融化奶酪搭配奶油玉米粥），搭配Felluga的招牌红酒Terre Alte，这种酒完美融合了弗留利、黑皮诺和赤霞珠。

www.liviofelluga.it；电话 +39 0481-60203；via Risorgimento 1，Brazzano di Cormons；需要预约

05 保罗·卡切塞酒庄 (PAOLO CACCESE)

普拉迪丝（Pradis）村在葡萄树密布的丛山上，俯瞰克利奥的葡萄酒中心科尔蒙斯（Cormons）。这里只有12家葡萄种植园，生产优质葡萄酒。

保罗·卡切塞（Paolo Caccese）的酒庄建在最高的山上：古代石头房子旁边有3棵高高的柏树，这一切被周围6公顷（15英亩）的葡萄种植园环抱起来。保罗真是个怪人，衣着打扮更像是个乡绅或者见习律师，而不是一名酿制12种优雅葡萄酒的酿酒师。他酿制的经典弗留利和玛尔维萨（Malvasia）口感极好，但推荐你试一下比较不同的水果味米勒-图高（Muller-Thurgau），香气十足的特拉米娜（Traminer）和甘甜顺口的晚熟品种维多佐（Verduzzo）。他不考虑市场和潮流，依然使用老式的水泥罐装酒。他解释道："因为我的葡萄是在富饶的土地结出的高品质果实，所以我只需要在酒庄里稍微调配一下，不破坏葡萄的原汁原味，让它自己去创造奇迹吧。"

www.paolocaccese.it；电话 +39 4387-979 773；località Pradis 6，Cormons；需要预约

06 雷纳多·科贝尔酒庄 (RENATO KEBER)

从科尔蒙斯到圣弗洛里亚诺（San Floriano）的崎岖山路两边到处是醒目的葡萄酒厂路标，到了宰格拉（Zegla）后，穿过一条窄巷就到了独树一帜的雷纳多·科贝尔酒庄。安静谦逊的雷纳多打造了这间能俯瞰酒庄全景的时尚品酒室，在这里他的好酒会给人惊喜。他说："我只对陈酿感兴趣，要酿好酒就要把酒陈年，而不是在刚酿出来的时候就上架出售。"

宰格拉的土质是泥灰和沙石地，需要用手摘的方式采收这些产量不高的葡萄。每瓶特殊年份的梅洛和赤霞珠都花费了雷纳多7年的时间打造，白葡萄酒也是如法炮制，因此现在看到一瓶2008年的灰皮诺或者2007年的霞多丽时不要太吃

惊。他开玩笑说自己的酒是马拉松式的，怎么着也得跑完半程才能开喝吧。

www.renatokeber.com；电话 +39 0481-639742；località Zegla 15, Cormons；需要预约

07 弗朗哥·特萍酒庄 (AZIENDA AGRICOLA FRANCO TERPIN)

弗朗哥·特萍是反体制的葡萄酒酿造艺人，天然无硫化酿酒的先驱。他的酒经过有机认证，味道绵长，由天然酒曲发酵，无化学添加。弗朗哥的葡萄酒在木酒桶中先放置一年，后转到铁桶里放一年，最后灌入瓶中陈年三年。90%的白葡萄酒产自与斯洛文尼亚接壤的小酒庄。这种酒的颜色呈现出令人惊叹的橘黄色，被称为"橙色的酒"（vini arancioni）。

你可以提前电话预订品酒，准备好经历一次终生难忘的体验。弗朗哥会告诉你他的酒是自然的，真实的，他只喝这种酒。他说："我不能忍受霞多丽那个香蕉味，也受不了赤霞珠那种猫尿颜色，这些都是用化学方法生产的酒。我的酒你怎么喝，喝多少都不上头。"

www.francoterpin.com；电话 +39 0481-884215；località Valerisce 6/a, San Floriano del Colli；需要预约

08 普利摩斯科酒庄(PRIMOSIC)

弗留利的克利奥地区在奥斯拉维亚（Oslavia）村与斯洛文尼亚接壤处，在Main St尽头矗立着一个老边界邮局（Frontier Post），以此来划分"二战"后的意大利和斯洛文尼亚。

早在19世纪，普利摩斯科家族就在小小的奥斯拉维亚开始为奥匈帝国的首都维也纳提供葡萄酒。现如今，塞尔维斯特·普利摩斯科（Sylvester Primosic）和他的两个儿

Michele Zuliani © Alamy

01 弗留利的自然风光孕育了许多意大利最上乘的葡萄酒

02 在Enoteca Regionale di Cormòns吃喝

03 弗留利的葡萄树

子，鲍里斯（Boris）和马柯（Marko），创建了这个与时俱进的现代化、充满活力的酒庄。他们为重新认识被遗忘已久的丽波拉（Ribolla Gialla）葡萄打拼在第一线，因此一定要试一下在富含矿物口味的丽波拉里面添加了10%黑皮诺酿造的丽波拉（Ribollanoir）起泡酒。

沿路向下继续走，隔了几户就是克利奥地区最早的葡萄酒酿酒师之一——深居简出的约什科·瓜瓦纳（Josko Gravener；www.gravener.it）。虽然他家很少对外开放，你还是可以在奥斯拉维亚的Korsic饭店（www.korsic.it）里品尝到他的葡萄酒。这些酒口味特别，装在巨大的陶瓮里之后埋在他的酒窖中进行发酵。

www.primosic.com；电话 +39 0481-535153；località Madonnina d' Oslavia 3，Oslavia

实用信息 ESSENTIAL INFORMATION

去哪儿住宿

BORGO SAN DANIELE

莫罗（Mauro）和亚历山大·莫里（Alessandra Mauri）打造了品质非凡的葡萄酒，并创建了精品民宿，酒庄边有泳池。

www.borgosandaniele.it；电话 +39 0481-60552；via San Daniele 16，Cormòns

GALLO ROSSO

参加好客的巴兹内里（Buzzinelli）一家土香土色的农家乐。早上马尔齐亚（Marzia）用新鲜鸡蛋给你做早点，晚上则跟毛里齐奥（Maurizio）一起去酒窖品酒。

www.buzzinelli.it；电话 +39 0481-60902；località Pradis 20/1，Cormòns

去哪儿就餐

LA SUBIDA

曾经的粗犷小饭店被锡尔克（Sirk）家族改造成了如今优雅的米其林星级饭店，提供诸如野生鹿肉配辣根这种高级菜。

www.lasubida.it；电话 +39 0481-60531；via Subida 52，Cormons

AGRITURISMO STEKAR

由索尼娅·斯特卡（Sonia Stekar）经营的农场和葡萄种植园，每周末午餐时间提供炖牛肉、乌梅土豆丸（plum gnocch）和"不吃就要出人命"的苹果卷（apple strudel）。

电话 +39 0481-391929；località Giasbana 24，San Floriano del Collio

ENOTECA REGIONALE DI CORMÒNS

这家热闹的葡萄酒酒吧是跟当地葡萄酒种植商拉关系的好地方，要一大盘肉和奶酪，从上百种葡萄酒中挑一种搭配食用。

www.enotecacormons.it；电话 +39 0481-63071；Piazza XXIV Maggio 21，Cormons

活动和体验

罗萨佐修道院（Abbazia di Rosazzo）有壮观的壁画，周围被葡萄种植园环绕，在那里僧人们几千年前就开始酿酒了。

www.abbaziadirosazzo.it；电话 +39 0432-759091；Plazza Abbazia 5，Manzano

庆典

9月，戈里齐亚（Gorizia）会举办Gusti di Frontiera美食美酒节。10月底，在爵士乐美酒节上能看到很多音乐家在科尔蒙斯附近的酒窖里的现场表演。

01

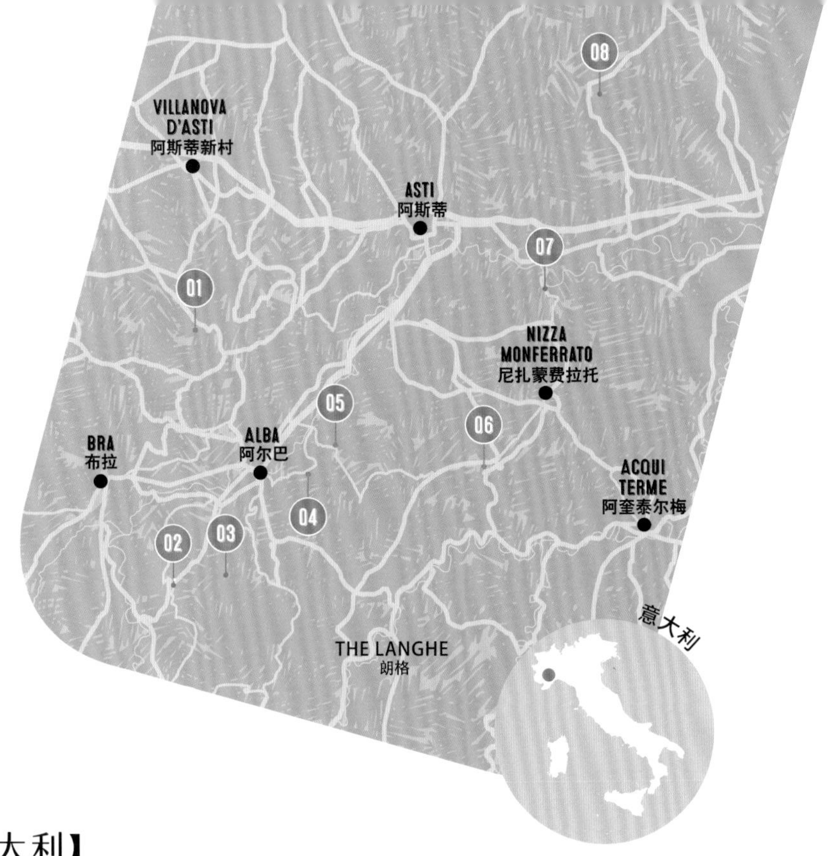

【意大利】

皮埃蒙特 PIEDMONT

在意大利北部著名的美食地畅饮有绵长口感的美味巴罗洛（Barolo）和巴巴莱斯科（Barbaresco）红葡萄酒，之后再享用一下当地的松露。

皮埃蒙特地区在意大利是独一无二的，它坐落在阿尔卑斯山脚下，汇集了美酒、美食和美景。你很容易就会把时间都消磨在如明信片风光般迷人的葡萄种植园和著名的朗格地区（Langhe）的酒庄中。这里的山区培育了世界上最杰出、最有层次感的巴罗洛和巴巴莱斯科红葡萄酒，以及内比奥罗（Nebbiolo）、巴贝拉（Barbera）和多姿桃（Dolcetto）。这里葡萄园的风景独树一帜，使它在2014年光荣地成了联合国科教文组织《世界文化遗产名录》中的一员。

值得你深入探访的地方包括遍地是葡萄的格丽尼奥里诺（Grignolino）地区和蒙费拉托的弗雷伊萨地区（Freisa of the Monferrato），以及生产甜美的莫斯卡托酒（Moscato）和斯珀曼特（Spumante）起泡酒的阿斯蒂（Asti）和卡内利（Canelli）。

如何抵达

都灵-卡塞莱机场（Turin-Caselle）是最近的大型机场，距蒙特阿（Montà）73公里。可租车。

与此同时，新一代年轻的酿酒师（viticoltori）正在努力种植清新芳香的阿内斯（Arneis）和法沃里达（Favorita）葡萄，让与朗格一河之隔的罗埃罗（Roero）原生态农村焕发生机。在原汁原味的葡萄种植园农庄小住，饕客们可以尽情地享受美味的顶级盛宴：芳香的白松露，或是以松露为原料的简单的手作意面（意大利语为plin）。

这里是意大利葡萄酒旅游业最为发达的地区之一，有数不尽的酿酒师开办的民宿，以及一次就可以品尝到几十家酒庄的地区性葡萄酒商店（意大利语为enoteche）。但是，旅行者会很快意识到皮埃蒙特本地人的保守，他们对自己的文化和语言非常自豪，所以可能不会轻易去迎合外来的游客。不过，时间久了你会发现他们还是挺好客和友善的。

Massimo Ripani © 4Corners Images

❶ 迈克·塔里阿诺酒庄
(MICHELE TALIANO)

塔纳罗河(Tanaro River)将朗格的巴罗洛葡萄和巴巴莱斯科葡萄种植园与罗埃罗(Roero)地区隔开,它穿过了拥有农场和森林多种生态系统的广阔地区。

尽管目前罗埃罗新一代的葡萄酒从业者不断推陈出新,也生产出了不少不错的巴贝拉和内比奥罗葡萄酒,但是罗埃罗出产的红葡萄酒从来没有达到朗格产区出品的由巴罗洛和巴巴莱斯科葡萄酿造的特殊年份酒那种高度。然而对于白葡萄酒来说,罗埃罗却又有得天独厚的优势,造就了酸度较高且清爽的阿内斯和更加芳香的费乌瑞它(Favorita)。

虽然塔里阿诺(Taliano)家族在巴巴莱斯科拥有一座小种植园,但是让人惊艳的是另外两种产自罗埃罗的葡萄酒,你可以在他们现代化的酒庄里品尝到。他们出品的罗埃罗内比奥罗葡萄酒(Roero Nebbiolo)很有酒劲,非常适合搭配意大利香肠(salami)和意大利熏火腿(prosciutto)食用。酒体更丰富的2009年珍藏版罗埃罗葡萄酒适合搭配风味浓郁的焖牛肉(braised beef)或野猪肉(wild boar)。这两种酒都是由酿酒师用传统的水泥瓮代替钢桶酿造的。跟阿齐约·塔里阿诺(Azio Taliani)一起游览葡萄种植园,在崎岖的小路上开启一段冒险旅行,穿过一片茂密的森林后,俯瞰纵横交错的葡萄树,美得让你窒息。一定要让阿齐约开一瓶由一种罗埃罗濒临绝种的布拉凯多葡萄(Brachetto)酿制的芳香浓郁的比贝特(Birbet)起泡酒。

***www.talianomichele.com*; 电话 *+39 0173-976100*; *Corso Manzoni 24, Montà*; 需要预约**

❷ 马卡雷若·巴托洛酒庄
(CANTINA MASCARELLO BARTOLO)

玛莉亚·特蕾莎·马卡雷若(Maria Teresa Mascarello)可能老派到没有自己的网络主页和手机,但是旅行者还是会感受到她在中世纪葡萄酒之乡巴罗洛的这家小酒庄里的热情。

此地的酿酒师分为两派：现代派钟情于单一种植园的特酿，将葡萄酒在法国式的小橡木桶（barrique barrels）里陈年；传统派则坚持将不同品种的葡萄混酿，使用斯洛文尼亚式的大橡木桶陈年。玛莉亚·特蕾莎遵照她父亲巴托洛（Bartolo；巴罗洛地区酿酒师的领头人物之一）的方法，是传统派的酿酒师。她牢牢地捍卫着巴罗洛的酿酒传统，酿造出特别纯净和优质的葡萄酒，这也恰好迎合了现在葡萄酒市场的口味。

玛莉亚·特蕾莎在这片只有5公顷（12英亩）的土地上主要种植内比奥罗葡萄，她没有人高马大的皮埃蒙特的典型农民形象，反倒是精致典雅得如同仙女下凡一般出没在木桶林立的酒窖之中。

电话 +39 0173-56125；Via Roma 15，Barolo；需要预约

03 保罗·曼卓酒庄 (PAOLO MANZONE)

塞拉伦加（Serralunga）地区是葡萄种植园的大舞台，沿着崎岖的土路向下走，就能到达保罗·曼卓酒庄（cascina，农舍和酒窖）。保罗的品酒课时间有点长，但这是你了解巴罗洛地区复杂的葡萄酒历史的绝好机会。保罗是创新型的葡萄种植者，始终坚持对新品种进行实验性栽培，也从不放弃对巴罗洛地区特有的内比奥罗葡萄传统的培育方法。内比奥罗葡萄在这片土地上已经有7个世纪的种植历史了，它的名字意为秋天葡萄园中飘荡着的薄雾。

保罗这样形容他种植的脆爽新鲜的阿尔巴多姿桃葡萄酒（Dolcetto d' Alba）：“献给我父亲的葡萄酒——不算优雅，但原汁原味而且顺口，味道就好像是他以前装在大肚玻璃瓶（demijohns）里出售的葡萄酒。”对于润滑醇厚的阿尔巴内比奥罗葡萄酒（Nebbiolo d' Alba），他评价道：“这是我心目中的勃艮第酒，因为内比奥罗葡萄对于我就如同黑皮诺对于法国一样重要。”

他酿造了两种味道截然不同的巴罗洛葡萄酒：传统的塞拉伦加（Serralunga）葡萄酒，在大且旧的橡木桶里陈年；比较现代的梅里安姆（Meriame）葡萄酒则使用了较小且新的法式酒桶。他还建造了如同诺克斯堡（Fort Knox）一样坚固的仓库，用于把连续10年间生产的葡萄酒全部储藏在这里，看看陈年的效果会怎样。

www.barolomeriame.com；电话 +39 0173-613113；Cascina Meriame，Serralunga d' Alba；周一至周六10:00至正午和14:00~18:00，周日10:00至正午

04 卡德堡酒庄(CA DEL BAIO)

祖孙三代一起在这片位于山谷中的田园风情酒庄上工作。这是一个经典的巴巴莱斯科葡萄酒的世界。巴巴莱斯科葡萄酒过去一直活在巴罗洛葡萄酒的阴影中，但是当你品尝了他们家族生产的特殊年份的巴巴莱斯科葡萄酒，你一定会觉得这两种酒如今已经可以平起平坐了。

负责酿酒的是充满活力的三姐妹：宝拉（Paola）、瓦伦蒂娜（Valentina）和费德丽卡（Federica）。她们说：“当我们的曾祖父在1900年买下这块土地时，所有人都认为他疯了，因为在当时这是一片没有价值的树林。但是曾祖父一直坚信这片土地有培育葡萄的潜力，于是他开始种植葡萄树，先是借着‘二战’后工业复苏的机会在都灵卖散装葡萄酒，之后灌装自己的瓶装葡萄酒，并开始关注葡萄酒的质量。”

由酒庄周围种植园里的巴巴莱斯科葡萄酿制的特雷伊索酒（Treiso cru）有令人惊奇的柔顺口感，相反，由巴巴莱斯科地区种植园出产的巴巴莱斯科葡萄酿造的酒却有比较杂的口感，需要陈年后饮用。不要错过特别顺口的多姿桃（Dolcetto）起泡酒。宝拉笑着说道：“它适合搭配比萨一起吃。”还有一种叫阿斯提莫斯卡托（Moscato d' Asti）的气泡酒，只有5度，充满水果味，口感像是带气泡的葡萄汁。

www.cadelbaio.com；电话 +39 0173-638219；Via Ferrere Sottano 33，Treiso；需要预约

05 格雷森酒庄 (CANTINA DEL GLICINE)

巴巴莱斯科葡萄酒发烧友的必游之地。这家独特的酒庄不以现代技术手段，而主要是以慢速手工土法酿酒。

阿德丽安娜·马尔齐（Adriana Marzi）和罗伯托·布吕尼（Roberto Bruni）这一对搭档对葡萄酒有点执着，他们非常认真地对待这一小片6公顷（15英亩）土地上出产的葡萄。品酒之前，阿德丽安娜会先带你走进一扇血红色的大门，从门后走下台阶进入酒窖，皮埃蒙特人称之为“Il Cutin”，即由天然的石窟一点点

© Susan Wright

01 皮埃蒙特的朗格地区

02 皮埃蒙特的阿斯蒂地区

03 在皮埃蒙特采集松露的猎犬

挖掘并扩展形成的像迷宫一样的潮湿凉爽的酒窖。这个酒窖建于1582年，让人仿佛置身于《指环王》的拍摄现场。湿漉漉的墙上长着正被贪婪的蜗牛啃食的蘑菇，阴暗角落里放满了古代木酒桶，墙洞里装满了正在陈年的布满灰尘的瓶装酒。

还未陈年好的巴巴莱斯科口感不太顺口，需要再经过好几年的陈年才能完全成熟。相反，口味相对简单的巴贝拉（Barbera）和内比奥罗（Nebbiolo）则不需要陈年就可以得到醇厚的口味。小心，阿德丽安娜总是会劝你喝一点她著名的意式白兰地烈酒。

www.cantinadelglicine.it；电话 +39 0173-67215；Via Giulio Cesare 1, Neive；需要预约

❻ 甘恰酒庄(GANCIA)

阿斯蒂酒（Asti）和斯珀曼特（Spumante）起泡酒享誉世界已经有150年的历史了，它们是意式起泡酒的象征。虽然今天大众更关注普罗塞克起泡酒（Prosecco）和用弗朗齐亚柯达古法酿制的起泡酒（metodo classico of Franciacorta），但是斯珀曼特酒的传奇始于皮埃蒙特的甘恰家族的这所房子，直到今天依然在卡内利（Canelli）这个中世纪小镇拥有举足轻重的地位。

受到香槟酿造方法（méthode champenoise）的启发，卡洛·甘恰（Carlo Gancia）在1850年结束了常驻法国香槟地区的生活，返回卡内利，开始种植以香气和果味闻名的莫斯卡托葡萄，同时培育霞多丽和黑皮诺，用来制造第一支意式斯珀曼特酒。

像所有知名的香槟酒庄一样，甘恰酒庄已经发展成为一个跨国酒庄，控制着2000公顷（5000英亩）的葡萄种植园，每年出产2500万瓶葡萄酒。虽然原来的甘恰家族依然存在，但酒庄实际由一个俄国伏特加公司经营。一段游览卡内利历史酒庄的经历会让你难以忘怀，你不仅仅能亲身体验这座像地下迷宫一样的酒窖，还会惊艳于甘恰家族一个世纪以来无与伦比的广告收藏，这些广告向世人介绍了独特的意大利的生活方式。每月仅一个周日对外开放，请提前询问详细的开放时间。

www.gancia.com；电话 +39 0141-8301；Corso Liberta 66, Canelli；需要预约

❼ 百莱达酒庄(BRAIDA)

百莱达酒庄永远和一个皮埃蒙特葡萄酒神话般的人物贾科莫·博洛尼亚（Giacamo Bologna）联系在一起，此外还有安杰罗·嘉雅（Angelo Gaja）和巴托洛·马沙雷诺（Bartolo Mascarello）。20世纪60年代，阿斯蒂（Asti）和亚历山德里亚（Alessandria）开始在这片无名的土地上种植并打理巴贝拉葡萄，而博洛尼亚后来印证了皮埃蒙特优质葡萄酒并不只是用内比奥罗葡萄酿制的巴罗洛和巴巴莱斯科。

博洛尼亚百分百采用了巴贝拉葡萄酿制，在小型法国式橡木桶里长期陈年以补充葡萄缺乏的天然单宁，酿造出让人惊艳、酒体饱满并具有特殊年份的Bricco dell' Uccelone和浓烈的晚收品种阿苏玛（Ai Suma）。与这两种相对应的是非常顺口的“小淘气”葡萄酒（La Monella)，它有着清新的、微微起泡的口感，因贾科莫的女儿拉法埃拉（Raffaella）得名。

现在，这座欣欣向荣的酒庄由贾科莫的孩子——拉法埃拉（Raffaella）和朱塞佩（Giuseppe）共同打理。他俩把酒庄扩大到了如今超过50公顷（125英亩）的规模，但依然遵循他们的父亲只种植巴贝拉葡萄的原则。种植园游览结束后，再去现代化的酒庄里转转，不要错过在他们家族饭店Trattoria I Bologna享用午饭的机会。

www.braida.it；电话 +39 0141-644113；Via Roma 94，Rocchetta Tanaro；周一至周六9:00至正午和14:00~18:00，9月至11月周日也开放

08 IL MONGETTO酒庄

在朗格山北麓，荒凉的蒙费拉托（Monferrato）地区跟周边其他地方相比可能没有那么的著名，但是这种低调却让因酒而来的游客感受到热情的欢迎。这里的葡萄种植者培育出了一系列原汁原味的葡萄。

卡洛·圣彼得罗（Carlo Santopietro）和罗伯特·圣彼得罗（Roberto Santopietro）两兄弟把这座18世纪有着宏伟壁画的大宅变成了一座客舍，晚上游客可以小住休息，品尝美酒。周末，温馨的餐厅提供当地特色菜。

像大胡子巨人一样的是酿酒师卡洛。他不仅酿造在小橡木桶里陈年后口味浓郁的巴贝拉葡萄酒，还酿造你意想不到的红葡萄酒，例如有水果口味但比较酸的格丽尼奥利诺（Grignolino）、充满活力的柯蒂斯（Cortese）、有些许水果口味且顺口的弗雷伊萨（Freisa）——这种酒从15世纪就开始在这里酿造，以及一种甜甜的、有气泡且只有5%酒精度数的黑玛尔维萨酒（Malvasia di Casorzo）。罗伯特同时在世界各地推广例如辣酱（bagna cauda）和葡萄味芥末酱（mostarda d' uva）这样的皮埃蒙特特产。

www.mongetto.it；电话 +39 0142-933442；Via Piave 2，Vignale Monferrato；每天开放，需要预约

实用信息 ESSENTIAL INFORMATION

去哪儿住宿

CASA SCAPARONE

有个性的巴蒂斯塔·科尔纳利亚（Battista Cornaglia）保证客人在他的有机农场可以享受到难以忘怀的住宿体验。有温馨的客房和简约的餐厅，巴蒂斯塔经常会跟当地的音乐家们一起为客人助兴。

www.casascaparone.it；电话 +39 0173-33946；località Scaparone 8，Alba

CASTELLO DI SINIO

拥有800年历史的城堡俯瞰西尼欧村（Sinio），周围环绕的是出产最优质的巴罗洛葡萄酒的葡萄种植园。有豪华的客房和主人丹尼斯·帕尔迪尼（Denise Pardini）的热情欢迎。

www.hotelcastellodisinio.com；电话 +39 0173-263889；Vicolo del Castello，1 Sinio

LE CASE DELLA SARACCA

身处特殊位置，6栋中世纪的老房子被改造成这个迷宫般的石窟，有玻璃长廊，盘旋上升的金属楼梯，客房里有水床，或者由岩石雕刻的浴室。

www.saracca.com；电话 +39 0173-789222；Via Cavour 5，Monforte d' Alba

去哪儿就餐

OSTERIA DA GEMMA

品尝杰玛夫人（Signora Gemma）在她简易的饭店里亲手制作的皮埃蒙特手工美食（cucina casalinga），撒着白松露末的极细的意大利面（tajarin pasta）味道浓郁。

电话 +39 0173-794252；Via Marconi 6，Roddino

PIAZZA DUOMO

厨师恩里克·克利帕（Enrico Crippa）在他跨时代的位于阿尔巴（Alba）的美食殿堂获得了让人眼红的米其林三星称号，是一家高档餐厅。

www.piazzaduomoalba.it；电话 +39 0173-366167；Piazza Risorgimento 4，Alba

活动和体验

都灵曾是现代意大利的第一个首都，有华丽的巴洛克宫殿群，精彩的埃及博物馆（the Museo Egizio di Torino）和几处颇有艺术气息、历史悠久的咖啡馆，让你晚餐前的小酌带一点小资的调调。

www.museoegizio.it

庆典

10月中旬到11月中旬每周末阿尔巴都会举办著名的白松露节。

01

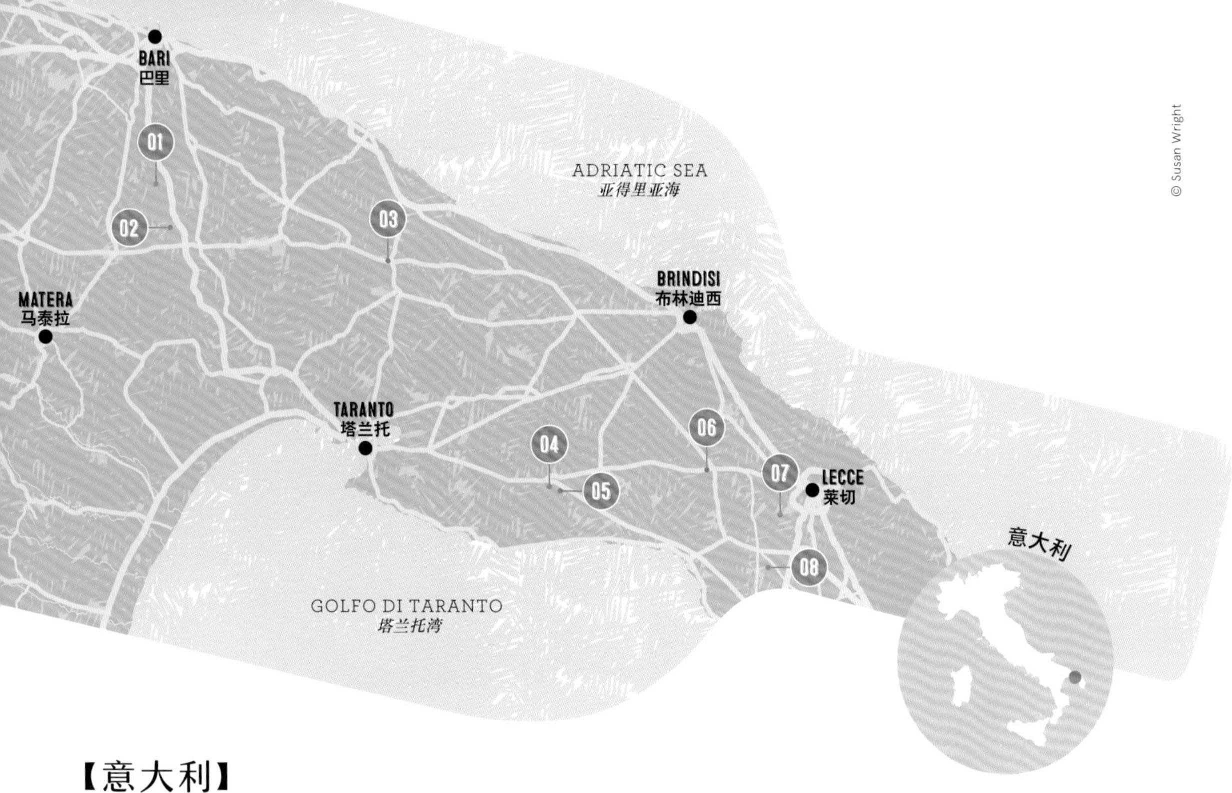

【意大利】

普利亚 PUGLIA

在意大利北部著名的美食地畅饮有绵长口感的美味巴罗洛（Barolo）和巴巴莱斯科（Barbaresco）红葡萄酒，之后再享用一下当地的松露。

向南到达意大利版图上“靴子后跟”的那块地方，橄榄树成林，蘑菇屋（trulli，白墙圆顶的房子）星罗棋布，还有一众跟当地特色菜搭配的原汁原味，重新焕发青春活力的葡萄酒。

普利亚是意大利最大的葡萄酒产地，种植葡萄和橄榄是当地农民们的日常生活。然而在很长一段时间内，人们对它有错误的理解，认为它向意大利和欧洲大部分地区提供劣质的散装葡萄酒。

世事更迭，如今世人们对这片土地上出产的葡萄酒有了新的认识。请忘了像霞多丽、赤霞珠和梅洛这些所谓的国际大牌葡萄，专心品尝当地独有的诸如优雅的黑曼罗（Negroamaro）、浓郁的普利米蒂沃（Primitivo）葡萄，它与加利福尼亚的仙粉黛（Zinfandel）同宗，还有水果味的蜜努陀罗葡萄（Minutolo）和黑玛尔维萨葡萄（Malvasia Nera）。

如何抵达

巴里是最近的有机场的城市，距阿夸维瓦德莱丰蒂（Acquaviva delle Fonti）40公里（25英里）。可租车。

主要的葡萄种植园从巴里（Bari）北面开始一直延伸到“靴子后跟”的布林迪西、塔兰托（Taranto）、莱切（Lecce）、曼杜里亚（Manduria）和萨利切萨伦蒂诺（Salice Salentino）。这里气温虽然很高，但是能得到从亚得里亚海和爱奥尼亚（Ionian）海上吹来的海风抚慰，这种气候造就了味道深沉浓郁，但不过分的葡萄酒。如今这片土地上小型的独立酒庄出产特别优质的葡萄酒，他们采用现代的酿酒技术，限制葡萄园的产量，种植灌木型的葡萄树（albarelli）。

种满葡萄树的山地也许不如托斯卡纳（Tuscany）和皮埃蒙特那么的“美景如画”，一路向南到达意大利的“靴子底”，那是一片一望无际种满高大粗壮橄榄树的平原，其中有一些已经有3000年的树龄了。橄榄种植园和葡萄种植园一样，有特色的“蘑菇屋”分布其中，有些房子里面现在依然住着在种植园里干活的农民，其他的则被改建成了迷人的民宿。

01 传统的普利亚“蘑菇屋”

02 奥斯图尼的经典建筑

03 普利亚地区的葡萄收获

© Susan Wright

❶ 奇洛蒙蒂酒庄 (TENUTE CHIAROMONTE)

巴里南边的阿夸维瓦普拉塔尼（Acquaviva）是有悠久酿酒历史的中世纪小镇。酒庄的主人兼酿酒师尼克拉·奇洛蒙蒂（Nicola Chiaromonte）说：“我们自誉为‘小兰斯（Rheims；法国葡萄酒主要产区之一）’，这里有超过500栋房子里设有能够酿酒的酒窖。”

尼克拉1993年开始经营这个有2公顷（5英亩）灌木葡萄树的酒庄，如今已经发展成33公顷（82英亩）的大酒庄。他酿制的普雷米蒂奥珍酿（Primitivo Riserva）就是取自平均树龄有80年的灌木型葡萄树——它们经历了根瘤蚜病（Phylloxera epidemic）的洗礼。他坚决反对降低普雷米蒂奥酒的酒精浓度以迎合市场口味的这种趋势，他说：“如果你喝的是低于13度的普雷米蒂奥，你就永远不会知道好酒是什么。葡萄需要加工，需要发酵成熟，我最爱的珍酿葡萄酒酿自葡萄树上半风干的葡萄（apassimento）。”

www.tenutechiaromonte.com；电话 +39 080-3050432；Via Suriani 27, Acquaviva delle Fonti；需要预约

❷ 波万内拉酒庄(POLVANERA)

“波万内拉”原指一种特殊的深红色土壤，这种土壤在酿酒师菲利波·卡萨诺（Filippo Cassano）的房子周围遍地都是。去波万内拉酒庄是个挺费劲的事，因为它隐藏在焦亚德尔科莱（Gioa del Colle）外围的乡村，甚至导航上都找不到它。

菲利波回忆道：“我来自酿酒世家，家里祖辈因为没有足够的资金，只能生产劣质的散装葡萄酒。因此我下定决心，想要证明伊特里亚谷

Marco Pavan © 4Corners Images

(Val d' Itria)也可以酿出品质最好的普雷米蒂奥葡萄酒以及其他由普里奥葡萄酿造的高品质葡萄酒。”他种植了30公顷(75英亩)的有机葡萄，其中大部分是灌木型葡萄树，很多都有60~80年的树龄，并不可思议地开凿了一座位于地下8米深的石灰岩(limestone)地下酒窖，用来进行葡萄酒的长期陈年。然而这里却看不到任何木质酒桶，因为菲利波的陈年方式很不寻常，他拒绝让酒接触任何木质东西，而是让酒直接在玻璃瓶中陈年。结果是酿出了特别美味的17度却依然口感清新、果香浓郁的波万内拉17号(Polvanero 17)。

www.cantinepolvanera.it；电话+39 080-758900；Strada le Lamie Marchesana 601，Gioa del Colle；周一至周六9:00~13:30和15:00~17:30，周日需要预约

03 帕斯蒂尼酒庄(I PASTINI)

虽然普雷米蒂奥(Primitivo)和黑曼罗(Negroamaro)依然是普利亚地区最广为人知的当地葡萄酒，但是还有其他几种用当地白葡萄酿造的酒。卡尔帕雷斯(Carparelli)家族的地位是无人可及的，他家的葡萄园环绕着历史名城洛科罗通多(Locorotonda)，横穿伊特里亚谷(俗称蘑菇屋山谷，Trulli Valley)，以外观独特、像水洗过一样、白到发亮的锥形石头房子闻名。游览行程包括参观家族建于17世纪的普利亚式农舍(masseria)，以及保存很好的蘑菇屋，它们在现在的葡萄收获季依然使用。

白葡萄酒是他们家的特色。很长时间以来，麝香葡萄家族(Muscat family)中的蜜努陀罗葡萄(Minutolo)被错误地认为是坎帕尼亚地区(Campania)的菲亚诺(Fiano)葡萄，卡尔帕雷斯家族为重新发现这个本地品种的葡萄价值立下了汗马功劳。他们只在钢桶中酿造和陈年葡萄酒，因此蜜努陀罗葡萄酒充满矿物质口味和清新果味的混合口感。除此之外，他们还酿造维戴卡葡萄酒(Verdeca)、小众的德阿莱西奥干白(Bianco d' Alessio)和甜美的晚摘品种蜜努陀罗(葡萄在箱子里风干30天)。

www.ipastini.it；电话+39 080-4313309；Strada Rampone，Locorotondo；需要预约

04 莫雷拉酒庄(MORELLA VINI)

现在，加埃塔诺·莫雷拉(Gaetano Morella)和莉莎·吉尔比(Lisa Gilbee)在曼杜利亚(Manduria)边上的工业车间里酿造真正的“车间酒”(genuine garage wines，一种非酒庄生产的葡萄酒)，这些“车间酒”获得了意大利顶级葡萄酒奖。

找到这家酒庄确实有点困难，因为一路上连一个路标都没有，然而这里的葡萄酒却十分迷人。澳大利亚墨尔本出生的莉莎（Lisa）说自己实验用的是新旧不一的木桶、农布洛水泥蛋（Nomblot cement eggs），以及被称为“河马”的形状古怪的水泥坛子。

> **“今天，酿酒师们成功地将普利亚转变成以本地优质葡萄为代表的葡萄酒产区，令人惊艳。”**
>
> *——皮耶罗·坦布里诺（Piero Tamburrino）*

这对夫妻的主要兴趣在普雷米蒂奥的灌木型葡萄树上。莉莎说：丈夫加埃塔诺（Gaetano）来自普利亚北部，而她曾游走于整个意大利酿酒。但是他们主要就是奔着古代的灌木型葡萄树来到曼杜利亚。虽然，这种树很多都被挖了出来遗弃不用，他们依然在尽自己的力量保护这种葡萄树，原因很简单，因为这种葡萄树可以酿出品质非凡的葡萄酒。游览生态动力学葡萄种植园会让你终生难忘，特别是当你品尝过优雅的单一品种葡萄园出产的塞罗拉葡萄酒（La Signora）和高浓度的老葡萄树葡萄酒（Old Vines）之后，印象会更加深刻。

www.morellavini.com；电话 +39 099-9791482；Via per Uggiano 147, Manduria；需要预约

05 葡萄酒酿酒师集体酒庄(CONSORZIO PRODUTTORI VINI)

普利亚葡萄酒历史上集体酒庄的形象并非一直那么光鲜亮丽，因为他们之中很多酒庄都不太注重品质，即便是在现在，有些酒庄依然生产大批量廉价的散装葡萄酒。然而曼杜利亚酒（Manduria）酿酒师集体酒庄却是个令人尊敬的特例，它是普利亚资格最老的集体酒庄，始建于1932年。貌似很大，1000公顷（2500英亩）的土地上汇集了400多位成员，他们具有创新精神，生产质优价廉的葡萄酒。

游览这片幅员广阔的酒庄是一次普利亚葡萄酒业的启蒙。你不仅能品尝到在普利米迪奥代表性的普雷米蒂奥曼杜利亚葡萄酒（Primitivo di Manduria），还有黑曼罗（包括它的干白和桃红品种）和菲亚诺气泡酒（Fiano Spumante）。当地人依然会在这里买散装葡萄酒（sfuso）。在酒庄之下是迷宫般的水泥蓄水池，它被智慧地改建成了保存葡萄酒历史、展示乡村田园生活的博物馆。

www.cpvini.com；电话 +39 099-9735332；Via Fabio Massimo 19, Manduria；周一至周五8:00~13:00和15:30~18:30，周六9:00~13:00

06 瓜尼亚诺孚迪酒庄 (FEUDI DI GUAGNANO)

瓜尼亚诺是位于萨伦托（Salento）心脏地区的充满活力的酿酒师村，专门酿造黑曼罗（Negroamaro）。主要的酒庄都建在镇外，孚迪酒庄有一家温馨的葡萄酒商店，可供品酒的谷仓，提供一系列酒精度高的、采收于古老的灌木型葡萄树、经过30天风干之后再长期陈年的黑曼罗葡萄酒。

孚迪酒庄由一小帮葡萄酒发烧友创建。吉安维托·里佐（Gianvito Rizzo）是这里的酿酒师，也是葡萄酒专家和创始人之一。他至今还清楚地记得12年前酒庄创立伊始的情况：“因为我们那些当了一辈子农民的父辈，要在他们退休后出售家族种植灌木型葡萄树的土地，我们才意识到这种田园牧歌式的生活行将结束。因此我们决定保护我们手中的土地，再购买一些已经被遗弃的种植园。现在我们已经拥有15公顷（37英亩）的种植园，对各种葡萄品种进行小规模的种植。”

品酒之后，一定要在瓜尼亚诺酒庄有酿酒师出没的小餐馆驻足一下，吃顿午饭，品尝手工制作的耳朵形状意面（orecchiette）配以浓重的番茄酱和肉丸（polpette）。

www.feudiguagnano.it；电话 +39 0832-705422；Via Provinciale 37, Guagnano；周一至周五9:00~12:30和15:00~18:30，周六9:00~12:30

07 阿波罗尼奥酒庄 (APOLLONIO)

马尔塞洛（Marcello）和马西米利亚诺·阿波罗尼奥（Massemiliano Apollonia）共同经营一家庞大的现代酒庄，酒庄的种植园横跨生产黑曼罗和普雷米蒂奥葡萄的主要产区萨兰托和科佩尔蒂诺。旗下拥有多个品牌，每年生产超过100万瓶葡萄酒，以及口味完全不同的特选阿波罗尼奥（Apollonia）系列。家族四代酿酒师以将普林塞葡萄酒（Pugliese）在木桶中陈年闻名，特别是家族酿酒师马西米利亚诺（Massemiliano），他被誉为“木桶之王”。

游览酒庄的过程中，你会发现这里没有钢质酒桶，取而代之的是内装橡木内壁的水泥蓄酒池。他们也是采用灌木型葡萄树，马西米利亚诺实验性地用不同木质的酒桶装不同的酒（包括法式、美国式、斯拉夫式、匈牙利式和奥地利式）。他甚至提前3年亲自去林场订购制作酒桶需要的木头，让林场为他特别种植。灌瓶后的葡萄酒保存在迷宫一样的曾经的蓄水池里。他的信条是：因为酒要在木桶里陈年尽可能长的时间，所以木桶所用的木头是根本，它不仅影响葡萄酒的香气，还影响颜色和稳定性。

www.apolloniovini.it；电话 +39 0832-327182；Via San Pietro in Lama 7，Monteroni di Lecce；周一至周五 8:30~16:30，周六和周日 需要预约

08 塞维里诺·格罗芬诺酒庄 (CANTINA SEVERINO GAROFANO)

如果非要找出一个对黑曼罗葡萄酒如今崇高地位贡献最大的酿酒师的话，那肯定要说到塞维里诺·格罗芬诺了。他掌管现在仍然值得一看的库普提娜姆（Copertinum）集体酒庄有50年之久，推动了保守的集体酒庄成员从生产散装酒到高品质瓶装葡萄酒的发展。同时他还担当了普利亚很多重要酒庄的顾问，是现代黑曼罗葡萄酒的奠基人，以及塞维里诺·格罗芬诺酒庄的创始人。

如今他仍然照顾着家族50公顷（125英亩）的葡萄种植园，已经将日常经营管理交与儿子斯特凡诺（Stefano）打理。公司设立在复古的20世纪50年代的酒庄中，采取传统方法酿酒，即用巨大的地下水泥蓄酒池对葡萄进行发酵。出品的葡萄酒迎合了现代人的口味，特别是柔和的"余烬"黑曼罗（Negroamaro Le Braci），陈年至少7年，让葡萄先在树上短暂风干的"枯藤法"（apassimento）会让酒精浓度提高到接近15度，然而并不影响其优雅的口感。

garofano.aziendamonaci.com；电话 +39 0832-947512；località Tenuta Monaci，Copertino；需要预约

实用信息 ESSENTIAL INFORMATION

去哪儿住宿

CANNE BIANCHE

位于海边的一座时尚、优雅的度假村，有水疗、烹饪课，甚至可以跟当地渔民一起坐船出海打鱼。

www.cannebianche.com；电话 +39 080-4829839；Via Appia 32，Torre Canne di Fasano

MASSERIA LE FABRICHE

距爱奥尼亚海5分钟的步行距离，是一座完美的度假村。有一片18世纪城堡一样的农宅，四周被种植园环抱。游客在橄榄树下的现代并简约的套房小住。

www.lefabriche.it；电话 +39 099-9871852；Contrada da la Fabriche，SP130，Maruggio

去哪儿就餐

OSTERIA DEI MERCANTI, MANDURIA

隐藏在曼杜利亚的历史中心，原汁原味的菜单每天更换，提供正宗的普利亚特色菜，例如鹰嘴豆和油炸意大利面（ciceri e tria）。

电话 +39 099-9713673；Via Lacaita 7，Manduria

OSTERIA DEL POETA

阿尔贝罗贝拉（Alberobella）是普利亚特色"蘑菇屋"的发源地，也是必游之处。由厨师雷奥纳多·马克（Leonardo Marco）主理的饭店是午餐的好去处。

www.osteriadelpoeta.it；电话 +39 080-4321917；Via Indipendenza 23，Alberobella

LA SOMMITA

从奥斯图尼（Ostuni）向外看去是一片橄榄树的海洋，其中一些橄榄树有千年的树龄。这家饭店主打由年轻厨师塞巴斯蒂亚诺·隆巴迪（Sebastiano Lombardi）主理的本地菜新作。

www.lasommita.it；电话 +39 0831-305925；Via Scipione Petrarolo 7，Ostuni

活动和体验

不可错过莱切（Lecce）的巴洛克建筑，这里迷宫般的小路穿过富丽堂皇的教堂和宏伟的宫殿。

庆典

普蒂尼亚诺狂欢节（Carnevale di Putignano）每年在大斋狂欢节（Lent carnival）前后（2月/3月）举行，是阳春白雪和下里巴人的集体节日，兼具宗教色彩和政治讽刺的双重使命。

carnevalediputignano.it

01

【意大利】

撒丁岛 SARDINA

探索这座地中海岛屿上的葡萄酒之谜，之后再去绝佳的海滩玩耍。

撒丁岛是意大利的一个自治区，因此很多时候它好像是个独立的国家。令人惊叹的山海美景与地中海海滩休闲的情调形成强烈的反差。

对于白葡萄酒爱好者来说，撒丁岛出产香醇的维蒙蒂诺葡萄酒（Vermentino）、莫斯卡托（Moscato）和维尔纳恰（Vernaccia）。但是撒丁岛最主要生产的还是红葡萄酒，这里最著名的卡诺娜（Cannonau）是一种口感很冲、酒精度高的酒，不适合容易醉的人喝。当地人说：在外地称为歌海娜（Grenache）的卡诺娜葡萄，在本地已经有3200年的种植历史，是当之无愧的地中海地区最古老的葡萄。

大多数葡萄种植园和高品质的葡萄酒都出自以撒丁岛为中心，沿着静谧的海岸线从奥罗塞伊（Orosei）到巴伊萨达（Barisada）再到巴尔贝亚（Barbagia）山区的三角区内。一片片葡萄种植园点缀着这里原本以牧羊为主的田园牧歌式景色。这是因为几个世纪以来这里几乎每人都有一块自己的葡萄种植园，可以在家酿酒。20世纪50年代随着拥有几百人的集体酒庄的兴起，一切都发生了变化。现在随着新一代独立葡萄酒酿酒师的出现，他们创建了更大的种植园，更关注卡诺娜葡萄酒的质量。

葡萄酒旅游对集体酒庄之外的酒庄来说还是个新项目，你几乎总是要先打电话预约才可以去这些酒庄参观。但是只要你到了酒庄，一切就都顺其自然了。你会受到酿酒师特别热情的欢迎，马上就有酒杯递过来让你品酒，就好像是一家人一样。听从他们的建议去当地饭店品尝远远超乎你想象的美食：意大利最好的奶酪、自制的火腿和香肠、多汁的烤羊肉和让人难以忘怀的烤乳猪（porcheddu），这一切再搭配一杯卡诺娜葡萄酒简直就是完美。

如何抵达

卡利亚里（Cagliari）是最近的大型机场。可以租车。有从卡利亚里港出发到意大利主要港口的渡轮。

Riccardo Spila © 4Corners Images

01 多尔加利合作酒庄 (CANTINA SOCIALE DORGALI)

多尔加利的集体酒庄位于卡拉古诺内（Cala Gonone）的海滨度假村边上，大约在60年前创建。它是了解规模较大的合作酒庄是如何管理成百上千名酿酒师的窗口，每年出产150万瓶葡萄酒，还出品了一条高品质的葡萄酒产品线。

这座低调的酒庄适合所有的葡萄酒爱好者，从度假休闲随便喝喝的餐桌酒到发烧友正式品尝的高档酒，一应俱全。包括卡诺娜维尼奥拉陈酿（Cannonau Viniola Riserva）和豪陶斯（Hortos），后者大胆地将本地葡萄与西拉葡萄（Syrah）混酿。以上两种酒都获得了意大利顶级葡萄酒荣誉——“三只酒杯奖”（Tre Bicchieri award）。

www.cantinadorgali.com；电话 +39 0784-96143；Via Piemonte 11，Dorgali；周一至周五8:30~13:00和15:00~17:30

02 PODERI ATHA RUJA酒庄

彼得罗·皮塔利斯（Pietro Pittalis）没有撒丁岛葡萄酒酿酒师典型的粗犷形象。外表一丝不苟的他很自豪地向游人展示他面积虽小但在他心目中堪称完美的种植园。种植园环境旖旎，成行精心修剪过的葡萄树背靠神奇的苏普拉蒙提（Supramonte）山，它将这片狂野的内陆与海洋分开。

彼得罗对生产优质卡诺娜葡萄酒很是精通，他说：“我种植仅仅2万棵葡萄树，每棵树通过剪枝只结5串葡萄，全种植园每年酿2万瓶酒，平均一棵树酿一瓶。”他在种植园中把一栋颜色斑斓的石头房子改建成了品酒中心。味道丰富且浓郁的卡诺娜在小橡木桶里陈年2年，之后又进行4~5年的陈年直到成熟为止。所以想品尝好酒，最好的方法是跟着彼得罗回到多尔加利（Dorgali）的海边，在他豪华的海边酒店的餐厅里品尝陈酿。

www.atharuja.com；电话 +39 347-5387127；Via Emilia 45，Dorgali；5月至9月16:00~20:00，10月至次年4月需要预约

> **“像村里大多数人一样，以前我把自己的小种植园上收获的葡萄卖给集体酒庄，但是现在我们想自己做主，自己酿造真正优质的葡萄酒。”**
>
> ——格拉齐亚诺·维德勒（*Graziano Vederle*），奥尔戈索洛酒庄（*Cantina di Orgosolo*）成员

03 高斯托莱酒庄(GOSTOLAI)

奥列纳（Oliena）是个热闹的酿酒师聚集地，也是民间说的卡诺娜酒（Cannonau）的首都。然而你需要去它郊外的工业园才能找到这座由托尼诺·阿卡达（Tonino Arcada）经营的现代酒庄。

如果你觉得托尼诺看上去有些书生气，好像对历史和文学更感兴趣的话，那么你一定不会对他在成为酿酒师之前是学校老师这件事感到太吃惊。他说：“撒丁岛上很多人想喝新酿的葡萄酒，然而我并不是。我喜欢将我的葡萄酒陈年，观察这些葡萄酒的口感如何变化，对此我不是那么着急。如果你心急，一定要喝新酿酒的话，我的酒对你就是个挑战，因为它内敛，味道又重又酸。”特定年份的葡萄酒就完全不同了，特别是超级好喝的2006年邓南遮陈酿（2006 Riserva D' Annunzio），为了纪念曾经在19岁作为记者访问过奥列纳的意大利传奇冒险家——加布里埃尔·邓南遮（Gabriele d' Annunzio）而命名，后来他成了卡诺娜酒忠实的发烧友。

www.gostolai.net；电话 +39 0784-288417；Via Friuli Venezia Giulia 24，Oliena；每天开放，需要预约

04 普杜酒庄 (AZIENDA AGRICOLA FRATELLI PUDDU)

奈耐蒂杜·普杜（Nenneddu Puddu）的酒庄身处科拉西山花岗石悬崖的阴影中，为酒友提供了一个近距离观摩撒丁岛农业生态多样性的机会。

酒庄面积超过50公顷（125英亩），其中30公顷种植了葡萄树，15公顷种植了橄榄树。他们甚至还有肉类腌制设备，出品让人垂涎欲滴的撒丁岛猪肉系列。普杜酒庄的明星产品是它的Pro Vois系列，这是一种卡诺娜忘忧草珍酿（Cannonau Nepente Riserva），选用他们最古老的葡萄树上的葡萄酿造。另外还有两种不寻常的酒值得一试：Papalope

Johanna Huber © 4Corners Images

01 托雷嘉（Torre Chia）的苏波蒂（Su Portu）海滩

02 卡里纳罗葡萄树

03 远眺博撒（Bosa）镇

是一种不入流的日常餐酒（vino da tavola），用晚收的卡诺娜葡萄经过类似帕塞托葡萄（passito）的干燥方式处理；另外一种是Papalope干白，这是一种有着复杂口感，味道浓烈的白葡萄酒，用稀有的白歌海娜葡萄（Grenache Blanc）酿造。

www.aziendapuddu.it；电话 +39 0784-288457；Località Orbuddai, Oliena；周一至周五8:30~13:00和14:30~17:30

05 奥尔戈索洛酒庄 (CANTINE DI ORGOSOLO)

荒芜的山城奥尔戈索洛（Orgosolo）是撒丁岛人民独立的象征，这里有超过200幅政治题材的壁画，分布在城内大部分建筑上。

奥尔戈索洛也是真正的"车库酒庄"的故乡，那里生产整个撒丁岛最原汁原味的卡诺娜酒。6年前，包括一名卖烟商、一名电工、一名护工兼放羊人等共19名来自不同行业的合伙人组织在一起酿造手工卡诺娜酒，他们各自都有大约1公顷（2.5英亩）的葡萄树。种植园的树龄跨度在5~70年，地势多变，有的地方超过海平面250米（820英尺），另外一些在超过海平面1000米（3280英尺）的地方。虽然他们也不时得到最好酿酒师的指导，但这群快乐的人更愿意在租来的车库里用他们东拼西凑来的钢桶和橡木桶酿酒和陈年。

其中一位酿酒师说："我们酿了一种只在酒桶里发酵3个月就能直接喝的葡萄酒，而珍藏酒则需要3年陈年。如果酒酿好了卖不掉，就留着自己喝呗！"

www.cantinediorgosolo.it；电话 +39 0784-403096；Via Ilole, Orgosolo；需要预约

06 朱塞佩·赛迪勒斯酒庄 (AZIENDA GIUSEPPE SEDILESU)

朱塞佩·赛迪勒斯35年前买了一小块卡诺娜葡萄树种植园，后来他的3个孩子将其扩展为如今17公顷（42英亩）的灌木型葡萄树种植园。这里出产让人惊叹的卡诺娜葡萄酒系列，与撒丁岛其他的明星葡萄酒一起熠熠生辉。

这个酒庄巧妙地集现代与传统于一体，从新栽培的葡萄树到粗糙的百年老树应有尽有。家族与时俱进，现在生产符合潮流的有机酒和生态动力学葡萄酒。然而他们也保持了用牛耕地，手工采摘葡萄的耕收方法。

家族酿酒师弗兰塞斯克·赛迪勒斯（Francesco Sedilesu）说："我们几乎只关注有浓郁口感和复杂酒体的红葡萄酒，我们有时也会提高酒精度，最高甚至达到16度，但是我们从不干扰葡萄的自然表现。对我们来说，这是卡诺娜酒的灵魂所在。"品酒过程中唯一让我吃惊的是，搭配的食物不是奶酪和香肠这样的一般品酒都会搭配食用的东西，而是给了一盘苦味巧克力，说实话这确实是这种很烈的特殊年份酒的完美搭配。

www.giuseppesedilesu.com；电话 +39 0784-56791；Via Vittorio Emanuele 64, Mamoiada；周一至周五9:00~13:00

07 弗尔盖苏酒庄 (LE VIGNE DI FULGHESU)

卡诺娜在撒丁岛以外并不是那么有名，曼杜丽萨伊酒（Mandrolisai）就更没听说过了。不过，阿特扎拉（Atzara）和梅亚纳（Meana）周围的酿酒师生产了这种独特的混合了卡诺娜，以及沐瑞斯特鲁（Muristellu）和莫妮卡（Monica）这两种本地葡萄品种的混酿。

在阿特扎拉优质的福瑞迪雷斯（Fradiles）酒庄的葡萄酒商店稍作停留，然后步行到佩佩·弗尔盖苏酒庄（Peppe Fulghesu），佩佩·弗尔盖苏总是生产让人难忘的葡萄酒，其中很多纯天然葡萄酒，将葡萄天然的果香释放出来。佩佩的种植园在崎岖的小路尽头，当你跋涉到此会受到非常热情的欢迎，品尝搭配他亲手腌制的香肠和新鲜制作的乳清奶酪（ricotta cheese）的葡萄酒。不需要多说什么，佩佩就会带着游客徒步上山参观一种叫作nuraghe的撒丁岛著名的史前（公元前1000年）石屋。

电话 +39 0784-64320；Via Su Frigili Cerebinu, Meana Sardo；需要预约

08 耶尔祖地区的安蒂奇·波代里酒庄（ANTICHI PODERI DI JERZU）

耶尔祖（Jerzu）地区位于奥利亚斯特拉湾（Bay of Ogliastra）的沙滩和真图山（Gennargentu mountains）之间，拥有悠久的葡萄酒制作历史，生产的卡诺娜葡萄酒自成一派。

它是建于1950年充满活力的合作酒庄，拥有450名成员，在耶尔祖地区占有一席之位。特别是每年8月，酒庄会举办萨戈拉岛葡萄酒节，该节日是为期一周的音乐美酒节。

这座规模庞大的酒庄占了耶尔祖地区的大部分土地，标志性的建筑是一座高塔，如今已改建成拥有能俯瞰本地全景风光的品酒室。你可以品尝到酒庄旗下各个加盟成员不同口味的葡萄酒，各家的葡萄酒都在品酒室展示，其中包括了撒丁岛特色的米勒托酒（Mirto），这是一种由桃金娘果实（myrtle berries）制作的非常烈的利口酒（liqueur）。

www.jerzuantichipoderi.it；电话 +39 0782-70028；Via Umberto 1, Jerzu；周一至周六8:30～13:00和15:00～19:00

实用信息 ESSENTIAL INFORMATION

去哪儿住宿

SU GOLOGONE

隐藏在乡间的独特的豪华度假村，有餐厅、游泳池和水疗，还有堪比博物馆的传统艺术和手工收藏展示。

www.sugologone.it；电话 +39 0784-287512；località Su Gologone, Oliena

AGRITURISMO CANALES

有粗犷的群山掩映，可以遥看一片祖母绿色的湖。每天清晨提供新鲜的奶酪以及产于自家种植园的美酒。

www.canales.it；电话 +39 0784-96760；località Canales, Dorgali

DOMUS DE JANAS SUL MARE

简易的家庭式旅馆，坐拥令人称奇的地理位置。在海湾边上，有保护村庄抵御中世纪海盗入侵的古代钟楼。

www.domusdejanas.com；电话 +39 0782-28081；Via della Torre, Bari Sardo

去哪儿就餐

RISTORANTINO MASILOGHI

可以跟奥列纳的酿酒师神聊，奇安弗兰克·马卡雷诺（Gianfranco Maccareno）的浪漫饭店以提供你品尝过的最美味的饭菜为特色。

www.masiloghi.it；电话 +39 0784-285696；Via Galjani 68, Oliena

CIKAPPA

这里的美食比较简单，但是采用了罕见的食材，例如山蕨、野猪，以及为无所不吃的饕客们提供的羊百叶、羊脑和心肝肺。

www.cikappa.com；电话 +39 0784-288024；Corso Martin Luther King 2, Oliena

活动和体验

从卡拉古诺（Cala Gonone）海湾的度假村租一艘小船，航行到神秘的布耶马里诺（Bue Marino）洞，这里有很多石笋和石柱，之后再去安静的月亮湾（Cala Luna）海滩晒个小麦色皮肤。

庆典

大斋期（Lent）前，马莫亚达（Mamoiada）的村子会举办一场别开生面的动物狂欢节。村民头戴面具，身穿厚厚的羊皮衣，还要套一个沉甸甸的牛铃，扮演各种动物和面目可惧的怪物。有篝火和美酒。

01

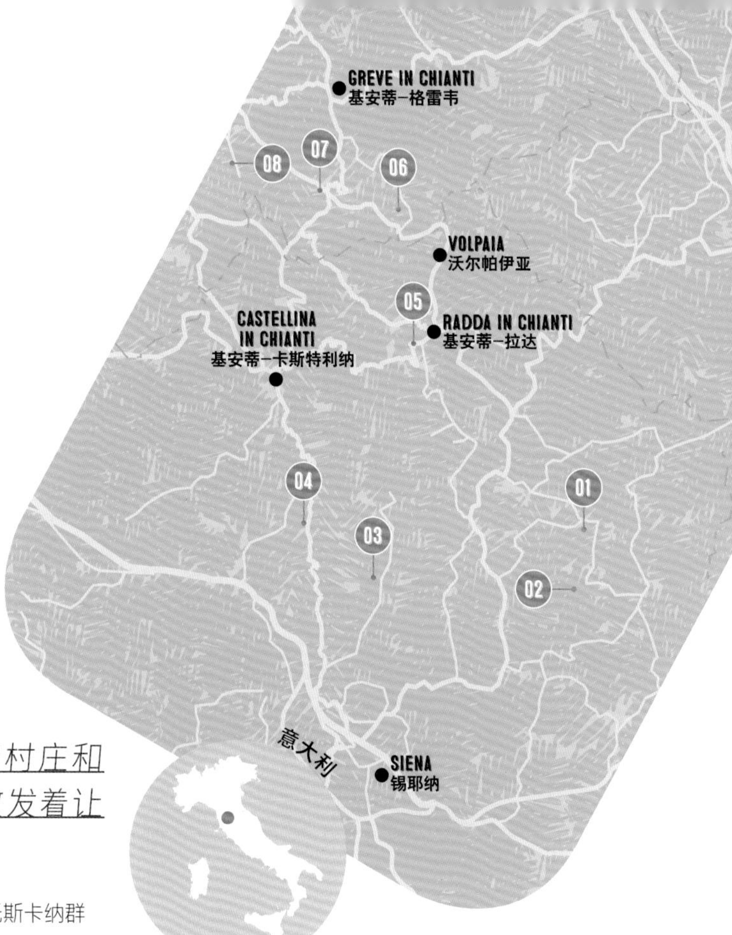

【意大利】

托斯卡纳

TUSCANY

风中摇曳的柏树，山顶的村庄和特级的红葡萄酒，托斯卡纳散发着让人难以抗拒的老式浪漫气息。

葡萄酒和托斯卡纳有密不可分的关系，在托斯卡纳群山上酿造的特殊年份的葡萄酒象征着意大利的魅力和风情，这跟香槟酒能勾起人们对法国的联想一样。

伊特鲁里亚人（Etruscans）最先在这里用巨大的陶瓮（amphorae）酿酒，这些器皿也被现在一些追求自然的酿酒师使用。早在公元前5世纪，托斯卡纳的葡萄酒就已远销到法国和意大利。1282年佛罗伦萨（Florence）也成立了自己的葡萄酒商人行会。从远古时代到几乎每个比萨店都有瓶子套着稻草碗的基安蒂酒（Chianti）的现在，托斯卡纳一直是意大利葡萄酒的形象大使。今天，托斯卡纳的葡萄酒已经成为世界各地顶级饭店的选择，托斯卡纳的顶级酿酒师也能与波尔多和勃艮第的同行们相提并论了。

托斯卡纳优越的地理位置孕育了能够酿造优质的红葡萄酒的本地桑娇维塞（Sangiovese）葡萄，然而酿酒师们现在开始将这种葡萄与诸如赤霞珠和梅洛这种“国际大牌”葡萄进行杂交，使得这一延续了几个世纪的传统品种受到了极大的威胁。超级托斯卡纳（Super Tuscans）是指这些不按照传统方法酿造的，可以马上喝，比较容易在国际市场上卖得出去的葡萄酒。一些“超级托斯卡纳”最初产于马莱玛（Maremma），现在已经成为一种约定俗成的葡萄酒品种了。每种酿造方法都有它们各自的标志性特点，现在人们的口味转向了以传统方法酿造的桑娇维塞。在托斯卡纳葡萄酒的起源地——传统的基安蒂酒产区，情况便是如此。

想知道从哪里开始托斯卡纳的葡萄酒之旅或许很难，这里的葡萄种植园隐藏在连绵山峦的山谷中，从佛罗伦萨郊外一直延伸到地中海。像西施佳雅（Sassicaia）和欧尼拉亚（Ornellaia）这种高档葡萄酒是在成立时间不长、海风轻抚的马莱玛（Maremma）地区的临海酒庄出产的。而中世纪城市蒙塔西诺（Montalcino）和蒙特普齐亚诺（Montepulciano）一直严格遵循传统方法酿造和陈年它们的布鲁奈罗葡萄酒（Brunello）和贵族酒（Vino Nobile）。在基安蒂地区（Chianti），一直争议不断的超级托斯卡纳葡萄酒酿造方法正在慢慢消失。

如何抵达

比萨（Pisa）有最近的大型机场，距基安蒂-盖奥勒（Gaiole di Chianti）120公里。可以租车。

⓿❶ 布洛里奥城堡酒庄 (CASTELLO DI BROLIO)

基安蒂的故事起源于迷人的布洛里奥城堡。如果换作今天的话，这里大概就是迪士尼乐园里的城堡了吧，属于必游景点。从停车场，你得走至少20分钟才能到山下参加正规的团队游，参观葡萄酒商店和纪念品店。

托斯卡纳的葡萄酒可以追溯到伊特鲁里亚人时期，曾经的意大利首相贝蒂诺·里卡索利男爵（Barone Bettino Ricasoli）也热衷于酿造葡萄酒。1874年他为个性鲜明的混酿葡萄酒——经典基安蒂葡萄酒（Chianti Classico）——做出了贡献。这种由桑娇维塞葡萄酿制的基安蒂葡萄酒一直延续至今。

里卡索利（Ricasoli）家族从1141年开始拥有布洛里奥城堡以及佛罗伦萨和锡耶纳（Sienna）之间一半的农村土地。然而城堡和葡萄酒生意却陷入了窘境，1971年由美国酒业巨头施格兰公司买下。1991年里卡索利家族重新又买回了城堡，现在由家族的后代弗朗西斯科男爵（Barone Francesco）全权管理，并重拾布洛里奥酒庄昔日作为受人尊敬的葡萄酒酿酒商的荣光。

www.ricasoli.it；电话 +39 0577-730220；Gaiole di Chianti；周一至周五9:00~19:30，3月至10月周六和周日10:00~19:00

⓿❷ 邦夏酒庄(LE BONCIE)

邦夏酒庄面积只有5公顷（12英亩）的葡萄种植园就坐落在基安蒂最大的酒庄之一圣费利切博尔戈酒庄（Borgo San Felice）的正对面。但

01 基安蒂-卡斯特利纳（Castellina in Chianti）的赤霞珠葡萄种植园

02 屠宰大师达里奥·塞奇尼（Dario Cecchini）

03 在Dario Doc餐厅露天就餐

04 佛罗伦萨的米兰大教堂（Duomo）

05 蒙塔奇诺（Montalcino）的桑娇维塞葡萄种植园

© John Brunton

这两者有着天壤之别。

乔凡娜·莫尔甘特（Giovanna Morganti）和著名的法国酿酒师尼古拉斯·乔利（Nicolas Joly）是当下颇有影响力的“自然葡萄酒运动”（Vini Veri）的创始人之一。她在1990年开始种植自己的葡萄，是个从不妥协的葡萄酒酿酒师。这些美得像盆景一样的灌木型葡萄树周围只是乱七八糟的野生植物和杂草，不需要支撑就能独立直立。她在酒庄酿造的酒品质优良，在无盖的酒缸里发酵，需要定时搅拌。

乔凡娜只酿造独一无二的经典基安蒂葡萄酒，这酒口感醇厚、复杂、凝练。酿酒所使用的葡萄里90%是桑娇维塞葡萄（Sangiovese），除此之外，她还加入了名不见经传的本地葡萄品种，诸如玛墨兰（Mammolo）、科罗里诺（Colorino）和圆叶（Fogliatondo）。这种做法遭到加入所谓“国际葡萄——梅洛和赤霞珠”的酿酒同行的强烈批评。

www.leboncie.it；电话 +39 0577-359383；località San Felice, Castelnuovo Berardenga；需要预约

❸ 波恩扎农庄酒庄 (FATTORIA DI CORSIGNANO)

在波恩扎洒满阳光的梯田上方的品酒室里，啜一杯冰凉的霞多丽葡萄酒，你能看到仅仅在15公里（9英里）以外，像中世纪曼哈顿一样的锡耶纳塔楼群。这个老式农庄被马里奥（Mario）和埃琳娜·高洛（Elena Gallo）全面改造成了一座现代化的葡萄酒度假村，有优雅的客房、游泳池和举办烹调课程的小饭店。

马里奥·高洛生于酿酒世家，但祖辈从未经营过属于自己的酒庄。他以前把酒装在用稻草盖着的酒桶里送到锡耶纳的酒馆。虽然马里奥年轻的时候就投资买下了这座农庄，他还是不得不在前10年将其中7公顷（17英亩）种植园租给别人。从那以后，他全部进行了有机化的重新种植。尽管从未学过酿酒，但他一半借鉴他父亲的传统方法，一半听从专业顾问的技术指导，最终酿造了一系列从清淡顺口，被马里奥称为“老式基安蒂酒”的餐酒（vino da tavola），到有酒劲的经典基安蒂酒，以及更加优雅的珍酿（Riserva）。他甚至尝试过进行“超级托斯卡纳”的酿造，他把当地的桑娇维塞葡萄和梅洛、赤霞珠混酿在一起，这种酒的口感需要经过好几年的陈年后才能揭晓。

www.fattoriadicorsignano.it；电话 +39 0577-322545；località Consignano, Castelnuovo Berardenga；需要预约

❹ 波莫纳别墅酒庄 (VILLA POMONA)

基安蒂地区的人们仍然坚守着很多本地传统，当游客们见到这位对葡萄酒怀有热忱的低调酿酒师莫妮卡·拉斯匹（Monica Raspi）时，就会理解这句话的含义了。她在这个农庄里既酿酒也制作橄榄油。游客们可以体验住在由古代橄榄油油坊改造的酒店公寓里。

莫妮卡解释说：“我出生在这里，之后去佛罗伦萨学习兽医。当得知我妈要把别墅和种植园卖掉时，我就觉得不能接受失去我们家族的产业。”2007年，她放弃了自己当时的工作，参加了1个酿酒师速成班，把家搬到了别墅，开始亲自酿酒，同时由她妈妈打理民宿。

小小的酒庄堆满了巨大的木质酒桶，钢质和水泥的酒罐子。她现在正将种植园推向有机化的道路，支持用传统的方法把桑娇维塞葡萄和本地诸如科罗里诺（Colorino）葡萄进行混酿。

www.fattoriapomona.it；电话 +39 0577-740473；località Pomona 39, Castellina in Chianti；需要预约

❺ 科迪酒庄 (VAL DELLE CORTI)

跟罗伯特·比安奇（Roberto Bianchi）一起品酒，往往会有一番关于他那几种优质葡萄酒孰优孰劣的慷慨激昂的讨论，还会佐以美味的托斯卡纳香肠和奶酪。这位脾气不怎么好的酿酒师是这样说的：“1974年我们全家从米兰回到故乡。我家那时酿制的葡萄酒有传统的基安蒂经典葡萄酒和用单一品种葡萄酿制的桑娇维塞葡萄酒，这些酒当时并不是大众能接受的口味，因为当时每个人都以葡萄酒评论家罗伯特·派克（Robert Parker）的好恶为评判依据。但是现在我们家的酒已经峰回路转，毕竟三十年河东，三十年河西。”

这里的葡萄酒种类不多：有轻柔的餐酒，适合新酿的时候饮用；有酸酸的但很优雅的经典基安蒂酒，充满了水果味；还有一种是在采收时由他钦定的珍酿。他的有机种植园小到只有6公顷（15英亩），在他的“车库酒庄”里只用旧酒桶陈年葡萄酒，因为他觉得桑娇维塞葡萄已经够涩了。

www.valdellecorti.it；电话 +39

0577-738215; Val delle Corti 141, località La Croce, 53017 Radda in Chianti; 需要预约

06 拉莫耶农庄酒庄(FATTORIA DI LAMOLE)

通往拉莫耶的路穿过一片森林后停在海拔600米（2000英尺）的基安蒂最美丽的村子前。

保罗·索奇（Paolo Socci）是个脾气不怎么好的传统派酿酒师。他的灌木葡萄树是有机的，葡萄由手工采摘，在巨大的旧木酒桶里发酵。他说："我想让我的葡萄酒品尝起来只有桑娇维塞葡萄的单宁，而不是橡木的味道。"保罗很自豪地向游客介绍道："1071年就有关于我们家族在拉莫耶生活的记录了，但是由于第二次世界大战，整个村子发生了巨大的变化，许多人远走他乡，人口从700人减少到90人。这使得我们在石质梯田上以特别方式种植的葡萄树无人打理了。"

他酿造的2008年基安蒂精选（2008 Selezione）是一种有惊艳口感、完全由距酒庄7公里（4英里）范围内的、保罗苦心重建的微型葡萄园内种植的葡萄酿造。除了重建这些历史长达几个世纪的梯田外，他还将拉莫耶边上的一个中世纪小农舍改建成了一间舒适的民宿，对游人开放。

www.fattoriadilamole.it; 电话 +39 055-8547065; Lamole, Greve in Chianti; 需要预约

07 富迪酒庄(FONTODI)

潘扎诺（Panzano）下方坐落着一座建在阳光灿烂的圆形剧场之中的葡萄种植园，人称"金盆"（La Conca d' Oro）。这就是有占地80公顷（200英亩）葡萄树和33公顷（82英亩）橄榄树的富迪酒庄的中心。这里还有30头强壮的托斯卡纳代表性的克安尼那牛（Chianina cows），这一切构建了这座高瞻远瞩的可持续型有机农场。

跟很多基安蒂大酒庄不同，在这里可以很随意地游览，而且免费。实际上，和蔼的酿酒师乔瓦尼·曼埃提（Giovanni Manetti）认为："即便游客停留了2个小时，也没有必要让他们觉得非要买一瓶酒才能走。"曼埃提家族差不多50年前买下了富迪酒庄，但是他们家族是从17世纪开始跟托斯卡纳地区另外一种传统工艺——制陶建立联系的。乔瓦尼甚至正在尝试用陶罐（orcio）陈年葡萄酒，希腊人和罗马人历史上曾用过这种方法。金雀翎葡萄酒（Flaccianello della Pieve）是他们主打现代技术酿造的葡萄酒，这种酒是由基安蒂法定产区（DOC，denominazione di origine controllata）以外种植的100%桑娇维塞葡萄酿造，定位为所谓的超级托斯卡纳酒。你还会品尝到口感惊艳的黑皮诺，以及由放置在稻草上风干5个月的葡萄酿造、以酒桶陈年5年、口感甘甜的圣酒（Vin Santo）。

www.fontodi.com；电话 +39 055-852005；Panzano in Chianti；需要预约

08 利格那纳酒庄（RIGNANA）

在基安蒂的旅行之中，你一定会闯入一条满是灰尘的小路，在这里你会发现浪漫的别墅、葡萄种植园、农场和饭店。其中最珍贵的就是利格那纳酒庄，潇洒且有贵族气质的科西莫·格里克（Cosimo Gercke）经营的这家酒庄颇具魔力。他这座18世纪的别墅装饰着粉彩壁画，有豪华的客房、橄榄油作坊改建的饭馆、橄榄树林边的游泳池和一座可以注册结婚的中世纪礼拜堂。

科西莫的意大利－德国混血家族于20世纪60年代买下了这座酒庄，他1999年接手后重新种植了所有葡萄树，如今出产有机基安蒂经典葡萄酒，经过小橡木桶2年陈年的梅洛葡萄酒，以及最受欢迎的水果味淡桃红葡萄酒（Rosato），特别适合黄昏时分在户外享用。

www.rignana.it；电话 +39 055-852065；Via di Rignana 15，Greve in Chianti；需要预约

实用信息 ESSENTIAL INFORMATION

去哪儿住宿

FATTORIA LA LOGGIA

朱利奥·巴鲁法尔迪（Giulio Baruffaldo）于1986年对外开放他这座建于中世纪、主打葡萄酒和橄榄油的小饭店。拥有宽敞的客房，让人梦寐以求的游泳池，以及随处可见的雕塑和油画。

www.fattorialaloggia.com；电话 +39 055-8244288；Via Collina 24，San Casciano in Val di Pesa

LE MICCINE

加拿大籍酿酒师保拉·库克（Paula Papine Cook）虽然刚到基安蒂没几年，但是她的葡萄酒已经多次获得顶级奖项。她的别墅紧邻酒庄，拥有一个无边游泳池。

www.lemiccine.com；电话 +39 0577-749526；località Le Miccine 44，Gaiole in Chianti

去哪儿就餐

ANTICA MACELLERIA CECCHINI

达里奥·切基尼（Dario Cecchini）被坊间誉为"基安蒂之王"，他是能紧紧抓住你眼球的屠宰大师，因他的饭店costata alla fiorentina出名。Dario Doc是间便宜但有趣的小饭店，就在肉铺的后面。

www.dariocecchini.com；电话 +39 055-852020；Via XX Luglio 11，Panzano in Chianti

A CASA MIA

乡村饭店，提供超大份的家常菜，例如牛肝菌意大利面，由一看就是玩摇滚的主人科西莫（Cosimo）和毛里西奥（Maurizio）出品。

www.acasamia.eu；电话 +39 055-8244392；Via Santa Maria a Macerata 4，Montefiridolfi

BAR UCCI

沃尔帕伊亚（Volpaia）是浪漫的中世纪村落，位于基安蒂群山上。在乌奇（Ucci）阳光灿烂的梯田中大块朵颐托斯卡纳美食。

www.bar-ucci.it；电话 +39 0577-738042；Piazza della Torre 9，Volpaia

活动和体验

从葡萄酒品尝活动中抽一天时间探访锡耶纳附近的文艺复兴式宫殿、教堂和博物馆。

庆典

基安蒂－格雷韦和潘扎诺－格列韦每年9月举办为期一周的葡萄酒节。

Massimo Ripani © 4Corners Images

01

【意大利】

威尼托 VENETO

在意大利北部著名的美食地畅饮有绵长口感的美味巴罗洛（Barolo）和巴巴莱斯科（Barbaresco）红葡萄酒，之后再享用一下当地的松露。

这里最有名的出口产品是普罗塞克起泡白葡萄酒（Prosecco），是高品质的派对酒品。除此之外，威尼托还是很多红葡萄酒的原产地，口感从淡雅清新到浓郁酸涩，不一而足。

如何抵达

威尼斯马可波罗机场是最近的大型机场，距普利马奥（Premaor）64公里。可以租车。

普罗塞克酒由歌蕾拉（Glera）葡萄酿造，几乎一夜之间就成了深受世界各地人们喜欢的起泡酒。这里风景如画的歌蕾拉葡萄种植园从与弗留利接壤的地方一直延伸到瓦尔多比亚德内（Valdobbiadene）。这里的葡萄种植园是葡萄酒旅行者的天堂，有热情好客的酿酒师开办的民宿，以及原汁原味的当地特色小饭店。

威尼托是意大利葡萄酒版图上规模最大的葡萄酒产区之一，以出产多种高品质的红葡萄酒和白葡萄酒为特色。火山丘陵环绕着帕多瓦（Padua），艾乌格内山岭（the Colli Euganei）不仅以生产优雅的用酒桶陈年的梅洛和品丽珠（Cabernet Franc）而闻名，还以生产有着独特柑橘花香、泡沫丰富的费欧起泡酒（Fior d' Arancio）而闻名，这种酒可与阿斯蒂（Asti）的莫斯卡托酒（Moscato）相媲美。同时，酿酒师因娜玛（Inama）和皮耶罗潘（Pieropan）正在将脆爽的苏瓦韦白葡萄酒（Soave）提升到更高的品质。

从威尼托出发到达加达湖（Lake Garda）之后，你就踏入了瓦尔波利塞拉酒的产区（Valpolicella country），这里出产的葡萄酒不是你在小饭店随便喝喝就能喝到的酒，而是意大利最上乘的红葡萄酒。以一种本地葡萄科维纳（Corvina）为主要原料，瓦尔波利塞拉酒（Valpolicella）适合追求不同口感的人群，无论你是喜欢古典、现代、清新还是顺口的葡萄酒，甚至是里帕索酒（Ripasso；意为“再处理”），这种酒将葡萄发酵后的果渣重新放入新酒中以增加其酒体。再谈谈阿玛罗尼葡萄酒（Amarone），这是一种非常独特的葡萄酒，采用风干3~4个月的葡萄干酿酒，这种工艺叫作帕塞托，发酵后将酒放入以橡木为主的酒桶中陈年最少3年之后上市。因为酒精浓度很高，所以饮用时需要注意。它的酒精含量可以达到入口即醉的17度。非常适合搭配诸如慢炖野猪肉这样的传统威尼托菜肴食用，或者更适合作为一种佐料加入令人难忘的阿马罗红酒烩饭（risotto all' Amarone）里。

Arcangelo Piai © 4Corners Images

Olimpio Fantuz © 4Corners Images

❶ 格雷戈莱托酒庄 (GREGOLETTO)

普罗塞克葡萄种植园坐落在意大利最漂亮的科内利亚诺(Conegliano),瓦尔多比亚德内(Valdobbiadene)和安静的普利马奥村(Premaor)之间,沿着郁郁葱葱的山谷分布。格雷戈莱托家族从1600年开始种植葡萄,现在生产的葡萄酒融合了83岁的路易奇(Luigi)老爹严格按照传统方法亲自酿造的工艺,以及他两个儿子乔万尼(Giovanni)和朱塞佩(Giuseppe)对葡萄酒的创新实践。

在这里不仅能品尝到优质的普罗塞克起泡干白(Brut Prosecco)和他们的招牌微泡葡萄酒(Frizzante),还能喝到由鲜为人知的土生土长的葡萄酿制的白葡萄酒。你一定会被有些奇思怪想的乔万尼·格雷戈莱托(Giovanni Gregoletto)拉住谈诗歌、音乐、哲学和葡萄酒。他有一家名叫Trattoria al Castelletto的可以供应午餐的小食堂,招待附近贝纳通服装公司穿戴体面的职员和普罗塞克葡萄酒酿酒师。

***www.gregoletto.it*; 电话 +39 0438-970463; Via San Martino 81, Premaor; 需要预约**

❷ 皮亚内酒庄 (CASE COSTE PIANE)

现在普罗塞克产区幅员广阔,普罗塞克起泡酒的销量比香槟还高,其中最好的产区位于瓦尔多比亚德内(Valdobbiadene)城外,俗称普罗塞克的首都。这里环抱着圣斯特凡诺村(Santo Stefano),酿酒师争着抢着想要拥有这里107公顷(265英亩)土地上的一点点地方。这里包括被誉为普罗塞克特级酒庄和葡萄酒庄世界里最贵的酒庄之一的卡迪兹,价格大约每公顷(2.5英亩)100万欧元。

然而在同一个村里,有一名同样著名的手工葡萄酒酿酒大师。你必须提前给劳瑞斯·福拉多尔(Loris Follador)打电话预约才能在他粗犷的酒窖里见到他并品尝酒庄的酒。劳瑞斯每年只在皮亚内酒庄生产7万瓶葡萄酒,但是你会在意大利顶级的饭店里见到这些酒,供那些慢食主义美食家享用。这种带有乡土

01 瓦尔多比亚德内的普罗塞克葡萄酒路

02 秋季的普罗塞克葡萄种植园

03 在维尼萨酒庄(Venissa)品酒

04 威尼斯潟湖是维尼萨微型酒坊的故乡

05 圣斯特凡诺岛(Santo Stefano)的伊尔斐乐(Il Follo)酒庄

© John Brunton

气息的普罗塞克酒在瓶中天然发酵,未经过滤的酵母(sur lie or col fondo)赋予它脆爽的味道,并杜绝了气泡。这种酒外观有点混浊,适合醒酒后饮用。

电话 +39 0423-900219; Via Coste Piane 2, Santo Stefano di Valdobbiadene; 需要预约

03 维尼萨酒庄(VENISSA)

你不可能来威尼托而不去威尼斯,现在又有一个来这里的好理由:普罗塞克酒最重要的制造商詹卢卡(Gianluca)和德西德里奥·比索尔(Desiderio Bisol),投巨资在半荒漠的马佐尔博(Mazzorbo)岛上威尼斯潟湖(Venice lagoon)的一座微型种植园重新种植葡萄。他们选择种植一种几乎要被完全遗忘的本地葡萄品种“多罗纳”(Dorona),酿造产量极少的维尼萨葡萄酒。这种酒产自几乎不适合葡萄种植、与海平面差不多高的沙质盐地上,这使得这种酒身价不凡。

这种葡萄在托斯卡纳的蒙塔西诺(Montalcino)进行酿造,但是游客仍可以在古代酒庄中品酒和游览葡萄种植园。你可以在他们的小旅店内过夜,或在可以俯瞰种植园的米其林饭店就餐。

几个世纪以来,威尼斯和威尼斯潟湖一带一直出产葡萄酒。在圣伊拉莫斯(Sant' Erasmo)岛上,法国籍葡萄种植者米歇尔·索罗则(Michel Tholouze)也有一座种植园,同时Laguna nel Bicciere协会也在积极工作,试图重新恢复威尼斯地区的葡萄种植园。

www.venissa.it; 电话 +39 041-5272281; Fondamenta Santa Cristina 3, Isola di Mazzorbo, Venezia; 需要预约

04 马希马戈酒庄(MASSIMAGO)

历史悠久的瓦尔波利塞拉葡萄种植园从维罗纳一直延伸到加达湖边,很多比较年轻的酿酒师则选择在苏瓦韦山的方向设立种植园。卡米拉·罗西(Camilla Rossi)就是这其中的一员,2003年她接手家庭酒庄的时候只有20岁。

这片绵延25公顷(62英亩)的庄园隐藏在密林和橄榄树之中,其中只有10公顷(25英亩)种植葡萄。游客们可以在这里品酒或在豪华的葡萄酒酒店(Wine Relais)住宿,这里拥有种植园中的游泳池和水疗。卡米拉兴奋地说:“这不是传统风格的酒庄。我们也对酿造我们祖父那一辈的葡萄酒不感兴趣。”

游客可以制作他们自己的酒牌,酒庄定期让音乐家为他们制作古典音乐,你可以从他们的网站上下载这些音乐,跟葡萄酒搭配一起品味。

www.massimago.com; 电话 +39 045-8880143; Via Giare 21, Mezzane di Sotto; 周一至周五 9:00~17:00

05 圣索菲亚酒庄(SANTA SOFIA)

有很多大公司都对瓦尔波利塞拉酒悠久、著名的历史做出了贡献,比如Bettrani、Allegrini、Masi和Bolla。但是,其中历史悠久的圣索菲亚酒庄反而规模比较小。它从1881年起就开始酿酒了,位于辉煌的有柱廊装饰的帕拉第奥式(Palladian)别墅和花园的正下方,上述的两处也是可以参观的景点。其中一些迷宫一样的酒窖可以追溯到14世纪,保存着斯拉夫式的巨大橡木酒桶和小一些的法式酒桶,这些都用来对酒庄很多品种的红酒进行陈年。在一个18世纪的仓库里,酒的种类更多,例如苏瓦韦(Soave)、巴多利诺(Bardolino)和库斯扎托(Custoza)这样的威尼托葡萄酒,都在这里的钢桶中成熟。

贾恩卡洛·拜格诺尼(Giancarlo Begnoni)于1967年接手了酒庄,好口碑来自令人惊艳的阿玛罗尼(Amarone)和甜美的雷乔多(Recioto),以及在法定产区以外诸如阿里欧特(Arleo)起泡酒这样的烈性酒。阿里欧特酒有15%的赤霞珠和梅洛混酿,至少需要陈年10年。

www.santasofia.com; 电话+39

CONTINENTAL

04

Aldo Pavan © Getty Images

045-7701074; Via Ca' Dede' 61, Pedemonte di Valpolicella; 周一至周五9:00~12:00和14:30~17:00, 需要预约

⓪⑥ 邱比酒庄(VALENTINA CUBI)

邱比酒庄是瓦尔波利塞拉地区新一代勇于创新的女性酿酒师的象征。到达酒庄后，准备迎接惊喜吧。和蔼的像姑姑一样的瓦伦蒂娜（Valentina）在1970年买下了这座10公顷（25英亩）的种植园，并把它对外出租，直到2000年她从乡村教师的岗位上退休后才开始接管，并于2005年将她的首批葡萄酒上市，好评如潮。

她随后立即开发了一种有机认证的、在瓦尔波利塞拉地区极为罕见的产品，现在正在将生态动力学技术结合在她的酿酒生产中。她出售口感惊艳的新赛罗葡萄酒（Sin Cero），这是一种纯天然无硫的瓦尔波利塞拉葡萄酒。她的酒口感单纯，与经典的浓郁口味的阿玛罗尼葡萄酒有明显的不同。这也体现了她对本地葡萄酒的个人理解："真正的瓦尔波利塞拉葡萄酒不一定要有伪装，而应该是轻柔、顺口，适合搭配意式香肠和口味醇厚的传统炖野猪肉的。"

www.valentinacubi.it; 电话 +39 045-7701806; Casterna 60, Fumane; 周一至周六9:00~12:30和15:00~18:00, 需要预约

⓪⑦ 碧尼勒酒庄(LE BIGNELE)

这家酒庄创始于1818年规模不大的家庭葡萄种植园。游览路易吉·阿德赫（Luigi Aldrighetti）的传统酒庄仿佛回到了过去。路易吉跟我们比画着解释酒庄四周的特色葡萄树："在瓦尔波利塞拉，我们用传统的藤架方法种植葡萄，葡萄可以在主树的左右两边同时生长，这就好像伸出了两只胳膊。"

70岁的路易吉说，虽然他现在放手让自己两个孩子尼科洛（Nicolo）和西尔维亚（Silvia）经营酒庄，但是只要他一开酒瓶，他对一切又都了如指掌了。我们跟他的闲聊全程都用的威尼托方言，他还拿出了酒精度高的经典酒（Classico Superiore）、再处理酒（Ripasso）、阿玛罗尼（风干葡萄酿造的酒）和雷乔多（用接受阳光最好的顶部葡萄酿造）这些源自2003年这个特殊年份的酒给我们喝。他说话的时候眼中闪烁着光芒：优质葡萄酒的秘密是健康的葡萄（uva sana），而并非那些花里胡哨的东西。

www.lebignele.it；电话 +39 388-4066545；Via Bignele 4，Frazione Valgatara，Marano di Valpolicella；8:30~18:30开放

08 阿克迪尼酒庄
(STEFANO ACCORDINI)

一条狭窄崎岖的小道穿过瓦尔波利塞拉高山上的葡萄种植园，来到阿克迪尼（Accordini）家族的这座现代化的酒庄。向外望去，目之所及是纵横交错的葡萄树。这个地方是了解当地葡萄酒历史的理想之选。

提香·阿克迪尼（Tiziano Accordini）回忆道："我的祖辈像大多数瓦尔波利塞拉的酿酒师一样，是佃农出身。他们将一半的葡萄缴给地主，剩下的一半留给自己。我们还保留着一张祖父的画像，他坐在堆着高高的酒桶的牛车上，赶去维罗纳卖酒给当地的小饭馆。"提香的父母逐渐买下了种植园，到现在一共有13公顷（32英亩），分别在山上的几处地方。提香还另外投资了一座很有远见的生态酒庄，用计算机控制，就好像是宇宙飞船的控制室。他的葡萄酒代表了当代技术和乡下传统之间的完美结合，特别是口感丰富、醇厚的雷乔多酒（Recioto），很适合配合巧克力饮用。

www.accordinistefano.it；电话 +39 045-7760138；Camparol 10，Frazione Cavalo，Fumane；周一至周六9:00~17:30，周日需要预约

实用信息 ESSENTIAL INFORMATION

去哪儿住宿

ALICE RELAIS NELLE VIGNE

在普罗塞克路的起点，坐落着科兹莫兄弟经营的顶级贝莲达酒庄，他们的妻子钦齐亚和玛齐亚将这处雄伟的大宅改建成了民宿。

www.alice-relais.com；电话 +39 0438-561173；Via Giardino 94，Carpesica di Vittorio Veneto

AGRITURISMO SAN MATTIA

这个生态多样的农场旅馆出产获奖的葡萄酒，种植专供自家饭店使用的蔬菜。

www.agriturismosanmattia.it；电话 +39 045-913797；Via Santa Giuliana 2，Verona

RELAIS ANTICA CORTE AL MOLINO

农舍提供6间宽敞的客房。游客可以在葡萄树旁的帐子里野餐。

www.robertomazzi.it；电话 +39 045-7502072；Via Crosetta 8，Sanperetto di Negar

去哪儿就餐

DA GIGETTO

这是普罗塞克葡萄酒酿酒师钟爱的饭店。品尝浇着多汁蟹味菇的意大利面，或是烤特雷维索菊苣。迷宫般的酒窖有很棒的葡萄酒收藏。

www.ristorantedagigetto.it；电话 +39 0438-960020；Via Andrea de Gasperi 5，Miane

ENOTECA DELLA VALPOLICELLA

优雅的葡萄酒商店，出售超过100家瓦尔波利塞拉酒庄的葡萄酒。厨师艾达（Ada）和卡洛托（Carlotto）为这些酒搭配了经典菜肴。

www.enotecadellavalpolicella.it；电话 +39 045-6839146；Via Osan 45，Fumane

活动和体验

布伦塔运河沿岸的皮萨尼和马塞尔别墅是两处不可不看的帕拉迪奥式别墅，坐落在阿索洛，拥有维罗纳人绘制的美丽壁画。

www.villapisani.beniculturali.it；www.villadimaser.it

庆典

维罗纳任何时候都值得一逛，尤其是对于在巨大的罗马竞技场举办的室外歌剧这样的特殊演出，请提前买票。

www.arena.it

【黎巴嫩】

巴特伦山谷 BATROUN VALLEY

梯田般的葡萄种植园和橄榄园散落在这片新兴葡萄酒产区的群山上，俯瞰着黎巴嫩的地中海海岸。

如何抵达

贝鲁特-拉菲克·哈里里机场（Beirut-Rafic Hariri）是最近的大型机场。距巴特伦63公里。可租车。

大多数葡萄酒爱好者都已经听说过贝卡山谷（Bekaa Valley），但是在黎巴嫩以外很少有人熟悉这个国家的另外一个主要的葡萄酒产区：它位于丘陵腹地，在古代港口城市巴特伦的外面，地中海边上。这一带的土壤夹杂着石头，星罗棋布地生长着外表粗糙的橄榄树和大片的野花。马龙派（Maronite）修道院就隐藏在橡树林中，民房环绕着简朴的白色教堂。

这是一片古老而又宏伟的土地，有充足的阳光、凉爽的海风和排水良好的土壤（土壤混合了黏土、沙子和石灰石），这些都为生产顶级的葡萄提供了完美的条件。在过去的20年中，大量的精品酒商在这里建立葡萄种植园、修建酒庄、生产特定年份的葡萄酒。这些特定年份的酒随着时间的推移，口感变得越发复杂和惊艳。赤霞珠和西拉（Syrah）这两种品种的葡萄在这里长得特别好。大多数种植园主要种植红葡萄，其次是种霞多丽、雷司令以及其他种类的白葡萄。几乎所有的酒庄都采用有机耕种方式，并手工摘选葡萄。

巴特伦距贝鲁特（Beirut）市中心仅56公里（35英里），可以经由主要的海滨高速公路轻松到达。往内陆方向，可以沿着被当地人称为“北部葡萄酒之路”（La Route des Vins du Nord）的路线，一路从巴特伦出发，上山经过风景如画的土地，穿过梯田般的种植园和隐藏其中的小村庄。和之前提到的酒庄一样，科菲范修道院（Monastery of Kfifane）也是阿德雅公司（www.adyar.org.lb）旗下的产业，欢迎预约而来的游客。阿德雅酒庄是黎巴嫩首家纯有机酒庄，在全国的8家马龙派修道院中种植葡萄。其中最好的葡萄酒要数德马穆萨（Monastère De Mar Moussa）和德阿纳雅（Monastère De Annaya），两种酒都是2011年产的比较好喝。

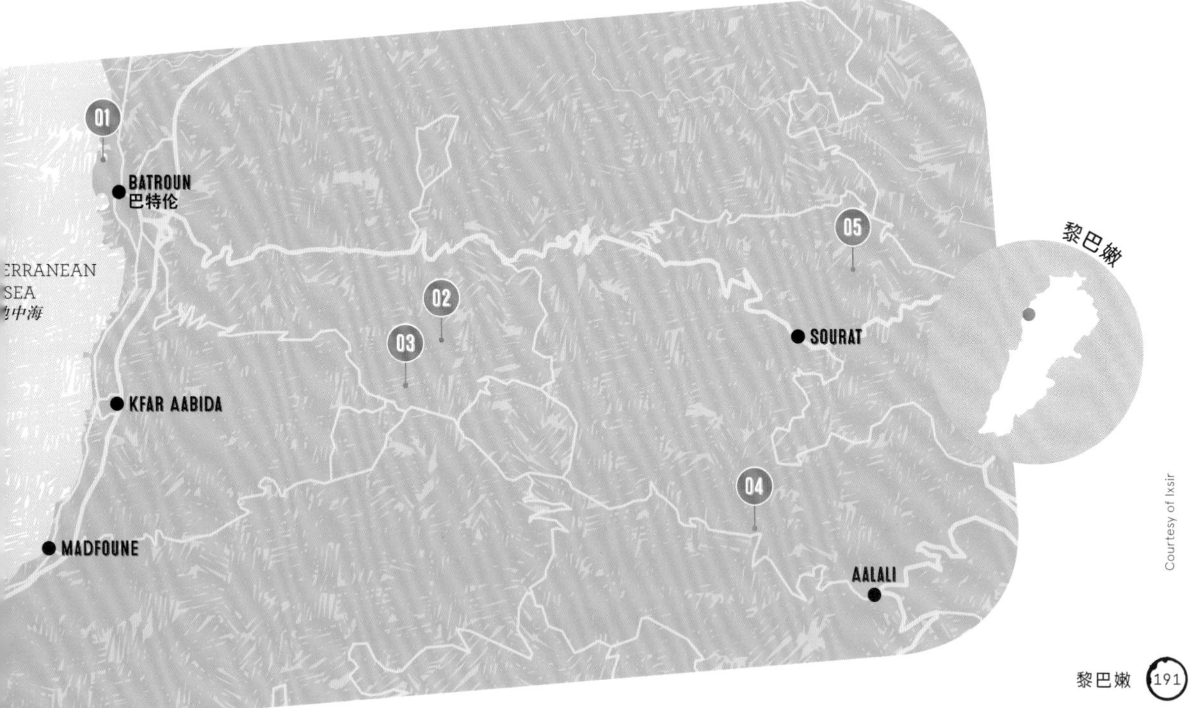

Courtesy of Ixsir

Courtesy of Batroun Mountains

01 巴特伦山酒庄(BATROUN MOUNTAINS)

阿萨德·哈克(Assaad Hark)说:“我相信优质瓶装葡萄酒是在种植园而非酒庄中诞生的。”阿萨德是葡萄酒酿酒师,也是其家族在巴特伦经营的企业的幕后支柱。阿萨德曾在美国加利福尼亚进行专业学习,他从分布在6个当地村庄的梯田式种植园中采收有机认证的葡萄。这些种植园可以俯瞰地中海,所有工作都以最大限度提高葡萄树的采光度为目的,干燥、透水和石质的本地土壤也为酿造了9种巴特伦酒庄葡萄酒的葡萄那浓郁的颜色和口感做出了贡献。

www.batrounmountains.com;电话 +961 3-928299;Rawabi Ave, Batroun;10:00~17:00,需要预约

02 依克希尔酒庄(IXSIR)

2008年公司创立之初,就有对这家酒庄的各种褒奖之声,游览依克希尔在贝斯比纳(Basbina)的酒庄肯定会让你明白个中缘由。加布里埃尔·里韦罗(Gabriel Rivero)是一位在西班牙出生、在法国学习过的酿酒师,他从6个黎巴嫩高山地区采摘葡萄酿造令人惊艳的葡萄酒。免费的45分钟游览和品酒活动就是对他酿酒艺术的完美介绍。

酒庄吸引眼球的是这座漂亮的17世纪的石头房子,如今作为饭店和商店之用。大部分活动是在现代化的地下酒庄中进行的,地下酒庄由Raëd Abillama Architects建筑公司设计,是在全世界得到广泛认可的可持续设计杰作(2011年,CNN将其称为世界上最“绿色”的建筑之一)。午餐时,可以考虑品尝深受好评的EL IXSIR干红,这是一种混合了赤霞珠、西拉和梅洛的葡萄酒。这里采用的葡萄选自海拔1800米(5900英尺)的种植园,也是北半球位置最高的葡萄种植园。

www.ixsir.com.lb;电话 +961 71-631613;Basbina;冬季周二至周日10:00~16:00,夏季至18:00,需要预约

03 波特里斯酒庄(COTEAUX DE BOTRYS)

虽然黎巴嫩有上千年的酿酒历史,但绝大部分的酒庄还比较年轻。内拉·比塔尔(Neila al-Bitar)除外,早在1760年,他的家族就在遍地开满野花的巴特伦山上定居并开始酿造亚克力酒(arak)。一直到1992年创立公司,当时内拉的父亲——退休了的约瑟夫·比塔尔(Joseph al-Bitar)将军——决定以商业化的方式生产火辣的茴香烈酒。葡萄酒系统化生产也随之而来,1998年种植了5000株葡萄树之后,2002年酒庄第一支特殊年份的葡萄酒上市了。现在酒庄拥有5万株葡萄树,生产6种不同种类的葡萄酒。内拉特别引以为豪的是2007年西拉（2007 Château Syrah）和2008年赤霞珠（2008 Château Cabernet Sauvignon）。也强烈推荐2009年天使（2009 Château des Anges），这种混合了西拉、慕合怀特（Mourvèdre）以及黑格海娜（Grenache）的混酿。

www.coteauxdebotrys.com；电话 +961 6-721300；Main Rd，Eddé；周六和周日开放，需要预约

04 纳吉姆酒庄（DOMAINS S.NAJM）

这家酒庄由萨利姆（Salim）和希芭·纳吉姆（Hiba Najm）夫妻俩拥有和经营。这个小酒庄坐落在风景如画的山区小村查布廷（Chabtine），出产一种葡萄酒（赤霞珠、黑格海娜和慕合怀特的混酿）、一种亚克力酒和一种由200年树龄的橄榄树果实生产的超级棒的冷榨初级橄榄油。萨利姆是接受过正规训练的建筑工程师，希芭是酿酒师（她曾在波尔多学习过），这让他们成了"无敌二人组"。

www.domaine-snajm.com；电话 +961 70-623023；Chabtine；需要预约

05 欧罗拉酒庄（AURORA VIN DE MONTAGNE）

坐落在气派的橡树和橄榄树树林之中，俯瞰地中海。这个小型家庭葡萄种植园是瑞池启德（Rachkidde）村两个地标建筑之一，另外一处是19世纪的圣谢尔盖和巴克斯（Saints Sergius and Bacchus）的马龙派修道院。主人是自学成才的酿酒师法迪·基拉（Fady Geara）博士。他酿造4种葡萄酒：梅洛和赤霞珠的混酿、单一霞多丽葡萄陈酿、长相思以及品丽珠。所有这些酒都能在周末开放日品尝到。

www.aurorawinery.com；电话 +961 71-632620；Rachkidde；周六和周日10:00~13:30，17:00~19:00，需要预约

01 依克希尔酒庄（Ixsir）的石头房子

02 在巴特伦山区，酿酒要全家上阵

实用信息 ESSENTIAL INFORMATION

去哪儿住宿

L'AUBERGE DE LA MER

位于两座历史悠久的教堂之间，这家最近开业的精品酒店坐落在19世纪的石头房子里，提供布局优雅的客房、屋顶按摩浴缸和无敌海景。

BYBLOS SUR MER

俯瞰古代比布鲁斯城（Byblos）的海港，在巴特伦以南17公里（10英里）处，这家优雅的酒店是周末去浪漫的贝鲁特度假的好住处。房间宽敞，有海景泳池，室内餐厅建于古代遗址上方，以透明的玻璃地板为装修特色。

www.byblossurmer.com；Rue du Port，Byblos

去哪儿就餐

CHEZ MAGUY

到这个在巴特伦腓尼基人的防波堤上，在原是渔民小破棚子上叠加而成的饭店就餐，这里选用刚打捞上来的鲜鱼。面朝大海的阳台让你在炎热的傍晚感受田园风情的惬意。

电话 +961 3-439147；Batroun

NICOLAS AUDI À LA MAISON D' IXSIR

厨师尼古拉斯·奥迪（Nicolas Audi）在依克希尔酒庄的餐厅为传统黎巴嫩菜注入了现代活力。奥迪形容他的菜是"受到黎巴嫩风土人情的启发"，他的时令创新菜非常适合跟推荐的葡萄酒搭配。

www.ixsir.com.lb；电话 +961 71-773770；Basbina

活动和体验

比布鲁斯和巴特伦曾经是重要的贸易港，至今仍保存着腓尼基人、希腊人、罗马人、十字军和奥斯曼帝国的遗迹。很多景点都值得一看。

庆典

黎巴嫩采收季一般集中在8月到10月，这期间最适合游览观光。另外还有比布鲁斯国际音乐节（Byblos International Festival；通常在7月中旬到8月中旬）和巴特伦国际音乐节（Batroun International Festival；8月）。这两个节日都会举办具有国际水准的音乐表演。

www.byblosfestival.org；www.batrounfestival.org

01

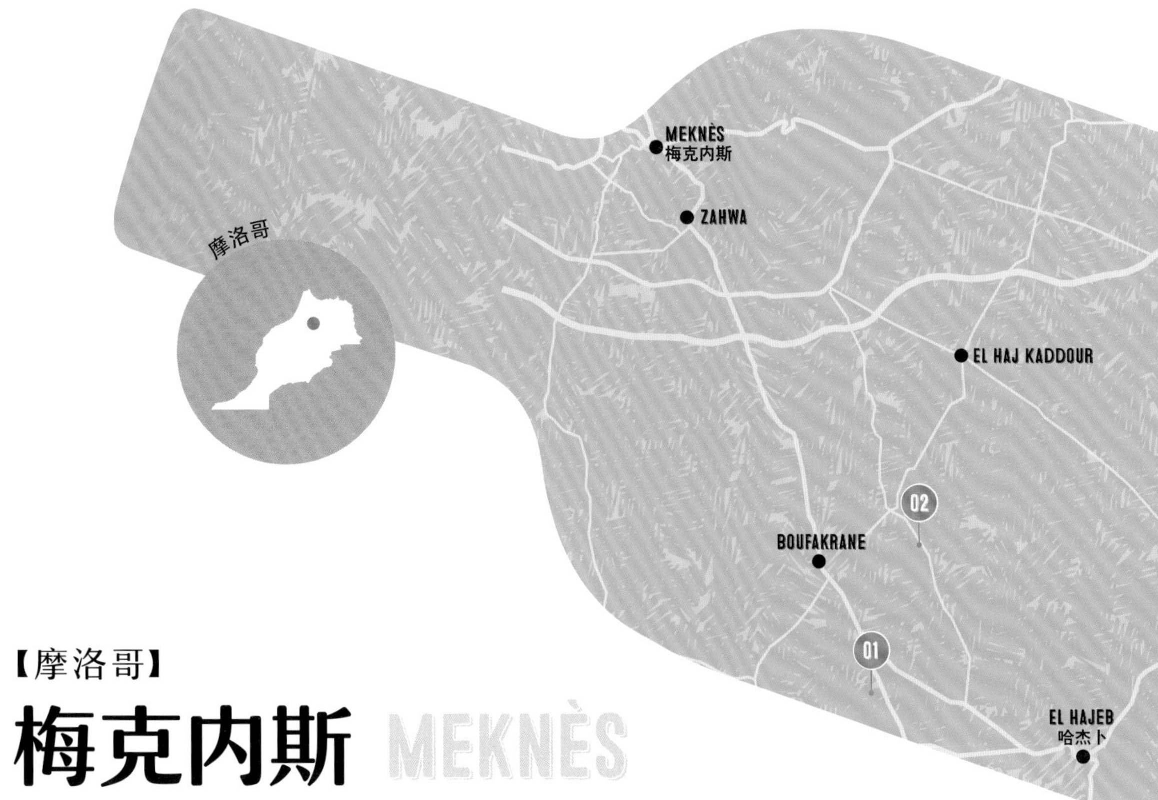

Courtesy of Dar Zerhoune

【摩洛哥】

梅克内斯 MEKNÈS

从古老的medina（阿拉伯老城区）出发，掠过橄榄树丛，去发现隐藏在阿特拉斯山脉（Atlas Mountains）中摩洛哥葡萄酒的世界。

摩洛哥早期葡萄酒的酿制要归功于腓尼基人（Phoenicians），当罗马人扶持的国王朱巴二世（King Juba II）在瓦卢比利斯（Volubilis）向罗马军队献上葡萄酒贡品时，罗马人就意识到这是种绝佳的饮品。瓦卢比利斯城和附近的梅克内斯城被北摩洛哥的中阿特拉斯山脉（Middle Atlas Mountains）环抱着，星罗棋布地生长着橄榄树、柑橘树，分布着大量的葡萄种植园，还有点缀着虞美人（poppy）的麦田。梅克内斯地区海拔大约600米、气温适宜、雨水适中、阳光充足、土地肥沃。

在成为法国的被保护国期间（the Protectorate years，1912~1956年），法国人在摩洛哥生产葡萄酒并运回法国。但是20世纪60年代欧洲的葡萄酒过度生产，使得摩洛哥葡萄酒遭遇寒冬。之后很多年摩洛哥的葡萄酒行业都处于低迷状态，现在则增长迅速，大约95%的葡萄酒供给国内市场。

因为伊斯兰教国家禁止饮酒，因此跟酒相关的事物在这里都很上不了台面，比如：葡萄种植园隐藏在橄榄树林中、不做本地的市场推广、只有少量几个种植园开放给游人参观，同时景点里不提供葡萄酒的销售。虽然并没有对非穆斯林有饮酒的限制，但零售店在伊斯兰教斋戒月（Ramadan）和伊斯兰教的假日期间全部停业。

最近几年，摩洛哥的精品酒庄大幅增加，葡萄酒的质量也大幅度提高。令人欣喜的是每年葡萄酒的种类都会翻一倍。市场上已经有不少产地认证（AOC）的葡萄酒，但是酿酒师依然热衷实验不同的葡萄品种，以期推出新品葡萄酒。果香和辛香交织的灰皮诺（Gris）是摩洛哥的招牌葡萄酒，这是一种淡粉色，由神索（Cinsaut）、歌海娜（Grenache）、卡拉多克（Caladoc）或马瑟兰（Marselan）葡萄酿制的葡萄酒。有质感的红葡萄酒通常是由赤霞珠（Cabernet Sauvignon）、慕合怀特（Mourvèdre）、神索和西拉（Syrah）葡萄酿造，白葡萄酒是由长相思（Sauvignon Blanc）、赛美蓉（Semillon）和霞多丽（Chardonnay）葡萄酿造而成。还有一种名为“白中白”（Blanc de Blanc）的新品起泡葡萄酒。

如何抵达

拉巴特-塞拉机场（Rabat-Salé）是最近的大型机场，距布费克兰（Boufekrane）145公里。可以租车。

01 索维拉酒庄
(DOMAINE DE LA ZOUINA)

驾驶着四驱车在种植园中游览，酿酒师克里斯托夫·格里伯兰（Christophe Gribelin）和纪尧姆·康斯坦（Guillaume Constant）向我们炫耀他们出色的酒庄，顶级的Volubilia葡萄酒和Epicuria葡萄酒就产自这个酒庄。克里斯托夫讲了个故事：他父亲简奈特（Gérard）是在波尔多（Bordeaux）长大的酿酒师，2001年和朋友菲利普·弗格森（Philippe Gervoson）到摩洛哥打高尔夫球，他俩被梅克内斯富饶的土地和美丽的风光深深打动了，因此他们买下了这个农场，开始种植葡萄树，并取名为Zouina（在摩洛哥的阿拉伯语中是“美丽”的意思）。

橄榄树、精心打理的葡萄树和庄严的柏树构成了这里壮丽的风景。克里斯托夫和纪尧姆将他们对酿酒的热情透过他们种下的每一棵葡萄树显露出来。因为他们不受波尔多产区管理的限制，使得他们可以留一排或两排的葡萄树进行实验。严格挑选能够忍受当地超高的气温和抵抗从撒哈拉沙漠吹出来的炎热、有沙尘的秋尔古风（chergui）这样的葡萄品种进行种植。种植园虽然坚决不使用除草剂和杀虫剂，但并没有实现完全的有机化。

游览了瓦卢比利斯的古罗马遗迹以后，在品酒室尝尝口感饱满的霞多丽，之后再来一杯脆爽的灰皮诺作为夏季开胃酒。瓦卢比利斯红葡萄酒是由葡萄和浆果发酵而成的，有轻柔的单宁味。午饭时可以搭配酒庄自产的橄榄油，以及从附近农场出产的新鲜羊奶酪、沙拉和炭烤牛绞肉（kefta）。2006年瓦卢比利斯的橄榄油曾在意大利荣获世界最佳初榨橄榄油称号。

Jan Wlodarczyk © Alamy

游览了瓦卢比利斯的古罗马遗迹以后，在品酒室尝尝口感饱满的霞多丽，之后再来一杯脆爽的灰皮诺作为夏季开胃酒。

摩洛哥葡萄酒一般酒劲很强，和当地微辣的菜肴相得益彰。菲斯（Fez）的美食评论家塔拉·史蒂文斯（Tara Stevens）建议：橡木味道的摩洛哥霞多丽与使用塔吉锅（tagine）烹调的经典鸡肉、咸味粉色橄榄和美味的腌柠檬搭配饮用。她还发现瓦卢比利斯的灰皮诺与同种法国卡马尔格（Camargue）产地的葡萄酒相比口感更清新。桃红葡萄酒（The rosé）与烤羊肉的香草味很搭，适合搭配佐以盐和孜然的传统烤羊肉饮用。剩一点红酒留着跟浓郁的塔吉锅慢炖牛肉、甜杏、杏仁或西梅，和法式北非辣香肠（spicy merguez sausage）一起吃。

邮箱：info@plan-it-morocco.com；电话 +212 535-638708；Boufekrane, Meknes；需要预约

02 洛斯连城堡酒庄
(CHÂTEAU ROSLANE)

摩洛哥人法理德·奥维斯（Farid Ouissa）在法国长大并在那里接受

酿酒培训，如今已经从事酿酒两年了。他深知摩洛哥巨大的潜力，尽其所能进行研究和实验。他目前最倾心的是味而多葡萄（Petit Verdot），这是一种非常适应当地气温和土壤条件的克隆品种，用它酿制赤霞珠葡萄酒会增加其口味。

洛斯连城堡酒庄在当地葡萄酒业享有很高的威望，绝大部分摩洛哥的葡萄酒都在这里酿造，大约每年出产3500万瓶。它是全国唯一有产地认证的葡萄酒，招牌酒与酒庄同名。它出品的博瓦隆（Beauvallon）红酒产自有60年树龄、无人工灌溉的佳利酿（Carignan）葡萄树。虽然以上两种酒位列全摩洛哥最佳葡萄酒的行列，然而酒庄的盛名远不止于此。新品克洛斯德维纳（Le Clos des Vignes）和单一葡萄酒系列也是让人惊艳的葡萄酒。单一白葡萄酒口感特别，比很多摩洛哥白葡萄酒更清新轻柔。由100%的赤霞珠酿造，没有橡木味，适合跟海鲜饼搭配食用。单一红葡萄酒是用100%西拉酿制的，像薄酒莱新酒（Beaujolais）一样，在炎热的夏季让你凉快起来。最让人惊喜的桃红葡萄酒是一种用未完全成熟的赤霞珠酿造的葡萄酒，它呈现草莓粉红的颜色，包装上用了粉色的标签、粉色的瓶子，甚至粉色的酒塞。奥维斯称之为“在游泳池喝的酒”，主攻女性市场。

知识丰富的法多阿·阿比博（Fadoua Aabibou）会带领你参观酒窖和实验室，游览历时一个半小时，可以品尝五六种葡萄酒。酒庄坐落在花园中。拥有一个酒店和一个水疗中心。

www.lesceliiersdemeknes.net/en；电话 +212 535-638708；Boufekrane，Meknès；需要预约

01 摩洛哥北部的穆莱伊德里斯（Moulay Idriss）

02 瓦卢比利斯的罗马废墟

实用信息 ESSENTIAL INFORMATION

去哪儿住宿

RYAD BAHIA

坐落在梅克内斯阿拉伯人聚居区的传统的带中庭的宅子里，有7间客房，一个不错的餐厅，提供很多当地资讯。

www.ryad-bahia.com；电话 +212 535-554541；Tiberbarine，Meknès Medina

DAR ZERHOUNE

客舍中的明珠。拾阶而上才能到达的房子适合在住宿的同时欣赏美景。可以参加烹调班或者租辆自行车到周围一探究竟。

www.darzerhoune.com；电话 +212 642-247793；42 Derb Zouak，Tazga，Moulay Idriss Zerhoune

去哪儿就餐

SCORPION HOUSE

在姆莱伊德利斯（Moulay Idriss）北面，Scorpion House提供独家私人午餐，搭配当地葡萄酒，并由专家为您从旁讲解。只接受预约。

www.scorpionhouse.com；电话 +212 655-210172；54 Drouj El Hafa，Moulay Idriss Zerhoune

活动和体验

从达尔则霍恩（Dar Zerhoune）出发上山野餐：姆莱伊德利斯的群山被绿林覆盖，可供徒步和欣赏美景。享用当地的橄榄、沙拉、蔬菜饼、新出炉的面包和用切尔莫拉（chermoula）香料烤制的鸡肉，之后再来一个现烤的手工蛋糕。

或者朝达尔那莫（Dar Namir）方向，在附近菲斯的Dar Namir Gastronomic Retreats厨艺学校参加一个可以亲自动手的烹饪课，并搭配一杯葡萄酒。先来一杯摩洛哥起泡葡萄酒开胃，之后一边品尝3种不同的葡萄酒，一边吃一顿有5道菜的大餐。

www.darnamir.com；电话 +212 677-848687；24 Derb Chikh el-Fouki，Fez Medina

庆典

梅克内斯有摩洛哥最隆重的穆塞姆节（moussem，也称“诸圣节”），通常在先知（Prophet）诞辰的前夜举行，每年的日期比上一年提前11天。在老城区外阿拉伯人聚居地萨迪·本·阿伊莎陵墓（Sidi Ben Aissa mausoleum）的晚会上载歌载舞，晚会上演员会表演持枪骑马。

01

【新西兰】

中奥塔戈 CENTRAL OTAGO

深入新西兰南岛，中奥塔戈是世界级黑皮诺的故乡，远处崎岖的地平线召唤着你去深度探索。

中奥塔戈是新西兰的必游之地，以崇山峻岭和充满活力的度假圣地皇后镇（Queenstown）闻名。这里有能够让人肾上腺素飙升的极限运动，比如滑雪、徒步、山地自行车和滑翔伞，还有不少世界级酿酒厂也在此安营扎寨。

如何抵达

奥克兰机场是最近的大型机场，距皇后镇9公里，有航班往返奥克兰和皇后镇。可租车。

中奥塔戈自然风光旖旎，是世界最南端的葡萄酒产地，也是新西兰海拔最高的葡萄酒产区（大约在海平面200~450米处）。葡萄种植园绵延在6个分产区的深山谷和盆地之中，6个分产区包括：吉布斯顿（Gibbston）、班诺克本（Bannockburn）、克伦威尔盆地（Cromwell Basin）、瓦纳卡（Wanaka）、本迪哥（Bendigo）和亚历山德拉（Alexandra）。

这里酿酒业的历史很短，到1864年都还没种植几棵葡萄树，但到20世纪90年代中期酿酒业开始异军突起。该地区的葡萄酒产业主要掌握在一些精品酒庄手中，当地的风土情况尚未明朗，对此酿酒师尚在研究当中。

这里土质多样，但主要是富含大量矿物质的冰川黏土。微气候条件各有不同，但总体来讲昼夜温差大和降雨量小是主要的气候类型。这些自然条件造就了品质上佳的芳香型葡萄，尤其是雷司令（Riesling）和灰皮诺（Pinot Gris），但最出色的要数黑皮诺了，它占了整个地区葡萄种植的75%以上。实际上，这个地方被誉为勃艮第（Burgundy）以外种植黑皮诺这种难伺候的葡萄最佳地之一。

想要充分品尝这里不同口味的葡萄酒，至少得花上两天时间。这里大约有30家酒庄定期对外开放，另外很多酒庄则需要预约。如果没有那么多时间，可以只去吉布斯顿山谷（可以骑自行车去）。但是壮丽的卡瓦劳峡谷之外则又是另一番广阔天地，其中克伦威尔盆地的2/3种植了中奥塔戈葡萄。

Courtesy of Mt Difficulty

02

Courtesy of Peregrine

01 艾菲酒庄(AMISFIELD)

自2005年开业以来，艾菲酒庄的酒窖和饭店就一直是来中奥塔戈的饕客和美酒爱好者的必访之地。事实上，这里汇集了美酒、美食、美物（建筑）和美景，使得它无可争议地成为当地酒庄游的终极体验。

艾菲酒庄拥有靠近皇后镇和剑镇（Arrowtown）这两个旅游中心的地理优势，坐落在大山环抱的瓦卡蒂普盆地（Wakatipu Basin），俯瞰着海斯湖（Lake Hayes）。酒庄的装潢材料采用当地的片岩和回收使用的旧木材，这让建筑非常有质感，使它成为露天就餐的理想去处。

“主厨推荐”（Trust the Chef）多人菜单无疑是最适合的了，当地的食材与葡萄酒都已经为你搭配好了。时令布拉夫生蚝可能会搭配一杯澄澈透亮的艾菲干白（Amisfield Brut），鲍鱼（Catlins paua）会佐以一杯散发轻微金属味的雷司令干白，当地鹿肉和腔调十足的艾菲黑皮诺则是绝配。

饭店和品酒室是酒庄的门面，位于克伦威尔北面的比萨（Pisa），这里以前是美利奴绵羊的牧场，它是中奥塔戈最大的单一种植园酒庄之一，比较低调，仅占地80公顷（200英亩）。

www.amisfield.co.nz; 电话 +64 3-442 0556; 10 Lake Hayes Rd, Queenstown; 10:00~18:00

02 佩勒林酒庄(PEREGRINE)

佩勒林酒庄的屋顶如同双翼一般，灵感来源于飞翔的猎鹰，在吉布斯顿高速公路（Gibbston Highway）上非常显眼。酒庄底下面积很大的品酒室里灯火摇曳，隔着一堵玻璃墙能看到一个黑暗的大厅里满是酒桶。这里的一切都像是为生活杂志拍大片做准备：有漂亮的插花，商品艺术性地摆放在祭坛一样的品酒酒吧里，打扮得一丝不苟的服务生时刻在旁伺候。

佩勒林酒庄从容不迫、内容丰富的品酒活动绝对是一流的，你品尝到的葡萄酒也是一流的。除了有新西兰最优质的像丝绸般润滑的黑皮诺以外，还有甜美的雷司令、灰皮诺和霞多丽，都富含当地特色。

葡萄种植园占地50公顷（125英亩），它所采用的班迪戈（Bendigo）种植法是它获得有机认证的坚实基础。饲养的牛辅助了堆肥的生产，山羊和绵羊则帮助除草，到处溜达的鸡可以消灭多种害虫。就像合伙人林赛·麦克拉克兰（Lindsay McLachlan）所说：“改善环境对佩勒林酒庄

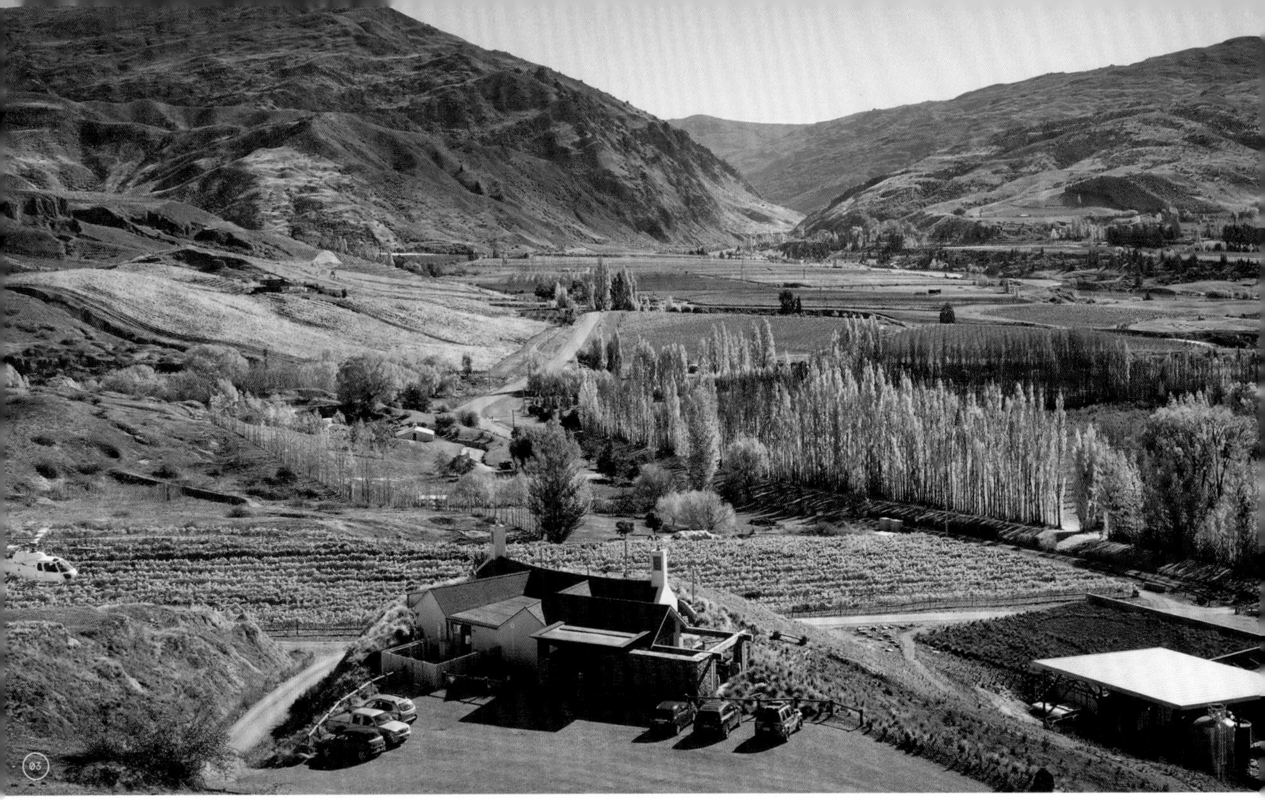

03

的整体运营非常重要。"

还不止这些呢，酒庄与当地两个保护机构紧密合作，致力于保护当地濒临灭绝的鸟类，例如新西兰猎鹰（karearea）、鞍背雀（saddle-back）和新西兰金丝雀（mohua）。

www.peregrinewines.co.nz*；电话 *+64 3-442 4000; 2127 Kawarau Gorge Rd, Gibbston Valley; 10:00~17:00

03 瓦利酒庄(VALLI)

多次获奖并在美国和中奥塔戈的多个酒庄工作40余年的格兰特·泰勒（Grant Taylor），就是世界级黑皮诺的代名词。从2006年开始，泰勒就开始着重关注自己的品牌"瓦利"，以强调中奥塔戈各分产区的特点为酿酒理念。他说："当你品尝瓦利葡萄酒，你喝的不仅仅是葡萄酒，你还在体味这个产地的风情。"

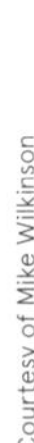

瓦利酒庄鼓励"纵向品尝"，生产了一系列味道迥异的黑皮诺：酒劲大且有李子味的班诺克本黑皮诺，略淡、芳香且可口的吉布斯顿山谷黑皮诺，以及色深浓郁的班迪戈黑皮诺，还有一种葡萄酒带有香草和香料香味，来自泰勒的出生地、新西兰刚刚起步的葡萄酒产区——北奥塔戈的怀塔基谷（Waitaki Vally）。

在亚历山德拉，昼夜温差大的气候条件强化了瓦利酒庄超过30年树龄的雷司令葡萄树的特点。降低产量和慎重的酿酒方式打造了新西兰最优质的葡萄酒：含糖度低、口感复杂、酸味灵动、有硬核水果的特点。这些葡萄酒现在已经很美味了，但是如果你现在克制住自己不喝，会发现它们陈年后更加惊艳。

瓦利酒庄的酒窖只接受预约参观，但是事先打电话碰碰运气看有没有空位很有必要。泰勒被认为是新西兰葡萄酒杰出人物之一，因此如果有机会与他见面并品尝他的酒，就不要错过。

***www.valliwine.com*；电话 *+64 21-703 886; 2330 Gibbston Hwy, Gibbston Valley*；需要预约**

04 困难山酒庄(MT DIFFICULTY)

吉布斯顿山谷高速公路挤过卡瓦劳峡谷多石狭窄的峡口后，在克伦威尔盆地上开阔起来。盆地上的卡里克山脉（Carrick Range）迎风的一面高耸入云，让地处背风面山坡上的班诺克本著名酒庄笼罩在其阴影之下。其中历史最悠久的就是建于20世纪90年代初的困难山酒庄，当时由5位种植户在前景光明却毫无保障的中奥塔戈地区合作酿造葡萄酒。

目前仍在酿制优质黑皮诺酒的酿酒师马特·戴西（Matt Dicey）1999年入伙，他已经开发了一批种类

Courtesy of Mike Wilkinson

Courtesy of Akarua

01 困难山酒庄的景观，同葡萄酒和芝士是绝配

02 佩勒林酒庄别具一格的屋顶

03 困难山酒庄，克伦威尔

04 冬季中奥塔戈结霜的葡萄藤

05 阿卡努阿的葡萄丰收季

繁多、品质极高的葡萄酒。虽然他最好的酒是充满浓重、细腻口味，很好地诠释了当地风土的Grower's Range，但是我们更喜欢甜美、有柠檬和酸橙口味的塔吉特雷司令（Target Riesling）。

这里可不止如此，困难山酒庄的饭店坐落在可以俯瞰山下的克伦威尔盆地的地方，让你在用餐的同时欣赏美景。现代派且美味的饭菜搭配露台上壮美的露天就餐环境，值得专门预订，还要事先安排让谁牺牲一下不喝酒当司机。

www.mtdifficulty.co.nz; 电话 +64 3-445 3445; 73 Felton Rd, Cromwell; 10:30~16:30

❺ 谷神星酒庄(CERES)

戴雪（Dicey）家族的人衣着随意，对当地的风土感情颇深。他们有自己的个性，也把同样有个性的葡萄酒推向了班诺克本的市场。他的父亲罗宾（Robin）曾是困难山酒庄的创始人，马特（Matt）和詹姆斯（James）分别是酿酒师和葡萄酒旅游导游。谷神星酒庄采用了困难山酒庄的高标准，作为一个家族酒庄致力于生产小规模的手工葡萄酒。首批特别年份葡萄酒于2005年问世，2010年以黑皮诺获得令人羡慕的国际葡萄酒及烈酒大赛布夏尔·费莱逊杯（International Wine & Spirit Competition Bouchard Finlayson trophy）。

谷神星小小的酒窖让这个奖杯显得更加有分量。它不是个专门为游客设计的游览项目。坐在酒吧高椅上，等待戴雪家的某一个人陪你一起品尝灰皮诺、雷司令和琼瑶浆。戴雪家有一个人叫欧戴尔·毛斯华（Odelle Morshuis），墙上有他的画作。他兄弟的媳妇艾莉森·戴雪（Alison Dicey）会制作让你垂涎的“白兔”手工巧克力。

如果有提前告知，詹姆斯·戴雪（James Dicey）将带你去他们种植黑皮诺的茵蕾种植园（Inlet）或黑兔种植园（Black Rabbit）转转，那里可以俯瞰卡瓦劳河。

www.cereswines.co.nz; 电话 +64 27-445 0602; 128 Cairnmuir Rd, Cromwell; 周一至周五9:30~16:30，周六和周日需要预约

❻ 阿卡努阿酒庄(AKARUA)

像大多数中奥塔戈地区的优质酒庄一样，阿卡努阿酒庄也酿造美味的黑皮诺，然而他们出品的桃红葡萄酒和起泡酒才是真正让我们食指大动的酒。

这些都要感谢酿酒师马特·康奈尔（Matt Connell）。他2008年加入这家在班诺克本的酒庄后，很快就为其增加了起泡酒这个品种。他们第一瓶用经典酿造法酿造的起泡酒于2012年上市，之后的3年内一举拿下4个主要奖项，包括他们的2010年干白起泡酒获得了2014年的起泡葡萄酒冠军赛中的最佳新西兰起泡酒大奖。

但是桂冠也应该属于阿卡努阿的100%黑皮诺桃红葡萄酒：这是一

种有难以被超越的奶油草莓口味的葡萄酒，在夏季喝这样一杯酒，是在中奥塔戈地区的终极享受。

最近新购进的飞腾酒庄（Felton Rd）的葡萄园今后肯定会为阿卡努阿酒庄争光添彩，这些葡萄将会出现在他们新开发的顶级葡萄酒中。请密切关注。

葡萄酒的好坏在于酒的品质，不在酒窖的装潢上。所以阿卡努阿酒庄的装修力图简洁明快，侧重于温暖的欢迎和知识详尽的品酒环节，这些也是吸引我们在此流连忘返的关键所在。

www.akarua.com；电话 +64 3-445 0897；210 Cairnmuir Rd，Bannockburn；10:30~16:00，6月和7月周六和周日不开放

07 卡里克酒庄(CARRICK)

中奥塔戈酒庄之所以好是因为他们提供了让普通人也可以大胆参与的葡萄酒体验，卡里克酒庄也是这样。不管你是有钱有经验的游客还是一般人，这个经营得非常好的酒庄都一视同仁，热情对待。

像困难山酒庄一样，卡里克酒庄的就餐环境也是大气磅礴。宽敞、有艺术气息的餐厅外面就是绿树成荫的梯田和郁郁葱葱的草地。柳树和葡萄树勾勒出一幅画框，你可以俯瞰从邓斯坦湖（Lake Dunstan）班诺克本一侧的水湾到卡里克山的区域，山脚下有老金矿的水闸。

卡里克酒庄的拼盘用自制的橄榄油和当地食材烹制，非常适合搭配它家的葡萄酒。葡萄酒包括口感浓重且有香辛味道的主打黑皮诺酒、浓郁有烧烤味的霞多丽和有柑橘香味的品种。不管是美酒、美食和美景，在卡里克酒庄这里都能得到最好的体验。将这些体验上升到一个新高度的是从酒庄乘坐直升飞机绕超级漂亮的克伦威尔盆地飞行，最后降落在比萨（Pisa）山脉之上。

www.carrick.co.nz；电话 +64 3-445 3480；247 Cairnmuir Rd，Bannockburn；每天11:00~17:00

实用信息 ESSENTIAL INFORMATION

去哪儿住宿

VILLA DEL LARGO

有完全自助式套房和别墅，可以看到一览无余的湖景，步行25分钟可达市区，沿途风景如画。

www.villadellago.co.nz；电话 +64 3-442 5727；249 Frankton Rd，Queenstown

MILLBROOK RESORT

豪华但不奢靡，这个高尔夫度假酒店因其娱乐设施深受好评，拥有日间水疗中心、175间客房和数家餐厅。它坐落在200公顷（500英亩）的公园里，可以看到壮美的山景。

www.millbrook.co.nz；电话 +64 3-441 7000；Malaghans Rd，Arrowtown

去哪儿就餐

CROMWELL FARMERS MARKET

在湖边老城区（Old Town）的历史保护区内举办，温馨的小型夏季市场（11月至次年2月，周日上午）有很多当地特产出售，还有现场音乐表演，是与当地人亲密接触的好机会。

Old Cromwell Town，Melmore Tce和Mckinlay Lane交叉路口，Cromwell

PROVISIONS

坐落在中奥塔戈迷人历史建筑中的许许多多咖啡店中的一个，Provisions提供优质的意式浓缩咖啡，以及无法抗拒的手工烘焙食品，裹着糖霜的面包是首选。

www.provisions.co.nz；电话 +64 3-445 4048；65 Buckingham St，Arrowtown

活动和体验

QUEENSTOWN TRAIL

路程长，大部分比较平坦，没有上下坡，路线沿途经过葡萄酒团队游的亮点景点。租自行车骑行和乘坐定时往返的班车可以在海斯湖和吉布斯顿山谷酒庄周围游览。在历史悠久的卡瓦劳大桥（Kawarau Bridge）参加AJ Hackett的蹦极活动。

www.queenstowntrail.co.nz

庆典

有着古老片岩建筑的漂亮小镇克莱德每年复活节星期天（Easter Sunday）举办美酒美食丰收节（Wine and Food Harvest Festival）。囊括了20来个葡萄酒摊位和一众美食，并有现场音乐、当地艺术和儿童游乐项目。

【新西兰】

霍克斯湾 HAWKE'S BAY

有备而来的葡萄酒爱好者们前往这个北岛的海湾，是因为这里不仅有品质令人惊艳的葡萄酒，还有令人叹为观止的美景和充满装饰艺术风格瑰宝的小镇。

霍克斯湾被称作“新西兰的果盘”，它由一块块的果园、蔬菜园和葡萄园以及牧场组成。除了美食之外，这里还有一众景点，从装饰艺术风格的建筑、农贸市场和美味餐厅，到冲浪海滩和自行车路线。毫无疑问，这是新西兰最受欢迎的度假胜地之一。同时，它也是全新西兰第二大的葡萄酒产地。这里的葡萄酒酿造历史也是最悠久的，可以追溯到1851年，当时由玛利亚教会（Marist）的传教士们在内皮尔（Napier）和黑斯廷斯（Hastings）地区之间种下了第一批葡萄树。

霍克斯湾种植了各式各样的葡萄，然而偏偏缺少自己独有的品种（比如，像马尔堡产区的长相思，或者中奥塔戈地区的黑皮诺）。温暖、阳光充足的条件迅速地催熟了生长在土质多样、不同分产区的葡萄，比如赫瑞汤加平原（Heretaunga Plains）上的帕桥三角区（Bridge Pa Triangle），以及比较凉爽的埃斯科峡谷（Esk Valley）和蒂阿旺（Te Awanga）海滩上的葡萄。

最著名的分产区是吉布里特砾石区（Gimblett Gravels），它由纳鲁罗罗河（Ngaruroro River）冲积形成，历经岁月洗礼变成今天的模样。它曾被认为是不毛之地，1981年才种下了第一批葡萄树，直到20世纪90年代早期，随着采石场的计划搁浅，在这片土地上才开始酿酒。

如何抵达

奥克兰有最近的大型机场，距塔拉代尔（Taradale）410公里。霍克斯湾距塔拉代尔10公里。可租车。

浓郁的红葡萄酒是湾区的主要葡萄酒，特别是梅洛和赤霞珠的广泛种植让该地得了个“新西兰的波尔多”（Bordeaux）的称号。西拉葡萄也在当地大量种植。因为受比较凉爽的气候滋润，这里的西拉形成了味浓、有少许胡椒味的特点。罗讷风格（Rhône-style）的红葡萄酒以其独有的口感使得它与鲜活、果酱味的澳大利亚同种葡萄酒成功地区别开来。霞多丽是另外一个典型，现在它也渐渐挤进了例如灰皮诺、琼瑶浆和黑皮诺这样的知名葡萄酒行列。像其他大多数新西兰葡萄酒产地一样，这里也在进行着大量实验。

湾区葡萄酒的高产、优质和多样化使旅行变得很享受。有大量的饭店、咖啡店和手工美食生产者和美景，你可以选择骑车到处逛逛。

02

01 明圣酒庄(MISSION ESTATE)

明圣酒庄的中心建筑坐落在绿树成行的马路尽头，建于1880年，是保存良好的La Grande Maison神学院。每天的团队游会讲解明圣酒庄的传奇故事和当地的重要历史（包括1931年惨烈的地震），而重点在于可以品酒。游客还可以在神学院里或是在外面阳光灿烂的梯田上品尝美食。

保罗·穆尼（Paul Mooney）以“娱悦人心”为宗旨，精心打造明圣酒庄的葡萄酒达30年之久。现在葡萄酒的种类从昂贵的明圣酒庄葡萄酒，到时髦的Jewelstone和Huchet drops，共有6个等级，均由酒庄精心种植的葡萄酿造而成。

霍克斯湾代表葡萄酒包括用自种葡萄酿造的霞多丽干白、波尔多式的红葡萄混酿和产自无价之宝吉布里特砾石区的西拉。然而在明圣酒庄你可能还会品尝到芳香扑鼻的雷司令、灰皮诺和琼瑶浆，浓郁的马尔堡长相思或芳香的马丁堡黑皮诺（Martinborough Pinot Noir）。

www.missionestate.co.nz；电话 +64 6-845 9353；198 Church Rd，Taradale；周一至周六9:00~17:00，周日10:00~16:30

02 三圣山酒庄(TRINITY HILL)

约翰·汉考克（John Hancock）是三圣山酒庄的酿酒师和合伙人，他曾是吉布里特砾石区葡萄种植协会的早期先驱兼创始人。他酿造的葡萄酒大大提升了砾石区的口碑，使其成为了湾区最佳葡萄种植地区，特别适合种植酿造浓郁的红葡萄酒的葡萄。

事实上，三圣山酒庄盛产可与罗讷河产区相媲美的西拉酒，Homage西拉酒仅由最好年份的葡萄酿造，荣获新西兰最棒葡萄酒的殊荣。其他代表葡萄酒包括霞多丽和梅洛，以及稀有和具有实验性的葡萄酒，例如口感精致的阿内斯干白（Arneis）和质感丰富的玛珊、维尼欧混酿（Marsanne/Viognier blend），这两种都适合搭配美食。伊比利亚半岛风情会体现在有浓重水果味道的丹魄（Tempranillo）和国产多瑞佳（Touriga Nacional）这种波特酒型葡萄酒中。

坐落在葡萄酒产区的中心、位于黑斯廷斯地区（Hastings）西面乡间的三圣山不容错过。有高高的屋顶和水泥方砖地面的品酒室宽敞舒适，提供大盘的美食，可以在夏季的花园中享用。

www.trinityhill.com；电话 +64

Douglas Pearson © Getty Images

01 在蒂玛塔峰（Te Mata peak）山脚的克拉吉酒庄

02 黑斯廷斯地区的三圣山酒庄

03 霍克斯湾的夕阳

04 内皮尔以其装饰艺术风格的建筑闻名

05 霍克斯湾的玛塔里基热气球节（Matariki Balloon Fiesta）

06 清景酒庄餐厅的中庭

John Hay © Getty Images

“霍克斯湾不仅是盛产葡萄酒的宝地，也是适宜居住的天堂。我们环游了世界，最后很幸运地又回到出发的地方安定下来，并生儿育女。”

——蒂姆·特维，清景酒庄

6-879 7778; 2396 State Hwy 50, Hastings; 夏季10:00~17:00，冬季周三至周六11:00~16:00

03 蒂阿瓦酒庄(TE AWA)

蒂阿瓦酒庄离三圣山酒庄相当近，同样用产自吉布里特砾石土地上的葡萄酿酒，也有一家提供霍克斯湾地区最好饭菜的饭店。

书归正传，这地方的葡萄酒非常不错，有这样3个系列：主打的是蒂阿瓦系列，有一组单一酒庄葡萄酒——波尔多混酿、西拉和霞多丽，这些酒都突出了砾石土质独一无二的特点，最好的葡萄酒要数拐子悬崖（Kidnapper Cliffs）的优选系列，质优价高，适合窖藏，左田（Left Field）系列是蒂阿瓦酒庄特别但不太贵的葡萄酒。

蒂阿瓦酒庄用原木建造的品酒室和饭店将原始的魅力和优雅的气息结合在一起，想在室外就餐必须预订。菜单上有可供多人一起品尝的新奇和惊艳的饭菜——羊肉和绿橄榄卷，搭配孜然调味的萨尔萨酱（salsa），生鱼片配茴香酒味蛋黄酱。手握一杯葡萄酒，阳光穿过树叶洒在身上，这种就餐环境一定会让你的午餐吃得很慢很慢。

www.teawacollection.com; 电话 +64 6-879 7602; 2375 State Hwy 50, Hastings; 10:00~16:00

04 赛伦尼酒庄(SILENI)

当一个酒庄以希腊神话里酒神狄俄尼索斯（Dionysus）那个色迷迷、醉醺醺，但是最有智慧的伙伴赛伦尼命名，你就知道这里会很有趣。这是湾区最大的酒庄之一。

赛伦尼酒庄以提供本地最愉快的品酒体验闻名，品酒活动经常会由酒窖经理安妮·布斯特德（Anne Boustead）主持。品酒活动除了喝酒以外，还会讲解各种让人着迷的知识以及各种趣闻。

Courtesy of Sileni

Courtesy of Clearview Estate

这里的好处实在是太多，它浮夸（某种意义上是高科技）的总部坐落在帕桥三角区的山脚，生产优质的西拉和霞多丽酒。酿酒师格兰特·埃德蒙茨（Grant Edmonds）认为霍克斯湾其他不错的酒品还包括：水果味的灰皮诺、产自比较凉爽的高原种植园和山上种植园的特殊黑皮诺。请关注EV这个字样，这是他们最好年份的标志。

参加酒庄团队游，或是在室外享受一次葡萄酒和奶酪的品尝活动会提升访客的体验，这个团队游夏季每天有两次，品尝活动需要预约。酒窖商店出售当地巧克力和果酱之类的纪念品。

www.sileni.co.nz；电话 +64 6-879 4830；2016 Maraekakaho Rd, Hastings；10月至次年4月10:00～17:00，5月至9月周一至周五至16:00

05 克拉吉酒庄(CRAGGY RANGE)

克拉吉酒庄享受着图基图基河（Tukituki River）壮美的两岸风光，位于蒂玛塔峰山脚下，值得你专门来一趟。现代感十足的一系列建筑里面分布着酒窖、饭店和高档住宿。一边品尝新西兰最高品质的葡萄酒，一边在酒庄里游览，这样的体验真是难以超越。

1997年克拉吉的创始人特里·皮博迪（Terry Peabody）和葡萄酒大师史蒂夫·史密斯（Steve Smith）不期而遇，之后他们就开始了他们分布在新西兰不同葡萄酒产区（包括马丁堡、马尔堡和中奥塔戈）的葡萄园里酿造"新世界经典单一园葡萄酒"的工作。皮博迪认为他们在生产"一些能够真实反映当地风土人情的新世界最优质的葡萄酒"。

克拉吉的葡萄酒总体品质很高，最高品质的葡萄酒一定让你记忆犹新。囊中充裕的葡萄酒爱好者可能会希望奢侈一点地买上一瓶味浓且甜美的"大地西拉葡萄酒"（Le Sol Syrah），用产自吉布里特砾石矿上的葡萄酿制，最好与Terrôir饭店的野味一起享用。其他好酒也在这里无所不包的酒单上找得到。

www.craggyrange.com；电话 +64 6-873 0141；253 Waimarama Rd, Havelock North；11月至次年3月每天，4月至10月周三至周日10:00～18:00

06 清景酒庄(CLEARVIEW ESTATE)

蒂阿旺的瓦土土质（shingles）地区有4家酒庄紧挨着，距拐子角（Cape Kidnappers）很近。不久之前，还有反对的声音说这里比较凉爽、有海风的气候不适合葡萄生长。然而，清景酒庄的蒂姆·特维（Tim Turvey）和赫尔玛·范登伯格（Helma van den Berg）已经证明了这种说法是错误的。

如今，坚定的决心和辛苦的劳作是这里的信条。从1989年开始，他们一直坚持亲力亲为打理酒庄上下的大小事宜（包括种植葡萄和打造传奇的酒窖、饭店），酒庄出品的葡萄酒也是手工制作的。

葡萄酒主要在方圆20公顷（50英亩）的蒂阿旺种植园酿造而成，共用到了11种葡萄。明星葡萄酒是霞多丽珍酿，这是一种金黄色的含有水果和蜂蜜口味的葡萄酒，在法式新橡木桶里发酵。这种酒被誉为酒庄经典，从1992年开始每年都斩获无数奖项，当之无愧。

清景酒庄的葡萄酒在25年中已经获得了5星评价和超过100枚金牌。优质红酒包括酒劲强大的品丽珠珍藏（Reserve Cabernet Franc）和豪华版的以梅洛为主的Enigma。特维还开创了比较浓稠的Sea Red，是一种偏干的加强版餐末甜酒。

原汁原味的“red shed”餐厅升级改造后变得很时尚，但氛围随意，可以带小孩就餐。它有色彩斑斓的内部装饰和绿树成荫的中庭。用当地的时令食材（包括产自饭店后院的果蔬）做出的饭菜极其美味。夏季傍晚的“友好周五”（Friendly Friday）比萨和音乐会很受欢迎。

www.clearviewestate.co.nz；电话 +64 6-875 0150；194 Clifton Rd，Te Awanga；夏季每天，冬季周四至周一10:00~17:00

07 象山酒庄（ELEPHANT HILL）

跟不远处的清景酒庄的乡野气息完全不同，象山酒庄非常优雅。它的外墙上贴着一片片镀铜装饰，前面有巨大的玻璃窗，向外看去，拐子角和太平洋的壮丽景色一览无余。

象山酒庄的德国主人是在度假时看上蒂阿旺的。怀揣将传统和现代酿造技术结合起来，打造最先进的酒庄这样的目标，他们在2003年在这里种下了第一棵葡萄树。成绩是有目共睹的，霞多丽珍酿有迷人的水果味，这是蒂阿旺地区特有的干净但又有深度的口感，这里的红葡萄酒融合了当地和吉布里特砾石区的双重特点。

圆形的品酒酒吧在餐厅的入口，拾阶而下就来到一个下沉式休息室，里面是白色皮沙发和日光浴甲板，在阳台上可以看到无边泳池。这样的环境，会让你在它与美食之间进行艰难的抉择。

www.elephanthill.co.nz；电话 +64 6-872 6073；86 Clifton Rd，Te Awanga；12月至次年3月11:00~17:00，4月至11月至16:00开放

实用信息 ESSENTIAL INFORMATION

去哪儿住宿

CLIVE COLONIAL COTTAGES

这些带中庭的农舍坐落在海滩边宁静的美丽花园之中。骑上单车沿着自行车道逛逛种植园吧。

www.clivecolonialcottages.co.nz；电话 +64 6-870 1018；198 School Rd，Clive

BLACK BARN RETREATS

这一片的农舍和小屋提供了北哈夫洛克（Havelock North）乡间的高档住宿。附属于黑谷仓（Black Barn）酒庄，有很好的小饭店、音乐会，以及夏季时的农贸市场。

www.blackbarn.com；电话 +64 6-877 7985；Black Barn Rd，Havelock North

去哪儿就餐

HAWKE'S BAY FARMERS' MARKET

周日早上一定不要错过这个新西兰最好的集市之一。这是一个生活气息十足的位于展览场里的集市，里面满是特产和可以即买即吃的美味。

www.hawkesbayfarmers market.co.nz；A&P Showgrounds，Kenilworth Rd，Hastings

MISTER D

内皮尔最热门的饭店，提供从肉桂甜甜圈到牛骨髓意大利饺（ravioli）的各种小食，老少皆宜，全天营业。

www.misterd.co.nz；电话 +64 6-835 5022；47 Tennyson St，Napier

活动和体验

穿上旅游鞋，或者骑上自行车，一起去欣赏内皮尔装饰艺术风格的建筑群。在装饰艺术基金会（Art Deco Trust）的游客中心可以看到关于湾区这段风光往事的介绍，随后就开始你的旅行吧。

www.artdeconapier.com；电话 +64 6-835 0022；7 Tennyson St，Napier

庆典

2月的“装饰艺术风格周末”（Art Deco Weekend）是湾区每年的主要节日。这是一场集艺术、建筑、音乐以及20世纪20年代服饰的盛会。饕客们可能会算准时间参加霍克斯湾每年在6月和11月举办的美食美酒节（Food and Wine Classic，简称FAWC）。

www.artdeconapier.com；www.fawc.co.nz

01

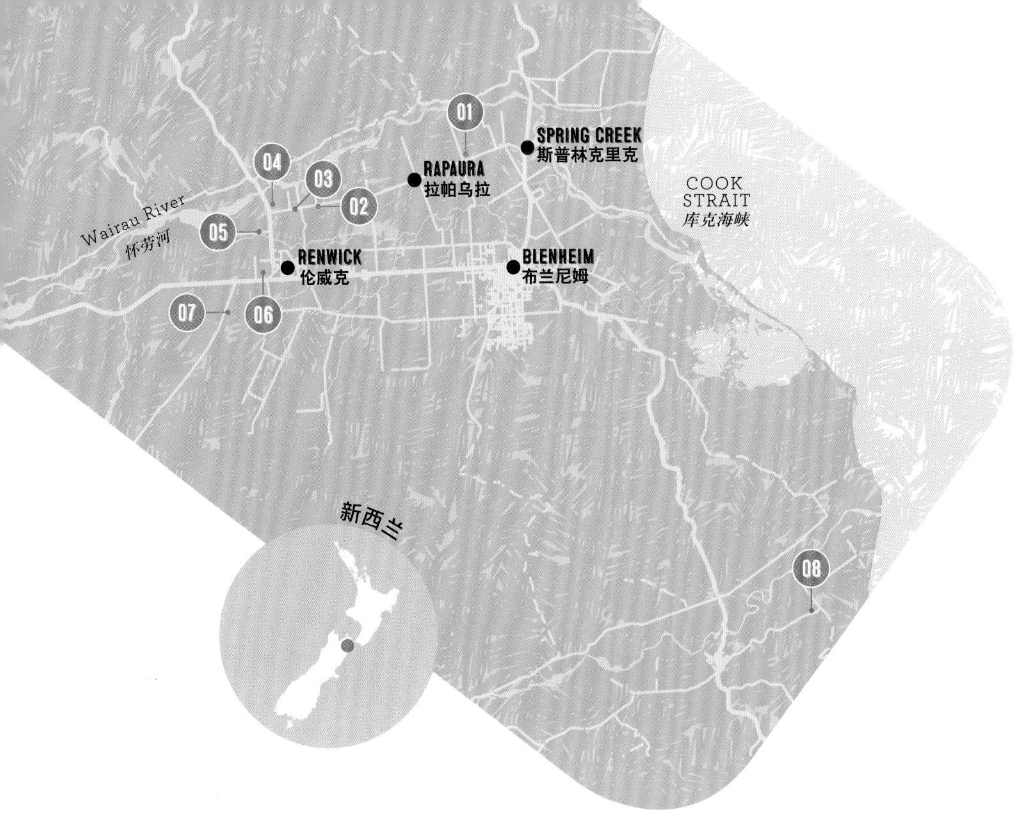

David Wall © Getty Images

【新西兰】

马尔堡 MARLBOROUGH

令人愉悦的长相思只是这个著名葡萄酒产地众多葡萄酒中的一种，这里还有新西兰的灵魂和美到让人窒息的海岸风光。

马尔堡是葡萄酒大产区，新西兰75%的葡萄酒产自这里。最近一次调查显示有接近600位葡萄种植者打理着这里23,000公顷（56,835英亩）土地上的葡萄，其中的151人还兼任酿酒师。不可思议的是，从在该地种下第一棵葡萄树到现在创造着亿万产值的酿酒业，马尔堡仅仅用了40余年。

这也是为什么长相思葡萄酒经常会与马尔堡一起被提及的原因。这种酒非常芳香，充满水果和香草气息，是国际葡萄酒市场上的主要品种。事实上，大品牌葡萄酒充满了全球各地的超市，这已经导致了一提到马尔堡的长相思酒，人们都不再有兴致了。然而，这个地区生产的长相思却让人惊艳。

虽然周边一些山谷和海岸边也因为人们对土地的需求而变成了种植园，但是大多数种植园还是集中在怀劳谷地（Wairau Valley）的伦威克（Renwick）的周围。全年普遍阳光充足，气候干燥，土质结构包罗万象，有冰川石、鹅卵石、沙地和由河流淤积、改道而形成的土地。正是这一切形成了该地区多样的风土。

如果真的想要品尝令人难忘的长相思，就需要将目光放到那些规模比较小的独立酒庄。这些酒庄往往可以提供单一酒庄葡萄酒品尝，在这些地方不仅可以品尝到长相思，还可以尝试马尔堡地区的其他著名品种，例如黑皮诺和雷司令。

这里的乡村周边有很多住宿选择，可以把距布兰尼姆（Blenheim）仅10公里（6英里）的伦威克作为葡萄酒之旅的大本营。全地区有35家酒庄，这里就有超过20家。除此之外，还有自行车出租、导游和往返班车这样的服务。

如何抵达

奥克兰机场有往返奥克兰和马尔堡机场之间的航班，距拉帕乌拉（Rapaura）7公里。可租车。

01 马尔堡的Queen Charlotte公路

02 圣克莱尔酒庄的"种植园厨房"餐厅

03 在圣克莱尔酒庄的葡萄树下饮酒

04 怀霍派山谷间谍基地的穹顶

❶ 圣克莱尔酒庄(SAINT CLAIR)

再也没有比从圣克莱尔酒庄开始马尔堡葡萄酒之旅更好的地方了，这个酒庄由本地最古老的葡萄种植世家——伊博森(Ibbotson)家族在1994年创建。他们大约从1978年开始给大酒庄提供葡萄。

圣克莱尔酒庄一点点由弱变强，如今生产着马尔堡乃至新西兰最有意思且口碑最好的葡萄酒。顾问级酿酒师马特·汤姆森(Matt Thomson)将这一切归功于公司"爱酒不爱钱"的经营理念。投资购买小型葡萄压榨机和小型罐子，将不同种植园的葡萄分开酿造，使得酿酒师可以密切监督各个批次的葡萄酒酿造过程。迷人的Pioneer Block系列拥有无数风格迥异的系列产品。汤姆森说："虽然大家对马尔堡长相思的味道已经很熟悉了，但还是应该突出产自不同种植园的葡萄不同的特色。"

Courtesy of Saint Clair

包括最高档的黑皮诺在内的一众葡萄酒，都可以在这里非常时尚的酒窖和"种植园厨房"(Vineyard Kitchen)餐厅品尝到。圣克莱尔酒庄博学好客的主人是马尔堡葡萄酒旅游业的典型代表。虽然这里生产新西兰的大部分种类的葡萄酒，但其中还是有很多个性化和品质极好的葡萄酒。

www.saintclair.co.nz; 电话 +64 3-570 5280; 13 Selmes Rd, Rapaura; 9:00~17:00, 冬季10:00~16:00

❷ 怀劳河酒庄(WAIRAU RIVER)

马尔堡有丰富的美食资源：小龙虾、三文鱼和青口都是当地河里的常见水产，而怀劳河酒庄则是品尝这些美味的好地方。

这家由家族经营的酒庄历史可以追溯到第一批定居者的时代，是马尔堡地区最大的独立酒庄，有很大的出口份额。带着对故土的真诚，这里仍然生产着货真价实的优质葡萄酒，还有一家殷勤友好的饭店和酒窖。

酒庄坐落在路口一个醒目的地方，木石混合建筑内部装修粗犷中带着现代气息，让它更加迷人。面积不小的饭店有室外露台和草地，这里休闲的环境欢迎来此休息的疲惫旅行者和带小孩的游人。

怀劳河酒庄的葡萄酒与精美的小食是绝配，例如美味的青口杂烩配搭一杯有滋有味的长相思，或者熏三文鱼沙拉配蜜糖味的维尼欧珍酿(Reserve Viognier)。酒庄里性格爽快的酒窖工作人员会熟练热情地为你餐前餐后的酒品提供建议。

www.wairauriverwines.co.nz; 电话 +64 3-572 9800; 264 Rapaura Rd, Blenheim; 10:00~17:00

❸ 一号酒庄(NO 1 FAMILY ESTATE)

丹尼尔·勒伦布(Daniel Le

Brun）是可以追溯到18世纪80年代法国香槟地区一个酿酒世家的第12代继承人，也是他把法式葡萄酒制作工艺带到了马尔堡。20世纪70年代移民到新西兰后，他与阿黛尔（Adele）结婚，并共同创建了位于在伦威克某个山边洞穴中的勒伦布酒窖（Cellier Le Brun）。

虽然到1996年的时候勒伦布酒窖已经易主，但是源自创始人的初心并没有改变——打造与香槟地区葡萄酒齐名的酒。1997年一号酒庄在此基础上建立，它是大洋洲地区唯一以传统方法酿酒的酒庄。

至今，酒庄依然在经营上亲力亲为，并种植自己的葡萄。这里精制7种不同风格的传统葡萄酒。比较经典的是无特定年份的起泡酒，包括复杂的、有烤面包味道的原味一号特酿（Cuvée No 1）、白中白（Blanc de Blancs），以及优雅三文鱼粉色的100%黑皮诺一号桃红葡萄酒（Pinot Noir No 1 Rosé）。

特定年份的阿黛尔特酿是顶级好酒，是80%霞多丽、20%黑皮诺的混酿。你也许会在酒窖中碰到阿黛尔本尊，在这个小酒窖里有镶着金边的镜子和擦得亮晶晶的酒瓶。

www.no1familyestate.co.nz；电话 +64 3-572 9876；169 Rapaura Rd, Blenheim；11:00~16:30

04 惠亚酒庄（HUIA）

惠亚酒庄于1989年由克莱尔·艾伦（Clare Allan）和迈克·艾伦（Mike Allan）创立，名字来源于一种早已绝迹的本土小鸟，这种鸟因砍伐森林和为了获取其美丽羽毛作为帽子装饰而被大量捕杀。

作为马尔堡自然葡萄种植（Marlborough's Natural Winegrowers）集团的创始人之一，这里的32公顷（80英亩）葡萄遵循着有机和生态动力学的原则进行打理。艾伦说："多亏这里的土壤，我们才得到了高品质的葡萄酒。"

遵循这样理念的他们自然能酿出高品质的葡萄酒。甜美的琼瑶浆干白，口味吸引人而又十足均衡的黑皮诺，以及浓郁的长相思，都是惠亚酒庄的特色。顺口的、被誉为"给不喝桃红葡萄酒的人喝的桃红葡萄酒"的Hunky Dory Tangle物美价廉，它是灰皮诺、琼瑶浆和雷司令的和谐混搭。

酒窖隐藏在繁忙的拉帕乌拉公路（Rapaura Rd）外，简洁时尚，信心满满地展示着它家的优质葡萄酒。我们最近一次品酒是由图维·阿兰（Tui Allan）——克莱尔和迈克的女儿陪同的，跟葡萄树打了一辈子交道的她知识非常丰富。

www.huia.net.nz；电话 +64 3-572 8326；22 Boyces Rd, Blenheim；10月至次年5月10:00~17:00

05 弗雷明汉酒庄（FRAMINGHAM）

弗雷明汉酒庄凭借着33年树龄的葡萄树起家，如今已经赢得了雷司令世界级领导酿酒商的称号。在这里游览就拥有了一次绝好的机会品尝这种酒。

弗雷明汉酒庄2002年之后的酿酒师是英国人安德鲁·赫德利（Andrew Hedley），他是雷司令的忠实粉丝。他认为："雷司令可以以无数种让人惊艳的形式出现。这种酒陈年之后变得异常动人，可能是市场上性价比最高的葡萄酒。"

这里有不同系列的葡萄酒，因采收年份不同而各不相同。经典的半干葡萄酒和德国风格的晚摘葡萄酒质量非常好，属于甜点酒。这种酒在加入贵腐菌后宛若点石成金，味道浓郁，产量很小，是很多欧洲同种优质酒的强劲竞争对手，其中最好的是F系列的精选干颗粒贵腐酒（F-Series Trochenbeerenauslese）。

赫德利和助手安德鲁·布朗（Andrew Brown）还生产其他优质葡萄酒。一种有百香果口味的长相思是这里最畅销的葡萄酒。另外，宛若樱桃口味的黑皮诺和维欧尼（Viognier）也是评价非常高的两种酒。

酒窖坐落在漂亮的有围墙的花园里，可以在里面喝酒。墙上挂着的吉他暗示着赫德利另外一个爱好，你在游览的时候有时也会听到他在

David Wall © Getty Images

隔壁的酒庄里弹吉他。

***www.framingham.co.nz*；电话 +64 3-572 8884；19 Conders Bend Rd, Renwick；10:30~16:30**

06 棚屋酒庄(TE WHARE RA)

古语有云：合抱之木生于毫末。创立于20世纪70年代的棚屋酒庄现在是马尔堡地区水平不错的酒庄之一，出产精品酒庄阵营里的几种优质葡萄酒。

棚屋酒庄建于1979年，从2003年起由安娜·弗拉沃德（Anna Flowerday）和杰森·弗拉沃德（Jason Flowerday）管理，出品来源于种植园的7种葡萄酿造的葡萄酒，种植园仅有11公顷（27英亩）。小规模生产保证了成品品质，也保证了整个生产工序都可以被完整监管，同时，有机化和生态动力学土壤管理方式也保证了出产的葡萄都是高品质。

沿着创始人艾伦·霍根（Allen Hogan）的脚印一步步走来，弗拉沃德夫妻俩生产出美味芳香的葡萄酒，其中包括一种琼瑶浆、两种雷司令和一种阿尔萨斯（Alsatian）风格的灰皮诺。专于实验的棚屋酒庄还生产一种名为“Toru”（毛利语“三”的意思）的葡萄酒，这是由3种芳香型葡萄以令人惊艳的配比混酿而成的葡萄酒。这里的红葡萄酒代表则是优质黑皮诺和辛辣口味的西拉。

棚屋酒庄的酒窖坐落在伦威克的外围，有一种低调的美感。

***www.twrwines.co.nz*；电话 +64 3-572 8581；56 Anglesea St, Renwick；11月至次年3月周一至周五 11:00~16:30，周六和周日正午至16:00，4月至10月需要预约**

07 谍谷酒庄(SPY VALLEY)

藏在怀霍派山谷（Waihopai Valley）之中有两个巨大的如同高尔夫球一样的建筑，当地人俗称“间谍窝”，它们是为了对社会主义国家进行监听的秘密据点。同时，这也让谍谷酒庄把一切，包括它的名称、品牌和纪念品，都冠上了间谍这个名字。

谍谷酒庄同时也通过它的建筑将新世界酒庄提升到了更高的档次。获奖的建筑是这个如画的山谷中亮丽的风景，棱角分明的建筑轮廓在郁郁葱葱、雕塑一般的风景下变得柔和起来。内部的品酒室宽阔，笼罩在一片自然光之中。

谍谷酒庄的葡萄酒毫无保留地展示着自己。这个家族经营的企业生产质量一贯优秀，由可持续生长的葡萄酿制，葡萄酒价格亲民。评价比较高的葡萄酒包括一种有新鲜口感、由木桶熟成的单一种植园长相思，一种带浓郁辛辣口味的琼瑶浆和几种可搭配任何美食的红葡萄酒。它的高端系列是由精选葡萄酿制的“信差”（Envoy）葡萄酒。

www.spyvalleywine.co.nz；电话 +64 3-572 6088；37 Lake Timara Rd West，RD6 Blenheim；冬季周一至周五，每天10:30~16:30

08 叶兰兹酒庄 (YEALANDS ESTATE)

叶兰兹酒庄坐落在葡萄酒产区的边缘，虽然距布兰妮姆有31公里（19英里）之遥，但是很适合那些开车往返凯库拉的人顺路到这里游览。它占据着阿沃特雷谷（Awatere Valley）1000公顷（2500英亩）的丘陵，是新西兰最大的私人葡萄种植园。

虽然有如此大的规模，但是叶兰兹酒庄还是非常关注它的环保名声，它采用环保可持续酿酒法，零碳排放，完全达到了自给自足。在穿越能看到大海的葡萄园，以及沿途的野餐点、风车、湿地和堆肥的自驾游中，这些都得到了体现。这里还有一些孔雀、绵羊、鸡和鸭（因为猪能一头头叠在一起偷吃葡萄，所以就不再养了）。

讲述叶兰兹酒庄背后故事的影片非常有趣，是有组织但比较随意的酒窖体验的开始。虽然酒庄以大量超值的葡萄酒著称，但还是有不少品质很好的单一种植园红酒和珍藏。S1 Block系列长相思是获奖品种，上市时间相对短的绿维特利钠（Grüner Veltliner）和芳香的PGR混酿已经有些名气了。

www.yealands.co.nz；电话 +64 3-575 7618；Seaview Rd和Reserve Rd交叉路口，Seddon；10:00~16:30

实用信息 ESSENTIAL INFORMATION

去哪儿住宿

OLDE MILLE HOUSE

祖辈生活在这里的当地人以他们自己家传的和手工制造的早餐赢得客人的欢心。有可爱的花园、水疗中心和可以免费租用的自行车，这一切都让它成了探访葡萄酒产区的最佳大本营。

www.oldemillhouse.co.nz；电话 +64 3-572 8458；9 Wilson St，Renwick

MARLBOROUGH VINTNERS HOTEL

这些精致的套房让你尽享葡萄树覆盖的怀劳谷地全景风光。可以选择带室外浴池的套房，沐浴的同时还可以欣赏马尔堡的夜空。

www.mvh.co.nz；电话 +64 3-572 5094；190 Rapaura Rd，Renwick

去哪儿就餐

GIBB'S ON GODFREY

这是一间优雅的餐厅，位于伦威克葡萄酒产区的腹地，将当地特产巧妙地融入现代大众愿意接受的“马尔堡之味”饭菜中。酒单会让你陶醉的。

www.gibbs-restaurant.co.nz；电话 +64 3-572 7989；36 Godfrey Rd，Renwick

ROCK FERRY

这个时尚的咖啡馆是午餐的热门餐厅。主推时令菜和搭配自产有机葡萄酒的独特优质甜点。

www.rockferry.co.nz；电话 +64 3-579 6431；80 Hammerichs Rd，Blenheim

活动和体验

OMAKA AVIATION HERITAGE CENTRE

在彼得·杰克逊（Peter Jackson）的温纽特影业公司（Wingnut Films）和维塔工作室（Weta workshop）的支持下，这个博物馆里展出“一战”飞机原件和复制品。乘坐老式双翼飞机是游览怀劳谷地的最佳方式。

www.omaka.org.nz；79 Aerodrome Rd，Blenheim

庆典

马尔堡美酒和美食节

每年2月由当地“龙头老大”布兰卡特酒庄（Brancott Estate）举办的新西兰规模最大、持续时间最长的美酒美食节。届时可以观看烹饪示范，载歌载舞，或是在草地上放松，享受马尔堡夏天的幸福。

www.marlborough-winefestival.co.nz

01

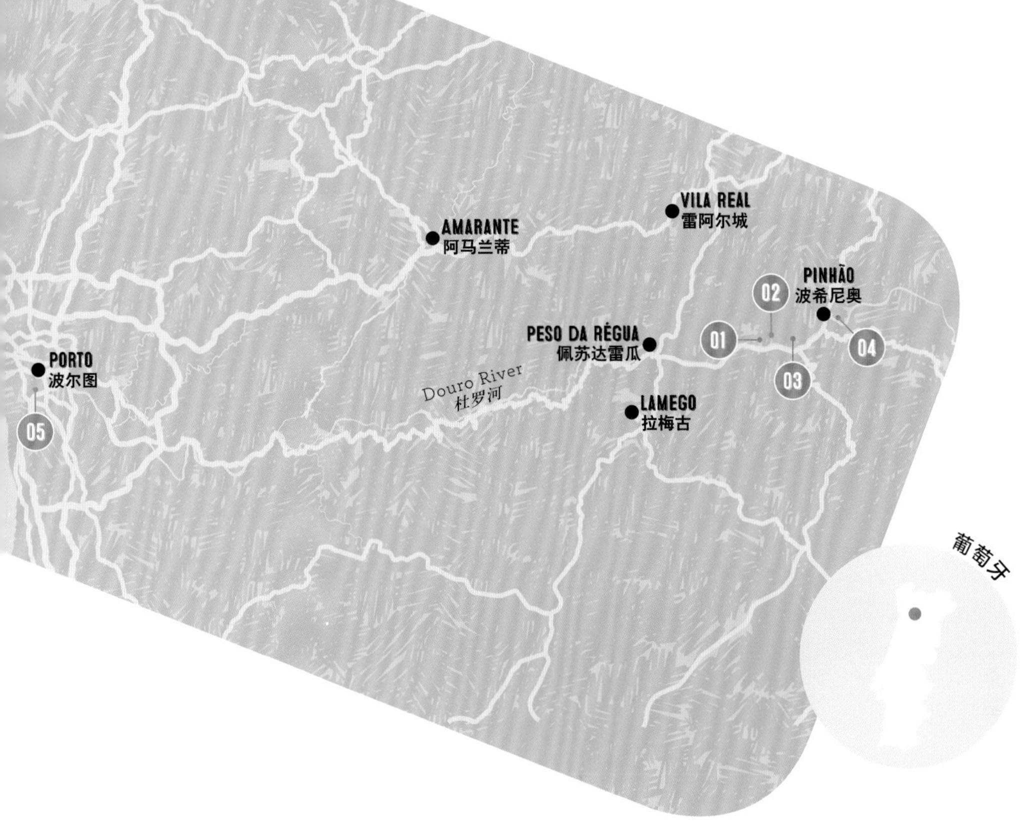

【葡萄牙】

杜罗 THE DOURO

乘坐慢船（或火车）沿着葡萄牙北部美丽的杜罗山谷游览，体验历史悠久的酒庄、河边的葡萄种植园，品尝一些世界级的优质红葡萄酒。

杜罗河静静的河面倒映着蓝天白云，一路向西流淌，从西班牙中部一直到葡萄牙的海边，全长超过850公里（530英里）。在到达大西洋之前，穿过与它同名的壮丽山谷，群山在蜿蜒的杜罗河两侧拔地而起，山上整齐的干砌石墙梯田（dry-stone terraces）仿佛在随着明亮的葡萄树叶舞动。从河边向上看，绿树装点的群山环抱的山谷景色随季节变化而变化。

柔和的阳光洒落下来，给葡萄园和周围环境蒙上一层光晕。从河岸向上看去，几十座白色的大房子点缀在修建了梯田的山坡上。酒庄在这里被称作quintas，有气派的18世纪传统农舍改建的帕齐卡酒庄（Quinta de la Pacheca），也有更往东的现代派有棱有角的塞舒酒庄（Quinta do Seixo）。自17世纪起，这些酒庄就开始生产添加了少许葡萄烈酒（aguardente，类似白兰地的蒸馏葡萄烈酒）的世界闻名的波特（port）葡萄酒。最近，酒庄生产了优质的干红葡萄酒。

杜罗山谷的葡萄种植历史可上溯至罗马时期，从那时起人们开始手工修建梯田。一代代勇敢勤劳的人民至今都在手工打理葡萄树、采收葡萄、保养梯田，而非机械化作业。之所以这样做，是为了保持传统，更重要的是斜坡的地势只能靠人工来管理。虽然可以用机器粉碎葡萄，但是很多杜罗地区的酒庄依然使用传统的手工方法。9月中旬的葡萄采收季，金黄色的阳光浸润着整个山谷，山上环绕着工人们光脚踩踏葡萄时的欢声笑语，手风琴奏出的音乐相伴而来，当然还有葡萄酒。这是游览杜罗最好的时候。

如何抵达

距杜罗127公里的波尔图机场（Porto）是最近的机场，国际航班可达里斯本（Lisbon）。

02

❶ 克拉斯托酒庄 (QUINTA DO CRASTO)

托马斯·罗凯特(Tomas Roquette)和米格尔·罗凯特(Miguel Roquette)兄弟俩经营这家有400年历史的酒庄,这也是杜罗地区最有趣的酒庄之一。这间酒庄是最早生产加强版波特葡萄酒和餐酒的酒庄之一,它还有生产优质红葡萄酒的经验。酒庄拥有不同品种的老葡萄树,包括国产多瑞加(Touriga Nacional)、本地品种丹魂(Tempranillo),又名罗丽红(Tinto Roriz),以及巴斯塔都[Bastardo;在其他地方被称作特卢梭(Trousseau)]。这些品种和片岩丰富的土壤使得发酵成熟的红葡萄酒带有浓郁的水果味(类似覆盆子、樱桃和黑莓),并伴有少许矿物质味。托马斯和米格尔也是"杜罗男孩"(Douro Boys)的成员,这是由杜罗地区5个酿酒世家年轻一代组织的充满乐趣的协会,致力于推广杜罗干红葡萄酒。

www.quintadocrasto.pt, www.douroboys.com;需要预约(联系andreia.freitas@ quintadocrasto.pt)

Matt Munro © Lonely Planet Images

01 品尝波特酒

02 杜罗河沿岸的梯田

03 新星酒庄

❷ 新星酒庄(QUINTA NOVA)

新星酒庄坐落于杜罗河的河湾处。酿酒师杜阿尔泰·科斯塔(Duarte Costa)会为游客讲解红葡萄酒酿造的艺术。杜罗地区各酒庄的微气候不尽相同，葡萄种植园所处的海拔也有差异，因此各酒庄生产的葡萄酒都有其独特的风味，如何平衡葡萄酒的风味也是各酒庄的酿酒师需要花多年心血去钻研的。

新星酒庄坐落在山边上，周围上下长满了葡萄树。杜阿尔泰说："我们生产的葡萄酒是独一无二的，因为它不是你眼见的这么简单，所有的葡萄酒几个世纪以来都是由手工酿造，所以最终的成品才有区别于其他葡萄酒的独特口味。"

www.quintanova.com；电话 +351 254 730 430；Quinta Nova, Covas do Douro；你可以参加"酿酒师一日体验游"，详情见网站

❸ 罗莎酒庄(QUINTA DE LA ROSA)

这间小酒庄就坐落在波希尼奥(Pinhão)城外，它曾被当作礼物送给了蒂姆·贝里奎斯特(Tim Bergqvist)的母亲，庆祝她洗礼，并一直由贝里奎斯特家族拥有。在杜罗所有的酒庄中，这是绝无仅有的"独立酒庄"，因为酒庄拥有从山上到山下再到河边这样一整座山的葡萄种植区域。酿酒师若热·莫雷拉(Jorge Moreira)出品的葡萄酒展现了经典杜罗葡萄酒的充满花香、暗红的颜色、浓郁的水果味等特点。罗莎酒庄提供住宿，你在杜罗河里游完泳后，他们还能帮忙准备一顿野餐。

www.quintadelarosa.com；电话 +351 254 732 254；5085-215 Pinhão；团队游每天11:00出发(需要预约)

❹ 酒与魂酒庄(WINE & SOUL)

杜罗的新一代酿酒师往往从开始酿造"车库葡萄酒"起步。桑德拉·塔瓦里斯·达席尔瓦(Sandra Tavares da Silva)和若热·博尔赫斯·塞罗迪奥(Jorge Borges Serôdio)

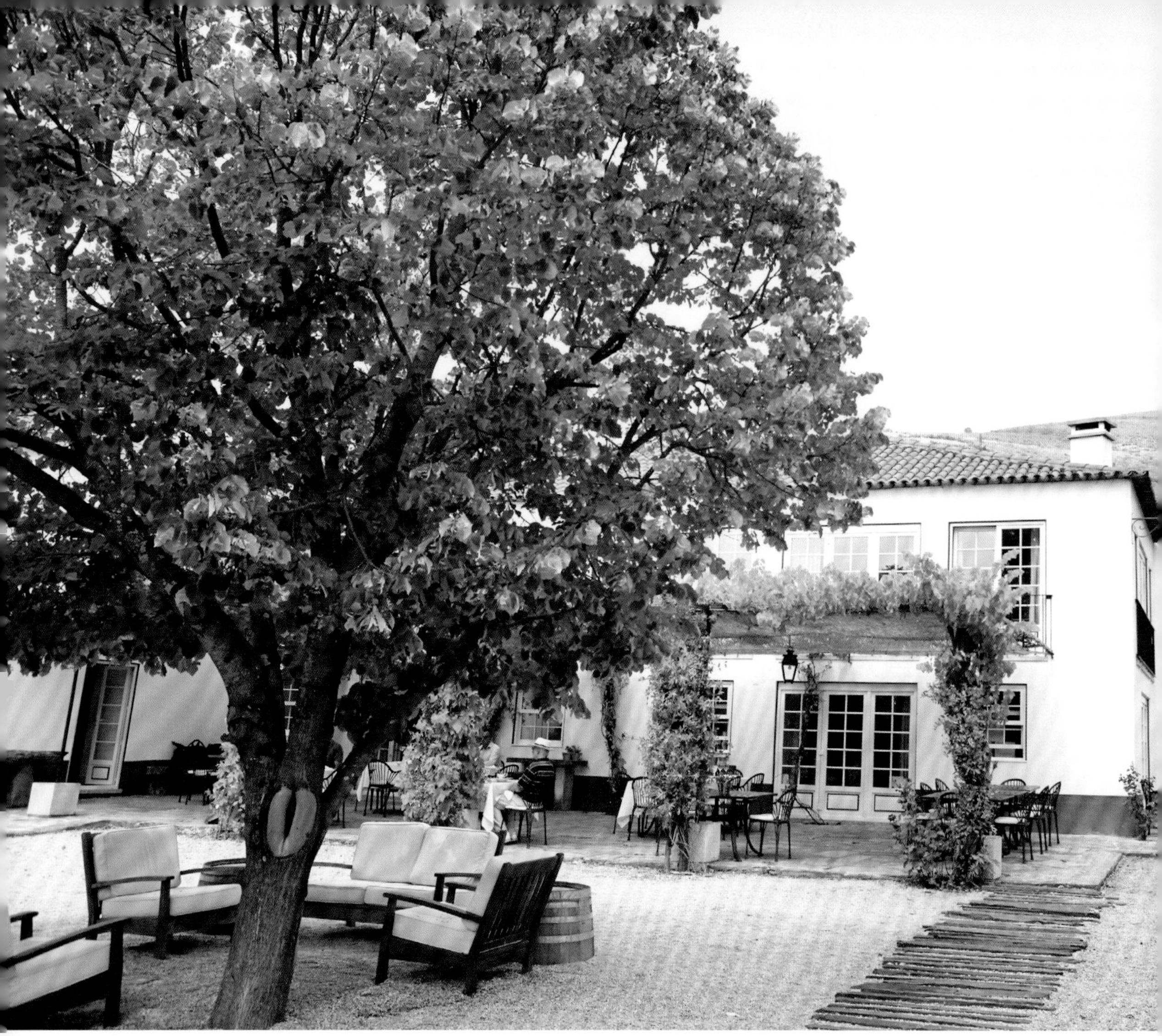

Matt Munro © Lonely Planet Images

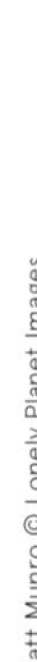

则有着更大的野心，他们买下了位于热门地区波希尼奥山谷的一个车间。他们在这里的花岗岩池子里，用双脚为采摘自一个葡萄树龄达70年的小种植园的葡萄破皮，这也是他们的第一批葡萄。这批葡萄酒后来成了获奖品牌“宾塔斯”（Pintas），现在又有一种白葡萄酒和一种波特酒加入了这个系列。所有葡萄酒均为天然葡萄酒，不含杀虫剂。桑德拉和若热会为参加酒庄游览的游客讲解他们的葡萄酒理念。

波希尼奥山谷本身就值得一游。蓝色阿兹勒赫瓷砖装饰的火车站是杜罗线（Linha do Douro）上的一站，这条路线是世界上最漂亮（也是最物有所值）的火车路线之一：坐火车从波尔图（Porto）到雷瓜（Régua），之后换乘穿过杜罗的另外一班火车去看让你终生难忘的梯田。夏季的周末会加开蒸汽火车。

电话 +351 254 731 948；5085-101 Pinhão；需要预约

05 泰勒的波特酒酒庄
(TAYLOR'S PORT LODGE)

波尔图以波特酒闻名并不是什么新鲜事，但是加强版的波特酒比很多人认为的历史更悠久，杜罗作为受保护的葡萄酒产区比波尔多（Bordeaux）的历史早1个世纪。这种酒于18世纪最早在伦敦流行，归功于英法战争时期对法国产葡萄酒的禁运，以及进口商们意识到顺口但酒劲强的葡萄酒更适合长距离海运，英国的葡萄酒进口商在这里开

设了葡萄酒商店，现在当地的很多酒庄依然保留着他们的名字：格雷厄姆（Graham）、科伯恩（Cockburn）、克罗夫特（Croft）和泰勒（Taylor）都在其中。这些酒庄均会组织团队游。

泰勒的波特酒酒庄在河的南边，可以品尝他家的3种波特酒，包括10年茶色波特酒（Tawny Port），他们有可能会向你推销更销魂的20年茶色波特酒。

***www.taylor.pt*; 电话 +351 223 772 956; Rua do Choupelo 250, Vila Nova de Gaia; 周一至周五10:00~18:00，周六和周日10:00~17:00（团队游收费）**

去哪儿住宿

QUINTA NOVA DE NOSSA SENHORA DO CARMO

这栋19世纪大宅坐落在新星酒庄，里面的豪华客房既有传统家具又有现代化设施。饭店品质极好，提供现代版的经典杜罗菜肴，搭配酒庄出产的葡萄酒。

***www.quintanova.com*; 电话 +351 254 730 430; Quinta Nova, Covas do Douro**

去哪儿就餐

DOC

由厨师鲁伊·保拉（Rui Paula）打理的这家DOC餐厅是当地的终极之选。它以绝佳的酒单（很多酒可以论杯卖）和在杜罗山谷深处的地理位置而闻名。DOP是它的姐妹饭店，于2010年在波尔图市中心的艺术宫（Palace of Arts）开业，面积不大的餐厅提供当代菜品。

Cais da Folgosa, Estrada Nacional 222, Folgosa, 18 5110-204

活动和体验

来一趟河上巡游吧。你可以从波尔图一路搭乘河上的邮轮，或者搭船从波尔图到雷瓜，再租车继续之后的行程。

距杜罗山谷北面不远是佩尔达－热尔国家公园（Parque Nacional da Peneda-Gerês），这里有壮美的山区自然风光，如今依然有野马、野猪和狼出没。公园由4座大山组成，很适合花几天徒步游览，其间可以在清冽凉爽的河流和池塘中畅游。

庆典

仲夏时节，波尔图有欧洲最热闹的巡游之一：为纪念施洗者圣约翰（St John the Baptist）而举行的波尔图圣若昂节（Festa de São João do Porto）。欢庆从6月23日的下午开始，届时会有现场音乐、舞蹈、烧烤、烟花，以及很多很多的葡萄酒。

01

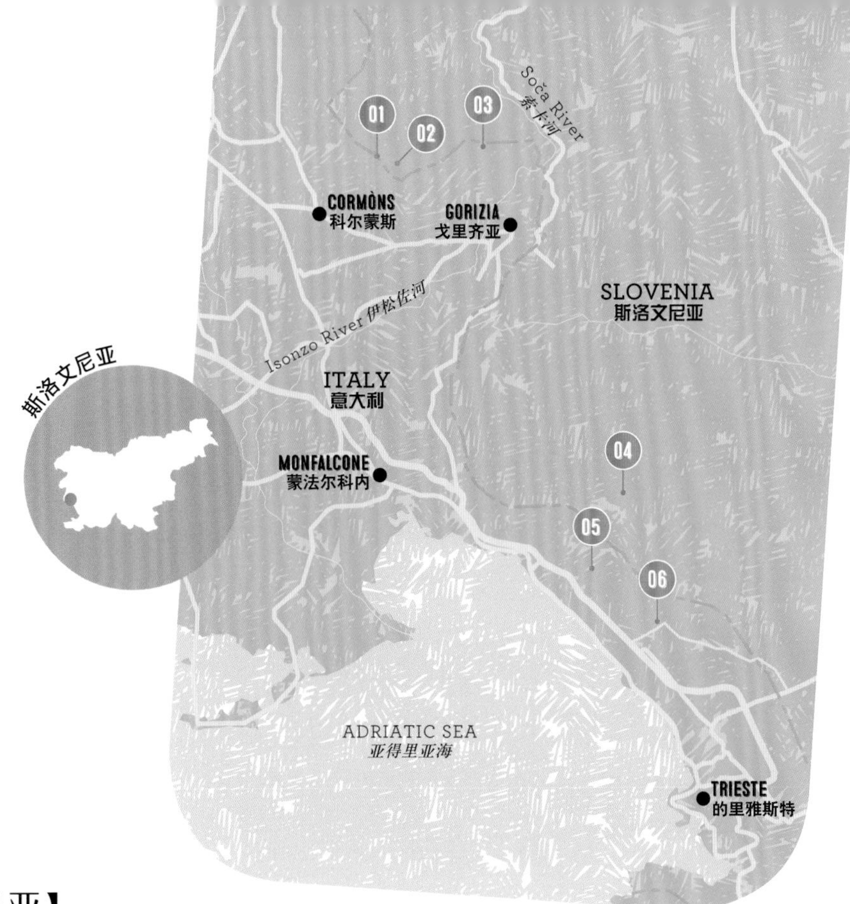

【斯洛文尼亚】

布尔达 BRDA

在这片多文化交融的边界地区品尝或具实验性或有历史感的葡萄酒，是非常激动人心的体验。当然，温柔的群山和热情好客的人们也同样令人难忘。

斯洛文尼亚西部是美丽的葡萄酒产区布尔达，与意大利之间的界线不是那么明确，你也许在一天之内不经意就在这两个国家之间往返多次了。尝试边界两侧的葡萄酒是了解这条边界意义的方法，也对理解布尔达葡萄酒非常关键。布尔达字面意思是“群山”，指的是斯洛文尼亚境内的戈里齐亚山（Gorizia Hills），它曾是远古时代的海床，一直延伸到意大利境内，那部分被称为高里奥（Collio）。虽然深受意大利和斯洛文尼亚两国的影响，这里依然保持了远比欧洲各民族早很多年、自己独有的“戈里齐亚文化”。品质非凡的葡萄酒由同一种葡萄在边界两边用非常类似的技术分别酿制，成品大部分为白葡萄酒。一般用来发酵的容器由黏土制成，并因葡萄酒的浸泡而染上了一层层迷人的蜂蜜色。

斯意两国很多最残酷、持续时间最长的战斗都发生于此，战争导致了20世纪前期大量的人口流失。争斗给当地留下了深深的伤痕，很多现在依然清晰可见。然而戈里齐亚人保持了热情和慷慨的天性，以及这种誓死捍卫自己土地的无限忠诚。对这片土地的自豪感也淋漓尽致地表现在当地的葡萄种植上：坚硬的岩石质土地缺乏植物赖以生长的表层土，为了在这片土地上种植葡萄，很多时候需要从外地运土过来，直接铺在岩石上。“家庭”二字在这里有极为特殊的分量，和家庭种植户一起在种植园走走，这些人会先跟你谈及他们周围那些具有重要历史意义的地标，之后再欣赏山下壮丽的景色。

如何抵达

的里雅斯特有最近的主要机场，距多布鲁奥（Dobrovo）30公里。可租车。

01 布尔达地区的山地风光

02 多布鲁沃（Dobrovo）的诗美酒庄

01 摩亚酒庄（MOVIA）

毫无疑问，摩亚酒庄不安分且充满个人魅力的酿酒师阿莱斯·克里斯坦（Ales Kristancic）几乎靠一己之力将斯洛文尼亚的葡萄酒推向世界舞台。摩亚现在就是一种真正的"边境葡萄酒"：它一半的种植园在意大利的高里奥（Collio），80%的葡萄酒销往国外。如果阿莱斯不在种植园或者酒窖，那他肯定是在国外推销他的葡萄酒和酒庄。

那么，什么是葡萄酒呢？几乎没有摩亚酒庄没试过的种植和酿造方法：按照月球周期规律的生物动力学进行葡萄种植；带皮深度发酵；不去除起泡酒内的沉淀物……这些种植和酿酒方法都在这里被阿莱斯实践过了，其终极追求是酒的纯度和灵魂，是与大地之间透明的连接。不要错过完全无添加的用丽波拉（Ribolla）葡萄酿制的"月亮"（Lunar）瓶装酒，以及名为"纯酿"（Puro）的桃红起泡葡萄酒。

摩亚酒庄后面的露台上能俯瞰这片土地的壮丽全景，在这里待上一会，尽情享受吧。

www.movia.si；电话 +386 53 95 95 10；Ceglo 18，Dobrovo，Slovenia；需要预约

02 诗美酒庄（SIMCIC MARJAN）

可以把车停在摩亚酒庄，然后步行过马路来到第五代酿酒师马尔让·什姆切奇（Marjan Simcic）打造的让人印象深刻的现代派诗美酒庄。像摩亚酒庄一样，马尔让的葡萄园也横跨意大利和斯洛文尼亚边界，然而跟摩亚相比，它的葡萄酒没那么怪异，是大众普遍可以接受的口味。马尔让将他的葡萄酒分为3个完全不同的等级：入门级的"经典布尔达"（Brda Classic），只在特别年份推出并在橡木桶里发酵的特选"复杂葡萄酒"（Complex Wines）和"蛋白土"（Opoka Cru），以及以用当地"葡萄代表"（丽波拉、赤霞珠和梅洛）酿造的大众品种。

www.simcic.si；电话 +386 53 95 92 00；Ceglo 3b，Dobrovo，Slovenia；需要预约

03 雷迪肯酒庄（RADIKON）

斯坦科·雷迪肯（Stanko Radikon）的酒庄出品了很多在世界上极具吸引力、口感复杂的葡萄酒。葡萄树梯田像圆形剧场一样环绕在他家祖宅和酿酒设施的周围，他和儿子莎莎（Sasa）在这里遵循祖父那一辈的方法酿造受人工干扰程度最小的葡萄酒。在酒庄一进门处的家庭餐厅或厨房要一杯酒尝尝，这是本地最温馨、最贴心的品酒体验。

他们的白葡萄酒很大程度上以托考伊（Tokaj）和丽波拉为基础，酒的颜色更接近"琥珀色"或"橘红色"。在斯洛文尼亚式的橡木桶里进行过长达几个月的发酵（有些时候则在玻璃瓶中陈年好多年）之后，最终呈现丰富的层次感、蜜糖一般的质地以及强烈的酸度。

www.radikon.it；电话 +39 48 13 28 04；località Tre Buchi 4，Oslavia，Gorizia，Italy；需要预约

04 邱塔酒庄（ČOTAR）

布兰科·邱塔（Branko Čotar，读

Courtesy of Marjan Simcic

作Chótar）1974年开始在自己的饭店（见本页）里酿酒，后来成为全职的酿酒师，于1990年推出第一款瓶装商业葡萄酒。现在他儿子瓦斯加（Vasja）与他一起按照祖传的方法种植葡萄和酿造葡萄酒。

邱塔酒庄提供一流的服务。他们不仅有亲切细致的酒窖和种植园参观活动，还开发了当地著名景观的短途游览项目。如果有时间，一定要尝一下不同葡萄酒与不同口味的风干火腿的搭配。他们主要生产由当地葡萄品种酿制的无泡和起泡葡萄酒。每一种酒都很棒，但是一定要特别试一下叫"Crna Penina"的特朗（Teran）起泡干红葡萄酒，以及有苹果酒口味的无泡白葡萄酒维托斯卡（Vitovska）。

www.cotar.si；电话 +386 57 66 82 28；Gorjansko 4a，Komen，Slovenia；需要预约

05 艾迪·坎特酒庄（EDI KANTE）

艾迪·坎特经常被人称为"喀斯特葡萄酒酿造"的先驱。他在他家房子下面厚厚的喀斯特岩石上开凿了3层楼高的酒窖存酒并放置酿酒设备，他还能够控制葡萄酒发酵和成熟的温度，使成品葡萄酒口感张弛有度，与葡萄生长的环境交相呼应。独特的"KK"起泡酒称得上是当地最好的起泡葡萄酒了。

www.kante.it；电话 +39 40 20 02 55；Prepotto 1/A，Trieste，Italy；需要预约

06 维多皮韦兹酒庄（VODOPIVEC）

著名的保罗·维多皮韦兹（Paolo Vodopivec）酒庄在戈里齐亚（Gorizia）/奥斯拉维亚（Oslavje）地区东南35分钟车程的地方，值得一去。保罗只种植并酿造维托斯卡这一种葡萄，目前推出了3款不同的瓶装酒，均经过格鲁吉亚式黏土瓮和斯洛文尼亚式的橡木桶陈年。颜色深沉，气味芳香，经常让人联想到南非有机茶（rooibos tea）和高级日本清酒（sake）的混合。这种酒已经成了当地葡萄酒和此类葡萄酒的标杆。

www.vodopivec.it；电话 +39 40 22 91 81；Località Colludrozza 4，Sgonico，Italy；需要预约

实用信息 ESSENTIAL INFORMATION

去哪儿住宿

HOMESTEAD BELICA

坐落在麦得纳村（Medana）高处的客栈，有8间客房、1个室外泳池，能看到美丽的风景，吃到美味的火腿。

www.belica.si；电话 +386 53 04 21 04；Medana 32，Dobrovo，Slovenia

GRAND HOTEL ENTOURAGE

历史悠久的戈里齐亚市（Gorizia）能给在当地旅游的你带来家的感觉。在这里没有几家酒店可以与Entourage的优雅和魅力相提并论。

www.entouragegorizia.com；电话 +394 81 55 02 35；Piazza San Antonio 2，Gorizia，Italy

去哪儿就餐

OSTERIA LA SUBIDA

由斯洛文尼亚人约什克·瑟克（Josko Sirk）于1960年创建。这家家庭饭店因其对当地传统坚持不懈地奉献而闻名。除了时令菜单外，一定要尝一下稀有当地葡萄酒。

www.lasubida.it；电话 +39 48 16 05 31；Via Subida 52，Cormons，Italy

邱塔饭店（ČOTAR RESTAURANT）

由当地最好的酿酒师们经营的非常棒的饭店，但只在周末开放，一定要提前致电预约！菜式以当地特产为主，都是世代相传的手艺，味道错不了。

电话 +386 57 66 81 94；Komen，Slovenia

活动和体验

拜占庭宫殿（Palazzo Attems Petzenstein）在著名的戈里齐亚城堡附近，沿着镇中心的罗马街（Via Roma）就能找到当地最精美的建筑。建筑细节融合了巴洛克、洛可可和新古典主义风格，里面有一个让人难忘的美术馆。

庆典

4月底，布尔达葡萄酒节（Brda and Wine Festival）在斯洛文尼亚边境小镇斯马特诺（Smartno）举办。几周后，相邻的维斯涅韦克村（Visnjevik）会举办葡萄酒和橄榄油节（Rebula and Olive Oil Festival）。9月的第2个周日，意大利的科尔蒙斯镇（Cormons）会庆祝新葡萄丰收。

【南非】

弗朗斯胡克和斯泰伦博斯 FRANSCHHOEK & STELLENBOSCH

葡萄酒迷们会被热闹的斯泰伦博斯和法国风情的弗朗斯胡克的各种优质葡萄酒和美味餐馆宠坏的。

在南非开普（Cape）地区的葡萄种植园里品尝当地酿造的优质葡萄酒是一种特别的体验。从开普敦和标志性的桌山（Table Mountain）出发，开车半小时就能看到一望无垠的非洲风光，这里有成百上千公顷葡萄园酒庄与高耸的大山、湖泊和野生植被融为一体。

开普敦葡萄酒酿造的中心在热闹的斯泰伦博斯镇上，这里是葡萄酒发烧友的天堂，满是酒吧和小饭馆，如果你想认真游览葡萄种植园，这里非常适合作为你的大本营。斯泰伦博斯及周边地区有350年种植葡萄的历史，葡萄酒游是得到高度开发的商业模式，每一座酒庄似乎都提供从住宿到餐饮、品酒的一系列设施和活动，甚至还有儿童乐园，为想要好好喝一通的带小孩的家长解除了后顾之忧。

很多年以来，斯泰伦博斯独霸葡萄酒的各种奖项，特别是南非的招牌酒皮诺塔吉（Pinotage）。皮诺塔吉是由黑皮诺（Pinot Noir）和神索（Cinsaut）葡萄的杂交品种酿制的葡萄酒，这种杂交葡萄品种是由当地大学于1925年培育出来的。现在，大家的目光开始慢慢转向旁边的弗朗斯胡克地区，最早是由有法国背景的胡戈派（Huguenot）定居者将葡萄树从法国千里迢迢带到这里。在这里你仿佛置身于一座普罗旺斯村庄，随处可见像Le Bon Vivant（美好生活）和Quartier Francais（法国区）这样的法语名字，然而实际上现在这里根本没人说法语了。弗朗斯胡克的每间餐馆都非常棒，度假村酒店非常奢华，年轻的酿酒师们生产令人惊艳的葡萄酒——不仅仅只有经典的白诗南（Chenin Blanc）和皮诺塔吉，还有味道浓郁的西拉（Syrah），口感复杂的黑皮诺和赤霞珠（Sauvignon）。最重要的是，尽管进展缓慢，大多数酒庄都在施行对他们的黑人员工而言更具包容性的所有权项目了。

如何抵达

开普敦机场是最近的大型机场，距斯泰伦博斯35公里。可以租车。

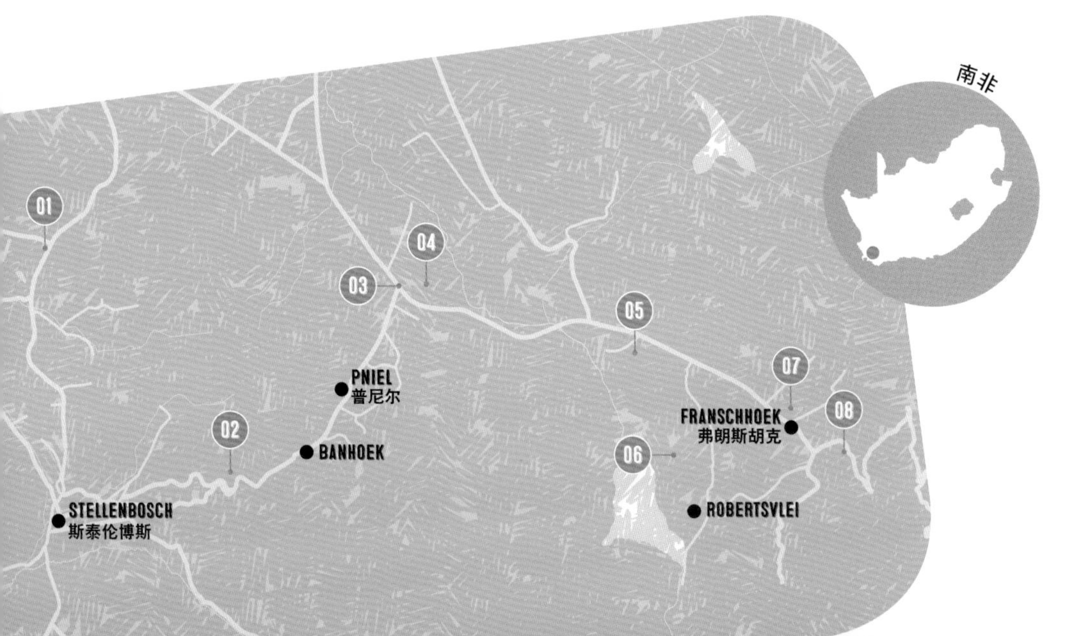

Walter Bibikow © Getty Images

“弗朗斯胡克和斯泰伦博斯有既热爱葡萄酒又钟情于
体验创新烹饪的游客，同时他们
也需要优质的住宿环境。因此我们的酒庄提供
从精品酒店到原汁原味的别墅，
从优雅的美食到寻常菜肴的全方位体验。”

——*顾海宁（Hein Koegelenberg），乐蒙迪酒庄（La Motte winery）*

02

Christer Fredriksson © Getty Images

❶ 炮鸣之地酒庄（KANONKOP）

历史悠久的炮鸣之地酒庄距开普敦30分钟车程，坐落在南非非官方的葡萄酒旅游之都——斯泰伦博斯郊外。入口处很醒目地摆放着一门黑炮，在穿过排列在西蒙堡山（Simonsberg Mountain）山坡上的葡萄种植园、驶向大酒窖这一路，你会惊奇地发现这里传统的自由式灌木葡萄树和比较现代的居由式（Guyot）葡萄树一样多。实际上，炮鸣之地酒庄里里外外写满了传统。酒庄团队游把你带进一个大厅，里面堆满了曾用来在葡萄采摘后进行手工破皮和发酵的敞口水泥缸，这些也是酿酒师阿布里·比斯拉（Abrie Beeslar）所说的炮鸣之地酒庄高品质葡萄酒的秘密。这里的皮诺塔吉浓郁且酸，由至少50年树龄的葡萄树果实酿造，之后在法国式橡木桶里陈年（当然必须陈年之后才能入口）。

www.kanonkop.co.za；电话 +27 21 884 4656；R44，Stellenbosch，周一至周五9:00~17:00，周六9:00~14:00

❷ 托卡拉酒庄（TOKARA）

托卡拉酒庄是斯泰伦博斯酿酒业的新面孔，在酿酒大师迈尔斯·莫索普（Miles Mossop）指导下经营。酒庄在一栋具有未来感的绝妙建筑里，里面装饰着大胆的现代派画作和雕塑。莫索普为3座不同的葡萄种植园创造了完全不同的葡萄酒，它们不仅仅代表了斯泰伦博斯的特点，还反映了新兴产区艾尔根（Elgin）和赫曼努斯（Hermanus）的特点。遗憾的是，托卡拉酒庄的招牌皮诺塔吉酒未来将有很长一段时间买不到了，这是因为生产这种酒的大部分古老的葡萄树在一场大火中被烧光了。即使这样，这里依然有不能错过的“经理珍藏版干白”（Director's Reserve White），它有稻草的颜色，是赤霞珠和赛美蓉（Semillon）的活力混酿。还有西拉，由手工采摘的长在西蒙堡山的山坡上的葡萄酿制而成，有不可思议的口味和颜色。品酒是免费的，这在斯泰伦博斯很少见。品酒之后，一定要尝一下果味十足的橄榄油，用这里60公顷（148英亩）的橄榄田上的果实榨制而成。这里还有一间不那么正式的熟食店兼餐馆，坐看远处开普敦神秘桌山的全景。

www.tokara.co.za；电话 +27 21 808 5900；Helshoogte Rd，Stellenbosch；品酒需要预约

❸ 蓝光之路酒庄（ALLÉE BLEUE）

像很多开普敦大型酒庄一样，蓝光之路酒庄的所有者是外国人，他将一座果园转变成了种植园，如今种植了25公顷（61英亩）葡萄树。这里的酿酒师范泽尔·迪图瓦（Vanzyl Dutoit）是一个有健硕肌肉的英式橄榄球爱好者，当年怀着无比兴奋的心情接下了如同一片白纸的土地，并在其上打造了一座现代酒窖。蓝光之路酒庄是品尝皮诺塔吉酒（Pinotage）的好地方，皮诺塔吉是南非最著名的一种葡萄，于1925年在斯泰伦博斯培育出来，由勃艮第（Burgundy）的黑皮诺和教皇新堡产区（Chateauneuf-du-Pape's）的神索或埃米塔日（Hermitage）葡萄杂交而成。蓝光之路酒庄的葡萄树还很

年轻，葡萄酒经过铁桶的陈年，产出了范泽尔所说的“可以畅饮的葡萄酒”。但是酒庄的主打酒——有丰富酒体、单宁感十足的皮诺塔吉则是取自3小时车程以外有50年树龄的葡萄树果实，范泽尔风趣地形容它是“卡车风味”。他还道明了皮诺塔吉酒的3大主要特点：“色，非常深沉的红宝石色；香，浓郁的李子和樱桃香；味，单宁味。老派酿酒师愿意使用大的旧木桶柔化、熟成葡萄酒，但是我这样的新一代酿酒师则用小的新木桶突出单宁的味道。”

www.alleebleue.co.za；电话 +27 21 874 1021；Intersection R45 & R310，Groot Drakenstein；周一至周五9:00~17:00，周六和周日10:00~17:00

Courtesy of Haute Cabrière

❹ 索姆达塔酒庄（SOLMS DELTA）

酿酒师哈根·维尔容（Hagen

Viljoen）今年只有32岁，但是他对自己想酿造什么样的葡萄酒有着坚定的信念。这个酒庄有远见，愿意尝试增加与黑人劳动者合作的机会，并已经把1/3的所有权赠予了黑人劳工。哈根解释说："酒庄的所有者正试图强化种族隔离制度之后的种族平等成果。农场的历史可以追溯到4个世纪之前，我们有一座博物馆，它建在1740年修建的酒窖里，展示了这里当时的生活情况，当时所有的农场和酒庄都是由黑人奴隶耕作。这样做是为了向世人展示奴隶制带来的问题，并不是想将这段历史遗忘。"品酒活动的酒品是由高度浓缩的圆叶罗讷河谷（Rhone）葡萄大胆混酿而成，例如西拉、黑歌海娜（Grenache）、佳利酿（Carignan）和慕合怀特（Mourvèdre）。Fyndraai是酒庄的饭店，它是品尝配葡萄酒的午餐的好地方，提供例如烟熏鸵鸟肉配凡波斯（fynbos）绿叶菜或咖喱肉末，配鲜芒果炖煮的菜肴。厨师肖恩·斯库曼（Shaun Schoeman）取材非洲本地和开普马来（Cape Malay）香料进行烹调。

www.solms-delta.co.za；电话 +27 021 874 3937；Delta Rd，Groot Drakenstein；游览需要预约

05 摩尔森酒庄（MORESON）

摩尔森酒庄是弗朗斯胡克时尚代言人理查德·弗里德曼（Richard Friedman）的精品酒庄，他另外还在城里拥有一处奢华的Quartier Francais度假村。游览摩尔森酒庄往往接触的则是另外两个人，一位是穿着很时髦的克莱顿·瑞博（Clayton Reabow），他在23岁的时候成了这里的酿酒师，另外一位是老道的英国人尼尔·朱厄尔（Neil Jewell），他是时尚的"面包和葡萄酒"（Bread & Wine）小餐馆的厨师。葡萄酒与羊肉火腿，或辣死人不偿命的魔鬼香肠（Devil salami，含25%辣椒）这样的有机肉类食品是天作之合。你可以从黑皮诺和霞多丽的陈年混酿开始品尝，之后再喝清淡的粉色干白，最后以混合了4种不同年份的莎奈德（Solitaire）结束。克莱顿对他的木桶陈年霞多丽有这样坚定的态度："在ABC（Anything But Chardonnay，意为'什么都行就是不要霞多丽'）思潮泛滥的今天，我们希望给人们带来一款隐约有橡木味道的高品质霞多丽葡萄酒。"

www.moreson.co.za；电话 +27 21 876 3055；Happy Valley Rd，Franschhoek；网上预约品酒游览

01 桌山的阴影下

02 采收黑皮诺葡萄

03-05 上加布里埃尔酒庄（Haute Cabrière）有美景和美食

06 乐蒙迪酒庄的餐厅

06 格林沃德酒庄（GLENWOOD）

格林沃德酒庄是弗朗斯胡克隐藏的秘密，它深藏在一个偏远的村子里，走过一段脏兮兮的7公里小路就到了。整个酒庄就好像美国西部的牧场一样：葡萄树被陡峭的山坡环绕，旷野在很久以前是象群的家。天才酒窖主人D.B.伯格（DB Burger）已经在这里酿造获奖葡萄酒23个年头了，他建议："游客来之前先打个电话交流一下，因为我希望我们的品酒活动比大多数地方更加个性化一些。我会尽量陪同，因为我能给你的是那些靠死记硬背解说词进行讲解的学徒品酒师所给不了的。"他以自己的橡木味酒庄系列（Vigneron Selection）和脆爽的非木桶酿造的霞多丽引以为傲，不过西拉酒也是极好的。伯格说："弗朗斯胡克可能已经变身为开普敦葡萄酒产区的领军者。在我刚入行的时候，这里的葡萄是卖给集体酒庄的。之后酿酒师们开始重新种植葡萄树，这些树直到现在才长成，这也解释了为什么最近的葡萄酒品质会有如此大的提升。"

www.glenwoodvineyards.co.za；电话 +27 21 876 2044；Robertsvlei Rd，Franschhoek；周一至周五11:00~16:00，周六和周日11:00~15:00

07 榭蒙尼酒庄（CHAMONIX）

榭蒙尼酒庄是一个大型酒庄，包括一座种植园，一座农场，以及一片带状的狩猎保护区，客舍周围有角马、斑马和跳羚的出没。葡萄酒才是这里最具标志性的产品，由充满活力的年轻酿酒师戈特弗里德·毛克（Gottfried Mocke）全权把控。他在酒窖进行实验，把酒在水泥罐、铁桶、小橡木桶、大木桶，以及各种最新高科技"水泥蛋"等容器里熟成。这里最好的葡萄酒是白诗南、赤霞珠、黑皮诺和一种柔和的皮诺塔吉，最后这种酒采用与阿玛罗尼酒（Amarone）类似的帕赛托（passito）酿造方法（将采收的葡萄放置在稻草席上，增加其口味）。戈特弗里德认为："50~60年前在这里种植的大片诗南葡萄，基本都拿去生产白兰地了，然而经过了这么多年，葡萄树已经适应了我们这里的气候条件，基本上成了原生态的南非葡萄。"他还致力于改变态度，推广一种甜美的2009年赤霞珠酒，他说："我每年都会留一小部分葡萄酒，而不是马上把所有酒都卖掉。因此人们可以知道成熟的葡萄酒是怎样的品质，而不是总喝那些新酒。"

www.chamonix.co.za；电话 +27 21 876 8426；Uitkyk St，Franschhoek；每天9:30~17:00

08 上加布里埃尔酒庄（HAUTE CABRIÈRE）

为了在上加布里埃尔酒庄阳光明媚的品酒露台上欣赏美景，从弗朗斯胡克的边缘驱车出发爬上山腰也值得。1694年法国胡格诺派定居点的奠基人之一皮埃尔·茹尔丹（Pierre Jourdain）以自己的家乡命名了酒庄。当时这里的名字叫大象（Olifantshoek）角，而不是弗朗斯胡克。现在的主人阿希姆·冯·阿尼姆（Achim von Arnim）和他的儿子塔库安（Takuan）以生产高品质的香槟级别的起泡葡萄酒为己任，已经在沙质的葡萄园一侧种植了霞多丽葡萄树，在石头黏土土质的西面山坡上种植了黑皮诺。这些酒的官方称呼是"南非传统方法酿造的起泡酒"（South African Methode Cap Classique），但是在盲品时很难跟法国香槟区分开来，在他们的餐厅就餐之后你会觉得尤其难区分。酒庄的饭店可以俯瞰像大教堂一样的酒窖。

www.cabriere.co.za；电话 +27 21 876 8500；Lambrechts Rd，Franschhoek；周一至周五9:00~17:00，周六10:00~16:00，周日11:00~16:00

去哪儿住宿

HOLDEN MANZ

在弗朗斯胡克外围，一座浪漫的17世纪开普敦荷兰式茅草屋顶的大宅子里，现代化的精品酒庄和饭店与古色古香的建筑相映成辉。

www.holdenmanz.com; 电话 +27 21 876 2738; Green Valley Rd, Franschhoek

RICKETY BRIDGE COUNTRY HOUSE

1792年时它还是普罗旺斯酒庄（La Provence）的一部分，是弗朗斯胡克原汁原味的胡格诺派建筑。Rickety Bridge是一家精品酒庄，有3间装修豪华的客房。

www.ricketybridgewinery.com; 电话 +27 21 876 2994; R45, Franschhoek

MIDDEDORP MANOR

坐落在繁华的斯泰伦博斯的城镇中心，庄严的维多利亚式客舍集现代风格和开普敦荷兰风格为一身。

www.middedorp.com; 电话 +27 21 883 9560; 16 Van Riebeeck St, Stellenbosch

去哪儿就餐

CAFE DES ARTS

当地酿酒师最爱的社交地点，提供简单的菜肴，例如羊肝，还有辣烤土豆、洋葱和培根，以及从印度洋打捞上来直接供应到此的最新鲜的黄尾金枪鱼。

www.cafedesarts.co.za; 7 Reservoir St West, Franschhoek; 电话 +27 21 876 2952

乐蒙迪酒庄（PIERNEEF A LA MOTTE）

这是弗朗斯胡克地区最古老且最重要的酒庄之一，它的美食旗舰餐厅主厨米歇尔•塞隆（Michelle Theron）创造了诱人的美食佳肴。

www.la-motte.com; 电话 +27 21 876 8000; R45, Franschhoek

DUTCH EAST RESTAURANT

帕施·杜普洛（Pasch Duploy）是喜好社交的屠夫兼厨师，会亲手熏制和腌制肉类食品，他热闹的小餐馆提供诸如跳羚（springbok）、大羚羊（eland）和鸵鸟（ostrich）这样的野味大餐。

www.dutcheast.co.za; 电话 +27 21 876 3547; 42 Huguenot St, Franschhoek

活动和体验

人们在开普敦最喜欢参加的活动是跟开普敦马来人妈妈学做菜。Lekka Kombuis烹饪学校坐落在一栋历史悠久、青绿色的波卡普（Bo-Kaap）房子里。哈米达•雅各布斯（Gamidah Jacobs）会在她的烹饪课上教学员做最好吃的咖喱角（samoosa）、辣椒饼（dhaltjies）、煎饼（rootis）和咖喱鸡肉。

庆典

弗朗斯胡克地区与法国有深厚的渊源，每年7月14日都有活动庆祝攻陷巴士底狱（Bastille）。

Courtesy of Pierneef a la Motte

01

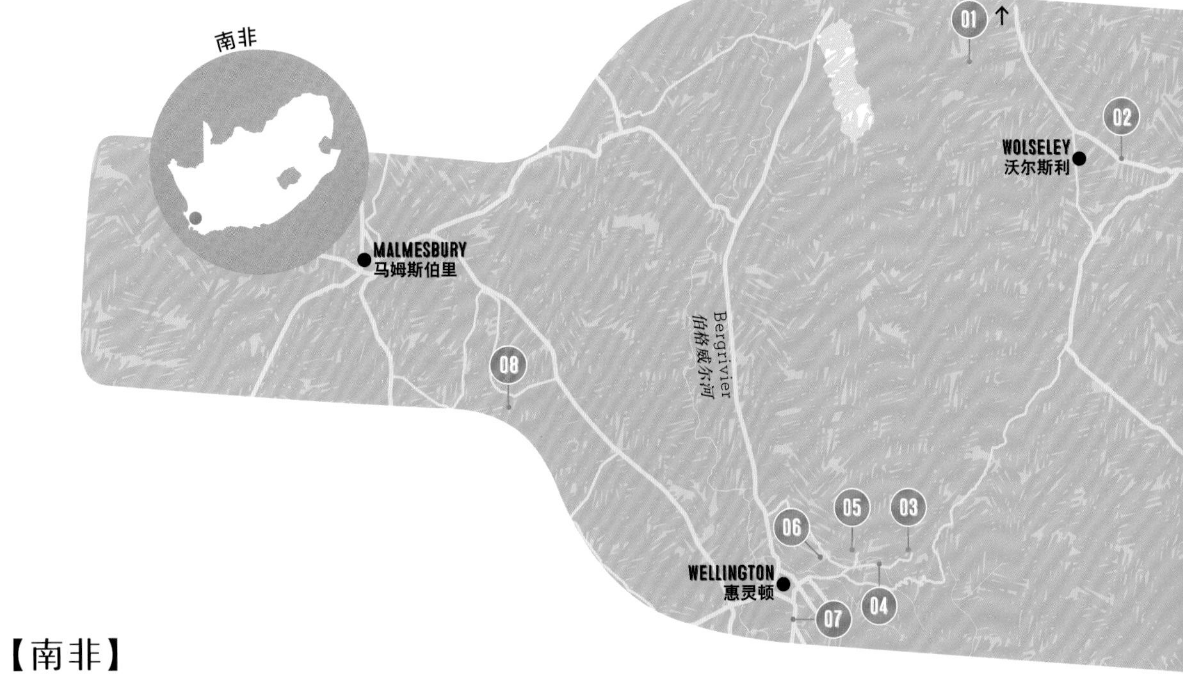

【南非】

惠灵顿、斯沃特兰和图尔巴

WELLINGTON SWARTLAND & TULBAGH

热衷于酿酒的独立所有者拥有这些小型葡萄种植园，在富饶的土地上为旅行者提供了一个独特的角度去洞察酿酒业的未来。

长久以来，那些斯泰伦博斯、弗朗斯胡克和康斯坦提亚（Constantia）历史悠久且显赫的老酒庄代表了开普敦的酿酒业。1659年，非洲大陆上的第一棵葡萄树就在这些地方种下。但是今天，有很多距离开普敦很远的产区，正在发展着自己的风土特色，它们不再限制自己只生产经典白诗南和皮诺塔吉这类南非著名的葡萄酒。海洋性气候的沃克湾（Walker's Bay）以霞多丽、赤霞珠和黑皮诺闻名，艾尔根（Elgin）高海拔的种植园则偏爱长相思（Sauvignon Blanc）和波尔多的混合品种。各种小型家庭酒庄友善真诚好客，不提供有组织的商业葡萄酒团队游。相邻的惠灵顿、斯沃特兰和图尔巴地区则提供了令人耳目一新的项目。在这里的酒庄品酒大部分是免费的，你可能会与酿酒师面对面地交流，而不是听那些枯燥的照本宣科的解说词。你很快就会意识到这里的酒庄主人更喜欢冒险，总会尝试种植新品葡萄。

如何抵达

开普敦机场是最近的大型机场，距惠灵顿70公里。可租车。

斯沃特兰被誉为开普敦的面包篮，因为这里种植小麦，还牧马养牛。这里大型葡萄种植园过去由毫无特色的合作社所有，生产散装葡萄酒和白兰地。然而集体酒庄现在已经销声匿迹了，取而代之的是使用最新科技酿酒的酿酒师，这些人经营着小规模、方便管理的酒庄，他们中的很多人正在尝试着用生物动力学方式进行生产。惠灵顿曾经主要出产水果，周五发薪水的日子在郊外的镇子上漫步，就好像回到了种族不平等的过去，到处都是黑人劳动力。其实这里的种植园主是开普敦最开明的那些人，黑人劳动力在酒庄经营上有真正的话语权。在图尔巴遥远的山谷里，游客会发现生产有机认证葡萄酒的农庄，它们为保护这一地区脆弱的生态系统迈出了重要的一步。

01 瑞吉克的私人酒窖酒庄 (RIJK'S PRIVATE CELLAR)

图尔巴是开普敦葡萄酒产区中名不见经传的地方之一，拥有一片富饶的山谷，被3座高高的山脉环抱。瑞吉克酒庄的酒窖是南非最著名的酿酒师之一皮埃尔·韦尔（Pierre Wahl）的私人领地。他曾谦虚地说："我只是小心地将在这里收获的顶级葡萄装进瓶子里，尽量不去惊扰它们。"这是一个实验性的酒庄，种植园在曾经一片荒芜的片岩土壤上种植了不同品种的葡萄树，3年之后的第一次采收结束，梅洛、赤霞珠和品丽珠葡萄树被挖出来，只保留了白诗南、皮诺塔吉和西拉这3种主要葡萄树。瑞吉克酒庄出品一些有一点橡木口味的新葡萄酒，但最有趣的还是"私人酒窖"（Private Cellar）系列，这些酒在橡木桶里陈年2年后，又在瓶中陈年3年。跟酒庄相连的是由传统的白色乡间别墅改建的优雅酒店。饭店洒满阳光的露台是品尝瑞吉克奇妙葡萄酒的好地方，以葡萄园和高耸的群山为背景，可以俯瞰田园风情的湖光山色。

www.rijks.co.za; 电话 +27 23 230 1622; Van der Stel St, Tulbagh; 周一至周五10:00~16:00, 周六10:00~14:00

02 威弗利山酒庄 (WAVERLEY HILLS)

瑞吉克酒庄刚好坐落在繁忙的图尔巴镇边上，而威弗利山酒庄则是依文森伯格山脉（Witzenberg Mountains）山脚而建的，正好在山谷的另一端。种植园于2000年成立，跟其他大多数酒庄的经营目标截然不同。首先它是开普敦少有的几家生产真正有机葡萄酒的酒庄，它开发了一系列生物多样性的项目，从用放养的鸭子消灭蜗牛，到故意闲置未开发的土地用来保护濒临灭绝的灌丛稀树草原（veld）和阻挡外来植物入侵。

约翰·德尔普特（Johan Delport）是威弗利的酿酒师，他不仅监督葡萄种植园和橄榄种植园的运作，还负责管理一个苗圃和一个生态教学中心。酒庄生产的酒有轻盈、矿物质的口感，单宁味不强，酒在铁桶而非木桶中陈年，用螺旋瓶盖代替瓶塞。最让人惊艳的是天然无硫赤霞珠葡萄酒。

在参观完装满铁桶的现代化酒窖之后，游客们到达了极简主义风格的品酒室，这同时也是一间品尝

农场有机橄榄油制品的熟食店。最后，这场健康的、可持续化发展的体验以饭店提供的美味的5道菜和美酒完美收官。

www.waverleyhills.co.za；电话 +27 23 231 0002；R46, Tulbagh；周一至周六10:00～16:00，周日11:30～15:00

03 迷路园酒庄（DOOLHOF）

离开惠灵顿，一直开到崎岖的博维利山谷（Bovlei valley）最远端才能到达丹尼斯·克里森（Dennis Kerriso）令人惊艳的迷路园酒庄。整个农场面积相当大，20世纪90年代时就有40公顷（98英亩）的葡萄树，历史则可以追溯到18世纪早期，那时的葡萄树是为了酿制葡萄酒和白兰地而种植的。这是一个让人眼花缭乱的种植园，迷宫般的葡萄树种植在拥有不同风土和不同微气候的区域，这就意味着混酿时要注意很多细节。这里只生产赤霞珠和霞多丽两种白葡萄酒，红酒则主要为梅洛、皮诺塔吉、西拉和小维多（Petit Verdot）的混酿。

如果你想潇洒一下，可以住在非常豪华的Grand Dédale Country House酒店，客人们可以选择私家厨师一对一服务。或者去这里一家不那么正式的饭店和品酒室，再或者彻底放弃在室内用餐，点一份搭配冰镇葡萄酒的野餐，沿着河边在酒庄里畅游一番。

www.doolhof.com；电话 +27 21 873 6911；Bovlei, Wellington；周一至周六10:00～17:00，周日10:00～16:00

04 拿拜格列庚酒庄（NABYGELEGEN）

詹姆斯·麦肯齐（James McKenzie）15年前买下了这座坐落在若隐若现雪山阴影中的田园酒庄，酒庄的历史可以追溯到1748年。詹姆斯住在这里原来的大宅子里，将保持了原本美丽装饰的18世纪农舍改建成了民宿对外出租。葡萄树一路从山上蔓延到浪漫的湖边，在夕阳西下时喝一杯冰凉的带有特殊矿物质口味的白诗南，该是一件多么美好的事情啊。詹姆斯自己经营着这座小型农场和17公顷（42英亩）的葡萄种植园，他说："这确实是一件很繁重的工作，然而对于我来说，这就像是生活在天堂里。这里以前是为本地集体酒庄提供葡萄的农场，我继承了有40～70年树龄的品质很好的老葡萄树。这附近的大部分酿酒师一般会将老树连根拔起后重新种植新树，但是我愿意继续保留这些老树，它们产出的葡萄质量也是非常优质的。”在老铁匠铺里品完酒后，游客们会在领队的带领下游览种植园，领队的正是大高个、好脾气的詹姆斯，他还牵着8条狗。他的最新项目是在山上一小片地方种植黑皮诺。

***www.nabygelegen.co.za*; 电话 *+27 21 873 7534*; *Bovlei Division Rd, Wellington*; 游览需要预约**

05 查伦谷酒庄(VAL DU CHARRON)

到达20世纪20年代修建的酒庄入口处，感觉像在好莱坞而不是南非：高高的棕榈树在大道两侧，后面是整齐排列的葡萄树以及格林伯格山（Groenberg Mountain）巨石磊磊的悬崖。当凯瑟琳（Catherine）和斯图尔特·恩特维斯尔（Stewart Entwhistle）决定改变生活方式，成为酿酒师的时候，他们开始了一项巨大的工程。这里以前是果园，里面没有种葡萄树。2002年他们白手起家，在22公顷（54英亩）土地上种植了18种之多的葡萄树。神采奕奕的凯瑟琳微笑着说：“因为我们不想在20年以后懊悔为什么当初漏掉了哪个品种的葡萄。”幸运的是，他们得到了开普敦顶级葡萄酒大师之一贝尔图什·富利耶（Bertus Fourie）的提点，他用不同品种的葡萄进行混酿，等待葡萄树更成熟的时候集中生产单一葡萄的珍酿，比如霞多丽、赤霞珠和西拉。在这里游览就好像是参加了一场派对，可以在泳池边品酒，在酒窖里看艺术品展览和戏剧表演。

www.vdcwines.com*; 电话 *+27 21 873 1256*; *Bovlei, Wellington

“斯沃特兰和惠灵顿的酿酒师重新发现了

古代灌木葡萄树的潜力，而不是反复种植高产的新葡萄树，

这些可以自由站立的美丽树丛结出了优质的厚皮葡萄。”

——酿酒师阿迪·巴登霍斯特（Adi Badenhorst）

Courtesy of Badenhorst

Courtesy of Val du Charron

01 阿迪·巴登霍斯特

02 宝斯曼家族酒庄的节日

03 查伦谷酒庄的老酒窖

04 阿迪·巴登霍斯特检查葡萄树

05 查伦谷的惠灵顿酒庄

06 查伦谷酒庄葡萄种植园的天使雕像

06 宝斯曼家族种植园酒庄 (BOSMAN FAMILY VINEYARDS)

宝斯曼家族8代人一直在惠灵顿手工酿酒。詹尼·宝斯曼（Jannie Bosman）和他的孩子及其他家庭成员一直共同生活在酒庄大宅子里，虽然已经拥有了150公顷的主种植园，但他们还在斯沃特兰（Swartland）和沃克湾（Walker' s Bay）拥有另外两片不小的种植园。在有260年历史的酒窖里品尝完诗南和皮诺塔吉之后，游客会对这个家族的葡萄酒酿造传统有一定的认识。宝斯曼一家依然对未来充满希望，他们正在打造一个葡萄树育苗基地，为全南非的酿酒师提供多达50个品种的葡萄树苗。

www.bosmanwines.com；电话 +27 21 873 3170；Hexberg Rd, Wellington；周一至周五8:00~17:00，周六仅凭预约

07 黛玛斯芳婷酒庄 (DIEMERSFONTEIN)

黛玛斯芳婷酒庄是南非另外一座满是新意的酒庄，为游客提供位于开普敦荷兰官邸内的豪华住宿、以健康饮食为卖点的餐厅和以推广当地音乐家和演员为目标的表演艺术中心。后者由工人协会经营，协会还拥有1/3的酒庄股权，出品的葡萄酒系列名为索克萨尼（Thokozani）。葡萄酒的质量也令人惊艳，例如“为了鸟类”（For the Birds）葡萄酒，收入的一部分用于保护企鹅，以及由黛玛斯芳婷的酒窖主人发明的、在商业上取得巨大成功的“咖啡皮诺塔吉”（Coffee Pinotage）。将旧木桶的木片烘烤后丢进铁酒桶里，给口感浓郁的红酒皮诺塔吉增加了一层摩卡咖啡的香气和口味。葡萄酒专家认为这么做有点离经叛道，然而消费者很喜欢。酒庄的主人大卫·索南伯格（David Sonnenberg）在品酒时经常回忆：“种族隔离期间，我曾经作为临床心理医生灰心丧气地在伦敦住了20年，是纳尔逊·曼德拉和南非的改变激励我回到酒庄，并从未后悔过。”

www.diemersfontein.co.za；电话 +27 21 864 5050；Jan van Riebeck Dr, Wellington；每天10:00～17:00

08 阿迪·巴登霍斯特酒庄 (ADI BADENHORST)

斯沃特兰地区到处都是新奇的葡萄酒酿造者。想要找到狂风大作的阿迪·巴登霍斯特的农场很不容易，不过一旦找到，热情的人偶熊会立即给你一个补偿。阿迪像是一位炼金术士一样在酒窖里工作，用遍所有东西：从巨大的老式橡木桶到500升的法式小桶、水泥池和铁桶，还有几个诺布洛水泥蛋（Noblot cement egg）。他没有什么像样的品酒室，品酒就是在一个破烂的冰箱旁边打开木桶开喝，但是只要你一开始品尝他的明星产品，其余一切都会变得没那么重要，例如瓶装的赛卡特白诗南（Secateur Chenin Blanc）；赛卡特红酒（Secateur Red）是由有强烈口感的黑格海娜、佳利酿和神索混酿而成；“不寻常的干白”（Funky White）每年都不尽相同，有的年份可能是黄葡萄酒（Vin Jaune），下一年可能又是芳蒂娜麝香葡萄酒（Muscat de Frontignan）。整个地区历史上曾经由斯沃特兰集体酒庄主宰，但当农民们负担不起铲除老葡萄树重新种植高产的新葡萄树时，很多人被迫将土地卖掉。这就使得像阿迪这样特立独行的酿酒师获得了超过100年树龄的低产灌木葡萄树。

www.aabadenhorst.com；电话 +27 82 373 5038；Kalmoesfontein, Jakkalsfontein Rd, Malmesbury；需要预约

实用信息 ESSENTIAL INFORMATION

去哪儿住宿

TULBAGH HOTEL

图尔巴高街上，醒目的19世纪50年代酒店混合了当代设计和殖民地时期的怀旧情调，有温馨的餐厅、游泳池和阳光灿烂的露台酒吧。

www.tulbaghhotel.co.za；电话 +27 23 230 0071；22 Van der Stel St, Tulbagh

OUDE WELLINGTON WINE ESTATE

葡萄酒和白兰地酒庄，坐落在传统的开普敦荷兰式茅草顶的别墅里。历史可以追溯到18世纪早期，有一点粗犷的味道。可以在泳池边的花园里品尝传统的南非烤肉（braai）。

www.wellington.co.za；电话 +27 21 873 2262；Bainskloof Rd, Wellington

去哪儿就餐

阅读者饭店 (READERS RESTAURANT)

温馨的饭店坐落在可以追溯到1754年的图尔巴最古老的房子里。卡罗尔•柯林斯（Carol Collins）重新解读了传统菜肴，推出创意十足的新菜式。你可以吃到很棒的手工冰激凌搭配香醋或橄榄油，以及让人无法抗拒的开普敦白兰地布丁。有优质的当地葡萄酒，其中很多可以按杯出售。

www.readersrestaurant.co.za；电话 +27 23 230 0087；12 Church St, Tulbagh

BAR BAR BLACKSHEEP

独特的酒吧兼饭店，斯沃特兰的酿酒师们经常在这里吃一顿悠长懒散的周日午餐。厨房使用有机的本地食材，小火慢炖的乡间美食，比如：炖山羊肉（cabrito goat stew）、朗姆酒炖猪肉。还有很多车库葡萄酒和鸡尾酒可供选择。

www.bbbs.co.za；电话 +27 22 448 1031；Short St, Riebeek Kasteel

活动和体验

开普敦是大自然的天堂，休息一天去探访野生动物保护区，或者去海边观鲸。

庆典

每年的11月，怀揣各种点子的酿酒师们千里迢迢来到雷比克卡斯蒂尔（Riebeek Kasteel）庆祝斯沃特兰革命胜利，这是一场无休止的周末美酒美食聚会。

www.theswartland-revolution.com

CRIADERA
GOLD
1
32

SANLÚCAR DE BARRAMEDA
桑卢卡尔-德巴拉梅达

CHIPIONA
奇皮奥纳

GULF OF CÁDIZ
加的斯湾

西班牙

JEREZ DE LA FRONTERA
赫雷斯-德拉弗龙特拉

ROTA
罗塔

EL PUERTO DE SANTA MARÍA
圣玛丽亚港

Yadid Levy © Lonely Planet

【西班牙】

赫雷斯 JEREZ

雪利酒再度成为时尚。在这座漂亮的安达卢西亚(Andalucia)城市中,让我们前往终极佐餐饮品的发源地,去探探菲诺(Fino)雪利酒的"内幕"。

友情提醒:在雪利酒三角区(Sherry Triangle),你可能会连续几天甚至几个礼拜陷入迷失状态。这个偏安于西班牙南部安达卢西亚地区一隅的三角区域,由赫雷斯-德拉弗龙特拉(Jerez de la Frontera,在中世纪被称为Sheris)、向西的桑卢卡尔-德巴拉梅达(Sanlucar de Barrameda)和圣玛丽亚港(El Puerto de Santa Mariá)共同组成,它是雪利酒的唯一来源地。作为一种加强型葡萄酒,雪利酒正在重新俘获全世界美食爱好者们的芳心。

在安达卢西亚各地的酒吧里,餐前仪式每晚会重复上演。客人选好位置坐下来,酒保先倒上一小杯淡金色的琼浆,其色泽澄澈如鹰眼,然后顺着柜台推过来一碟本地风干的伊比利亚火腿(jamón ibérico)切片或者奶酪块。那杯琼浆便是菲诺,即最白最干型的雪利酒,它清冽的口感会强烈刺激你的味蕾,堪称是社交式餐前小吃的绝配,而追求时尚的酒吧常客们肯定也发现了这一点。

雪利酒的产区虽然不大,品类却颇为复杂——雪利酒不止一种,而是有五六种之多,至于精酿菲诺和陈放许久变质的橙汁雪利酒之间存在怎样的渊源,恐怕也不是一两句话就能说得明白。不过,本书将会为你揭示这一切。

雪利酒的回归酒吧之旅始于20世纪90年代中期,当时赫雷斯内陆以及位于西班牙海岸的圣玛丽亚港和桑卢卡尔-德巴拉梅达作为原产地命名保护地(Protected Designation of Origin,简称PDO),获得了欧盟的认可和保护。

我们的旅程始于赫雷斯,这里所有的大酒庄都拥有一个对公众开放的酒窖。这可能是一种相当商业化的体验——冈萨雷斯·拜亚斯酒庄甚至有一辆供游客乘坐、游览的模型火车——却也是不错的入门级介绍。之后,让我们再前往赫雷斯铺设整齐的街道,去一睹弗拉明戈舞(flamenco)的风采,安达卢西亚可是这种舞蹈的发祥地。如果你更感兴趣的是会跳舞的马,那么赫雷斯也能满足你。

如何抵达

塞维利亚的马拉加(Malaga)机场和加的斯(Cadíz)机场是最近的支线机场。

01 大师何塞·布兰迪诺·卡拉斯科（José Blandino Carrasco）在传统酒庄的酒窖鉴酒

02 莫斯卡托葡萄

03 品尝一下传统酒庄的雪利酒

04 皇家安达卢西亚马术学校

05 Tapas（西班牙小吃）时间

Yadid Levy © Lonely Planet

01 冈萨雷斯·拜亚斯酒庄（GONZÁLEZ BYASS）

距离大教堂不远的冈萨雷斯·拜亚斯酒庄是赫雷斯最重视游客的酒庄之一，这里出品的缇欧佩佩菲诺雪利酒（Tio Pepe Fino）同样也是世界上销量最大的雪利酒。要想了解雪利酒生产的基础知识，这家酒庄是再好不过的去处了。从干型到甜型，雪利酒有多种不同的类型。最干型的雪利酒（正是干型雪利酒引领了雪利酒的复兴）包括菲诺和曼赞尼拉（Manzanilla）。菲诺的刺激风味是由一种被称为弗洛（flor）的酵母所赋予的，当雪利酒在酒桶中静置至少3年（越高端的酒静置的时间通常越长）的时间里，弗洛酵母会在其表面形成一层膜。这层膜将酒体与空气隔绝（在这一过程中酒体会保持浅色）。

了解了菲诺之后，我们再来认识一下绝干型的阿蒙提亚多（Amontillado），它是由菲诺接触空气继续熟化而成的。因此，这种雪利酒不仅酒体颜色更深，而且香气更为浓郁，其酒香中带有令人愉悦的木香和干橙皮的香味。正如酒庄内大多数年份较长的雪利酒一样，冈萨雷斯·拜亚斯酒庄酿造的阿蒙提亚多绝对是餐桌上令人瞩目的明星。

接下来出场的是甜型雪利酒奥罗索（Oloroso），它是在发酵之后经过强化以阻止弗洛酵母形成而酿制出来的。在桶中熟化的过程中，伴随着与空气的接触，奥罗索的色泽变得越来越深，香气越来越浓郁，果味也越来越突出。佩德罗·希梅内斯（Pedro Ximénez）雪利酒则是用同名葡萄酿造而成的一种餐后葡萄酒，酒品越成熟越好。比佩德罗希·梅内斯还甜的超甜型雪利酒通常只用于出口国外。

www.bodegastiopepe.com；电话 +34 956 357 016；C/Manuel María González, 12；按时段参观，网络预订

02 桑德曼酒庄（SANDEMAN）

哈维（Harvey）、奥斯本（Osborne）和桑德曼这三个名字揭示了雪利酒的起源。虽然雪利酒充满了西班牙特色，但其商业化进程是在英国完成的。英国人对于雪利酒的迷恋得归咎于弗兰西斯·德雷克爵士（Sir Francis Drake）：这位伊丽莎白一世时代的私掠船船长在1587年洗劫了加的斯，夺走了3000桶当地酿造的葡萄酒。不久之后，本土的英国人就渐渐培养了对于西班牙强化型葡萄酒的喜好，一门新产业由此诞生。一些创业者，譬如来自苏格兰珀斯（Perth）的乔治·桑德曼（George Sandeman），开始在赫雷斯创办产业，剩下的就是人尽皆知的历史了。

桑德曼酒庄建于1790年，靠近位于城市中心的皇家安达卢西亚马术学校（Royal Andalusian School of Equestrian Art）。使用多国语言讲解的导游式游览再加上博物馆，让桑德曼酒庄成为了解雪利酒历史的好地方[冷知识：桑德曼酒庄那华丽的斗篷人像商标是由苏格兰艺术家乔治·马西奥特·布朗（George Massiot Brown）设计的]。

www.sandeman.com；电话 +34 675 647 177；C/Pizarro 10，Jerez de la Frontera；参观细节可查阅酒庄网站主页

03 传统酒庄（BODEGAS TRADICIÓN）

传统酒庄是一家专门生产稀有熟化雪利酒的精品酿造商，在酒庄昏暗的酒窖里存放着单桶体积为625升的美国橡木酒桶，雪利酒的芬芳扑面而来。品酒室中挂着戈雅（Goya）和委拉斯开兹（Velasquez）的作品，以及毕加索在8岁时绘制的瓷砖画，游客们在这里可以品尝到口感独特的帕洛-科尔达多雪莉（Palo Cortado），其坚果和烟熏口味介于阿蒙提亚多和奥罗索之间。酒庄自酿的浓郁型奥罗索带有香草和姜的味道，甚至散发出圣诞蛋糕的香气。

不同于其他类型的葡萄酒，雪利酒在生产的每个阶段都需要人为干预。传统酒庄的酒窖大师何塞·布兰迪诺（José Blandino）在酿酒行业差不多已经浸淫了五十年，他就像对待自己的子女一样对待雪利酒。“在开始酿造时，葡萄酒就像个小娃娃。我们需要教会它们如何成长，帮助它们顺利度过成熟过程的每个阶段。这需要付出大量的时间和艰辛的劳动，只有这样它们才能成长为令我们引以为傲的成熟酒体。”

不过，何塞也承认，正如他自己在酿造过程中所扮演的个人角色一样，个人体验对于最终成品是很重要的。“我们可以告诉人们能够品尝出哪些滋味。但唯一真正关键的标准在于你究竟是不是喜欢它。”

www.bodegastradicion.es；电话 +34 956 16 86 28；C/de los Cordobeses，3，Jerez de la Frontera；游览需要预约

04 奥斯本·莫拉酒庄 (OSBORNE MORA)

漂亮的奥斯本·莫拉酒庄（Os-

Rene Mattes © Getty Images

VIÑA POMAL
RIOJA
GAMBAS 18
LANGOSTINOS .. 18
ALMEJAS 12
CHOCOS 10
PRESA Ib 12
SOLOMILLO Ib .. 11
Boquerones 6

05

borne Mora）位于雪利酒三角区的最南端，专门酿造轻型的菲诺坤塔（Fino Quinta）。这里是了解雪利酒美食搭配的精华所在——酒庄甚至设立了一个专门生产伊比利亚火腿的部门，这种火腿的制作原材料来自用橡果喂食的散养伊比利亚黑猪。

在奥斯本·莫拉酒庄，参观者还能了解用于生产混配雪利酒的索莱拉（solera）系统，通过这套系统，酿造师将不同熟化程度的雪利酒从一个桶移到另一个桶，让这些桶里总是充满可以为弗洛酵母提供养分的年轻酒体——这就是为什么酒窖里的酒桶要堆叠起来的原因。这意味着雪利酒的熟化是为了一种平衡：十年前开始酿造的索莱拉雪利酒不仅含有熟化十年的酒体，同时也包含更年轻的酒体。有些索莱拉雪利酒的年份非常古老，来一杯奥斯本酒庄出品的经典索莱拉印度奥罗索（Solera India Olorosa），你就能体味个中含义了。

www.osborne.es；电话 +34 956 869 100；C/ los Moros，El Puerto de Santa Maria；电子邮箱：visitas.bodegas@osborne.es

05 德尔加多·朱利塔酒庄 (DELGADO ZULETA)

一株雪利葡萄树的生长历程可谓是既艰辛又曲折。帕洛米诺（Palomino）、莫斯卡托和佩德罗·希梅内斯是3种被允许用来酿造雪利酒的葡萄品种。它们都要经历高达40℃的夏季高温，数米长的根须深深扎入白色石灰质（albariza）土壤中，以获取水源。在德尔加多·朱利塔酒庄，这些葡萄转化为曼赞尼拉（Manzanilla），它是桑卢卡尔-德巴拉梅达（Sanlúcar de Barrameda）地区的特产，弗洛酵母在这里的生长最为旺盛，而寒冷的海滨气候又强化了曼赞尼拉的刺激口感。

www.delgadozuleta.com；电话 +34 956 360 543；Av de Rocío Jurado，Sanlúcar de Barrameda；游览需要预约

实用信息 ESSENTIAL INFORMATION

去哪儿住宿

HOTEL CASA GRANDE

这家酒店占据了一栋经过细致翻修的、建于20世纪20年代的宅邸。客房分布于3个楼层，周围有个庭院，旁边是屋顶平台，从平台上可以欣赏到赫雷斯的屋顶轮廓线的风景。酒店经理莫妮卡·施罗德（Monika Schroeder）是个赫雷斯的百事通。

www.hotelcasagrande.eu；电话 956 34 50 70；Plaza de las Angustias，3，Jerez

去哪儿就餐

LA CARBONA

在赫雷斯这家充满友善氛围的家庭式餐馆中就餐时，不同的美食总是会搭配不同的雪利酒。从来自纳瓦拉（Navarra）的辣味小红椒香肠（chistorra sausage）到桑卢卡尔-德巴拉梅达出产的海鳌虾，餐厅里独具创新的美食皆使用最经典的西班牙食材。想让美食美酒相得益彰可是有诀窍的，如果你想了解更多，可以去听听大厨哈维尔·穆尼奥斯（Javier Munoz）开设的雪利酒烹饪课。

www.lacarbona.com；电话 +34 956 34 74 75；C/ San Francisco de Paula，2

活动和体验

在赫雷斯，皇家安达卢西亚马术学校每天都会进行腾跃马术表演。不过，不花钱的最佳去处莫过于充满老旧时尚气息的加的斯了，它是整个欧洲大陆一直有人居住的最古老的定居点之一。浪漫、神秘且历经多年的纷扰，加的斯所散发的光环令人迷醉。

www.realescuela.org；www.cadizturismo.com

庆典

在西班牙大部分的葡萄种植区，每年的葡萄收获期都会举办葡萄采收节（Fiesta de la Vendimia）来进行庆祝。赫雷斯的葡萄采收节从9月8日开始，当天正值圣母诞辰（Nativity of Our Lady）。采收节上的庆典活动包括用葡萄藤装饰的花车队伍游行，跳弗拉明戈舞，还会放烟火。在所有的西班牙城市中，加的斯对嘉年华庆典的狂热程度可谓首屈一指，嘉年华期间会举办连续10天的歌舞和饮酒化装派对，时长会跨越2月的两个星期。

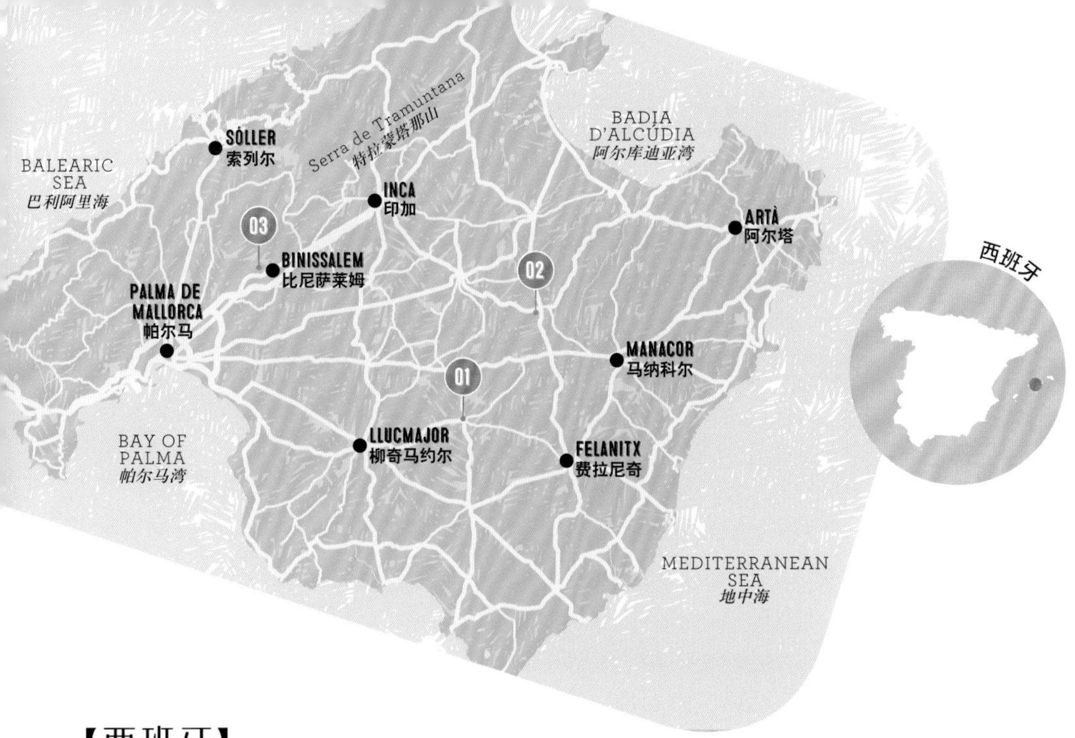

Gonzalo Azumendi © Getty Images

【西班牙】

马略卡 MALLORCA

阳光、海洋、沙滩和令人赞不绝口的葡萄酒：向内陆进发，去特拉蒙塔那山（Serra de Tramuntana）和中央平原探寻这座度假岛屿上的各种葡萄酒。

作为西班牙巴利阿里群岛（Balearic islands）中面积最大的一座岛屿，将近一个世纪以来，马略卡一直是数百万北欧人心目中最受欢迎的度假目的地——不过这股旅游热潮并没有使之元气大伤，马略卡依然欣欣向荣。早在425年，一群更早的罗马入侵者从这座地中海岛屿上被驱逐了出去，不过同时留下了两大遗产：葡萄藤和橄榄树。或许，这便是公平的代价。

既然两千五百多年来这座风光迷人的岛屿总是与葡萄酒联系在一起，那么岛上自然也少不了一些有年头的葡萄藤。在马略卡的两大葡萄酒法定原产区（Denominació d' Origen，简称DO）比尼萨莱姆（Binissalem）和普拉耶旺特（Plà i Llevant，意为"中央平原"），葡萄通常都是从树龄为60岁的老藤上收获的。马略卡大多数的酒庄（包括所有的货栈和石头酒窖）将注意力都放在卡耶特（Callet）、黑曼托（Manto Negra）和普伦萨尔白葡萄（Prensal Blanc）这些岛上的传统葡萄品种上。这些葡萄在酿造时通常会添加些许卡本内（Cabernet）、梅洛（Merlot）或设拉子（Shiraz），以强化并刺激其风味。另一种古老的葡萄品种玛尔维萨（Malvasia），也在特拉蒙塔那山区的梯田葡萄园中悄然回归，这片山区顺着岛屿西麓不断延伸，是迎接正前方水汽冲击的首块区域。

马略卡的葡萄酒之旅有两大乐趣：首先，大多数酒庄之间的车程都不长。马略卡是一座小岛，从餐厅、海滩或其他景点出发前往各个酒庄用不了半个小时。其次，岛上的很多酒庄都属于家庭经营的产业，它们通常坐落于城镇中心的老式砂岩建筑中。如果深入了解那些酿酒家庭，你就能感受到他们对于这座岛屿本身以及岛上的美食、美酒、传统和风貌的热爱。马略卡岛拥有酿造粗制葡萄酒的悠久历史——酿酒葡萄来自干旱的葡萄园，且酒体发黑，未经过滤——但随着数十年的传统和年轻一辈的抱负相融合，马略卡葡萄酒变得越来越精致。只有极少量的马略卡葡萄酒用于出口，所以亲自去岛上探寻一番就显得更有必要了。

如何抵达

马略卡岛首府的帕尔马（Palma）机场可以起降来自欧洲各地的航班。西班牙本土也有慢速渡船抵达岛上。

❶ 豪梅·梅斯奎达酒庄
(JAUME MESQUIDA)

"工作就是我的激情所在，"芭芭拉·梅斯奎达（Bárbara Mesquida）说，这位身材娇小的酿酒师在波雷雷斯（Porreres）满是尘土的后巷，经营着这家具有开拓精神的酿酒厂，波雷雷斯是一座位于马略卡岛中央平原上的集镇。"第一批葡萄树还是我曾祖父种下的，到现在它们已经非常古老了。我们是第一家在岛上种植卡本内、梅洛和西拉葡萄品种的酿酒厂。"在镇子的西边，你可以找到当年梅斯奎达老先生种下的葡萄树，它们的根深深地扎在铁锈红色的土壤中。对于豪梅·梅斯奎达酒庄来说，历史非常重要。这家酿酒厂建于1945年，在游览过程中游客们可以去参观酒庄最初建造的酒窖，当然现在酒窖里摆上了铿光发亮的新式钢制酒桶。

自2004年以来，由豪梅（Jaume）和芭芭拉这对兄妹组成的经营团队让马略卡的葡萄酒产业重新焕发了生机。"对于马略卡的葡萄酒产业而言，这是个好时机，"芭芭拉说，"你不能拿我们和西班牙本土的葡萄酒产业比——我们的地理位置非常特殊。我们酿造的葡萄酒蕴含了马略卡岛贫瘠的土壤和海洋性气候。"贫瘠的土壤、炙热的阳光和凉爽的海风突出了本地葡萄品种的风味。

豪梅·梅斯奎达酒庄将传统和创新融为了一体。"酿制结果可比卖弄学问重要，"芭芭拉说，"我们有办法去研究那些我们曾祖父做不到的事情，了解在国外别人是怎么做的。"在参观酒庄的过程中，我们能感受到这股雄心壮志。但这并不意味着现在的经营者会将前辈们的努力弃之如敝履。你可以跟随芭芭拉进入地窖，去看看酒庄的遗产——那些落满灰尘的瓶子堆了起来，被厚厚的石墙保护着。包括午餐、艺术展示、音乐会以及葡萄园和酒窖游览在内的日常活动安排得非常紧凑。芭芭拉对于葡萄酒和工作的热情极具感染力，"我完全没有周一或周五的概念。"她笑着说。当问及如何评价马略卡岛上的其他酿酒厂时，她回答说："佩特拉的米克尔·奥利弗酒庄不错。我很喜欢那里。"

***www.jaumemesquida.com*; 电话 +34 971 647 106; Carrer Vileta 7, Porreres; 周一至周五8:00~19:30，周六9:00~13:00**

❷ 米克尔·奥利弗酒庄
(MIQUEL OLIVER)

个头不高、头发黝黑的皮拉尔·奥利弗（Pilar Oliver）擦拭着手上的葡萄汁，从酒庄后面现身出来迎接客人——这座酒庄从外表看起来就像是一个前开口的车库。虽然9月正值葡萄的收获季，但这个位于佩特拉（Petra）中心的家庭经营酿酒厂还是会热情地向游客们展示自己有史以来酿造的最为成功的葡萄酒：Ses Ferritges和Aia，前者是由卡耶特、西拉、梅洛和卡本内混合酿制而成，后者则是一款获奖的梅洛葡萄酒。米克尔·奥利弗酒庄总是在辛勤地劳作，不提供其他花哨的服务。这里既没有美术馆，也没有礼品店，只有严

视觉中国 ©

01 生长在比尼萨莱姆的葡萄

02 在马略卡海滨享用桃红葡萄酒

03 比尼萨莱姆的葡萄大战

04 帕尔马的港口和大教堂

05 特拉蒙塔那山的尖顶福门托尔海角(Cap deFormentor)

Juergen Richter © Getty Images

Michele Falzone © Getty Images

肃而热情的酿酒师皮拉尔·奥利弗和豪梅·奥利弗（Jaume Olivella），以及他们酿造出来的一流作品。

马略卡有两处原产地命名保护地，米克尔·奥利弗酒庄所在的Vins des Pla i Llevant便是其中之一。这块指定区域覆盖了马略卡岛的中部平原，米克尔·奥利弗酒庄在这里种植了卡耶特、黑曼托和普伦萨尔白葡萄，葡萄园通过干砌石墙与种植杏树的田地隔开（扁桃树2月开花，那个时节非常适合去马略卡岛内陆游览）。

佩特拉真正成名的原因在于它是尤尼佩罗·塞拉神父（Father Junípero Serra）的出生地，这位传教士不仅在墨西哥和美国加利福尼亚州建立了布道所（后者的布道所后来发展到圣地亚哥、圣巴巴拉和旧金山3座城市），还将葡萄种植技术引入了加州。纳帕谷（Napa Valley，见305页）的起源竟然可以追溯到一座慵懒的马略卡城镇，而这座小城自塞拉神父1749年开始自己的徒步旅行以来就没什么变化，这样的联想让人着实感觉有些奇怪。但不管怎么样，别忘了去城外4公里处塞拉神父位于山顶的隐居所欣赏日落美景，如果能捧上一杯出自米克尔·奥利弗酒庄的美酒，那可就更完美了。米克尔·奥利弗酒庄自身的历史可追溯至1868年。皮拉尔和豪梅正在培养奥利弗家族的下一代酿酒师，在他们的经营下，这座马略卡最顶尖的酒庄，未来可谓一片光明。

www.miqueloliver.com；电话 +34 971 561 117；Carrer Font 26，Petra；周一至周五10:00~14:00，15:30~18:30

03 玛西亚·巴特勒酒庄(MACIÀ BATLE)

“投资葡萄酒，而不是投资高尔夫球场或酒店，人们都以为我们疯了，”玛西亚·巴特勒酒庄的主管拉蒙·萨瓦尔斯·巴特勒（Ramón Servalls i Batle）说，“但后来，他们才慢慢意识到，除了阳光和沙滩外，马略卡还有很多好东西。”作为岛上面积最大且最多元化（酒庄的商店出售橄榄油、巧克力和各种小吃）的酒庄之一，玛西亚·巴特勒和米克尔·奥利弗恰好处于葡萄酒酿造行业的两个极端。前者的葡萄酒是在高科技实验室中由50万欧元一台的机器调配和灌装出来的，你甚至可以站在玻璃隔板后面亲眼目睹这一过程。

但抛开大企业的噱头，玛西亚·巴特勒酒庄依然是一座家庭经营式的酿酒厂，它向所有客人热情地敞开怀抱，并执着地坚守着传统。拉蒙酿造葡萄酒所用的原料都是本土的葡萄品种，譬如卡耶特和黑曼托，它们都是从四十多年树龄的老藤上手工摘下来的。有些葡萄藤年龄非常老，以至于只结一串葡萄。自1856年建厂以来，这座位于比尼萨莱姆酿酒中心以南、特拉蒙塔那山脚下的酒庄一直未曾易址。在本地专业知识的加持之下，那些老藤也得到了很好的管理。“白天很热，葡萄需要凉爽的微风，所以我们去掉了叶子，让风能够直接吹到葡萄上，”拉蒙说。压榨得到的葡萄汁需要放在庭院下方漆成深红色的酒窖中进行熟化，酒窖里的空间足够放进850个酒桶。玛西亚·巴特勒酒庄酿制的葡萄酒种类繁多，包括带覆盆子香味的玫瑰红（rosada）、白葡萄香槟（Blanc De Blancs）和辣味的陈酿（crianza）。

www.maciabatle.com；电话 +34 971 140 014；Camí de Coanegra, Santa Maria del Camí；6月中旬至10月中旬周一至周五9:00～19:00；10月中旬至次年6月中旬周一至周五9:00～18:30，周六9:30～13:00

实用信息 ESSENTIAL INFORMATION

去哪儿住宿

HOTEL ES RECÓ DE RANDA

位于普格德兰达（Puig de Randa）山脚下的Hotel Es Recó de Randa是普拉耶旺特地区最好的酒店，它距离费拉尼奇（Felanitx）、波雷雷斯和佩特拉都很近。酒店的厨师擅长烹饪传统的马略卡菜肴并引以为傲。

www.esrecoderanda.com；电话 +34 971 660 997；Carrer Font, 21, Randa

READ' S HOTEL AND RESTAURANT

这家豪华酒店位于比尼萨莱姆原产地命名保护地中。

www.readshotel.com；电话 +34 971 140 261；Carretera Santa Maria del Camí– Alaró

去哪儿就餐

SIMPLY FOSH

这家位于帕尔马Hotel Convent de la Missio的餐厅由马略卡的顶级大厨马克·福什（Marc Fosh）一手创办，拥有米其林一星。马克·福什在C/Can Maçanet拥有一家名叫Misa的啤酒店。

www.simplyfosh.com；电话 +34 971 720 114；Carrer Missió, 7, Palma

ES VERGER

这家质朴的餐馆在前往阿拉罗山（Àlaro mountain）的半途，生意非常好。本地羊羔的肩肉与岛上出产的红酒堪称绝配，也是马略卡必不可少的就餐体验之一。

电话 +34 971 182 126；Camí des Castell, Alaró

活动和体验

特拉蒙塔那山徒步

干石路线（Dry Stone Route）是一条顺着特拉蒙塔那山脉延伸的路径，全长170公里。路线可分为8段，你可以按照自己的喜好进行徒步活动。路上还建有几处可供过夜的庇护所。从Consell de Mallorca可以获取地图和预订信息。

www.conselldemallorca.net；电话 +34 971 173 700；Ruta de Pedra Sec

庆典

去马略卡岛旅游的最佳时机莫过于9月份的葡萄收获季之后，每年的这个时候比尼萨莱姆会举行“葡萄大战”，这里说的可不是什么品酒会，而是实打实的食物战争，所以参加活动时千万不要穿自己最好的衣服。

01

01 从克洛斯·玛卡多酒庄眺望整个普里奥拉托

02 克洛斯·玛卡多酒庄的葡萄园

Courtesy of Clos Mogador

【西班牙】

普里奥拉托

PRIORAT

在西班牙最具冒险精神的葡萄种植区，去拜会那里的开拓者们，感受乡野最狂放的美酒和美景。

驾车从巴塞罗那向南行驶不到2个小时，就能抵达西班牙葡萄酒酿造业的“狂野西部”——普里奥拉托，其北边紧挨着蒙特桑特山脉自然公园（Parc Natural de la Serra de Montsant）的巨大断崖，这个面积不大，地势却崎岖不平的地区曾经只能出产少量的劣质葡萄酒。这里是加泰罗尼亚的贫穷角落：老一辈人只能勉强维生，年轻人则争先恐后地逃到了巴塞罗那。

到了20世纪70年代，包括克洛斯·玛卡多酒庄的勒内·巴比尔（René Barbier）以及阿尔瓦罗·帕拉西奥斯（Alvaro Palacios）在内的5位留着长发的拓荒者开始意识到了普里奥拉托的潜力所在。这里受阳光暴晒的干旱斜坡异常陡峭，在收获季依然要靠骡子进行劳作，拖拉机根本派不上用场，坡上种着已有七八十年树龄的佳丽酿（Carignan）和歌海娜（Grenache）葡萄藤，其根部深深扎入岩石之中。由于地势太过陡峭——有些地方的坡度甚至高达60度——葡萄藤很难汲取水分，结果葡萄产量出奇的低。这些有远见卓识的酿酒师们深知，拥有如此任劳任怨的葡萄藤，就意味着它们酿出的葡萄酒有着丰富的潜力和复杂性。不过首先，他们得把葡萄酒高达18度的酒精度降下来，然后还要改良土地。最终，他们成功地克服了第一项挑战，不过普里奥拉托的土地却一如既往的蛮荒和崎岖，在一片美景中星罗棋布地散落着古老的城镇和小块的葡萄园，它们大多拥有350米至400米的海拔高度，有些甚至在900米乃至1000米的海拔处。

不懈努力了30年之后，这些开拓者终于扭转了普里奥拉托的命运。如今，普里奥拉托拥有全西班牙最昂贵的葡萄酒——阿尔瓦罗·帕拉西奥斯酿造的拉美达（L' Ermita），同时也是令全世界游客最感兴趣的葡萄酒产区之一。

如何抵达

最近的机场是巴塞罗那机场，出巴塞罗那城向南两个小时车程即可抵达普里奥拉托，途经塔拉戈纳（Tarragona）。

Courtesy of Clos Mogador

珠酿成的经典普里奥拉托混合葡萄酒，譬如克洛斯·玛卡多酒庄的同名系列，一旦接触到空气，就会散发出悠悠的樱桃、雪松和药草的香气。

“葡萄酒的全部真谛在于激情和耐心，”巴比尔说，“我希望你能通过杯中的酒，品鉴到你所看到的周围的自然环境。”

www.closmogador.com；电话+34 977 839 171；Camí Manyetes，Gratallops；酒庄游览可在线预订

02 布尔基恩酒庄（BUIL & GINÉ）

这座位于狼嚎村北边公路上的山顶综合建筑就是布尔基恩酒庄，它是普里奥拉托最现代化的酿酒厂之一，由本地人哈维·布尔（Xavi Buil）在1998年创办。尽管距离阿尔瓦罗·帕拉西奥斯的拉美达葡萄园——普里奥拉托最独一无二的单一庄园葡萄酒的酿造源头很近，但布尔基恩酒庄的定位显然要更加多样化，这里出产包括玫瑰红和干白在内的十几种不同类型的葡萄酒。从建在酒庄品酒室上方的餐厅可以眺望到风景如画的拉维莱拉·拜萨村（la Vilella Baixa）。

www.builgine.com；电话+34 977 839 810；Carretera Gratallops–la Vilella Baixa，11.5公里；游览需要预约

03 上帝之阶酒庄（CELLERS DE SCALA DEI）

从拉维莱拉·拜萨村向东北方向前行，就来到了安静的小镇埃斯凯雷德（Escaladei），这里有着普里奥拉托最古老的酒庄。12世纪时，正是修道院的僧侣们将葡萄酒的酿造工艺引入此地，在这座建于1194年的修道院里，你可以去参观至

01 克洛斯·玛卡多酒庄（CLOS MOGADOR）

“欢迎来到马丘比丘！”，克洛斯·玛卡多酒庄的导游卡特娅·西蒙（Katja Simon）说。这座酒庄可能是普里奥拉托最别具一格的酿酒厂。“导游”是个恰如其分的字眼，因为在这里的参观更像是一次葡萄酒游猎，而不只是简单的游览。如果说普里奥拉托的地形像个碗，那么克洛斯·玛卡多酒庄就贴在碗沿上，边上就是位于山顶的狼嚎村（Gratallops）。参观之旅（需要预订）始于一辆破旧的四驱车，第一站就给我们上了堂地理课。高处的地表都是由片岩的碎片构成，这种岩石本地人称为llicorella。

第二堂课是植物学，作为克洛斯·玛卡多酒庄的创始人，胡子拉碴的勒内·巴比尔痴迷于多元化，他希望葡萄酒能成为自然环境的一部分，这就是为什么近30种野花、野草譬如茴香、迷迭香和百里香会在他的葡萄园中旺盛生长的原因。巴比尔表示，我们希望大自然能保持自由的状态（不过森林里的野猪会被电网挡在葡萄园外）。

出生于搭拉戈纳（Tarragona）的巴比尔喜欢在普里奥拉托徒步。“这是一片纯粹的土地，依然保持着纯朴和蛮荒。”他说。20世纪六七十年代末期，在嬉皮运动的启发下，他回到了普里奥拉托，播下了葡萄种子。他所自诩的嬉皮哲学甚至延伸到了葡萄酒生产工艺上。巴比尔只用雨水进行灌溉，并在葡萄园周围种上了小麦，这样可以减少水分的蒸发。到了9月，工人手工采摘并分拣葡萄，然后利用一台小型的铸铁压榨机来榨汁，这样酿酒师就可以随时品尝未发酵的葡萄汁。酒庄每年仅生产5万瓶葡萄酒。尽管自己已经是普里奥拉托葡萄酒酿造业的先行者之一，但巴比尔还在几十年如一日地研究着这片土地上的葡萄园和村庄，他还在不停地做着尝试。

那我们该如何最大限度品鉴普里奥拉托出产的优质葡萄酒呢？葡萄酒得益于倾倒的过程，这里出产的都不是低度葡萄酒。一款由歌海娜、佳丽酿再加上少许西拉和赤霞

今仍能用来熟成葡萄酒的古老酒窖。僧侣们似乎非常严肃地看待肩负的酿造葡萄酒的职责。早在1263年的时候，他们就撰写了一本记录，将这里生长得最好的葡萄品种[即歌海娜和马塔罗（Mataró），后者也被称为慕合怀特（Mourvèdre）]记录在内。就餐可以选择去El Rebast de la Cortoixa。

www.cellersdescaladei.com；电话 977 827 027；Rambla Cartoix，Escaladei；4月至10月周一至周五12:00~17:00，11月至次年3月周一至周五12:00~16:00；4月至10月周六至周日10:00~12:00和13:30~17:00；11月至次年3月周六至周日13:30~16:30

04 克洛斯·多米尼克酒庄 (CLOS DOMENIC)

驾车前往波雷拉（Porrera）的沿途风景非常壮阔，要穿越一片高原，在那里你能看到云层翻越过普里奥拉托。波雷拉有几个小型酒庄，其中就包括克洛斯·多米尼克。这家酒庄每年仅出产13,000瓶葡萄酒，按照位置可将它们分为Vinyes Baixes（低地）和Vinyes Altes（高地），虽然使用的佳丽酿和歌海娜葡萄在比例上有所不同，但品质都同样令人印象深刻。

电话 +34 977 828 215；Carrer Prat de la Riba，Porrera；品酒需要电话预约

05 法尔赛特合作酒庄 (EL CELLER COOPERATIVA DE FALSET)

回到法尔赛特（Falset），你可以顺便去拜访一下镇里的联合酒庄，它是由建筑师塞萨尔·马蒂内尔（Cèsar Martinell）在1919年修建的，虽然是高迪的门徒，但马蒂内尔对于酒庄的设计避开了浮华的现代式教堂风格。每周三中午酒庄都会安排一场带导游的游览活动，3月至12月的周日则还会请演员来引导游客们去了解该地区的葡萄酒酿造历史。到了11月和12月，酒庄也会举办各种有趣的品酒活动，让你真切地了解酿造的不同阶段。

电话 +34 977 830 105；Carrer Miquel Barceló，31，Falset；周一不开放，1月至3月不开放；游览需要预约

实用信息 ESSENTIAL INFORMATION

去哪儿住宿

在普里奥拉托，住宿方面没有太多选择，不过这里有很多由乡村大别墅改造而成的精品酒店，譬如波雷拉的Cal Porrerà和狼嚎村的Cal Llop。

CAL PORRERÀ

这座乡间别墅紧挨着位于波雷拉中心的Plaça de l'Església，地处东边。

www.calporrera.com；电话 +34 977 828 310

CAL LLOP

充满温馨感的Cal Llop建在位于山顶的狼嚎村里，房间带有可俯瞰普里奥拉托葡萄园梯田的阳台。

www.cal-llop.com；电话 +34 977 83 95 02

去哪儿就餐

狼嚎村有不少不错的餐馆，包括位于Careers del Piró的Cellers de Gratallops餐厅。

CELLER DE L' ASPIC

在这家法尔赛特餐厅，大厨托尼·布鲁（Toni Bru）专门烹饪时新的加泰罗尼亚菜肴。餐厅的酒单很不错。

www.cellerdelaspic.com；电话 +34 977 831 246；Miquel Barceló 31，Falset

活动和体验

记得要带上登山鞋，因为普里奥拉托到处都是非常适合步行的小道，尤其是北边蒙特桑特山脉自然公园的边缘一带。从位于山脉岩壁顶部的一座建筑里，你可以远眺普里奥拉托阶梯状地形的全貌。钢索栈道（via ferrata）形成的网络可辅助新手攀登者。从La Morrera de Montsant的游客中心可租赁向导和购买地图。

前往休拉纳（Siurana）东北边悬崖的不只是登山者，也包括众多游客，因为这座古朴的崖顶村庄非常适合游览，从村里的餐馆可以欣赏到更美丽的风光。

庆典

每年的5月初，法尔赛特会举办持续一周的葡萄酒节，包括克洛斯·玛卡多和阿尔瓦罗·帕拉西奥斯在内的六十多家酿酒商会争相展示自家的葡萄酒。这是一场规模巨大的社交盛会，节日期间会举办一系列活动以及为孩子们准备的游乐项目。届时会有一班从塔拉戈纳和雷乌斯（Reus）前往法尔赛特的葡萄酒巴士（Bus de Vi）。

www.firadelvi.org

Courtesy of Martin Codax

01

【西班牙】

下海湾 RÍAS BAIXAS

海洋、贝类以及非常特别的葡萄酒，让这片地势崎岖的加利西亚宝地成了游客们的朝圣之所。

俯瞰着葡萄牙的加利西亚（Galicia）坐落于伊比利亚半岛的西北海岸，这个西班牙的角落地区以丰富的航海传统和广受欢迎的海鲜而闻名。加利西亚的花岗岩海岬整年都经受着大西洋海风和巨浪的侵袭，然而就在这些岩石壁垒中间却安置着受到庇护的海湾，在西班牙语中称为rías。正是这些海湾的存在成就了加利西亚的下海湾葡萄酒产区，在加利西亚的5个葡萄酒法定原产区（DO）中，下海湾是最有趣的一个。

下海湾在加利西亚地区显得与众不同。这里的葡萄藤都悬挂在离地2米的花岗岩石柱上，这样做是为了在潮湿的环境下，增加空气流通，避免发霉。从蔓藤华盖上悬垂而下的葡萄也有些许特别之处。生长在下海湾地区的阿尔巴里诺（Albariño）葡萄粗粝而富于果味，用它酿造出的白葡萄酒足以媲美夏布利（Chablis）的霞多丽（Chardonnay）以及长相思（Sauvignon Blanc）——这里就是它生长的中心地带。

下海湾的白葡萄酒之所以能够将环境所赋予的盐咸风味与类似维欧尼（Viognier）的果味融为一体，以达到令人垂涎的效果，关键在于阿尔巴里诺葡萄。艳阳高照的午后，来上一碟海鲜，再也没有比这更好的搭配了——牡蛎和章鱼自然是要点的，而本地的特产狗爪螺（percebes：趁碎浪间隙从海边的悬崖收获而来，有龙虾的风味）也可以放胆尝试一下。在加利西亚之外的其他地区，香辣的亚洲菜肴则是阿尔巴里诺白葡萄酒的另一绝配。

很多来加利西亚的游客都是步行前来，他们将顺着圣雅各之路（Way of St James）前往圣地亚哥－德孔波斯特拉（Santiago de Compostela），这一旅程在他们眼里成了朝圣之旅。下海湾位于这座首府古城的南边，开车2个小时即可抵达，生机勃勃的海岸环境，宽阔且避风的海滩，再加上内陆香气宜人的松树和桉树林，无不吸引着身心俱疲的朝圣者和热爱葡萄酒的享乐者慕名而来。

如何抵达

最近的国际机场是圣地亚哥－德孔波斯特拉机场。开车向南行驶1个小时可抵达坎瓦多斯。

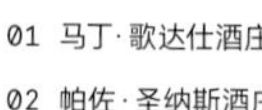

01 马丁·歌达仕酒庄

02 帕佐·圣纳斯酒庄

02

“了解某个地方的最佳途径就是去品尝那里出产的葡萄酒。”

——哈维尔·伊苏里塔·罗梅罗，帕佐·圣纳斯酒庄

❶ 马丁·歌达仕酒庄 (MARTÍN CÓDAX)

马丁·歌达仕酒庄的品酒露台设在坎瓦多斯（Cambados）后面一座高高的山顶上，从露台上可以尽览海洋风光，包括海湾里的贻贝和牡蛎养殖场，那里出产的海鲜正是酒庄白葡萄酒的理想搭配。

对于这家联营性质的酒庄而言，阿尔巴里诺（Albariño）就意味着一切。每年的9月和10月，280位酒庄成员都会从各自的小块土地上收获这种葡萄。了解阿尔巴里诺的最佳方式莫过于预约品鉴了。酒庄生产4种葡萄酒：摇弦琴系列（Organistrum；标签是圣地亚哥－德孔波斯特拉的大教堂）是唯一在法国橡木桶中熟成，小批量瓶装的阿尔巴里诺葡萄酒，能从中闻到柑橘和苹果的清香；伯甘斯系列（Burgans）拥有相同的酸度，但更甜一些，所以风味中又多了一些油桃、甜瓜和其他无核软果的香气；利亚斯系列（Lias）更加圆润和柔和；最后的加勒希亚系列（Gallecia）是在炎热且干燥的季节酿制的，葡萄采摘得较晚，采摘时灰霉病已经扩散开来，干燥的浆果因而变得色泽金黄，散发出无花果香，但依然保持了一定程度的新鲜。这些葡萄酒虽然是使用同样的葡萄酿出来的，但风味上各有千秋。

www.martincodax.com；电话 +34 986 526 040；Burgáns 91；游览时间段周六和周日11:00、12:00和13:00，周一至周五17:00、18:00和19:00

Courtesy of Pazo de Señorans

❷ 帕佐·圣纳斯酒庄 (PAZO DE SEÑORANS)

通过谷仓（horreo）的大小你就能判断这处房产的重要程度——帕佐·圣纳斯酒庄的谷仓每面设有10根支柱，显得空间巨大。谷仓是户外的食物贮藏室，建在半空中以避免虫害。虽然通过谷仓我们能看出现在的帕佐·圣纳斯酒庄财力雄厚，但在20世纪70年代，这里还是一片废墟，玛莉索·布埃诺（Marisol Bueno）和哈维尔·马雷克（Javier Mareque）对其进行了修复。这座位于下海湾葡萄酒法定原产区中心的酒庄，在2015年已经迎来了其成立25周年的纪念。在品尝葡萄酒之前，你可以在酒庄里好好游览一番：大门上的异教徒和基督徒符号象征着典型的实用主义；一间小礼拜堂装饰有象征环球旅行的棕榈树。另外，酒庄里还有一间令人胆寒的房间，据说葡萄牙的最后一任国王爱德华（Edward）曾经躲藏在这里。

哈维尔·伊苏里塔·罗梅罗（Javier Izurieta Romero）解释说，在加利西亚，土地比金钱更加重要。“家庭遗产被分成若干地块，如果得不到所有人的同意，一块地都不能卖。每个家庭都有自己的葡萄园和牲畜。他们优化土地耕作，在葡萄下面种植土豆。”结果便是，帕佐·圣纳斯酒庄用来酿酒的葡萄是由163名种植户从500块土地上收获、供应的。每家的葡萄糖度和酸度都分别测定。“如果你在葡萄园里做得非常完美，那么剩下的你就不用管了。”哈维尔说。

酿酒过程没有使用橡木桶，因而方法很简单。酒庄酿酒师安娜·奎因特拉（Anna Quintella）只酿制两种葡萄酒，但它们之间的年份差异非常大。“阿尔巴里诺不只有酒体年轻甘冽的葡萄酒。”哈维尔解释说。随着熟成，葡萄酒的风味会从柑橘和绿苹果（有些年份还会呈现玫瑰花瓣的香气）变为柔和的油桃和杏子果香，酒体也变得更加浓稠。经过压榨以后，葡萄皮被运到酒庄的蒸馏室，用来酿制一款酒劲强烈的开胃酒。在加利西亚，什么都不会被浪费。

www.pazodesenorans.com；电话 +34 986 715 373；Lugar Vilanoviña，Meis；游览和品酒需要预约

03 帕拉西奥·费菲纳内斯酒庄 (BODEGAS DEL PALACIO DE FEFIÑANES)

这座巨大而简朴的宫殿式建筑隐匿在位于坎瓦多斯中心的花岗岩修道院中，这家酒庄是下海湾地区最早的葡萄酒酿造商之一。酒庄周围的岩石暗含着阿尔巴里诺独特风味的线索：即含有丰富矿物质的花岗岩土壤。正如酒庄所有者胡安·吉尔·德阿劳霍（Juan Gil de Araújo）所言：“葡萄酒一定会忠于其源头。”

www.fefiñanes.com；电话 +34 986 542 204；Plaza de Fefiñanes；游览需要预约

实用信息 ESSENTIAL INFORMATION

去哪儿住宿

海滨小城坎瓦多斯是探索萨尔内斯（Salnes）次区域的最佳大本营。小贴士：如果选择在本地的蓬特韦德拉（Pontevedra）住宿，得确保你下榻的旅馆有地方可以停车。

PARADOR DE CAMBADOS

这家旅馆位于坎瓦多斯老城区的一座祖传乡间别墅中，拥有豪华的卧室（有些房间带有空调）和一间提供加利西亚特色菜的餐厅，从旅馆的步道上可以欣赏到海景。

www.parador.es；电话 +34 986 542 250；Paseo Calzada，Cambados

去哪儿就餐

坎瓦多斯的Rua Albergue、Rua Real和Rua Principe都有不少餐厅。在蓬特韦德拉，很多餐厅都集中在老城区的街道上。

EIRADO DA LEÑA

这间面积不大但非常温馨的餐馆有石砌的墙壁，装饰着白色亚麻桌布和鲜花，在这里你可以享受独具创意的就餐体验。午餐和晚餐的套餐为时新的四菜式，服务也非常热情。

www.eiradoeventos.com；电话 +34 986 860 225；Praza da Leña，Pontevedra

活动和体验

圣雅各之路（Way of St James）是一条横穿比利牛斯山（Pyrenees），环绕圣地亚哥－德孔波斯特拉的朝圣徒步道路，但如果你不准备去那里，也可以选择去卡梅里亚之路（Ruta de la Camelia），这条路线更好走，而且植被也更丰富。卡梅里亚之路循着加利西亚的南部海岸延伸，沿途会经过11座观赏花园。靠近蓬特韦德拉的2座花园分别是种植有1500多种山茶花的Pazo de Quinteiro da Cruz以及Pazo de Rubiáns大庄园。

www.pazoquinteiro-dacruz.es

庆典

8月的第一个周日，坎瓦多斯会举办一年一度的葡萄酒节，这一天是围绕着阿尔巴里诺展开的。虽然阿尔巴里诺节的诞生始于本地酿酒师之间的竞争，但现在它已经发展壮大，节日期间会举办庆祝游行、夜间现场音乐表演以及年度优胜葡萄酒命名等多项活动。

01

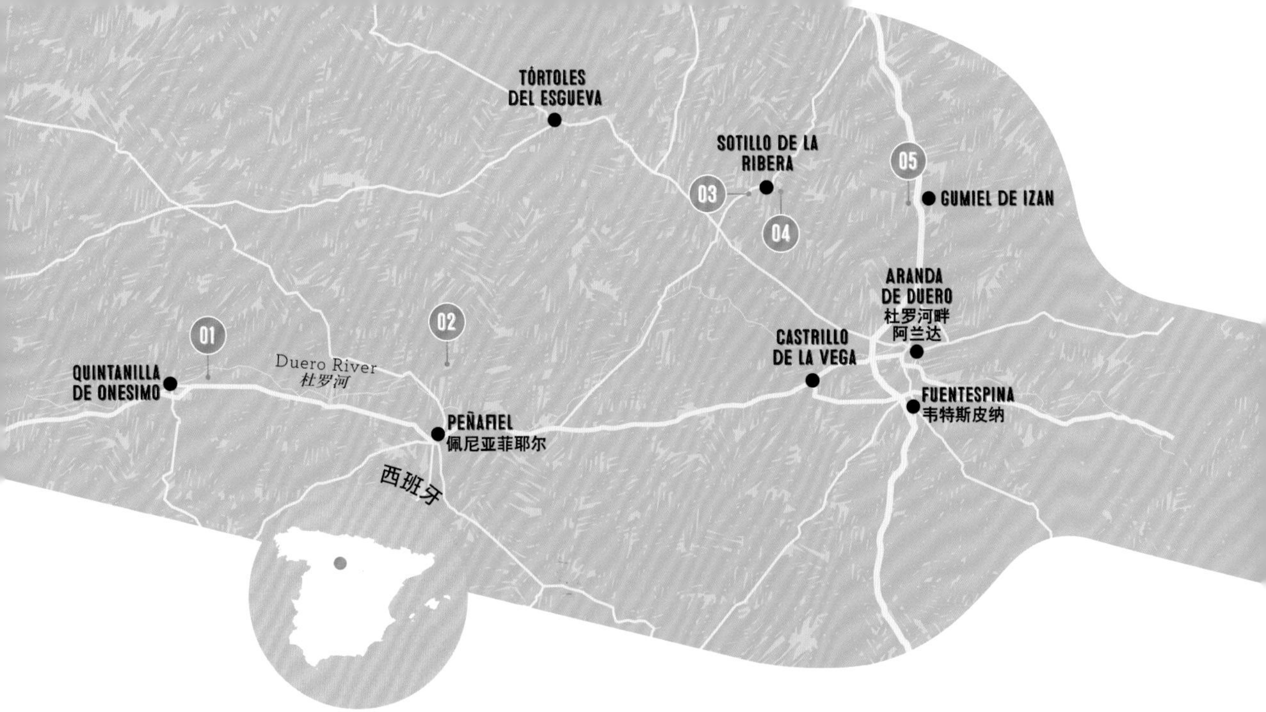

TÓRTOLES DEL ESGUEVA
SOTILLO DE LA RIBERA
GUMIEL DE IZAN
ARANDA DE DUERO 杜罗河畔阿兰达
CASTRILLO DE LA VEGA
QUINTANILLA DE ONESIMO
Duero River 杜罗河
PEÑAFIEL 佩尼亚菲耶尔
FUENTESPINA 韦特斯皮纳
西班牙

【西班牙】

杜埃罗河岸 RIBERA DEL DUERO

在这块质朴的河畔区域，你可以尽情地品尝可口的丹魄葡萄酒（Tempranillo）和慢炖的羔羊肉，如今这里已经大有取代里奥哈，成为西班牙最高级红葡萄酒产区的势头。

在西班牙这样一个传统悠久、变化缓慢的国度，杜埃罗河岸的一些酒庄（普里奥拉托的酒庄亦是如此）却走在了葡萄酒酿造行业的前沿。杜埃罗河岸位于马德里以北仅2个小时车程处。地处西班牙高原的杜埃罗河岸没有优美的景致，虽然这里既看不到下海湾那样的海景，也缺少里奥哈（Rioja）的山川以及普里奥拉托崎岖的峡谷，却出产了一流的葡萄酒。这里种植的丹魄葡萄（Tempranillo）在未成熟时呈紫红色，颜色比里奥哈的丹魄更深一些，其风味较少依赖橡木桶的帮助，因此更受酿酒师的欢迎。杜埃罗河岸在1982年才获得了葡萄酒法定原产区的认证。“它的历史并不长，”酿酒师拉斐尔·切尔达（Raphael Cherda）说，“我们愿意尝试新事物，相比里奥哈，我们的灵活性更强。”

杜埃罗河岸是世界上海拔最高的葡萄种植地之一，在高海拔的加持之下，这里的植物生长季很短，白天非常炎热，晚上又异常寒冷。不过，高达25℃的昼夜温差，却为杜埃罗河（在葡萄牙称作Douro；见219页）一带葡萄园里的葡萄创造了得天独厚的生长条件。这些葡萄庄园中就包括贝加·西西里亚（Vega Sicilia），其创立者埃洛·莱坎达·查韦斯（Eloy Lecanda y Chaves）在1864年开垦的几块土地上所产出的葡萄，酿制出了西班牙最著名的葡萄酒。

更为年轻的河岸系列（Ribera）与火腿或鱼类搭配品尝，口感非常清新。这些熟成12个月的陈酿级葡萄酒，也非常适合搭配本地的特色菜慢炖羔羊肉（lechal al horno）一起食用。

别搞错了：除了葡萄酒庄园外，卡斯蒂利亚（Castile）和莱昂（León）还有大片未开发的区域。光秃秃的高原上荒凉一片，有时候会冒出一座用于瞭望的城堡，城镇和村庄兼具多重功能。至于葡萄酒，那的确是无可挑剔。

如何抵达

马德里是距离杜埃罗河岸最近的城市，非常适合度周末。

❶ 梅乐酒庄(VIÑA MAYOR)

就住宿的位置选择而言，从河岸地区“黄金地带”（Golden Mile）的一头开始介绍应该是比较合理的，畅通而笔直的N-122公路（请注意！）沿途是一连串的酒庄，除此之外拐出主路还有一些值得一探的冷门酒庄。靠近佩尼亚菲耶尔（Peñafiel）的梅乐酒庄就极好地展现了河岸地区的风貌，酒庄组织的向导游还会向游客介绍一些细节问题，譬如美国橡木桶和法国橡木桶之间的差别（美国橡木桶会带来咖啡的风味，法国橡木桶则会产生更微妙的香草气息），最后是品酒室中的品尝活动，品酒室装有玻璃幕墙，正对着葡萄园。园内的土壤呈橘色，富含铁质，茂盛的葡萄藤一直铺到了路上。梅乐酒庄酿造的葡萄酒分为经典风格和现代风格，前者会打上塞克瑞托（Secreto）标签。戈玛·加西亚·穆尼奥斯（Gema García Muñoz）领导的3小时品酒课是酒庄的特色活动。

www.vina-mayor.com; Carretera Valladolid-Soria km325, Quintanilla de Onésimo; 游览需要预约

❷ 科蒙酒庄(COMENGE)

“酿酒的过程是天然的，但同时也存在人为控制。”科蒙酒庄的酿酒师拉斐尔·切尔达（Raphael Cherda）说。这家酒庄凭借将技术与生态相融合的方式，赢得了杜埃罗河岸最佳酒庄的响亮名头。譬如，科蒙酒庄使用自家的天然酵母来酿酒——这种酵母是马德里大学（拉斐尔的研究场所）的研究人员从来自葡萄园的300份酵母样本中筛选出来的最佳酵母。

科蒙酒庄面积不大，历史也不长，酒庄种植了32公顷的丹魄葡萄，其中一半的田地都被现代建筑所环绕，这些建筑是科蒙家族在1999年建造的。建于海拔700米至800米的品酒室和露台俯瞰着杜埃罗河谷，再往上是柯里尔（Curiel）山顶城堡，现在变成了一座精品酒店，在11世纪的时候它曾是用来抵抗摩尔人的防御要塞。生态酿酒法意味着杀虫剂和除草剂都不能使用，庄园的工人们会先让杂草生长（水源竞争有利于葡萄藤生长），然后在夏末将杂草割掉，以隔出葡萄藤。他们会寻找挂果较少和果实较小的葡萄用来酿酒。“我们不想每年都酿同样的酒，”拉斐尔说，“通过酒来展现葡萄园里所发生的一切非常重要，每一年都应该有所变化。最重要的因素当然是葡萄了。”

秋天的葡萄采摘是手工完成的。本土的丹魄葡萄在暖和的晴天成熟得非常快，但夜间的低温有助于葡萄保持其独特的色泽。拉斐尔的酿酒技能和酒庄对于细节的关注，确保了利用海拔最高的地块上产出的葡萄所酿造的唐·米格尔葡萄酒（Don Miguel），在果香和烧烤橡木风味之间能够达成完美的平衡，其25欧元的售价仅为同等品质

Courtesy of Comenge

“在旅行时，我希望尝试不同的事物，尤其是葡萄酒。”

——阿尔瓦罗·科蒙
（Alvaro Comenge）

© Robin Barton

葡萄酒的一半。

***www.comenge.com*；电话 *+34 983 880 363*；*Camino del Castillo*，*Cuniel de Duero*；游览需要预约**

❸ 菲利克斯·卡莱乔酒庄 (FÉLIX CALLEJO)

菲利克斯·卡莱乔酒庄的经营基本上算是家务事：父亲菲利克斯（Félix）来自索蒂略（Sotillo），1989年返乡创办了自己的酒庄，现在他雇了两个女儿毕翠思（Beatrice）和诺莉雅（Noelia）来负责营销和当酿酒师，儿子何塞（José）也来帮忙，何塞在马德里大学和来自科蒙酒庄的拉斐尔·切尔达一起研究酿酒工艺。不过，他的使命并不仅仅是酿制更好的葡萄酒（难道这不是每位酿酒师所追求的目标吗？），还包括复兴被称为阿比洛（Albillo）的本地经典白葡萄品种。先前在杜埃罗河岸地区，每家每户都会自酿葡萄酒，都拥有自家的酒窖（见伊斯梅尔·阿罗约酒庄；268页）。他们会开辟一小块田地，围绕着一棵核桃树种下八九株白葡萄树，主要是用来食用。吃不完的白葡萄会混入红葡萄酒中酿制“克拉雷特”（clarette）——名称来自其清澈的色泽，加工过程主要靠脚踩。“我们祖父母那一代人，”毕翠思解释说，“会喝很多葡萄酒，当时的酒酒精度都不高。”卡莱乔酒庄一开始就种了3公顷的阿比洛白葡萄，2014年又收获了第二季白葡萄。

但菲利克斯的主要焦点还是放在丹魄上，它们种在酒庄长达3公里的23块田地上，海拔高度为860米至930米。这个高度意味着夜间温度很低，因此本地的丹魄品种果皮较厚，在压榨过程中会产生更多的风味。杜埃罗河岸相比于里奥哈的优势不只如此：这里的气候也更温暖和干燥。卡莱乔酒庄只使用自家产的葡萄来酿酒，有些葡萄藤的树龄到现在已经25年了，其产出的特级珍藏已经熟化了两年。“我们是全手工化流程，”毕翠思说，“所以我们必须得了解土地，了解哪块地的哪种葡萄能酿出什么样的葡萄酒。”

***www.bodegasfelixcallejo.com*；电话 *+34 947 532 312*；*Avda.del Cid*，**

01 杜埃罗河岸风光
02 乘坐马车游览科蒙酒庄
03 伊斯梅尔·阿罗约酒庄

km16, Sotillo de la Ribera; 周一至周六中午可游览，电子邮件预约（callejo@bodegasfelixcallejo.com）

04 伊斯梅尔·阿罗约酒庄 （BODEGAS ISMAEL ARROYO）

为了了解更多关于杜埃罗河岸的历史，我们可以去位于索蒂略另一侧的阿罗约酒庄继续探寻。正如这片区域的很多村庄一样，索蒂略的每栋建筑都在村里的山坡上挖了一处拉加尔（lagar），即用来存储葡萄酒的洞穴。酒庄庄主米格尔·阿罗约（Miguel Arroyo）解释说："葡萄压榨以后，村民们将葡萄酒装在羊皮囊中运到拉加尔，装满酒的羊皮囊的大小提起来正合适。"

这些酒窖修建于16世纪和20世纪60年代之间，阿罗约酒庄是极少数依然在使用家庭酒窖的酒庄之一，他们的酒窖建在酒庄后面的山上，现在被用来做品酒室。米格尔说："你现在应该理解葡萄酒在文化上的重要性，因为把石头凿开的成本是非常昂贵的，在其他地方只有修建宫殿或教堂时才这样做。"无论冬夏，狭窄的酒窖内部总是保持在11℃，墙上闪烁的壁灯发出亮光，看上去稍显怪异。1979年从本地合作社退出以后，阿罗约家族就开始自己酿造葡萄酒。他们依然按照传统方式行事：不使用杀虫剂，只使用天然酵母。

电话 +34 947 532 309; Los Lagares 71, Sotillo de la Ribera; 游览需要预约

05 波西亚酒庄 （BODEGAS PORTIA）

在前往北方杜罗河畔阿兰达（Aranda de Duero）的途中，葡萄酒总是与建筑交织在一起。波西亚酒庄就在这里，它是一座面积巨大的低矮酒庄，充满了高科技元素，由英国建筑师诺曼·福斯特（Norman Foster）设计。作为杜埃罗河岸地区两座星级设计建筑中的一座，它与阿罗约（Arroyo）这样的酒庄形成了鲜明的对比。另外一座星级酒庄是位于佩尼亚菲耶尔（Peñafiel）的普洛托斯酒庄（Bodegas Protos），由理查德·罗杰斯（Richard Rogers）设计。不过，普洛托斯像个省级机场，而波西亚看起来更像个航天港——这也是我们为什么更偏爱后者的原因。

www.bodegasportia.com; 电话 +34 947 102 700; Antigua Carretera N-1, Gumiel de Izán; 游览：周一至周六 10:00、12:00和16:00，周日13:00；8月需提前致电

© Robin Barton

04 杜埃罗河岸阿兰达

05 波西亚酒庄

06 伊斯梅尔·阿罗约酒庄的葡萄酒

实用信息 ESSENTIAL INFORMATION

去哪儿住宿

如果想在城里住宿，那么杜埃罗河岸阿兰达是个不错的地方，那里有各种条件的住宿处可供选择。有些酒庄也开始提供住宿。乡下的住宿可选项范围比较有限。

HOTEL TORREMILANOS

地处杜埃罗河岸阿兰达西边的这家酒店位于佩尼亚尔瓦·洛佩兹酒庄（Bodegas Peñalba Lopez）内。酒店的客房非常宽敞，地理位置很不错，适合游览酒庄。

www.torremilanos.es；电话 +34 947 512 852；Finca Torremilanos，Aranda de Duero

去哪儿就餐

EL LAGAR DE ISILLA

位于杜埃罗河岸阿兰达城中心的El Lagar de Isilla餐厅擅长烹饪河岸地区传统的慢炖羊羔肋排——这道菜非常适合搭配本地出产的葡萄酒。餐厅属于酒庄产业的一部分，它也拥有一座对游客开放的古老的地下酒窖。

www.lagarisilla.es；电话 +34 947 510 683；C/Isilla，18，Aranda de Duero

MOLINO DE PALACIOS

如果时值秋季，那么菌类爱好者绝对要去造访这家位于城西，由水磨坊改造而成的餐厅。在西班牙北部，野生蘑菇属于不可多得的季节性美味，这家餐厅非常擅长烹饪此类食材。

www.molinodepalacios.com；电话 +34 983 880 505；Av de la Constitucion，16，Peñafiel

活动和体验

高原上的娱乐活动并不多，大多数本地人都会选择去布尔戈斯（Burgos）消磨时间，虽然它看起来像个典型的西班牙中北部城市，充满了阴郁气质，但城中沿C/de San Juan、C/de la Puebla和C/del Huerto del Rey一带却有很多一流的餐厅，晚上的夜生活也非常丰富，城北还矗立着一座引人瞩目的哥特式大教堂。

庆典

杜埃罗河岸阿兰达每年都会举办Sonorama音乐节，它是世界上少有的将流行音乐、摇滚乐和舞蹈融合在一起的音乐节。音乐节期间还会在城里的地下酒窖中举办各种品酒课程和品酒活动。

sonorama-aranda.com

01

【西班牙】

里奥哈 RIOJA

环绕的群山，充满冒险气质的巴斯克菜肴，以及一流的葡萄酒——里奥哈无疑是世界上最值得一去的葡萄酒乡。

里奥哈如同西班牙葡萄酒产区的摇滚巨星，如果说杜埃罗河岸就像滚石乐队的理查兹（Richards），那么里奥哈便是贾格尔（Jagger）。它多金又华丽，在这里度过一个狂野周末，你能获得奇妙的乐趣。

如何抵达

距离最近的毕尔巴鄂（Bilbao）国际机场在洛格罗尼奥以北，开车需1个半小时。

首先，里奥哈拥有得天独厚的自然风光：它坐落于卡塔布连山脉（Cantabrian）的山麓地带，毗邻巴斯克地区以及被誉为美食天堂的圣塞瓦斯蒂安（San Sebastián）。卡塔布连山脉像一道屏障，阻隔了来自北方的水汽，为里奥哈创造了一个有充足阳光的微气候。其次，里奥哈把握了绝佳的机遇，当法国的葡萄酒产业停滞不前时，它反倒获得了极大的成功，并吸引富有的投资者不惜重金去投资明星建筑师（稍后详述）、一流的酒庄和酿酒达人。结果，如今里奥哈涌现了540家酒庄。虽然并不是所有的酒庄都对游客开放、提供品酒活动，但都能提供最令人着迷的葡萄酒世界游览体验。

向东流淌的埃布罗河（River Ebro）横穿这片区域，经过洛格罗尼奥（Logroño）一路流入地中海。洛格罗尼奥这座大学城就像是里奥哈3个分产区的支点。往南是下里奥哈（Rioja Baja），埃布罗河以北是阿拉维萨里奥哈（Rioja Alavesa），包括位于山顶地势险要的拉瓜迪亚城（Laguardia），洛格罗尼奥西边是上里奥哈（Rioja Alta），本书主要关注的是后两块产区。

位于洛格罗尼奥以北的拉瓜迪亚（Laguardia），非常适合作为探险的大本营。从那里前往哈罗（Haro）非常方便，里奥哈最初的酿酒师早在19世纪就开始在那里开店卖酒。虽然在里奥哈的酿酒中心，传统一直未变，但面对来自杜埃罗河岸新品种的竞争，外皮坚韧的丹魄老品种正在慢慢消亡。从时光造就的陈年佳酿，到工艺奇迹乃至当代珍品，这里的酒庄应有尽有。

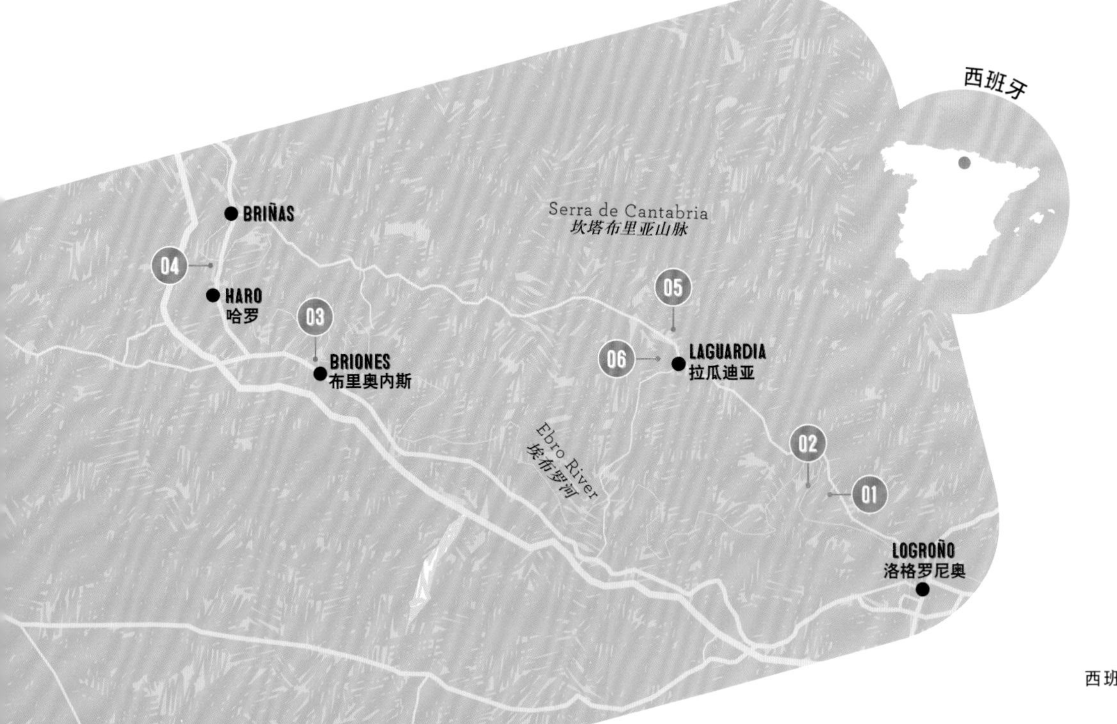

Nassima Rothacker © Lonely Planet

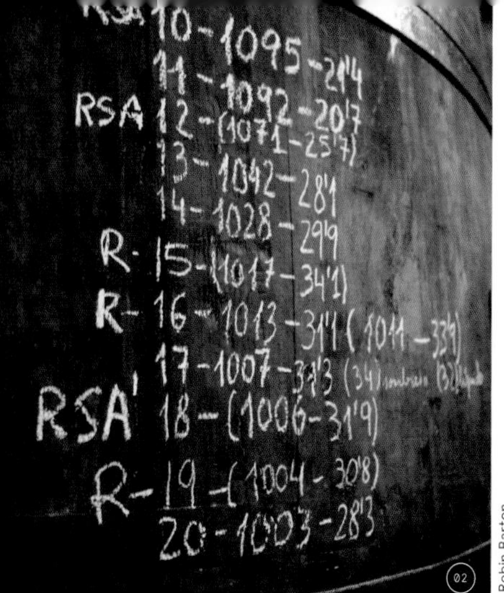

02

03

© Robin Barton

Nassima Rothacker © Lonely Planet Images

04

❶ 薇娜庄园酒庄(VIÑA REAL)

2004年，建造时间达7年之久的薇娜庄园酒庄终于完工，成了里奥哈地区第一座现代酒庄，其宏大的规模堪称是工程学上的奇迹。酒庄的设计者为波尔多建筑师菲利普·马齐埃（Philippe Mazières），他的父亲也是一位酿酒商。在建筑设计方面，拉瓜迪亚和洛格罗尼奥之间一块平整的山脉被刻成一个角落。工程人员利用开挖毕尔巴鄂地铁系统的机器在余下的山体中挖出了两处深达120米的隧道，之后将一座56米宽的桶形建筑安放在齐平的角落。这座两层圆形房间的中心有一台可四处移动巨型酒桶的旋转起重机，它利用重力在桶之间倾倒葡萄汁。总酿酒师玛丽娅·拉雷亚（Maria Larrea）从连着走道的一个实验室里监控整个系统的运转。这个运转场景就如同电影007系列的拍摄现场。

生产区下方是一个混凝土仓库，里面存储了2000桶珍藏葡萄酒。山洞里还有20,000桶至少已经熟成两年而且是用桶熟成的陈酿。薇娜庄园隶属喜悦葡萄酒集团（CVNE），该集团成立于1879年，当时法国酿酒厂迁至里奥哈，将桶熟技术也一并带到了这里。虽然喜悦葡萄酒集团在里奥哈规模最大，每年的产量为250万瓶，但薇娜庄园并没有丧失其个性和风格——珍藏级葡萄酒（Reserva）的酿造原料全都是从90年树龄上手工摘取的葡萄。

www.cvne.com；电话 +34 941 304 809，Carretera Logroño-Laguardia，4.8公里；在线预约游览

❷ 孔蒂诺酒庄(CONTINO)

依偎在埃布罗河湾中的孔蒂诺酒庄是一座城堡风格的单一葡萄庄园，亦隶属喜悦葡萄酒集团（Compañía Vinícola Norte Espana——瓶底的Cune属于印刷错误）。不过相比坐落于附近山坡上的薇娜庄园，孔蒂诺酒庄给人的感觉完全不同，它坐落于拉瑟纳（Laserna）城外，建筑为石制，显得非常隐蔽——你可以靠着老磨盘坐在阴凉处，手捧一杯里奥哈白葡萄酒（white Rioja），一边倾听周围的鸟鸣声，一边放松心情。孔蒂诺酒庄的葡萄园越过一整排古老的橄榄树（有一棵树的树龄已经高达800年），一直延伸到了埃布罗河边。

允许酿造里奥哈葡萄酒的葡萄共有7个品种，4种为红葡萄，3种

01 曾经遭受过水灾的伊修斯酒庄

02 洛佩斯-埃雷蒂亚酒庄中巨大的酒桶

03 西班牙小吃

04 洛佩斯-埃雷蒂亚酒庄收获的葡萄

05 洛佩斯-埃雷蒂亚酒庄酿造的佐餐葡萄酒

为白葡萄，丹魄（Tempranillo）、歌海娜、佳丽酿和格拉西亚诺（Graciano）都属于红葡萄。孔蒂诺酒庄以培育出稀有且风味细腻的格拉西亚诺葡萄（Graciano）并酿造出百分百的格拉西亚诺红葡萄酒而著称，这种红葡萄酒足以媲美里奥哈具有代表性的丹魄葡萄酒。

www.visitascvne.com; San Rafael Bidea, Laserna; 周一至周六9:30~13:30和15:00~18:30

03 魏凡高酒庄(VIVANCO)

因为不满意在上里奥哈西边的布里奥内斯（Briones）郊区只修建了一座现代化的酒庄，魏凡高家族又增添了一家餐厅和一座博物馆[全名为魏凡高葡萄酒文化博物馆（Vivanco Museum of the Culture of Wine）]。这可不是什么心血来潮之作，这个博物馆占地4000平方米，来自家族个人收藏的物品横跨了8000年的葡萄酒酿造史，从两耳细颈酒罐到胡安·米罗（Joan Miró）的画作，在这里你绝对能够对人类的独创性有深入的了解（光是3000种开瓶器就够你看了）。每到周末，博物馆还会开设魏凡高葡萄酒的品鉴课程。酒庄就在博物馆隔壁。"我一直觉得我们的葡萄酒会讲故事。"酿酒师拉斐尔·魏凡高（Rafael Vivanco）说。但说到讲故事，或许他忘了，博物馆在这方面也做得不赖。

www.vivancowineculture.com; 电话 +34 941 322 323; Carretera Nacional N-232, km442, Briones; 开放时间和游览安排可查阅网站

04 洛佩斯-埃雷蒂亚酒庄 (LÓPEZ-HEREDIA VILLA TONDONIA)

洛佩斯-埃雷蒂亚酒庄的故事也是里奥哈葡萄酒的故事。酒庄创始人拉斐尔·洛佩斯-埃雷蒂亚（Rafael López-Heredia）是一位巴斯克人，他曾在智利生活过，后来回国参加保卫西班牙国王的战争，又被流放至法国。在法国期间，他开始为巴约讷（Bayonne）的葡萄酒商人工作，并从法国酿酒师那里学到了如何为葡萄去梗等各种酿酒技巧。葡萄根瘤蚜所引发的病害摧毁了法国的葡萄酒产业，却成就了里奥哈地区的辉煌。像拉斐尔这样的人才带着新理念和法国酿酒师回到了西班牙。在意识到里奥哈地区与波尔多的相似性以后，1877年他选择定居在靠近火车站的哈罗（Haro），并投资建了5座葡萄园，开始生产能够快速行销的佐餐酒。

一百年时间如同白驹过隙一般，洛佩斯-埃雷蒂亚酒庄唯一的变化便是葡萄酒从走大众化路线变成了走精品路线（而且不便宜），但其他方面一直没什么改变：他们依然在使用整捆干燥后的维奥娜葡萄（viura）的藤茎作为过滤器进行传统式的过滤；他们不使用钢制酒桶，而是使用已有百年历史的橡木桶，他们也会自己制作木桶；所有葡萄都是手工摘下放到篮子里，然后集中到轻量级的白杨木桶中。

游览酒庄可以从扎哈·哈迪德（Zaha Hadid）设计的现代化配楼开始，它看起来就像是个醒酒器。不过，真正有趣的却是隔壁的老酒庄，人工开挖的葡萄酒地道始建于1890年，一直通到河边——当时工人的工资是每天4升葡萄酒，酒庄会现场提供2升的葡萄酒供其饮用。洞穴较为幽暗的角落都涂有白色的毛霉，它可以通过吸收湿气来保持温度恒定。酒庄的制桶师正在修复酒庄收藏的225升美国橡木桶，经过加厚以后，这些桶还能再用25年。

游览的最后一项活动是在品酒室里品尝洛佩斯-埃雷蒂亚酒庄出品的博斯科尼亚薇娜（Viña Bosconia）和唐多尼亚薇娜（Viña Tondonia），前者是五年勃艮第风格的葡萄酒，后者是六年波尔多风格的葡萄酒。这两种葡萄酒都是多数丹魄加中量歌海娜再加少量格拉西亚诺混酿而成。一如你所期望的那样，一个多世纪的实践摸索带来的是无与伦比的味蕾体验。

www.lopezdeheredia.com; 电话 +34 941 310 244; Avenida de Vizcaya,

Courtesy of Cune

06 薇娜庄园酒庄的酒窖

07 里奥哈的圣维森特德拉松谢拉（San Vicente de la Sonsierra）

08 洛佩斯-埃雷蒂亚酒庄的制桶匠

09 Marques de Riscal酒店

Nassima Rothacker © Lonely Planet Images

3, Haro；周一至周六，游览需要预约

05 鲁伊斯·德薇娜斯普瑞酒庄（BODEGAS RUIZ DE VIÑASPRE）

这个家族自营酒庄位于拉瓜迪亚和卡塔布连山脉之间向北延伸的山麓丘陵中（从拉瓜迪亚的城墙上就能看到）。

鲁伊斯·德薇娜斯普瑞酒庄隔壁就是伊修斯酒庄，它是里奥哈最具代表性的酒庄之一，其壮观的波纹式屋顶是由西班牙建筑师圣地亚哥·卡拉特拉瓦（Santiago Calatrava）依照作为背景的山脉形状来设计的（见270页）。可惜的是，这种屋顶的防水性较差，水患导致伊修斯酒庄的葡萄酒受损，双方还一直在忙于打官司。相比之下，鲁伊斯·德薇娜斯普瑞酒庄的规模就更小一些，他们酿酒所用的葡萄（百分之百丹魄）全都来自酒庄自家的葡萄园。

www.bodegaruizdevinaspre.com；电话 +34 945 600 626；Camino de la Hoya, Laguardia；周一至周六9:00~13:00，需要预约

06 普利米希亚酒庄（CASA PRIMICIA）

传说，纳瓦拉的桑乔阿巴卡国王（King Sancho Abarca of Navarra）有一次爬上卡塔布连山脉脚下的一处山坡，从那里可以俯瞰埃布罗河即现在的里奥哈一带。因为意识到这座山丘的战略重要性，几个月以后，他便在山顶修建了纳瓦拉的拉瓜迪亚城（La Guardia de Navarra），当时是908年。一千多年以后，拉瓜迪亚变成了回顾历史的好去处。山坡上布满了未曾勘探过的隧道，还建有一些美丽的建筑，其中就包括圣母玛利亚·德·洛斯·雷耶斯教堂（church of Santa Maria de los Reyes）。

但对于葡萄酒爱好者来说，普利米希亚酒庄同样趣味十足。酒庄的“第一宅邸”是这座中世纪小村庄里最古老的建筑，其历史可追溯至15世纪。当时从本地收上来抵税的葡萄都被存放在这里。从16世纪开始，葡萄酒都是在这里酿造的。2006年，酒庄的拥有者胡利安·马德里（Julián Madrid）开始对建筑翻新，待完工之后，葡萄酒的酿造过程才得以为世人所知。构成了隐秘地下城的隧道原来是普利米希亚酒庄用来存放自家葡萄酒的最好酒窖。酒庄的游览活动包括品酒以及参观建筑和葡萄园。

www.casaprimicia.com；电话 +34 945 600 256；C/Páganos 78, Laguardia；周一至周四

去哪儿住宿

如果住在山顶上四面带城墙的拉瓜迪亚城，你随便去哪家酒庄都非常方便。这座小城非常受游客欢迎，但如果想吃得更好一些，那得去洛格罗尼奥（Logroño）了。拉瓜迪亚也有不少酒店可供选择，具体取决于你的预算。

CASA RURAL ERLETXE

玛利亚·阿拉特·阿吉雷（María Arrate Aguirre）经营着这座位于厚厚城墙里的小型家庭旅馆，她做的家庭早餐非常美味，早餐提供的蜂蜜产自店主建在坎塔布连（Cantabrian）山里的蜂场。

www.erletxe.com；电话+34 945 621 015；Rua Mayor de Peralta 24-26，Laguardia

MARQUES DE RISCAL

倘若想住得更高端一些，不妨试试Marques de Riscal酒店。这座像钢条叠在一起的酒店建筑是由弗兰克·盖里（Frank Gehry）设计的，它位于洛格罗尼奥和哈罗之间。

www.hotel-marques-deriscal.com

09

Nassima Rothacker © Lonely Planet Images

去哪儿就餐

LA TAVINA

这座位于洛格罗尼奥的时髦葡萄酒俱乐部可按杯提供60种葡萄酒（按店铺售价）和各种餐前小吃拼盘。冬季的时候，俱乐部还会举办团体品酒活动和品酒课程。

www.latavina.com；电话+34 941 102 300；C/Laurel 2，Logroño

RESTAURANTE GARIMOTXEA

倘若想到更远处的伊兹基国家公园（National Park Izki）游览，那么午餐可以选择在位于乌尔图里（Urturi）的这家小饭馆解决，店里提供茄子酿野生蘑菇、橙子封鸭腿（duck leg confit in orange）和自制野莓酸奶之类的本地特色菜。

电话+34 945 37 81 21

活动和体验

美食和葡萄酒的朝圣之旅可以一路延伸至圣塞巴斯蒂安（San Sebastián），它是欧洲最美丽的海岸城市之一，同时也是西班牙的顶级美食中心。城里既有数百家提供pinxtos的酒吧（pinxtos在巴斯克语中等同于餐前小吃），也云集了一堆像Arzak这样的顶级餐厅。

既然山脉近在咫尺，那不妨穿起登山鞋（或自行车运动鞋），一头扎进山里，顺着路标来一场徒步之旅。

庆典

如果10月份来这里，那么蘑菇爱好者们肯定不能错过埃斯卡莱（Ezcaray）一年一度的蘑菇节了。节日期间，在乡间的广场上会举办各式各样的活动，譬如秋获展示、专家访谈、由向导带领去坎塔布连山里采蘑菇，以及丰富多彩的品尝会等。除此之外，最著名的节日当属每年6月底在哈罗举办的葡萄大战（Batalla del Vino）了。狂欢活动于6月28日晚上开始，一场街道派对结束以后以葡萄为武器的大战便开始了，战斗会一直持续到第二天早上。

www.batalladelvino.com

01

【土耳其】

色雷斯 THRACE

沿着这条新的葡萄酒路线从埃迪尔内（Edirne）到达达尼尔（Dardanelles）海峡的海滨，去品鉴土耳其最令人惊艳的美酒。

生活在色雷斯地区的人们自古就种植葡萄。荷马曾在史诗《伊利亚特》（*Iliad*）中记录了这里出产的甜似蜜糖的黑色葡萄酒，一代又一代的农民充分利用了这里富含矿物质的土壤、相对平坦的地形以及和煦的地区气候，大量种植葡萄来酿造葡萄酒和烈酒[尤其是拉克酒（raki）]。近年来，有不少本地的精品酒庄都渐渐有了名声，以法国和土耳其的混合葡萄品种作为原料是他们酿造的精品葡萄酒的特色所在。

这些酒庄中的12家葡萄庄园联手打造出了所谓的色雷斯葡萄酒路线（Trakya Bağ Rotası），起点位于伊斯坦布尔西北边240公里处的土耳其前首都埃迪尔内（Edirne）附近，绵延穿过克尔克拉雷利（Kırklareli）、泰基尔达（Tekirdağ）、沙尔柯伊（Şarköy）和盖利博卢（Gelibolu）4个植被丰茂的地区，以位于达达尼尔海峡海滨地区的埃杰阿巴德城（Eceabat）为终点，全程约为400公里。这条路线途经茂密的森林和古老的废墟，三大航道——马尔马拉海（Sea of Marmara）、萨罗斯湾（Gulf of Saros）和达达尼尔海峡——周边提供了大量可供参观的景点和历史名胜。很多酒庄都建有餐厅，少数还提供住宿——未来大部分酒庄都有可能会迈入这一行列。至于品酒环节，所有酒庄都会收取少量费用。

色雷斯地区主要种植白葡萄，由于酿造出了具有平衡酸度和浓郁水果芳香的葡萄酒，像阿卡狄亚（Arcadia）和苏维拉（Suvla）这样的酒庄已经吸引了国际葡萄酒集团的关注。另外，色雷斯也种植了少量红葡萄，主要是赤霞珠，而且其品质也在逐年提高。来色雷斯游览的最佳时间段是从葡萄藤出芽的4月底到收获结束的10月底。在这段时间里，德赛拉（Vino Dessera）、巴雷尔（Barel）、巴巴尔（Barbare）、梅伦（Melen）和居洛尔（Gülor）等多家酒庄都在敞开怀抱欢迎游客。详情可查询www.thracewineroute.com。

如何抵达

伊斯坦布尔的阿塔图尔克机场是最近的大型机场，它距离吕莱布尔加兹160公里。可以租车。

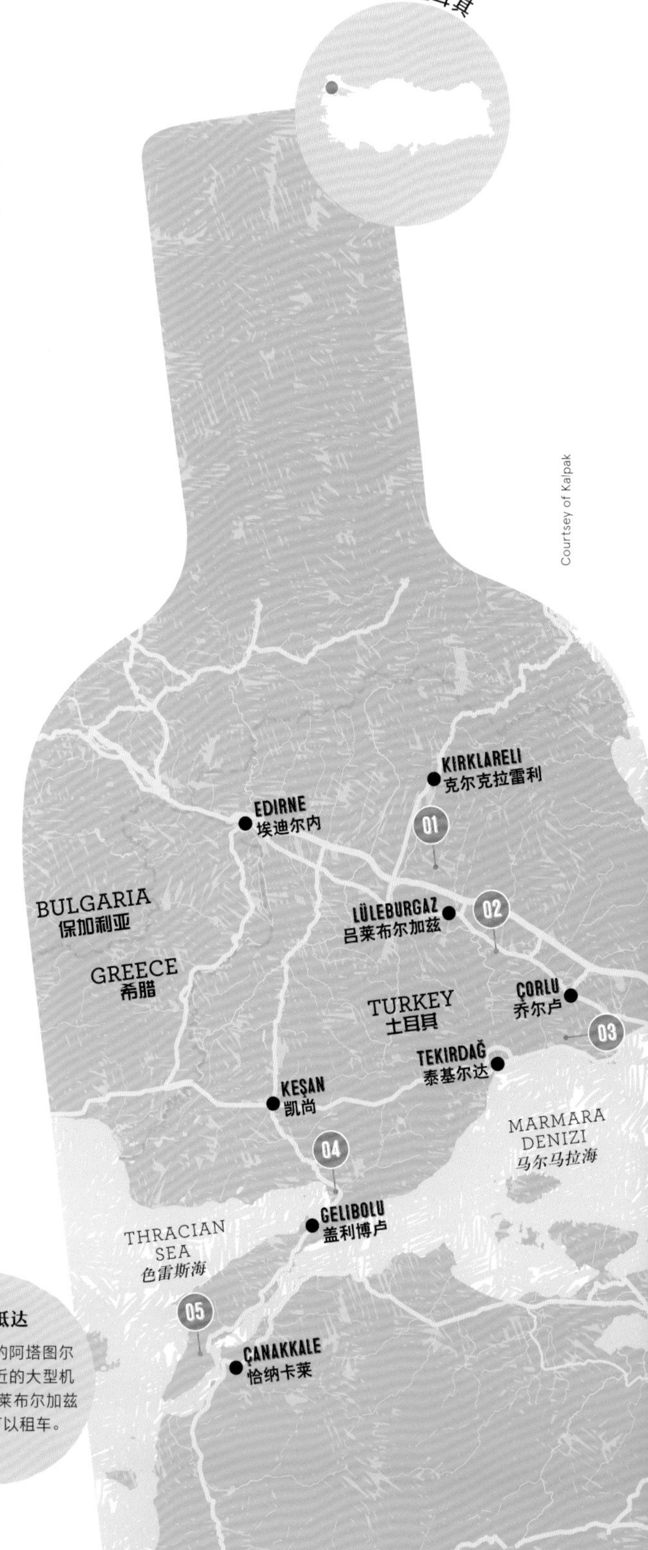

Courtsey of Kalpak

Courtsey of Galí Vineyards

"色雷斯酿造葡萄酒的历史比希腊还要古老。能参与到克尔克拉雷利葡萄酒的复兴事业中来，我感到非常自豪。"

——米歇尔·萨尔格博士（Dr Michel Salgues），阿卡狄亚酒庄酿酒师

01 沙尔柯伊的Château Kalpak

02 加利酒庄

01 阿卡狄亚酒庄（ARCADIA VINEYARDS）

这家酒庄已经经营了10年，其名称源自附近的吕莱布尔加兹（Lüleburgaz），在古代它被称为阿卡狄奥波利斯（Arcadiopolis）。酒庄的主人是商业大亨、艺术收藏家兼电影制作人厄兹詹·阿尔卡（Özcan Arca）及其女儿泽伊内普（Zeynep）。他们希望通过自己的努力，唤醒泽伊内普所谓的"北色雷斯被人忽视的跻身世界一流葡萄酒产地的潜力"。

酿酒学家米歇尔·萨尔格（Michel Salgues）曾在法国接受过培训，并且在美国加利福尼亚州的罗德尔酒庄（Roederer estate）工作了多年。在他的影响下，阿卡狄亚酒庄开始用手工收获葡萄酿造精品葡萄酒，其中就包括一种灰苏维翁（Sauvignon Gris）、一种品丽珠（Cabernet Franc）和两种混合型葡萄酒：GRI（灰苏维翁加灰比诺）和A Blend（赤霞珠加品丽珠）。在酒庄的品酒室或餐厅（只从5月开放到11月）里，你都能品尝得到这些葡萄酒。那些希望在克尔克拉雷利（Kırklareli）这个田园诗一般的角落里过夜的游客，甚至可以直接下榻酒庄开设的酒店。

www.arcadiavineyards.com；电话+90 533-514 1490；Lüleburgaz；12月至次年4月每天9:00~17:30，5月至11月周六和周日，需要预约

02 恰姆利贾酒庄（CHAMLIJA WINES）

1936年从保加利亚移民到土耳其以后，穆斯塔法·恰姆利贾（Mustafa Çamlıca）在Büyükkarıştıran一直以耕种为生，他在伊斯特兰贾山（Istranca Mountains）下拥有大片肥沃的红壤土地，这些土地散落于8个当地村庄中，全都密集地种上了葡萄。酒庄的餐厅日常开放，周一中午关闭。

恰姆利贾酒庄以其色彩丰富的标签而闻名，这些标签是穆斯塔法身为艺术家的女儿伊莱姆（İrem）设计的，他表示自己很希望游客们"也能被葡萄酒标签所吸引，就如他们折服于酒本身的品质一样。

www.chamlija-wine.com；电话+90 288-436 1349；Büyükkarıştıran；8:30~17:30，需要预约

03 恩乌尊城堡酒庄（CHATEAU NUZUN）

在加利福尼亚州待了多年以后，

纳赞（Nazan）和尼克特·乌尊（Necdet Uzun）发现色雷斯肥沃的农田和加州纳帕谷一样，非常适合种植葡萄，终于下定了决心：他们要返回家乡，成就属于自己的事业——建设精品葡萄园和酒庄。于是，这座位于喷泉村（Çeşmeli）占地14.5公顷（36英亩）的庄园应运而生。恩乌尊城堡酒庄主要酿造赤霞珠、梅洛、西拉和黑比诺葡萄酒，原料是来自酒庄葡萄园的有机认证葡萄。

www.chateaunuzun.com；电话 +90 0530-871 4250；Çeşmelı；5月中旬至11月，11月中旬至次年4月需要预约，5月中旬至11月周六和周日14:00~16:00可游览

04 加利酒庄（GALÎ VINEYARDS）

占地24公顷（60英亩）的加利酒庄位于一处经常遭大风肆虐的平原上，在那里，加利波里半岛（Gallipoli peninsula）与色雷斯大陆相逢。加利酒庄种植有大片的赤霞珠梅洛、品丽珠和赤霞珠葡萄，同时能欣赏到爱琴海、马尔马拉海、萨罗斯湾和达达尼尔海峡的壮丽风光。

www.gali.com.tr；电话 +90 212-671 1991；Evreşe；需要预约

05 苏弗拉酒庄（SUVLA）

自2012年发布首款葡萄酒以来，苏弗拉酒庄就以迅雷之势横扫了土耳其的葡萄酒业。本地餐厅的酒单上总是会赫然列出该酒庄所出品的一些著名葡萄酒，例如Doluca和Kavaklıdere，而特级珍藏级的赤霞珠和瑚珊－玛珊（Roussane Marsanne）也在土耳其国内和国际上屡获大奖。

苏弗拉通过有机认证的葡萄园位于加利波里半岛的Bozokbağ，酒庄、餐厅和品酒室则建在附近达达尼尔海峡海岸边的埃杰阿巴德城（Eceabat）。

www.suvla.com；电话 +90 286-814 1000；Çınarlıdere 11，Eceabat；8:30~17:30开放

实用信息 ESSENTIAL INFORMATION

去哪儿住宿

GALLIPOLI HOUSES

这座精品酒店位于加利波里国家公园（Gallipoli National Park）里，距离埃杰阿巴德11公里。酒店提供餐厅和10间舒适的客房，充满了安静的田园氛围。店主埃里克·戈森斯（Eric Goossens）是位百事通，对本地的战场遗迹和酒庄都非常熟悉。

www.thegallipolihouses.com；电话 +90 286-814 2650；Kocadere

去哪儿就餐

UMURBEY WINE-HOUSE

这间欢乐的酒馆坐落于泰基尔达（Tekirdağ）水滨的对面，由来自Yazır Köyü附近的Umurbey酒庄负责运营。该酒庄所出产的赤霞珠和赤霞珠/梅洛混合型葡萄酒在这里都能品尝到，此外，酒馆也提供各种点心、意式面包、意面和烤肉。

电话 +90 282-260 1379；Atatürk Bulvarı，Tekirdağ

CHÂTEAU KALPAK

Château Kalpak精品酒庄的这栋特别设计的建筑坐落在沙尔柯伊（Şarköy）一处山顶上，从这里可以远眺希腊萨莫色雷斯岛（Samothrace）和马尔马拉海的风光。午餐时间还可以去葡萄园餐馆的露台上用餐。

电话 +90 532-277 1137；Gelibolu Yolu，Şarköy

活动和体验

来到土耳其的色雷斯地区，就一定要去参观古老的埃迪尔内城，它曾经是奥斯曼帝国的首都，拥有被列入《世界遗产名录》的塞利米耶清真寺和苏丹巴耶塞特清真寺建筑群。

要想了解一些更为近代的历史，你可以前往加利波里历史国家公园松树飘香的战场遗迹去转一转。1915年，土耳其军队和联军军队在此展开了至今让土耳其人难以忘怀的血战。这是一处风景优美且容易令人情绪激昂的景点。步行或驾车游览皆可。

www.nationalparksofturkey.com

庆典

每年7月初，埃迪尔内都会举办充满雄性气概的Kırkpınar涂油摔跤节（Kirkpinar Oil-Wrestling Festival），这同时也是参观各大酒庄的最好时机。

01

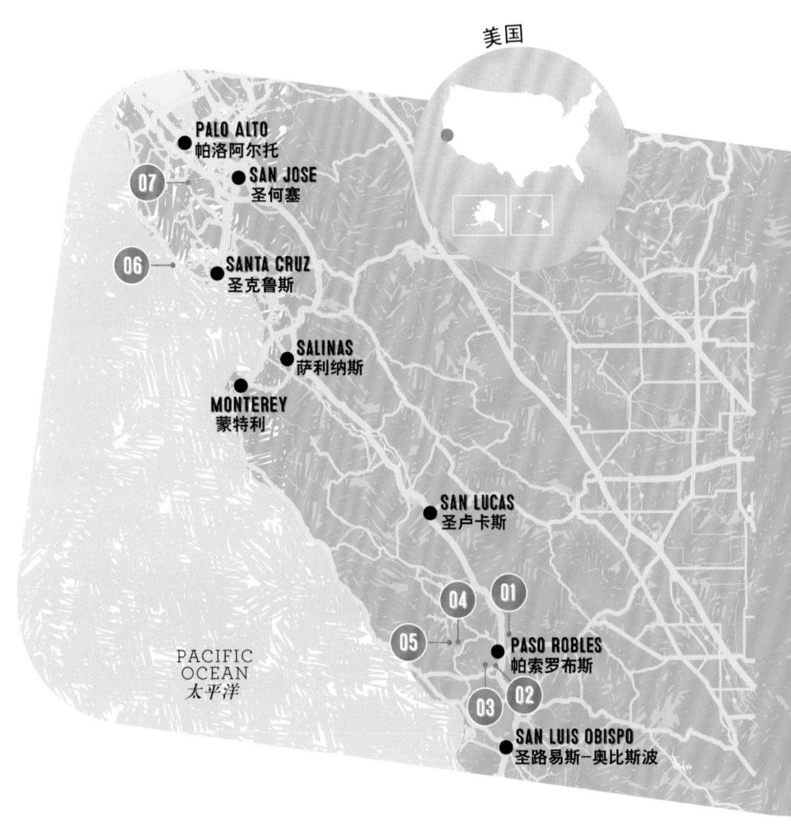

【美国】

中央海岸 CENTRAL COAST

大苏尔是公路旅行者们的心之所向，但在加利福尼亚州，一些新老酒庄同样能带来令人兴奋的味觉体验。

中央海岸是指加利福尼亚州从南到北地形发生变化的一段，加州最好的酒庄就位于该分水岭的两侧。北方崎岖不平的圣克鲁斯山脉（Santa Cruz Mountains）里分布着加州历史最悠久和最知名的酒庄，而在南边天气炎热且尘土飞扬的帕索罗布斯（Paso Robles），一大批最激动人心的新酒庄则相继涌现。

中央海岸地区覆盖了加州的大部分土地。从圣巴巴拉（Santa Barbara）往北去圣弗朗西斯科（旧金山），这条西侧海岸线上不只有酒庄和葡萄园。冲浪爱好者可以在圣克鲁斯（Santa Cruz）找到归属感，蒙特利（Monterey）是音乐迷们的圣地[吉米·亨德里克斯（Jimi Hendrix）曾在此点燃自己的吉他]，而自驾车爱好者则会津津乐道于全程150公里的大苏尔（Big Sur）的海岸公路。

这条著名的高速公路紧挨着崎岖的海岸线，一侧是浩瀚的太平洋，另一侧是丛林密布的高山，这里有全加州最惊心动魄的风景。如果运气好的话，从路边的观景台上，你还能看到在沙滩上晒太阳的象海豹。驾车穿过大苏尔可能用不了几个小时，倒不如放慢速度，或者干脆在这里度周末。对于热爱户外活动的人来说，这里的步行道以及丰富的野生动植物资源绝不逊色于任何地方，更何况还有大量可供休憩和恢复精力的餐厅和旅馆。

如何抵达

最近的机场在旧金山，距离帕索罗布斯（Paso Robles）310公里，可以租汽车前往。

02

01 杰罗酒庄(J. LOHR)

杰瑞·罗尔(Jerry Lohr)早在20世纪80年代就开始经营葡萄园,是帕索罗布斯葡萄种植业的早期先驱人物之一,他位于圣何塞(San Jose)的杰罗酒庄凭借高质量的葡萄酒在中央海岸以北地区创下了一连串的纪录。如今,杰罗酒庄已经成为该地区最重要的酒庄之一。除了能酿出一流的葡萄酒外,它还拥有北美最大的太阳能跟踪系统,该系统所产出的能量能满足酒庄日常75%的能源需求。

去杰罗酒庄品酒无须预约,也不用支付任何费用(限量版葡萄酒除外)。你可以一边品尝美酒,一边欣赏邻近的7棵橡树(Seven Oaks)葡萄园的美景。

www.jlohr.com; 电话 +1 805-239-8900; 6169 Airport Rd, Paso Robles; 10:00~17:00开放

02 奇遇酒庄(L'AVENTURE)

酒庄的大名暗示了其所有者史蒂芬·阿塞奥(Stephan Asseo)和毕翠思·阿塞奥(Beatrice Asseo)在1997年离开家乡波尔多以后的人生奇遇。虽然当年在波尔多已经成功跻身于葡萄酒业的管理层,但史蒂芬厌倦了被规则束缚,他希望能将波尔多葡萄品种的结构和优雅特性,与西拉、歌海娜和慕合怀特(Mourvedre)葡萄丰富且成熟的风味结合在一起。帕索罗布斯之所以能和顶级美酒产生关联,奇遇酒庄醇厚的混合型葡萄酒功不可没。

品酒费用为15美元。奇遇酒庄的葡萄酒产量不高,因此参观品酒室是品鉴这些顶级葡萄酒的最佳途径。

www.aventurewine.com; 电话 +1 805-227-1588; 2815 Live Oak Rd, Paso Robles; 11:00~15:30, 需要预约

03 戴利酒庄(TURLEY)

尽管戴利酒庄的葡萄酒可以用"强劲"来形容,但不会缺少平衡性或复杂性,附加于其身的熟成时间又会带来令人深思的体验。这一切并非巧合,以上用语亦可用来形容酒庄酿酒师蒂根·帕萨拉夸(Teagan Passalacqua),他被广泛认为是加州葡萄酒行业最有才华的年轻人之一。自老板拉里·戴利(Larry Turley)在1993年成立酒庄以来,戴利这个名字已经成了单一葡萄园仙粉黛(Zinfandel)和小西拉(Petite Syrah)的代名词,它们的酿造原料皆来自加州历史最悠久且最受推崇

01 中央海岸地区崎岖的地貌

02 奇遇酒庄

03 奇遇酒庄的史蒂芬·阿塞奥和他的女儿克洛伊

04-05 塔伯拉斯溪酒庄

Courtesy of L'Aventure / Chandler Smiley, Marissa Winchester

的葡萄园。

标准品酒费用为10美元(购买两瓶以上葡萄酒可退款),珍藏级葡萄酒需加收5美元。欲了解更多详情,强烈推荐你参加有私教指导的深度品酒活动(40美元,需要预约)。

***www.turleywinecellars.com*; 电话 +1 805-434-1030; 2900 Vineyard Dr, Templeton; 每天9:00~17:00**

04 贾斯汀酒庄(JUSTIN)

1981年,贾斯汀·鲍德温(Justin Baldwin)在帕索罗布斯成立了自己的葡萄园和酒庄,这在当时可是壮举一桩。当时全世界的目光都落在出产高品质葡萄酒的纳帕谷上,对加州的其他地区视而不见。

到了20世纪80年代末,贾斯汀酒庄已经发展成为一股不可忽视的力量,如今它更被认为是中央海岸地区最值得一去的酒庄之一。尽管来自罗讷河谷的葡萄品种在帕索占据了主导地位,但贾斯汀酒庄偏爱波尔多葡萄(赤霞珠和梅洛),他们利用"等腰"方式酿造出来的混合型葡萄酒赢得了无数喝彩。

除了舒适的酒店和令人印象深刻的餐馆之外,贾斯汀酒庄还有管理完善的品酒室。品酒室坐落在风景如画的酒庄葡萄园中,参观者花上15美元就可以品尝5种葡萄酒(无须预约),还有各种游览和教学活动。

***www.justinwine.com*; 电话 +1 805-238-6932; 11680 Chimney Rock Rd, Paso Robles; 每天10:00~16:30**

05 塔伯拉斯溪酒庄(TABLAS CREEK)

博卡斯特尔酒庄(Château de Beaucastel)是法国罗讷河谷地区最赫赫有名的酒庄之一[酒庄酿酒师酿制出了优质的教皇新堡(Châteauneuf-du-Pape)系列葡萄酒],因此当它决定与哈斯家族(Haas)联手在加州建一家酒庄时,他们不出所料地选址帕索罗布斯。在中央海岸这片地区生长的葡萄品种,与在博卡斯特尔家乡生长的西拉、歌海娜、慕合怀特、玛珊(Marsanne)和瑚珊(Roussanne)并无二致,而且欧式的细腻口感中还带有浓烈的、加州阳光的魅力。

塔伯拉斯溪酒庄的品酒体验有两种形式。常规的"庄园"品酒需要花费10美元,可品尝6~8种葡萄酒,入座的"珍藏级"品酒的费用为40美元(需要预约),包含品尝陈酿葡萄酒和旗舰级葡萄酒。除了品酒外,游客还可以去体验每日举行的有机

06

"加州的中央海岸地区是一片过渡区域，
位于气候凉爽、松树茂盛的北方和阳光充足、
棕榈林立的南方之间。那里的酿酒师们将阳光、雾气、
海洋和山川的作用融入了葡萄酒之中，
从而形成了与地貌一般多变、难忘、令人陶醉的风格。

——詹森·哈斯（Jason Haas），塔伯拉斯溪酒庄的合伙人兼总经理

Courtesy of Post Ranch Inn / Kodiak Greenwood

06 从Post Ranch Inn欣赏到的壮丽景致

07 邦尼顿酒庄的兰德尔·格拉汉姆

08 斯洛文酒庄一年一度的"滚桶"葡萄酒节

Courtesy of Bonny Doon

葡萄园免费游活动（也需要预约），以及日常的其他研讨活动。

www.tablascreek.com；电话 +1 805-237-1231；9339 Adelaida Rd，Paso Robles；10:00~17:00，团队游每天10:30和14:00出发

06 邦尼顿酒庄(BONNY DOON)

邦尼顿酒庄位于圣克鲁斯山中的邦尼顿村，凭借酿酒师兰德尔·格拉汉姆（Randall Grahm）敢为人先的精神、开创性的思维及其酿造的高品质葡萄酒，这家酒庄在加州葡萄酒界闯出了名堂。作为"罗讷突击者"（Rhône Rangers）之一——这一词汇曾专门用来形容那些重点关注法国罗讷河谷的葡萄品种，而非波尔多或勃艮第等其他地区葡萄品种的加州葡萄种植者们——兰德尔真正称得上绝无仅有（这在他的个人著作*Been Doon So Long*中也有所体现），他对葡萄酒的独特品位便是明证。

要想深入了解邦尼顿酒庄，你可以去参观酒庄位于达文波特（Davenport）的品酒室——不需要预约（除非是八人或八人以上的团体参观）。Le Cigare Volant是邦尼顿酒庄最著名的葡萄酒之一，其经典标签是为了向教皇新堡葡萄酒致敬——记得一定要让品酒室的工作人员为你解读。

www.bonnydoonvineyard.com；电话 +1 831-471-8031；450 Hwy 1，Davenport；周日至周四11:00~17:00，周五和周六11:00~18:00

07 山脊酒庄(RIDGE VINEYARDS)

对于加州葡萄酒的爱好者们来说，山脊酒庄如丝绸般顺滑的红葡萄酒和浓郁优雅的白葡萄酒简直是难以抵御的诱惑。虽然酒庄位于索诺玛（Sonoma）的酿酒厂生产了全加州最好的仙粉黛葡萄酒，但位于库比蒂诺（Cupertino）城外的蒙特·贝罗（Monte Bello）葡萄园，在总酿酒师保罗·德雷珀（Paul Draper）的密切关注下，从20世纪60年代开始就一直在产出质量超凡的葡萄，从而为无数令人叹服的经典葡萄酒的诞生奠定了基础。

虽然山脊酒庄堪称加州葡萄酒界的贵族，但他们并不自视甚高——无论是在酿酒工作的过程中，还是在为访客们安排活动时，工作人员总是尽力让人们满意而来、尽兴而归。

酒庄有3种品酒套餐可选，根据葡萄酒的品质等级分为5美元、10美元和20美元三档。另外，酒庄还会组织5堂葡萄酒历史品鉴课，虽然需要额外收费，但这钱肯定花得值。

www.ridgewine.com；电话 +1 408-867-3233；7100 Montebello Rd，Cupertino；周六和周日11:00~17:00开放，周一至周五需要预约

去哪儿住宿

POST RANCH INN

这家位于大苏尔的奢华酒店差不多拥有全美最好的风光，门外便是浩瀚的太平洋，周围是崎岖的群山和茂密的森林。酒店的房间和餐厅都非常棒。如果想留下什么难忘的纪念，那Post Ranch Inn是再合适不过的地方了。

www.postranchinn.com；电话 +1 831-667-2200；47900 Hwy 1, Big Sur

JUST INN

除了拥有设施完善的客房外，这家酒店恰好处于贾斯汀葡萄园的中间。选择在这里住一晚，如果能谈得拢的话，酒店还会赠送早餐和酒庄游览活动。

www.justinwine.com；电话 +1 805-591-3224；11680 Chimney Rock Rd; Paso Robles

去哪儿就餐

PICNIC BASKET

如果在圣克鲁斯的海滨步道附近闲逛时想快速填饱肚子，推荐你去Picnic Basket，那里的三明治非常棒。

www.thepicnicbasket-sc.com；电话 +1 831-427-9946；125 Beach St, Santa Cruz

BANTAM

如果你想尝尝地中海风味的菜肴，别错过Bantam。餐馆美味的比萨是用柴火烤炉做出来的，而且配料也是一流的。

www.bantam1010.com；电话 +1 831-420-0101；1010 Fair Ave, Santa Cruz

ARTISAN

帕索罗布斯最好的餐馆当属Artisan，这家“从农场到餐桌”式的食肆专供本地食材和出产于中央海岸的葡萄酒。日裔大厨小林·克里斯（Chris Kobayashi）非常擅长利用季节性食材独具创新地烹饪出令人垂涎的美食。

www.artisanpasorobles.com；电话 +1 805-237-8084；843 12th St, Paso Robles

08

Courtesy of SLO Wine Country

活动和体验

大苏尔周边的野生动植物异常丰富，非常值得停下脚步去仔细观察——那里有美洲狮、秃鹫、白头海雕和象海豹出没。前往帕索罗布斯的旅行者别忘了去罐头城（Tin City），这个重获生机的工业园现在已经成了若干带有品酒室的精品酒庄所在地（Field Recordings和Giornata是其中最好的两家酒庄）。

fieldrecordingswine.com; giornatawines.com

庆典

每年2月底，在圣克鲁斯的步道上都会举办蛤蜊浓汤烹饪比赛（Clam Chowder Cook-Off）。5月底在蒙特利（Monterey）举办的加州之根（California Roots）是加州最好的音乐节之一。在南边，圣路易斯-奥比斯波（San Luis Obispo）整个4月都在举办“滚桶”葡萄酒节（Roll Out the Barrels）。

californiarootsfestival.com; slowine.com

'05
1-6
H
MT TH

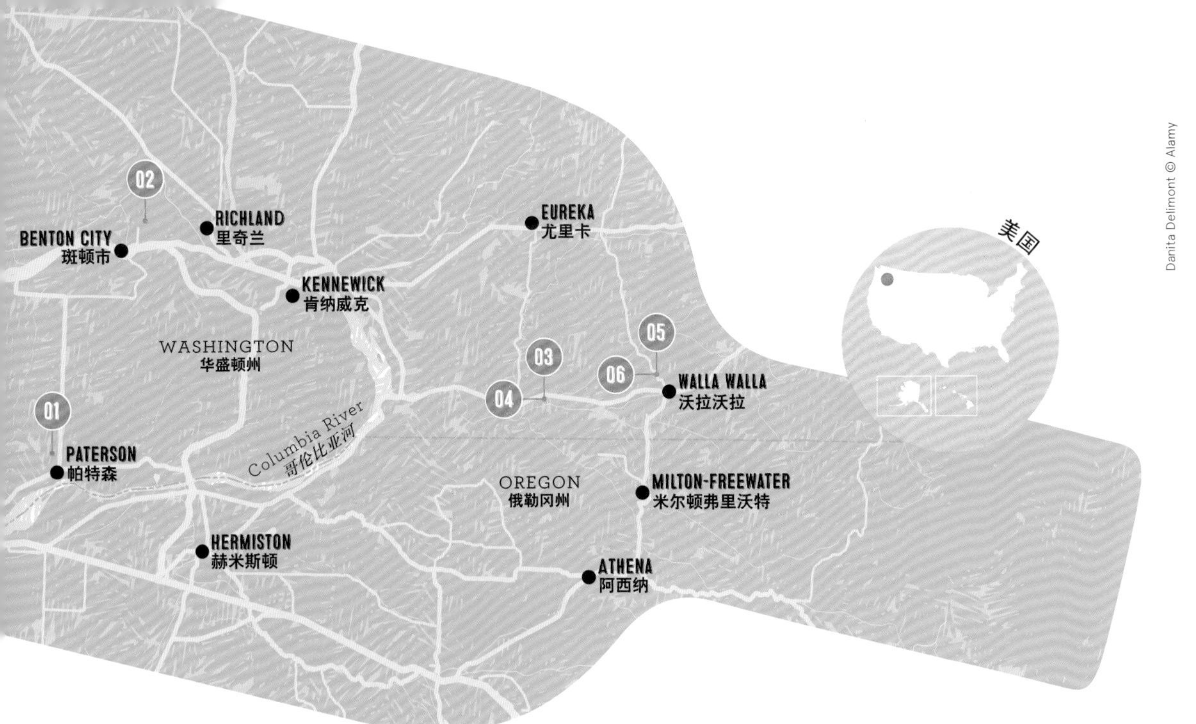

Danita Delimont © Alamy

【美国】

哥伦比亚谷 COLUMBIA VALLEY

从多雾的西雅图翻越重重高山，来到美国葡萄酒酿造业发达的狂野西部，这里有牛仔，有竞技比赛，更有世界顶级的美酒。

驱车逃离凄风苦雨的西雅图，第一次来华盛顿州的旅行者绝不会想到，在雄伟的喀斯喀特山脉（Cascade Mountains）的另一侧会有什么样的景致在等待着自己。不出几个小时，翠绿色的森林和连绵的雨水即被哥伦比亚谷荒凉的沙漠地貌取代。然而，这个贫瘠且冷酷的地方却是美国最令人兴奋的葡萄酒产区，茁壮成长的葡萄酒酿造庄园为这片神奇土地上所产出的美酒而感到自豪。

哥伦比亚谷一流酒庄所展现出来的开拓精神让人不能不钦佩。对于最初来到这里定居的移民而言，最不能想象的事情就是种植葡萄，但一旦解决了生存问题以后，他们便很快开始思考发展问题。到了20世纪80年代，70年代的葡萄种植先驱们的先见之明就显现出来了，从那时起华盛顿州优质的美国葡萄酒产地（American Viticultural Areas）的数量开始不断增加。虽然哥伦比亚谷是公认的牛仔之乡（有很多牧场和牛仔竞技表演），但它作为葡萄酒之乡的美名亦是名副其实。这些特色既吸引了大批外来者，同时也鼓励很多本地人走上了职业酿酒师的道路。

充满魅力的沃拉沃拉（Walla Walla）位于州版图的右下角，那里有很多品尝葡萄酒的品酒室和餐厅，是在哥伦比亚谷旅行期间的理想大本营。周边的葡萄园，例如沃拉沃拉谷（Walla Walla Valley）、红山（Red Mountain）和霍斯黑文山（Horse Heaven Hills），所产出的葡萄经由天才酿酒师之手，变成了世界一流的葡萄酒。

如何抵达

西雅图-塔科马（Seattle-Tacoma）机场是距离最近的大型机场，它距离帕特森（Paterson）360公里。可租车。

Courtesy of Charles Smith Winery

01 哥伦比亚山峰酒庄
(COLUMBIA CREST)

1984年，哥伦比亚山峰酒庄发布了其首款葡萄酒，当时它是一款单一葡萄的微甜型白葡萄酒。如今，这座酒庄已经发展成为该州最大的酒庄，他们生产品质稳定的品种级葡萄酒，就像他们从未改变的高昂价格一样稳定。

通过与圣密夕酒庄（Chateau Ste Michelle；位于西雅图附近，同样会给你卓越的参观体验）合作，哥伦比亚山峰酒庄从其位于霍斯黑文山中的美国法定葡萄种植区（VAV）基地向外传播关于华盛顿州葡萄酒产业的变化和动向，因此将这座酒庄纳入旅游路线图中是很值得的。

这里的酒庄游览和品酒体验都堪称一流。酒庄俯瞰哥伦比亚河，周围都是葡萄园，环境极好。周末这里会举办导览游和品酒活动（免费，但需要预约），不过在平日的自助游活动中，参观者也可以在酒庄里随便游览，然后顺便尝一尝免费赠送的葡萄酒。美酒美食活动是每隔一周组织一次（25美元，需要预约），需要提前打电话约时间。

www.columbiacrest.com；电话 +1 509-875-4227；178810 Hwy 221, Columbia Crest Dr, Paterson；10:00~16:00开放

02 赫奇斯家族酒庄
(HEDGES FAMILY ESTATE)

位于赫奇斯家族葡萄园中的这座雄伟建筑，并不是勾起你旧世界记忆的唯一元素。家族所保留的法式传统也体现在其优雅克制的葡萄酒以及对土地的恪守上——他们是哥伦比亚谷地区为数不多坚持用生物动力法进行耕作的酒庄之一。

更值得一提的是海拔425米的红山，几百万年前的冰山洪水造就了这里的地貌，其土壤为黏土、黄土和花岗岩混合型，非常适合种植红酒葡萄。多亏了当年忠实信徒们所做出的开创性工作，红山几乎已经成为哥伦比亚谷地区高品质葡萄酒的代名词。但不幸的是，这也导致了该区域“迪士尼式”过度商业开发，所以如果你有打算去游玩就要趁早了。

周末去酒庄游玩需要支付5美元品酒费用，想在其他时间参观也可以安排，私人观光需要预约。赫奇斯家族对当地情况了如指掌，所以你想了解的一切关于红山的知识，在那里都可以打听得到。

www.hedgesfamilyestate.com；电话 +1 509-588-3155；53511 North Sunset Rd, Benton City；4月至11月周六和周日11:00~17:00，或者通过预约

03 艾科勒41号酒庄
(L'ECOLE NO. 41)

成立于1983年的艾科勒41号酒

“较高的纬度和冰川土壤形成了新世界果实和旧世界结构之间的美妙平衡。”

——马蒂·克拉布（Marty Clubb），艾科勒41号酒庄庄主兼酿酒师

Steven Morris @ Getty Images

01 沃拉沃拉的收获季

02 查尔斯·史密斯酒庄风格粗犷的瓶身标签

03 伍德沃酒庄

04 Inn at Abeja

05 特立独行的查尔斯·史密斯

Courtesy of The Inn at Abeja

庄是沃拉沃拉第三古老的酒庄，也是最好的酒庄之一。这里酿造出来的葡萄酒从不会令人失望，这些酒总是不偏不倚地行走于强劲和优雅的微妙平衡之中，同时尽量展现沃拉沃拉出产的多汁且充满活力的标志性深色浆果的特质。酒庄在最佳年份所出产的葡萄酒（Ferguson、Perigee和Pepper Bridge），其品质堪称一流。

艾科勒41号代表酒庄所处的位置，它的前身是一座修建于1915年的校舍，街区编号为41。酒庄的品酒室占据了两间教室中的一个。但不管怎么描述，亲自去参观酒庄才是了解沃拉沃拉谷风土的最佳方式。你甚至可以在附近庄园的葡萄园里来一次实地考察。

品酒无须预约，你可以品尝六七种葡萄酒（买一瓶葡萄酒就可以退还5美元的品酒费用）。如果想要品尝精品葡萄酒，你可以参加“珍藏级品酒”活动（4月至11月周五15:00，30美元，需要预约），具体内容包括私人酒庄游览以及品尝年份和限量版葡萄酒。

www.lecole.com；电话 +1 509-525-0940；41 Lowden School Rd，Lowden；10:00~17:00

04 伍德沃酒庄
（WOODWARD CANYON）

如果你在参观艾科勒41号酒庄的过程中打听有没有其他不错的酒庄，肯定会有人向你推荐隔壁的伍德沃，这座酒庄甚至拥有更悠久的历史（虽然也不过几十载）。伍德沃酒庄的工作人员都以遵循“伍德沃方式”而感到自豪，即在葡萄园里辛

"葡萄酒从不嫌贫爱富，每个人都能享用它，无论你是囊中羞涩还是腰缠万贯。"

——查尔斯·史密斯，K酒庄的创始人

Courtesy of Charles Smith Winery

Courtesy of Hedges Family Vineyard

06 赫奇斯家族酒庄

07 Inn at Abeja

勤劳动，从不妥协或投机取巧，酿造完美熟成的平衡葡萄酒，保持可持续发展。很显然，这些口号并非空谈，这家酒庄所出产的葡萄酒优雅和可口并存。

在伍德沃酒庄装饰精美的品酒室中，你花上5美元（购买葡萄酒后可退还）就能品尝各种葡萄酒，或者花25美元体验私人品鉴。践行“从农场到餐桌”理念的Reserve House餐厅是享用午餐的好地方，其用于烹饪美味的食材皆来自当地。

www.woodwardcanyon.com；电话 +1 509-525-4129；11920 West Hwy 12, Lowden；10:00~17:00开放

05 格莱摩西酒庄 (GRAMERCY CELLARS)

不久以前，格莱摩西酒庄还不太为人所熟知（每年只生产几千瓶葡萄酒，实在没什么好稀奇的），但如今它已经发展成为美国最热门的酒庄之一。格雷格·哈宁顿（Greg Harrington）创建的这家酒庄虽积淀不深，但是风味浓郁，这也正是这种葡萄酒让美国西北部的人们振奋的原因。

就外观而言，格莱摩西酒庄不太吸引人注意，你看不到任何醒目的标识。在酒庄品酒是免费的，工作人员会热心地接待你，并为你讲解。

www.gramercycellars.com；电话 +1 509-876-2427；635 North 13th Ave, Walla Walla；周六11:00~17:00开放，周三至周五需要预约

06 查尔斯·史密斯和K酒庄 (CHARLES SMITH & K VINTNERS)

所有的葡萄酒产区都有不走寻常路的异类角色，而在沃拉沃拉，查尔斯·史密斯就是这样的存在——他看起来像个摇滚巨星，早些年他曾负责摇滚乐队的欧洲巡演。在欧洲生活的经历让史密斯对葡萄酒异常迷恋，后来回到美国做了一段时间的生意以后，他决定自学如何酿造葡萄酒。如今，查尔斯的葡萄酒已经完全融入了他自己的独特个性，他给葡萄酒起了诸如功夫女孩雷司令（Kung-Fu Girl Riesling）和砰砰西拉（Boom Boom Syrah）这样的名字。在K酒庄的品牌之下，史密斯推出了多款在华盛顿州历史上评级最高（也最贵）的葡萄酒，这份荣誉既奠定了哥伦比亚谷专业酿造葡萄酒的名声，同时也吸引了年轻群体投身于这个事业。

因循守旧的葡萄酒爱好者们注定不适合去参观查尔斯·史密斯位于沃拉沃拉市中心的品酒室（当然真要是去了，他们也会受到热烈欢迎的）。摇滚音乐和改装过的仓库构成了一个有趣的品酒环境，你可以选择现代主义项目（Modernist Project；5美元）或K酒庄（10美元），两个项目会安排品尝6种葡萄酒。有趣的人加上美妙的酒，K酒庄的品酒室是沃拉沃拉不容错过的去处之一，不过这也意味着那里总是人满为患。

www.charlessmithwines.com；电话 +1 509-526-5230；35 South Spokane St, Walla Walla；10:00开始开放

去哪儿住宿

VINE & ROSES

这座经过修复的维多利亚时代的宅邸位于沃拉沃拉市中心，现在它已经变成了一个舒适的民宿，可以俯瞰风景优美的先锋公园（Pioneer Park）。旅馆的经营者同时也是Sinclair Estate Vineyards的业主，他们很乐意安排房客去附近的品酒室参观。

www.vineandroses.com；电话 +1 509-876-2113；516 South Division St, Walla Walla

INN AT ABEJA

如果你喜欢住在经过改造的农庄里，与森林和葡萄园为伍，那么Inn at Abeja肯定就是你的不二选择了。住在这个组合式的乡村别墅里并不便宜（每晚295美元起），但就环境而言，的确担得起"田园"二字，从这里出发去周边探索也非常方便。

www.abeja.net；电话 +1 509-522-1234；2014 Mill Creek Rd, Walla Walla

去哪儿就餐

SAFFRON MEDITERRANEAN KITCHEN

餐厅虽然面积不大，但俨然有成为华盛顿州最好餐厅之一的架势。餐厅经常会摆出本地葡萄酒酿造协会评选出来的顶级名酒。

www.saffron-mediterraneankitchen.com；电话 +1 509-525-2112；124 West Alder St, Walla Walla

WHITEHOUSE-CRAWFORD

去Whitehouse-Crawford就餐是华盛顿州美食美酒之旅不可或缺的一部分，这里的季节性美食和顶级葡萄酒绝对会让你感叹名不虚传。

www.whitehousecrawford.com；电话 +1 509-525-2222；55 West Cherry St, Walla Walla

活动和体验

抵达西雅图的游客可以去游览邻近的伍丁维尔（Woodinville），那里不仅到处都是品酒室，还拥有华盛顿州历史最悠久的圣密夕酒庄（Chateau Ste Michelle）。里奇兰（Richland）的Reach是一处国家纪念区兼野生动物保护区，那里经常会举办各种回归生态活动。位于亚基马印第安人保护区（Yakima Indian Reservation）的塔本尼许（Toppenish）拥有3座博物馆和75幅分散于城中各处的壁画，它们栩栩如生地描绘了这里的历史。

www.visitthereach.org；www.visittoppenish.com

庆典

6月底举办的峡谷蓝调与酿酒节（Gorge Blues & Brews Festival）不容错过。每年7月4日在塔本尼许举办的游行和牛仔竞技表演活动，可以让游客们一睹狂野西部的风采。蔬菜爱好者们还可以参加6月举行的沃拉沃拉甜洋葱节（Sweet Onion Festival），以及8月举行的普尔曼国家扁豆节（Pullman's National Lentil Festival）。

www.gorgebluesandbrews.com；www.sweetonions.org；www.lentilfest.com

Courtesy of The Inn at Abeja

01

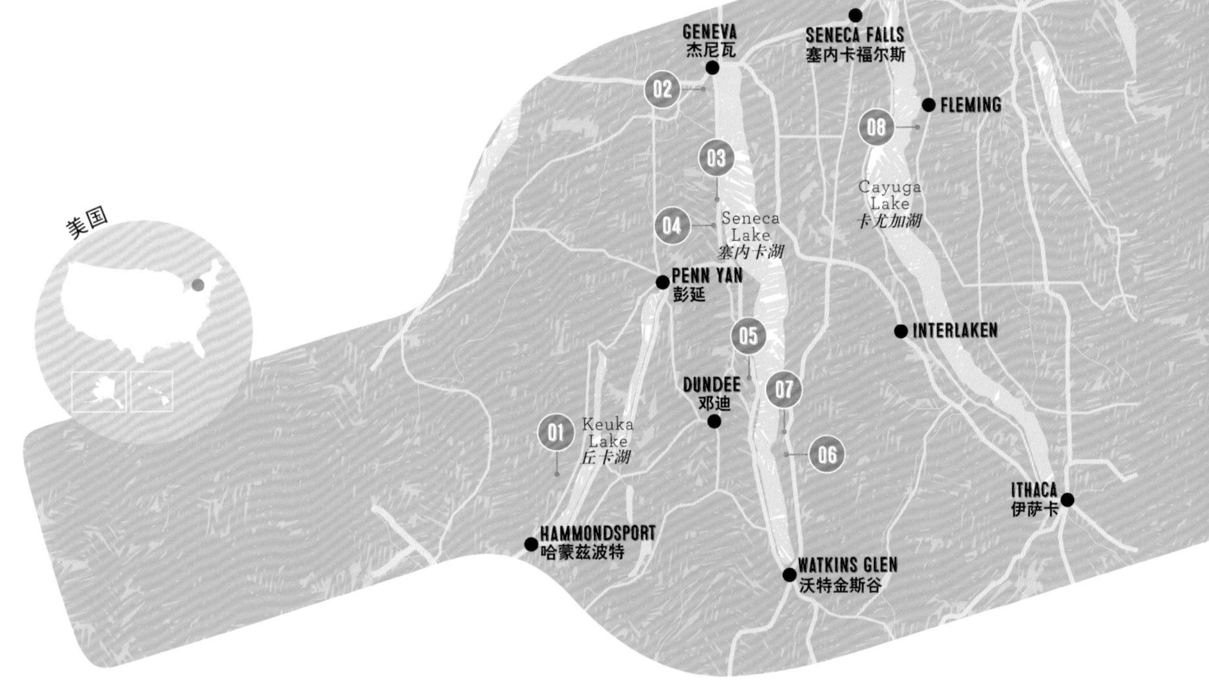

【美国】

五指湖区 FINGER LAKES

充满感染力的自由气息以及秀丽的湖滨美景，静候你的光临。这里是欧洲葡萄在新世界生长的最北端。

纽约州的五指湖区代表了北美洲葡萄酒酿造的最远极限。这里的冬季异常寒冷，人们通常认为只有美国本地和一些杂交的葡萄能够生长于此，而品质更高的欧洲酿酒用葡萄（vinifera）在这里根本无法存活。尽管早在19世纪中期，本地居民就酿造过葡萄酒，20世纪后半叶这里也曾掀起过酿造起泡酒和甜葡萄酒的热潮，但在20世纪60年代的葡萄根瘤蚜瘟疫发生和禁酒令废除以后，人们才开始以严谨的态度对待酿酒用葡萄。自那以后，酿酒用葡萄在五指湖区，即纽约州最大的葡萄酒产区茁壮成长的能力才最终得到了认可。眼下我们最想问的问题是：要种哪种酿酒用葡萄，以及种在哪儿？五指湖区将如何确立自己的葡萄酒产区地位？

五指湖区11片湖泊中的4片湖泊［塞内卡（Seneca）、卡尤加（Cayuga）、丘卡（Keuka）和斯卡尼阿特勒斯（Skaneateles）］的湖岸地区是最主要的葡萄酒产区，这些区域又是按照不同的土壤类型和受冻程度来进行定义的。在处理多样性的问题时，五指湖区的每家酒庄都必须得确定哪种因素最为关键：是葡萄品种、种植场所，还是整体的区域状况。很多酿酒师认为雷司令和黑皮诺是体现五指湖区风土条件的最佳载体。但其他人认为葡萄的品种不是问题，酿酒方法才是最重要的，譬如酵母来自本土还是实验室，收获方式是机器还是手工，熟成用的是橡木桶还是钢桶，针对这些问题有各种意见。实地品尝和了解这些情况会非常有趣。

这些冰川凿刻出来的美丽湖泊非常深，它们稳健的影响力才是让此地的葡萄酒酿造产业逐渐发展起来的主要因素。这些湖泊很长，南北跨度达60多公里，如果想驾车或骑自行车环游湖区，那你必须得仔细规划好时间。鉴于此，住在湖区两座枢纽城市中的任意一座才方便，这两座城市分别是位于塞内卡湖南端的沃特金斯谷（Watkins Glen）和卡尤加湖南端的伊萨卡（Ithaca）。

如何抵达

肯尼迪国际机场或多伦多机场是最近的主要机场。哈蒙兹波特距离伊萨卡85公里。可租车。

Courtesy of Frank wines

❶ 康斯坦丁·弗兰克酒庄 (DR KONSTANTIN FRANK)

与赫尔曼酒庄一样，这座开创先河的庄园属于五指湖区首批种植酿酒葡萄的酒庄，它是由乌克兰移民康斯坦丁·弗兰克博士(Dr Konstantin Frank)在1962年创办的，在五指湖区葡萄酒行业的变迁过程中，它一直发挥着重要作用。康斯坦丁·弗兰克酒庄目前已经传承到第四代家族成员，其酿造的葡萄酒可主要分为3个类别：庄园主推的老藤康斯坦丁·弗兰克博士系列(Dr Konstantin Frank)、以价值为导向的鲑鱼洄游系列(Salmon Run)，以及最为独特的弗兰克城堡系列(Chateau Frank)。具体包括白羽葡萄酒(Rkatsiteli)、绿斐特丽娜葡萄酒(Grüner Veltliner)、半干型雷司令(Riesling Semi-Dry)和弗兰克城堡年份起泡酒(Chateau Frank Vintage Brut)。

www.drfrankwines.com；电话 +1 800-320-0735；9749 Middle Rd, Hammondsport；周一至周六9:00～17:00，周日正午至17:00

❷ 塞尼卡湖峡谷酒庄 (RAVINES WINE CELLARS)

峡谷酒庄的莫腾·哈格仑(Morten Hallgren)在法国普罗旺斯长大，在自己的家族庄园Domaine de Castel Roubine中掌握了酿酒技术。在波尔多和美国多个葡萄酒产区(包括在康斯坦丁·弗兰克酒庄工作的6年)接受了进一步的训练以后，莫腾和妻子丽萨(Lisa)于2000年在丘卡湖(Keuka Lake)东湖岸的两座大峡谷之间开辟了多块葡萄园。

从那时起，他们便开始不断发展壮大，销售网络不断拓宽，还成立了一个非常受欢迎的葡萄酒俱乐部，峡谷酒庄成了全美最具代表性的五指湖区酒庄之一。峡谷酒庄葡萄酒具有简单的魅力，虽然以雷司令和黑皮诺为傲，但也酿造其他类型的葡萄酒，譬如品丽珠和琼瑶浆，为五指湖区的葡萄酒打响了品质一流的名声。阿格心阁园(Argetsinger Vineyard)雷司令干白和丘卡红(Keuka Red)是峡谷酒庄迄今为止最好的两种葡萄酒。

品酒室坐落于一栋改造过的旧谷仓中，特别温馨。建筑本身就会勾起你的往日回忆，友善且学识渊博的工作人员也会热情地招待你。参观完以后，驱车一小段前往附近的杰尼瓦（Geneva）。五指湖区最重要的某些历史事件就发生在这里，绿树成荫的街道非常适合漫步。

www.ravineswine.com；电话 +1 315-781-7007；400 Barracks Rd, Geneva；10:00~17:00

03 奔狐酒庄(FOX RUN VINEYARDS)

出生于加拿大的资深酿酒师皮特·贝尔（Peter Bell），凭借其过人的技能掌控着奔狐酒庄野心勃勃的发展规划。奔狐酒庄坐落于一栋经过改造的百年挤奶厂中，可以俯瞰塞内卡湖（Seneca Lake），里面包括一个商店和一家小餐馆，餐馆里提供的顶级手工五指湖区奶酪和酒庄里出品的美酒是绝配。在这里，你可以尝遍五指湖地区最丰富的葡萄酒系列，从红葡萄酒和白葡萄酒到起泡葡萄酒，从桃红葡萄酒到波特风格的葡萄酒，不一而足。给人印象最深刻的葡萄酒当属始于2010年的“地质学”（Geology）系列，其目标在于通过单独的瓶装雷司令去了解单一葡萄园产地的情感表达，这与整个五指湖区都存在明确的相关性。别忘了在后院里端起一杯桃红葡萄酒放松一下——从这里可以远眺塞内卡湖的绝美景致。

www.foxrunvineyards.com；电话 +1 315-536-4616；670 Rte 14, Penn Yan；周一至周六10:00~18:00，周日11:00~18:00

04 安东尼路酒庄 (ANTHONY ROAD WINE COMPANY)

安东尼路酒庄的发展历程可以说是五指湖区的整体缩影。1973年，安·马丁尼（Ann Martini）和约翰·马丁尼（John Martini）在葡萄园里种下了第一批杂交葡萄，此后又将其几乎全部更换成了酿酒葡萄品种，譬如霞多丽、雷司令、灰皮诺、品丽珠和梅洛。如今，虽然酒庄绝大多数的葡萄酒都严格来自酿酒葡萄，但也提供半甜型的混合葡萄酒[维尼奥（Vignoles）]，这让我们得以回味五指湖区并不漫长的发展历史。

参观安东尼路酒庄能够大大增长你在葡萄酒方面的见识（特别是在参观赫尔曼酒庄之后），同时也可以收获很多乐趣。酒庄可供自备食物野餐的开放草坪露台就在塞内卡湖边（供应本地奶酪），景致非常好，也是个进行社交的理想场所。酒庄内的美术馆会展示本地艺术家的作品，展品时常更换。最重要的是别忘了品尝艺术系列雷司令（Art Series Riesling）和泥盆纪板岩红葡萄酒（Devonian Slate Red）。

www.anthonyroadwine.com；电话 +1 315-536-2182；1020 Anthony Rd, Penn Yan；周一至周六10:00~17:00，周日正午至17:00

05 赫尔曼酒庄 (HERMANN J. WIEMER)

1979年，生于德国的赫尔曼·维默（Hermann Wiemer）创办了自己的同名酒庄。从那时起，凭借自己对于酿酒用葡萄（尤其是雷司令）的无限执着，他以常人所不及的能力改变了五指湖区的葡萄种植格局。赫尔曼于2007年退休，现任酿酒师兼赫尔曼的前助手弗雷德·梅沃思（Fred Merwarth）正在将赫尔曼酒庄带到新的发展高度。弗雷德正在展开风土试验，让葡萄的品种和风格与产地匹配，细致地计划产出效果，这绝对是决定湖区未来酿酒业发展的关键。

奥斯卡·拜恩柯（Oskar Bynke）是弗雷德的合伙人，主要负责酒庄的对外宣传——他对葡萄酒产业的相关陈述非常具有洞察力。虽然赫尔曼酒庄的所有葡萄酒都着眼于细节，但马格达莱纳葡萄园雷司令（Magdalena Vineyard Riesling）、限量版年份白中黑（Limited Release Vintage Blanc de Noir）和品丽珠则是精品中的精品，一定不要错过品尝的机会。

www.wiemer.com；电话 +1 607-243-7971；3962 Rte 14, Dundee；周一至周六10:00~17:00，周日11:00~17:00

06 布鲁默溪酒庄 (BLOOMER CREEK)

布鲁默溪酒庄的品酒室距离Stonecat Café不远，如果是周末下午参观，接待你的可能就是金姆·恩格尔（Kim Engle），他是一位高大和蔼的绅士。他的妻子，身为艺术家的黛博拉·伯明翰（Debra Bermingham），和他一起在30多年前创办了布鲁默溪酒庄，而且只雇了一名员工帮忙。在五指湖区，大多数种植户最关注的是雷司令，大部分葡萄都是用机器收获的，但布鲁默溪独树一帜。在这里，法国卢瓦尔地区（Loire）的葡萄酿造的红葡萄酒是他们的榜样，通过手工采摘和自然酵母发酵则是他们的目标。金姆的酿酒用葡萄主要为琼瑶浆、黑皮诺和雷司令，不过用品丽珠酿出的葡萄酒才是五指湖区风土的经典代表作。一定要记得品尝布鲁默溪酒

01 从心与手酒庄品酒室看到的风景

02 康斯坦丁·弗兰克酒庄的葡萄酒

03 心与手酒庄的汤姆·希金斯和苏珊·希金斯（以及灰岩）

04 非常受欢迎的Stonecat Café

Courtesy of Hearts & Hands Winery

庄的桃红系列，以及优雅的白马梅里蒂奇系列红葡萄酒（White Horse Meritage Red）。

www.bloomercreek.com；电话 +1 607-546-5027；5301 Rte 414，Hector；周六和周日正午至17:00

07 赫克托葡萄酒公司熔炉酒庄（FORGE CELLARS AT THE HECTOR WINE COMPANY）

熔炉酒庄是一个令人激动的微型手艺项目，它坐落于赫克托葡萄酒公司现代化的木制谷仓中，紧挨着414号公路。走进赫克托葡萄酒公司新颖宽敞的品酒兼礼品室，你能发现五指湖区的一切商品，包括油、盐、工艺品，甚至T恤。如果穿过品酒室的后门，你就有机会品尝到五指湖区最为纯净质朴的葡萄酒，尽管很难想象这一幕，但它们确实都静置在与街面齐平的酒窖中。

熔炉酒庄由3位合伙人联合经营，来自赫克托葡萄酒公司的贾斯丁·波耶特（Justin Boyette），来自纽约的里克·雷恩（Rick Rainey）以及来自罗讷河谷吉恭达斯（Gigondas）的路易斯·巴洛奥尔（Louis Barruol）。和该地区的其他经营者一样，他们将酿酒用葡萄严格限定为黑皮诺和雷司令，他们相信这两个品种是最适合五指湖区风土的葡萄。这种高度关注使熔炉酒庄达成了严苛的质量标准——葡萄通过手工采摘，发酵过程不进行人工干预。这让葡萄酒在发酵初期就具备了完美熟成的潜质，成品堪称一流。

www.forgecellars.wordpress.com；电话 +1 607-387-1045；5610 Rte 414，Hector；周日至周四11:00~18:00，周五和周六11:00~19:00

08 心与手酒庄（HEART & HANDS WINERY）

无论是从伊萨卡（Ithaca）前往斯卡尼阿特勒斯（Skaneateles），还是从斯卡尼阿特勒斯前往伊萨卡，顺着90号公路沿卡尤加湖东侧驾车都是一件爽心悦目的事情。这条蜿蜒的公路沿着湖岸延伸，途中会经过野生动物保护区和若干历史古城，最终抵达尤宁斯普林斯（Union Springs）。汤姆·希金斯（Tom Higgins）和苏珊·希金斯（Susan Higgins），以及他们那条名叫灰岩的瑞士山地犬，将心与手酒庄建在了尤宁斯普林斯。好客的希金斯夫妇总是热衷于讨论3件事：石灰岩土壤、黑皮诺和雷司令。在这个创立于2006年的年轻酒庄里，他们不声不响地用实例证明了园内特产的皮诺和雷司令是五指湖区最具代表性的葡萄品种，同时也酿造出了非同寻常的年份气泡葡萄酒布吕特（Brut）。

www.heartandhandswine.com；电话 +1 315-889-8500；4162 Rte 90，Union Springs；周五至周日正午至17:00，或者预约

去哪儿住宿

HUMBLE HILL LODGE AND FARM STAY

沿着96B号公路向南开不了一会，便可抵达这家舒适的旅馆，它位于一座全天然的小家庭农场内，提供实惠的短期和长期住宿，既接待个人，也接待旅行团。早餐丰盛而美味。

www.humblehill.com; 电话 +1 607-738-6626; 467 Tallow Hill Rd, Spencer

THE WILLOWS ON KEUKA LAKE

坐落在丘卡湖上，有美丽的水滨露台和浮筒船。店主凯西·扬（Kathy Yonge）会尽可能让宾客享受到最舒服的住宿条件。

电话 +1 315-536-5653; 6893 East Bluff Dr, Penn Yan

去哪儿就餐

DANO' S HEURIGER ON SENECA

如果晚上去就餐，最好确保能早点到，在这座传统的奥地利式酒馆，你可以欣赏到塞内卡湖上美丽的落日景色。酒馆提供的食物非常经典，有炸肉排（schnitzel）、咖喱香肠（currywurst）、德国面疙瘩（spätzle）和萨克大蛋糕（Sacher Torte），酒单也非常丰富，既有来自奥地利和德国的精品葡萄酒，也有五指湖区的经典产出。

www.danosonseneca.com; 电话 +1 607-582-7555; 9564 Rte 414, Lodi

STONECAT CAFÉ

所有本地人都或多或少在Stonecat Café消磨过时光，它就像是葡萄酒爱好者和酿酒师聚会的场所。餐馆的氛围非常轻松和随性——在这里待上一天你都不会觉得无聊，因为这里提供了五指湖区最好的葡萄酒和啤酒。后面的露天就餐室带有一处在斜坡上的菜园，菜单上绝大部分的食材都来自那里，你再也找不到比这更能代表“从农场到餐桌”精神的做法了！经历了一天漫长的品酒历程以后，来这里补充一下能量简直太完美了。

www.stonecatcafe.com; 电话 +1 607-546-5000; 5315 Rte 414, Hector

活动和体验

清晨时分徒步穿越沃特金斯峡谷州立公园（Watkins Glen State Park）那如同异域的悬崖，这段3公里的路线上有19处瀑布，你可以由此了解五指湖区独特的地质环境。别忘了稍作停留，好好欣赏一下中央洞穴瀑布（Central Cavern Cascade）。

庆典

7月中旬，沃特金斯谷会举办五指湖区葡萄酒节（Finger Lakes Wine Festival），届时80多家酒庄会发布自己的葡萄酒新品，露营者、葡萄酒爱好者和音乐爱好者齐聚一堂，将现场的气氛烘托得就如同伍德斯托克一般。9月底，峡谷酒庄会在塞内卡湖畔举办热闹的秋收节（Fall Harvest Festival）。除此之外，在12月的每个周末，斯卡尼阿特勒斯都要庆祝狄更斯圣诞节（Dickensian Christmas），节日期间会有很多着奇装异服者在白雪皑皑的街道上漫步。

04

Courtesy of Stonecat Café

01

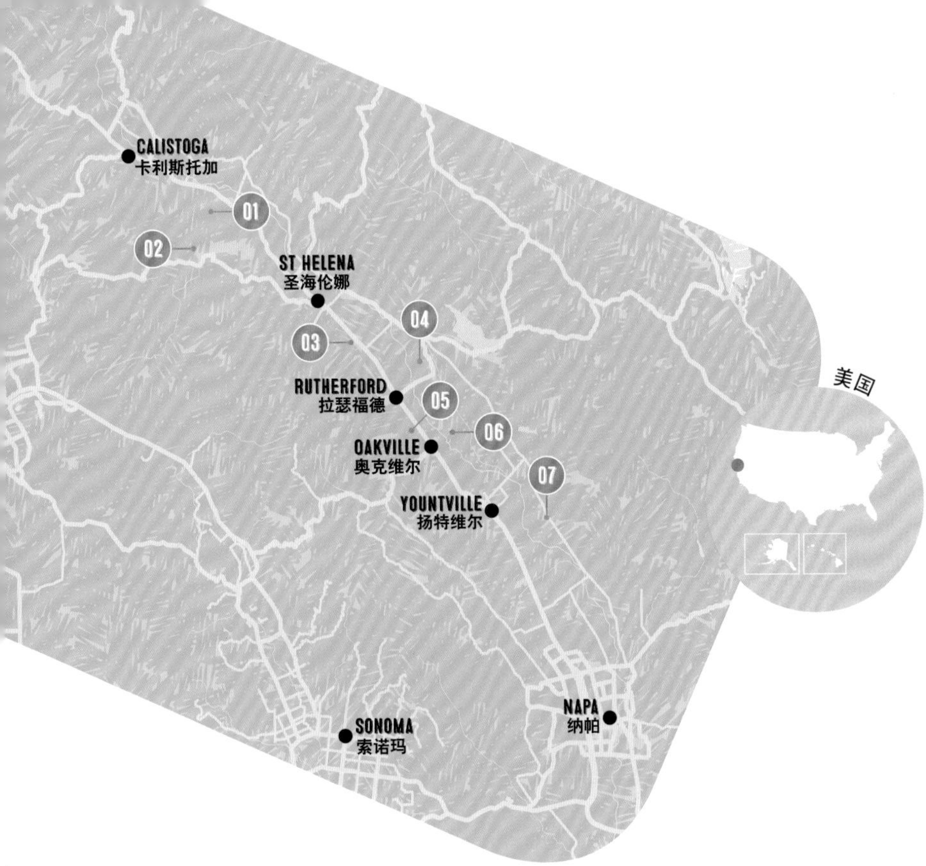

CALISTOGA
卡利斯托加
01
02
ST HELENA
圣海伦娜
03
04
RUTHERFORD
拉瑟福德
05
06
OAKVILLE
奥克维尔
07
YOUNTVILLE
扬特维尔
NAPA
纳帕
SONOMA
索诺玛
美国

Medioimages © Getty Images

【美国】

纳帕谷 NAPA VALLEY

从旧金山出发驱车向北即可抵达这座著名的山谷，这里有无数令人迷恋的小酒庄，它们洋溢着老加州的风情。

如今的纳帕谷毫无疑问是加州最富有魅力的葡萄酒产区。作为一些世界最著名且广受好评的酒庄的诞生地，纳帕谷既多金又齐整——完全看不出20世纪70年代那种贫穷落后的农村面貌。虽然老纳帕谷的一些遗迹仍在，但自从1976年“巴黎评判”（Judgement of Paris）尘埃落定以后，一切都发生了翻天覆地的变化——在当年的这场盲品中，一小撮勇气可嘉的加州新贵们用自己的葡萄酒打败了不可一世的法国波尔多和勃艮第庄园。红葡萄酒（赤霞珠）组和白葡萄酒（霞多丽）组的获胜者皆来自纳帕谷，这个结果动摇了葡萄酒世界的根基，并引发了对于加州葡萄酒的关注热潮。

自这一营销好戏[相关的畅销书已经出版，刻画这一事件的好莱坞电影《酒业风云》（*Bottleshock*）也已上映]上演以来，酒体丰满的赤霞珠红葡萄酒和霞多丽白葡萄酒不断成为令人瞩目的焦点。但事实上，如果知道去哪里找的话，你在纳帕谷还能找到一些一流的起泡葡萄酒和用各种其他品种葡萄酿造的优质葡萄酒。

尽管纳帕谷的浮华和圆滑会让人感觉少了点其他葡萄酒产区所特有的乡土真实感，但它依然充满热情，容易游览，能够完整地向你展现加州葡萄酒的历史，特别是当你看穿了“不限时开放”式酒庄的敛财把戏，希望找一些更有趣的庄园转转时，来纳帕谷就对了。

如何抵达

旧金山机场是距离最近的大型机场，距离卡利斯托加（Calistoga）142公里。可租车前往。

Courtesy of Gott's Roadside

01 世酿伯格酒庄(SCHRAMSBERG VINEYARDS)

世酿伯格酒庄位于高高的钻石山(Diamond Mountain)上，它是纳帕谷历史第二悠久的商业酒庄，由雅各布·施拉姆(Jacob Schram)始创于19世纪60年代。在禁酒时期，它一度失修。不过自从1965年被当前的经营者戴维斯(Davies)家族收购以来，世酿伯格酒庄已经树立了美国首屈一指的起泡葡萄酒酿造商的良好声誉(尼克松以后每一位美国总统在白宫举办的国宴上都用该酒庄的酒来招待客人)。除了起泡酒外，这座酒庄还酿造各种其他类型的葡萄酒，其中的白中白系列(Blanc de Blancs)和施拉姆系列(J. Schram)，甚至让法国香槟都相形见绌。

虽然参观只能预约，但是很值得。支付60美元，你就可以参观拥有125年历史的酒窖，了解高质量气泡酒的生产过程，以及品尝各式各样的窖藏葡萄酒。

www.schramsberg.com; 电话 +1 707-942-4558; 1400 Schramsberg Rd, Calistoga; 需要预约

02 史密斯－马德龙酒庄(SMITH-MADRONE)

纳帕谷赤霞珠的酒迷们经常会就“山区”赤霞珠和谷底赤霞珠各自的优点争得面红耳赤。这些挑剔到能品出口感差异的葡萄酒爱好者们应该去位于泉山(Spring Mountain)的史密斯－马德龙酒庄看看，这座充满田园风又颇为温馨的庄园由斯图·史密斯(Stu Smith)和查理·史密斯(Charlie Smith)兄弟创立，自1971年起他们就一直在出产纳帕谷最被低估的赤霞珠(更不用提雷司令和霞多丽了)。这些葡萄酒在酒体尚年轻时就已经具备了丰富的口感，如果耐上性子再熟成几年，口感会更棒。

参观史密斯－马德龙酒庄不仅让你有机会去和行业中最友善、最具才华的酿酒师们近距离沟通，还能欣赏到整个纳帕谷最壮丽的景致。酒庄的老式谷仓充满了魅力，参观不收费，你只要买上几瓶酒带走就可以了。

www.smithmadrone.com; 电话 +1 707-963-2283; 4022 Spring Mountain Rd, St Helena; 周一、周三、周五和周六 11:00~16:00，需要预约

03 科里森酒庄(CORISON)

凯西·科里森(Cathy Corison)是纳帕谷最受尊敬的酿酒师之一。在葡萄酒行业，凯西是一位女性先驱人物(20世纪70年代，她是第一

01 纳帕谷的葡萄园

02 Gott's Roadside的食物

03 乘坐纳帕谷葡萄酒专列抵达爱梦莎酒庄(Castello di Amorosa)

04 纳帕谷葡萄酒专列

05 鹿跃葡萄园

06 纳帕谷自行车之旅：骑自行车游览酒庄

"纳帕谷会让所有经验丰富的葡萄酒旅行家，都联想到波尔多梅多克产区那美妙的赤霞珠葡萄园。"

——约翰·威廉姆斯，蛙跃酒庄庄主兼酿酒师

Courtesy of Napa Valley Wine Train

位进入葡萄酒行业的女性），她不懈追求赤霞珠优雅微妙的风格，而且从不迎合大评论家们偏爱的那种"一鸣惊人"式的刻板印象，正是这些特质令她的声望与日俱增。如今，新一代的加州酿酒师皆视凯西为榜样，当品鉴完她酿造的一流葡萄酒以后，想必你就不难理解其原因所在了。凯西的科里森酒庄位于圣海伦娜公路（St Helena highway）旁边一处美丽的谷仓中，周围是她钟爱的"克罗诺斯"（Kronos）葡萄园，正是这里种植的葡萄让她酿造出了加州最出色、最值得陈年的赤霞珠。

科里森酒庄的参观内容包括葡萄园、酒桶房和酒庄游览，外加品尝当年年份酒（35美元），或者完整的馆藏酒体验（55美元）。如果你购买了价值120或250美元的葡萄酒，上述费用就可以分别予以免除。对于任何想要了解纳帕谷葡萄园奥秘的人来说，这些世界一流的葡萄酒都属于必品之选。

www.corison.com；电话 +1 707-963-0826；987 St Helena Hwy, St Helena；10:00~17:00，需要预约

04 蛙跃酒庄(FROG'S LEAP)

约翰·威廉姆斯（John Williams）20世纪70年代就来到了纳帕谷，后来不久就发生了改变葡萄酒业版图的"巴黎评判"，在经过地区最佳酒庄的磨炼以后，他于1981年成立了蛙跃酒庄。现如今，约翰不仅以酿造纳帕谷最美味的葡萄酒——以庄园赤霞珠（Estate Cabernet）、长相思、梅洛和仙粉黛最为出彩——而著称，同时还是有机和可持续葡萄种植领域的先驱（蛙跃酒庄早在1989年就通过了认证）。

在田园式的蛙跃酒庄，你能感受到无边的乐趣和真正的激情。参观者会受到热情的接待，但切记要预订，以免扫兴而归。品酒导览游（Guided Tour and Tasting）和特色落座品鉴（Signature Seated Tasting；每人25美元）是最受欢迎的项目，有趣且富于教益性。

www.frogsleap.com；电话 +1 707-963-4704；8815 Conn Creek Rd, Rutherford；10:00~16:00，需要预约

05 蒙大维酒庄(MONDAVI)

作为现代葡萄酒产业中最具影响力的人物，罗伯特·蒙大维（Robert Mondavi）在纳帕谷举足轻重。以他的名字命名的蒙大维酒庄创立于1966年，并在那个由低档商业化葡萄酒主导的年代建立了一系列的新标准。由于蒙大维毕生专注于葡萄酒的质量，同时为传播这一理念而不懈努力，加州葡萄酒才得以彻

Courtesy of Stag's Leap Wine Cellars

底改头换面，这样说并非过誉。蒙大维酒庄酿造的葡萄酒种类繁多，亮点也颇多，其中最出名的当属口感浓郁清爽的白芙美（Fumé Blanc；长相思的橡木桶熟成版），以及如丝绸般柔滑的奥克维尔（Oakville），还有珍藏级赤霞珠（Reserve Cabernet Sauvignons）。

这座标志性的酒庄是纳帕谷的建筑奇观之一，到此参观，游客们会面临一堆错综复杂的选择，其综合性的游览和品酒项目都非常具有教益性。体验时间从20分钟至1.5小时不等，价格在20~55美元，具体取决于你想了解的知识和品尝的酒类。特色游览和品酒（Signature Tour & Tasting）很适合第一次来参观的游客（有英语和普通话两种语言可选），酒庄的工作人员会向客人全面介绍酿酒的过程，并指导品尝3种葡萄酒（35美元）。虽然不强制，但还是推荐你预约，因为有时候人会非常多。

www.robertmondaviwinery.com；电话 +1 707-226-1395；7801 St Helena Hwy，St Helena；10:00~17:00

06 银橡酒庄（SILVER OAK）

银橡酒庄因地处银矿小道（Silverado Trail）和奥克维尔城（Oakville）之间而得名，是纳帕谷为数不多真正受人崇拜的庄园之一。自1972年创立以来，该酒庄所酿造的如丝绸般顺滑且酒体丰满的红葡萄酒一直是众多收藏家和餐厅的心头好。2012年，邓肯（Duncan）家族在附近的亚历山大谷（Alexander Valley）购买了第二座酒庄，但如果你想了解谷底赤霞珠如此受追捧的真正原因，最好还是去位于奥克维尔的银橡酒庄"老店"。

即使没有预约，来银橡酒庄品酒室参观的客人也能品尝到当年的新酒（25美元）。提前打电话或发电子邮件预约的游客则有更多其他的选择（完整信息可查阅网站），譬如纳帕谷赤霞珠纵览品鉴（Napa Valley Cabernet Vertical Tasting；60美元），即从2005年的葡萄酒一路品尝，总共6种，它们完整地展现了银橡酒庄对葡萄酒的分级以及长盛不衰的奥秘。

电话 +1 707-942-7022；silveroak.com；915 Oakville Cross Rd，Oakville；周一至周六9:00~17:00，周日11:00~17:00

07 鹿跃酒庄（STAG'S LEAP WINE CELLARS）

当沃伦·文尼亚斯基（Warren Winiarski）在20世纪70年代早期创立鹿跃酒庄时，他可能从未预料到这一举动会对葡萄酒的世界版图构成怎样的影响，但是当1976年他的赤霞珠在"巴黎评判"品鉴会上大获全胜以后，文尼亚斯基、鹿跃酒庄和纳帕谷一夜成名。这一历史事件让鹿跃酒庄成为北加州葡萄酒旅行路线上的一个必到景点，而前来参观的旅行者都必定会为那些足以跻身于加州最佳葡萄酒之列的美酒而兴奋不已。

相比1976年，现在鹿跃酒庄肯定是大变样了，参观者在漫步于鹿跃葡萄园的同时，还有机会在现代化的品酒室里品尝各种葡萄酒。五人以下的团体无须预约就可以品尝纳帕谷收藏系列（Napa Valley Collection；25美元）或庄园收藏系列（Estate Collection；40美元），推荐后者，因为能品尝到最优质的葡萄酒。预约的游客可参加90分钟的水火游览兼品鉴之旅（Fire & Water tour and tasting；95美元），该项目能够帮助你深刻地了解这座著名的酒庄以及它所酿造出来的美酒。

www.cask23.com；电话 +1 707-944-2020；5766 Silverado Trail，Napa；每天10:00~16:30

去哪儿住宿

ELM HOUSE INN

纳帕城中有很多不同档次的酒店，从豪华型到基础型都有。Elm House Inn属于中等水平，距离市中心仅咫尺之遥，酒店客房舒适，早餐非常不错。

www.bestwesterncalifornia.com; 电话 +1 707-255-1831; 800 California Blvd, Napa

NAPA VALLEY RAILWAY INN

扬特维尔（Yountville）突兀地矗立于纳帕谷的中部，那里有包括French Laundry在内的世界级著名餐厅和各种经典食肆。那些考虑预算但又想体验特色住宿的游客可以选择前往Railway Inn，它是由宽敞的铁路车厢改造而成，既充满了趣味又非常实惠。

www.napavalleyrailwayinn.com; 电话 +1 707-944-2000; 6523 Washington St, Yountville

去哪儿就餐

OENOTRI

意大利人对纳帕谷的影响源远流长，这家纳帕餐厅提供的意大利南方美食就体现了这种传承，尤其是家常腌肉、美味的比萨和一流葡萄酒单。

www.oenotri.com; 电话 +1 707-252-1022; 1425 1st St, Napa

GOTT' S ROADSIDE

位于高速公路旁边的Gott' s Roadside提供针对成人的快餐，包括各种美味的汉堡（推荐招牌的烤金枪鱼汉堡）、沙拉和奶昔，喜欢户外阳光的食客可以坐在室外就餐。

www.gotts.com; 电话 +1 707-963-3486; 933 Main St, St Helena

活动和体验

无论是加入纳帕谷自行车之旅（Napa Valley Bike Tour）这样的团体游组织，还是希望独自探索美景，骑自行车都是游览这片加州最美区域的最佳方式。如果更偏爱机动出行，那么你可以选择体验提供午餐或晚餐的纳帕谷葡萄酒专列（Napa Valley Wine Train），沿途会停靠一些知名酒庄。纳帕谷葡萄酒电车之旅（Napa Valley Wine Trolley）是颇为新奇的带向导的旅游项目，所用交通工具是一个经过改装的旧金山缆车。

www.napavalleybiketours.com; www.winetrain.com; www.napavalley-winetrolley.com

06

Courtesy of Napa Valley Bike Tours

庆典

从3月的扬特维尔现场音乐节到4月的艺术节（包括电影展、艺术展和游行），再到每年6月举办的慈善拍卖和联合派对，纳帕谷从来不缺少各种庆典活动。

欲了解旅游庆典活动的详细清单，可登录visitnapavalley.com和auctionnapavalley.org。

01

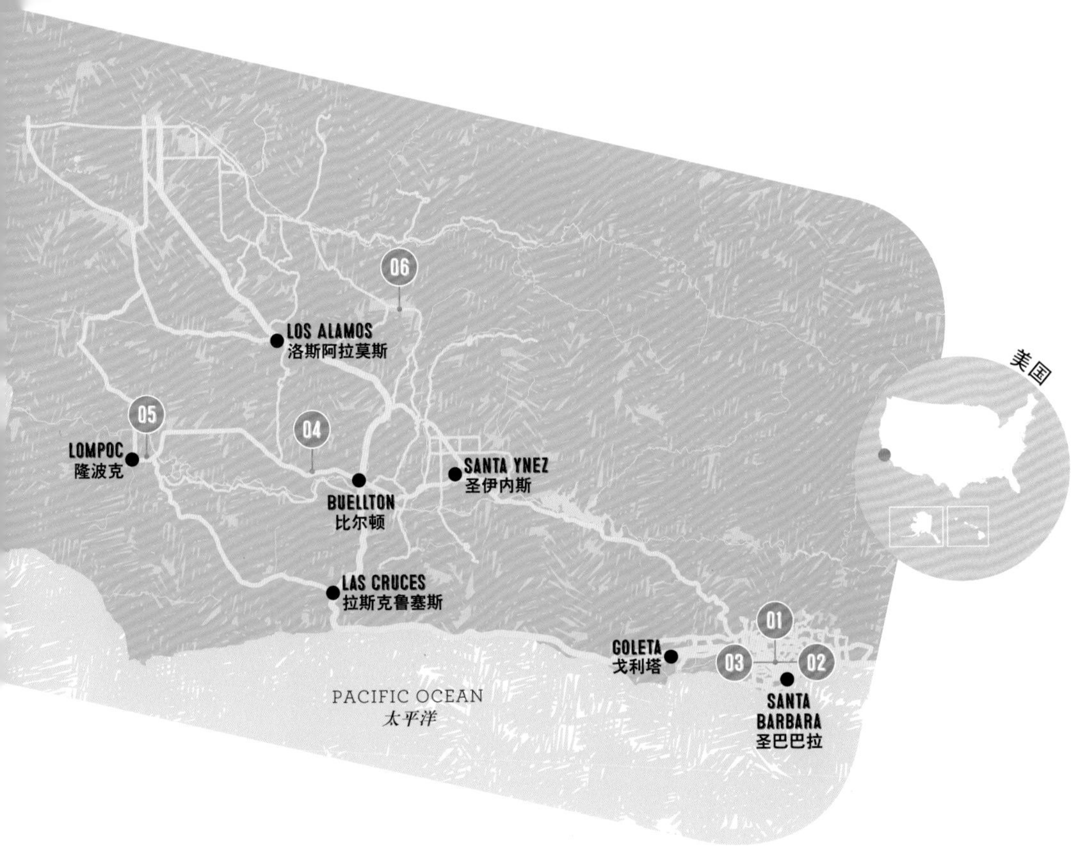

LOS ALAMOS
洛斯阿拉莫斯
06
05
LOMPOC
隆波克
04
BUELLTON
比尔顿
SANTA YNEZ
圣伊内斯
LAS CRUCES
拉斯克鲁塞斯
GOLETA
戈利塔
01
03
02
SANTA BARBARA
圣巴巴拉
PACIFIC OCEAN
太平洋
美国

Courtesy of The Lark

【美国】

圣巴巴拉 SANTA BARBARA

好莱坞都应该向这里出产的黑皮诺致以敬意，但它也仅仅是诸多美酒中的一种，它们皆来自这个距离洛杉矶不远，且富有活力的葡萄酒产区。

尽管缺少索诺玛或纳帕谷那般厚重的历史，但圣巴巴拉在葡萄酒界也有着响亮的名声，这得益于其产出的高品质霞多丽和黑皮诺。当然，一部以品酒为主题的奥斯卡获奖影片亦功不可没，这部2004年上映的《杯酒人生》（*Sideways*）使圣巴巴拉产区一举成名，同时又借一句经典台词打击了梅洛这一皮诺酒的主要竞争对手。

虽然追随着电影主人公米尔斯（Miles）和杰克（Jack）的脚步去品鉴他们所尝过的那些葡萄酒并非不可能，但这样做等于忽略了自电影上映以来的10年间圣巴巴拉已经涌现出大量一流酒庄的事实。事实上，圣巴巴拉本身就是个非常适合居住的地方，非常有利于吸引酿酒人才前来定居，但更重要的原因在于，周边峡谷是种植葡萄的理想所在。另外，一大批年轻酿酒师也开始崭露头角，他们甚至结成了一个名为隆波克葡萄酒区（Lompoc Wine Ghetto）的新兴酿酒联盟，该联盟将毫无特色的产业化庄园，成功地打造成了一个世界级的酿酒基地。

圣巴巴拉人乐观进取，热爱生活，圣巴巴拉城中和周边城市里充满活力的美食餐厅和品酒室皆彰显了他们对于美食和美酒的深深依恋。由洛杉矶向北驱车数小时（从旧金山向南开车五六个小时）即可抵达，若有一两天闲暇，去体验一番葡萄酒之旅是再合适不过了。

如何抵达

洛杉矶机场是最近的大型机场，它距离圣巴巴拉153公里。可租车前往。

02

Courtesy of Domaine de la Côte

01 山谷工程酒庄
(THE VALLEY PROJECT)

塞斯·库宁(Seth Kunin)所创立的库宁品牌深受罗讷河谷的影响,他在中央海岸地区生产一流的小批量西拉、歌海娜和维欧尼葡萄酒。现在他又新创立了一个名为山谷工程(Vally Project)的新品牌,并获得了圣巴巴拉地区5个美国葡萄酒产地(American Viticultural Areas)的土地开发和独立灌装许可。其中最好的品酒室(名为AVA Santa Barbara)位于"丰克区"(Funk Zone),参观者在巨大的黑板式地图的指引下,可以自行品酒。

首先需要指出的是,葡萄酒固然重要,但参观山谷工程酒庄并不仅限于此。丰富的葡萄品种、各种口感称谓、知识渊博的员工以及令人眼花缭乱的视觉教具会带给你极具教益性的游览体验。圣巴巴拉的地质环境非常复杂,每座山谷都拥有独特的微气候和土壤条件,所以先从这里开始品酒之旅将会有助于你更加了解接下来品尝的酒。没什么能比这样的"研究"更乐趣无穷了!包含5种葡萄酒的品酒活动收费12美元。

www.avasantabarbara.com;电话+1 805-453-6768;116 East Yanonali St, Santa Barbara;正午至19:00

02 圣巴巴拉葡萄酒集团
(SANTA BARBARA WINE COLLECTIVE)

想象一下:你身处于丰克区的圣巴巴拉市中心,在AVA Santa Barbara品酒室了解和葡萄酒相关的地理知识,去Lark享用了午餐,如此志得意

01 在圣巴巴拉的Lark餐厅用餐

02 科特酒庄的品酒室

03 Lark餐厅的装饰

“凉爽的海风吹过圣巴巴拉的山谷，形成了我们所谓的‘冷藏阳光’效应——这种气候是生产优质葡萄酒的理想环境。”

——萨希·穆尔曼，科特酒庄庄主兼酿酒师

满的你下一步该去往哪里呢？答案很简单——直接去位于隔壁的圣巴巴拉葡萄酒集团。

这家品酒室并不属于单一酒庄，而是归属于由6家顶级酿酒商所组成的一个集团。其中Babcock、Fess Parker、Ca' del Grevino和Paring既拥有丰富的酒类品种，也拥有一流的酒类品质，而Qupé酿制的罗讷风格葡萄酒以及来自Sandhi的霞多丽和黑皮诺则更是精品中的精品。

集团品酒室所处的位置和氛围非常适合傍晚小酌，花上15美元你就能品尝到来自各大酿酒商的佳酿。

www.santabarbarawinecollective.com；电话 +1 805-456-2700；131 Anacapa St，Santa Barbara；周二至周四正午至18:00，周五和周六正午至19:00，周日11:00~18:00

03 奥邦酒庄(AU BON CLIMAT)

吉姆·克莱邓恩（Jim Clendenen）曾推出过一款名为“野小子”（Wild Boy）的霞多丽葡萄酒，标签上用的是他本人的头像，金色的长发飞舞，背景非常迷幻。对于这样一位在过去30年间推出过圣巴巴拉最好葡萄酒的男人来说，这样的出场方

03

Courtesy of The Lark

式是很棒的，但这远不止是他全部的人生经历。吉姆·克莱邓恩算是个野小子，但同时也是位顶级的酿酒大师。

吉姆·克莱邓恩曾在勃艮第接受过多年培训，他热爱可搭配美食、平衡优雅的葡萄酒（从这方面来讲他也算是个传奇的厨师），并打算着手利用圣巴巴拉最好的葡萄园来酿造葡萄酒。虽然奥邦酒庄最好的葡萄酒都是用桑福德和本迪尼克（Sanford & Benedict）以及比恩纳西多（Bien Nacido）这样的名字来命名，但也有很多的黑皮诺和霞多丽酒类值得关注。

奥邦酒庄地处圣玛利亚山谷（Santa Maria Valley），品酒室却设在位于市中心的圣巴巴拉城市葡萄酒之路（Urban Wine Trail）上。有两种品酒套餐可选：10美元的经典品酒和15美元的皮诺珍藏体验。

www.aubonclimat.com；电话 +1 805-963-7999；813 Anacapa St 5b，Santa Barbara；正午至18:00

04 彭斯酒庄(PENCE)

如果你想在圣巴巴拉找到加利福尼亚州南部的感觉，那彭斯牧场（Pence Ranch）肯定能满足你的要求。风景美丽的酒庄是一处依然在运作的牧场，其80公顷的土地上养着牛马，种着各种作物，另外的37公顷土地种上了黑皮诺、霞多丽、西拉和佳美（Gamay）等葡萄品种，全部采用有机种植方式。这些葡萄园皆位于海拔较高的高地上，能直接接触到从太平洋上吹来的凉爽海风，这样的葡萄酿出来的葡萄酒既纯粹又不失优雅。

布莱尔·彭斯（Blair Pence）致力于开发自家庄园用以酿造优质葡萄

Courtesy of Qupé

04 从圣巴巴拉葡萄酒集团向北望去

05 Wayfarer是理想的下榻场所

06 Lark餐厅的露台

酒，来牧场参观的游客能体验很多可看可玩的活动，譬如葡萄园游览、池边品酒以及其他各式各样的观景体验。价格为每人15~75美元，具体收费取决于是否含餐。酒庄内每年还会举办各种庆典活动。

www.penceranch.com; 电话 +1 805-735-7000; 1909 West Hwy 246, Buellton; 需要预约

05 派德拉萨斯和科特酒庄(PIEDRASASSI & DOMAINE DE LA CÔTE)

在一般人看来，隆波克(Lompoc)并没有太多的特色。灰蒙蒙的城中主路上，大多数汽车似乎都在朝着各自的目的地驶去，这不奇怪，毕竟也没什么理由值得为它停留。但如果凑近点看，说不定你就能看到隆波克葡萄酒区的指示牌，那一排工业建筑便是美国最令人兴奋的酒庄及其品酒室的所在地。

酒庄方面值得留意的是Gavin Chanin、Tyler和Longoria Wines，而派德拉萨斯和科特酒庄的品酒室（品酒费15美元）也是不容错过的去处——他们甚至还烘焙和出售美味的面包。酿酒师萨希·穆尔曼(Sashi Moorman)酿造出了当下加州最好的葡萄酒，这两家酒庄凝聚了他对于本地两种最重要葡萄品种的酿造心得。派德拉萨斯主要出产西拉系列的葡萄酒（包括少量其他葡萄品种），其品质甚至可以与北罗讷河谷(Northern Rhône Valley)的葡萄酒直接展开竞争。科特酒庄是萨希和他的朋友世界知名侍酒师拉加特·帕尔(Rajat Parr)共同经营的葡萄庄园，专门出产口感优雅而复杂，并如丝绸般顺滑的黑皮诺。

有的酒庄以其时髦的品酒室吸引你，有的葡萄园则风景如画。如果你想了解加州葡萄酒业当前的发展盛况以及圣巴巴拉葡萄园所种植的主流品种，那么来这里就对了。

www.piedrasassi.com, www.domainedelacote.com; 电话 +1 805-736-6784; 1501 East Chestnut Ave, Lompoc; 周五至周日11:00~16:00，需要预约

06 扎卡酒庄(ZACA MESA)

作为圣巴巴拉地区的首批酒庄（葡萄园1973年开始种植葡萄），扎卡酒庄是那些想要了解酒区发展历史的游客们的必去之地。它也是几位圣巴巴拉最具影响力的酿酒师的事业起点——奥邦酒庄的吉姆·克莱邓恩、Ojai酒庄的亚当·托马克(Adam Tolmach)和Qupé酒庄的鲍勃·林德基斯特(Bob Lindquist)都曾在扎卡酒庄当过学徒。

酒庄80公顷可持续耕作的葡萄园所产的葡萄酿造出了多种葡萄酒，它们皆以巨大的收藏价值而闻名，其中最著名的是罗讷品种系列的黑熊园西拉(Black Bear Block Syrah)葡萄酒，记得一定要品尝。

扎卡酒庄品酒室的服务既热情又周到，周边环境也非常适合野餐（还可以玩真人象棋）。包含7种葡萄酒的品酒活动费用为每人10美元，人数较多的团体游览需要提前打电话预约。

www.zacamesa.com; 电话 +1 805-688-9339; 6905 Foxen Canyon Rd, Los Olivos; 每天10:00~16:00

去哪儿住宿

THE WAYFARER

这座实惠的下榻地点位于圣巴巴拉市中心的葡萄酒之路，交通位置极其完美。如果你希望拥有干净舒适的住宿条件和便利的位置，那Wayfarer就再理想不过了。

www.pacificahotels.com/thewayfarer；电话 +1 805-845-1000；12 East Montecito St, Santa Barbara

BALLARD INN

位于圣巴巴拉酒乡的一家可爱的家庭旅馆，旅馆的工作人员非常善于帮助游客规划品酒路线。

www.ballardinn.com；电话 +1 800-638-2466；2436 Baseline Ave, Solvang

去哪儿就餐

THE LARK

一处活泼有趣的用餐地点，专门提供融合了欧洲、墨西哥和亚洲菜式风味的加州美食，使用高质量的本地食材（户外就餐也是一大亮点）。在Lark餐厅就餐前后，别忘了去隔壁的Les Marchands葡萄酒吧喝上一杯。

www.thelarksb.com；电话 +1 805-284-0370；131 Anacapa St, Santa Barbara

MATTEI' S TAVERN

这座马车驿站的历史可追溯至1886年，2013年得以修复，现在它变成了一处高级餐厅。拜广受赞誉的酒单所赐，本地最好的酿酒师经常会在这里小聚。那些希望能够重温《杯酒人生》中经典一幕的游客还可以前往附近比尔顿（Buellton）的Hitching Post II去用餐。

www.matteistavern.com；电话 +1 805-688-3550；2350 Railway Ave, Los Olivos

05
Courtesy of The Wayfarer

06
Courtesy of The Lark

活动和体验

圣巴巴拉是葡萄酒爱好者们理想的旅行目的地，品酒室奇多且体验极其丰富的葡萄酒之路就位于市中心。住在洛斯奥利沃斯（Los Olivos）的游客可以去菲格罗亚山（Figueroa Mountain）步道徒步，或者去游览"原汁原味的丹麦村庄"索夫昂（Solvang），在那里参观汉斯·克里斯蒂安·安徒生（Hans Christian Andersen）公园或博物馆。

urbanwinetrailsb.com

庆典

圣巴巴拉每年8月会举行旧西班牙日嘉年华（Old Spanish Days Fiesta），即5天版的狂欢节（Mardi Gras），届时会有大批民众涌入城内。除此之外，每年4月还会举办圣巴巴拉葡萄酒商人节（Santa Barbara County Vintners' Festival），以庆祝本地葡萄酒的丰收。

www.oldspanish-days-fiesta.org；www.sb-vintnersweekend.com

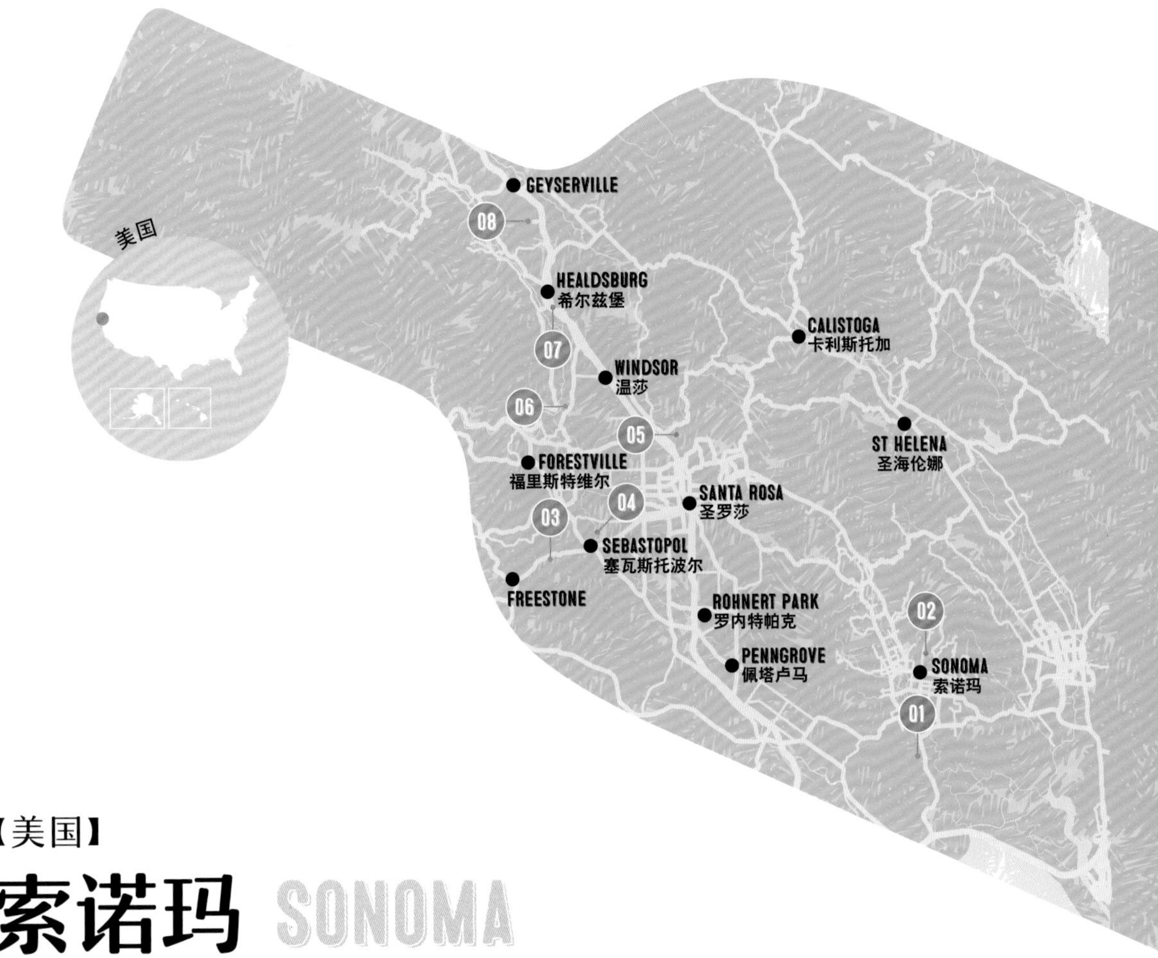

【美国】

索诺玛 SONOMA

从纳帕谷出发的下一站便是索诺玛谷，这里极其多变的地质环境和气候条件，再加上大胆的酿酒师，共同打造出了加州最优质的葡萄酒。

索诺玛就像是由各种微气候和不同风土拼凑起来的一块区域，这里的很多一流庄园看待土地依然存有一股特有的敬畏之情，就像他们看待旧世界的葡萄园一样。索诺玛也出产加州最心灵手巧和最富前瞻性思维的酿酒师。黑皮诺和霞多丽是这里的明星葡萄品种，仙粉黛和西拉也非常成功，这里出产的最佳葡萄酒被越来越多的人珍藏。如果说纳帕谷是加州对于波尔多的回应，那么索诺玛同勃艮第之间有着更多的相似性。但本地人会更自豪地认为索诺玛独一无二。

今天的索诺玛已经走在了加州葡萄酒产业的前沿，但实际上早在19世纪50年代，第一家商业酒庄就已经在这里创立了。如此悠久的历史也体现在众多古老的葡萄园上，其中有些葡萄园的历史已经超过了100年。这是一块极具多元化的土地——内陆炎热，索诺玛海岸地区又冷又湿，风特别大（加州最令人敬畏的地方即在此）。中间区域有着多变的地质条件和微气候，非常适合种植各种葡萄品种，这也造成了这里葡萄酒风格的多样化。

如何抵达

旧金山机场是最近的大型机场，它距离索诺玛92公里。可租车前往。

对于生活在北加州这片区域的人来说，美酒和美食已经铭刻在文化之中。希尔兹堡（Healdsburg）拥有一流的品酒室的餐厅，在游览这片新奇美丽的葡萄酒产区时，这座城市是安顿自己的理想之所。

Courtesy of Paradise Ridge

01 赛琳酒庄(CLINE CELLARS)

弗雷德·赛琳(Fred Cline)成长于一个富裕家庭。他祖父平日里的工作是为本地居民家里的浴缸焊接水泵，其他闲暇时间都放在了位于奥克利(Oakley)的家庭农场里，祖父对土地的热爱从小就感染了弗雷德。农场的老葡萄园里种着仙粉黛、慕合怀特和其他各种红葡萄和白葡萄品种，正是从那里开始，弗雷德逐步掌握了酿酒技术，并创办了赛琳酒庄。1993年，酒庄从最初的宅邸搬到了位于卡内洛斯(Carneros)的新址，整个庄园的占地面积达140公顷。从那时起，赛琳酒庄就一直专注于利用加州较不为人所知的葡萄品种，来酿造浓郁、酒体丰满的葡萄酒，它们代表了加州葡萄酒的最佳品质。

如果想去赛琳酒庄参观，你可以灵活安排。无须预约就可以参加免费游览活动或5种葡萄酒的品尝活动，3种"珍藏"级葡萄酒的品尝体验仅收费5美元。

www.clinecellars.com；电话 +1 800-546-2070；24737 Arnold Drive, Hwy 121, Sonoma；每天10:00~18:00

02 雷文斯伍德酒庄(RAVENSWOOD)

"拒绝懦弱"是雷文斯伍德酒庄的著名口号，其强劲的仙粉黛肯定不适合胆小者。虽然索诺玛的葡萄酒以"优雅"著称，但这里也出产口感浓烈的葡萄酒，乔尔·彼得森(Joel Peterson)创办的这家酒庄就非常自豪于他们所酿制的红葡萄酒，它们给人以"不拘一格的畅快和醇厚"之感。

如果你觉得上面的描述听起来是你的菜，那么不妨实地去酒庄参观一下，他们会提供各种有趣的体验。游览和品酒是了解雷文斯伍德酒庄的好方式(收费25美元)，另外还有日常品酒项目(价格不定)，以及包含更新奇葡萄酒品尝的私人指导活动(40美元)。当然，最有意思的项目还是花50美元酿造一瓶属于自己的雷文斯伍德酒庄葡萄酒(需要预约)，你可以当一次酿酒师，并将最终的成果带回家。

www.ravenswoodwinery.com；电话 +1 888-669-4679；18701 Gehricke Rd, Sonoma；每天10:00~16:30

03 利托雷酒庄(LITTORAI)

作为索诺玛葡萄酒业最深邃的思想家兼最具才华的酿酒师，利托雷酒庄的特德·莱蒙(Ted Lemon)是个对待耕作态度极其严肃的人。他从自己的生物动力葡萄园中收获的葡萄以及酿造出来的霞多丽和黑皮诺葡萄酒，都足以跻身本地区最佳之列，如果你想了解索诺玛作为

Courtesy of Wind Gap Wines / Clay McClachlan

01 在天堂桥酒庄品尝葡萄酒和手工奶酪

02 天堂桥酒庄充满艺术氛围

03 在风口酒庄享用美食

04 风口酒庄的顶级葡萄酒

葡萄酒产区的特色所在，那么利托雷酒庄肯定非去不可。

受新一代年轻酿酒师的启发，再加上自己对于手工酿造葡萄酒的专注，特德一直牢记从大众群体中汲取创作灵感的信条。利托雷酒庄的品酒室提供两种品酒项目：单一葡萄园品尝（Single Vineyard Tasting）是指品尝指定葡萄园出产的葡萄酒，时长为45分钟（25美元）；黄金山脊庄园游览和品酒（Gold Ridge Estate Tour & Tasting）则会带着你了解葡萄园和耕种方式，然后品酒，总时长为1.5小时（40美元）。需要预约。

www.littorai.com；电话 +1 707-823-9586；788 Gold Ridge Rd，Sebastopol；周一至周六开放，需要预约

04 风口酒庄(WIND GAP WINES)

尽管索诺玛的葡萄酒产业拥有悠久的历史，但它仍然是葡萄酒作家乔·伯尼（Jon Bonné）所谓的“新加州葡萄酒”的中心地带。这一绰号的诞生与特定酿酒圈子的新思维方式有关，即强调新鲜、优雅和平衡，胜过强劲和成熟，后者在过去25年中一直占据主导地位。

引领向着克制潮流转变的关键性因素是帕克斯·马勒（Pax Mahle）和他创办的风口酒庄，他所酿造的一系列红葡萄酒和白葡萄酒都足以跻身世界最适口美酒之列。风口酒庄也是天才的温室，得益于帕克斯的悉心指导，曾经的助理酿酒师、Jolie-Laide酒庄的斯科特·舒尔茨（Scott Schultz）和Ryme Cellars酒庄的瑞恩·格拉布（Ryan Glaab）现在都已经成为冉冉升起的酿酒新星了。

如果你想在下午或者傍晚喝上一杯，那么风口酒庄的品酒室绝对是最酷的选择。这里提供了多种品酒选择（价格不定），包括藏酒和一些限量生产的葡萄酒。

www.windgapwines.com；电话 +1 707-331-1393；suite 170，6780 McKinley St，Sebastopol；周四至周日正午至20:00开放

05 天堂桥酒庄(PARADISE RIDGE)

俄罗斯河谷（Russian River Valley）是索诺玛最著名的美国葡萄酒产地之一，这里有很多一流酒庄值得前往。除了生产优质的黑皮诺、霞多丽和长相思外，令天堂桥酒庄显得独树一帜的关键在于他们对艺术的热爱。酒庄每年都会举办各种展览，而且在品酒室开放期间还会举办室内历史展。

经典品酒项目无须预约（15美元，购买两瓶葡萄酒即可退还费用），不过葡萄酒和手工奶酪品鉴活动则需要提前24小时预约。

www.prwinery.com；电话 +1 707-

05 在科波拉酒庄的Rustic餐厅用餐

06 Fairmont Sonoma Mission Inn的水疗中心

George Rose © Getty Images

528-9463; 4545 Thomas Lake Harris Dr, Santa Rosa; 11:00~17:00开放

06 蔻普酒庄(COPAIN)

威尔斯·格思里(Wells Guthrie)在法国和美国加州最受推崇的酿酒师手下当了多年的学徒，到了1999年才正式创办了属于自己的酒庄。从那时起，蔻普酒庄所酿制的葡萄酒在风格上就变得越来越丝滑和优雅。

不止是风景，蔻普酒庄的品酒体验亦称得上出类拔萃。“产地品酒”(Appellation Tasting; 25美元)是通过品尝5种葡萄酒来介绍周边区域的大致情况，让游客对酒庄的葡萄酒有大体的印象。“单一葡萄园品酒”(Single Vineyard tasting; 40美元)则更注重细节，品尝的酒类包括指定葡萄园的霞多丽、黑皮诺和西拉葡萄酒。“珍藏级品酒”(Reserve Flight; 50美元)会让你有机会品尝6种年份久远的顶级葡萄酒。3种可选项目都搭配小零食和奶酪，参观者需要提前打电话预约。

www.copainwines.com; 电话 +1 707-836-8822; 7800 Eastside Rd, Healdsburg; 10:00~16:00, 需要预约

07 女妖酒庄(BANSHEE)

如果加入葡萄酒品鉴之旅，那么希尔兹堡(Healdsburg)是个探索周边的好基地，这不仅因为葡萄园和酒庄近在咫尺，而且城里还有数不清的品酒室！距离主广场仅一箭之遥的女妖酒庄则更是其中的佼佼者——这里葡萄酒一流，工作人员友善且知识渊博，氛围活泼轻松。来自酒庄的罗斯·科布(Ross Cobb)堪称索诺玛最天才的酿酒师之一(他也拥有自己的酒庄Cobb Wines，同时还是广受推崇的Hirsch Vineyards酒庄的总酿酒师)，所以无论你挑选哪款葡萄酒来品尝，味道都不会差。

品酒项目的定价为15~30美元，在这里，你可以了解更多关于索诺玛葡萄酒的相关信息。

www.bansheewines.com; 电话 +1 707-395-0915; 325 Center St, Healdsburg; 每天11:00~19:00

08 科波拉酒庄(FRANCIS FORD COPPOLA)

作为好莱坞最具影响力的人物之一，弗朗西斯·福特·科波拉(Francis Ford Coppola)并不满足于此，他在现代加州葡萄酒业中也发挥着举足轻重的作用。1975年，他买下了纳帕谷历史最悠久的鹦歌酒庄(Inglenook; 最近他为了重新整合品牌资产，将其单独出售)，自此以后每拍一部卖座电影，他便会扩张自己的葡萄酒业务。

科波拉酒庄不仅生产各种葡萄酒，也为葡萄酒旅行设立了标准——普通品酒从免费到25美元收费不等，具体取决于你所品尝的酒类，此外还有多种体验，包含酒庄游览和品酒(20美元)、学习盲品艺术(25美元)、音乐品酒(60美元)乃至夜间品酒(75美元)！此外，酒庄也设有餐厅、游泳池、电影纪念馆和科波拉家族活动大事记的展览。

www.francisfordcoppolawinery.com; 电话 +1 707-857-1471; 300 Via Archimedes, Geyserville; 11:00~18:00

去哪儿住宿

H2

H2是一家距离主广场不远、交通便利的精品酒店，它拥有装饰精美的客房和一座游泳池。另外，酒店还设有非常棒的酒吧和餐厅（Spoon Bar），即便你不住在这里，也非常值得一去。

www.h2hotel.com；电话 +1 707-431-2202；219 Healdsburg Ave, Healdsburg

VINTNERS INN

圣罗莎（Santa Rosa）坐落于索诺玛酒乡的中间位置。酒店被占地37公顷的美丽葡萄园和花园所包围，还有一座获奖餐厅（John Ash & Co）。

www.vintnersinn.com；电话 +1 707-575-7350；4350 Barnes Rd, Santa Rosa

去哪儿就餐

SCOPA

这座面积不大的意大利餐厅既提供美食，也有一流的酒单，周三晚上甚至会有酿酒师亲自给食客们侍酒！由于生意太过火爆，你只能通过电话预约，不过也不用担心——老板的另一家店超赞的Campa Fina餐厅即将开业了。

www.scopahealdsburg.com；电话 +1 707-433-5282；109a Plaza St, Healdsburg

FREMONT DINER

美食家们必去的餐馆。Fremont Diner充满了随性的美丽，它所提供的菜单皆是一些经典的爽心美食。早餐、午餐和晚餐都非常棒，供应多种本地葡萄酒和手工啤酒。

www.thefremontdiner.com；电话 +1 707-938-7370；2698 Fremont Dr, Sonoma

活动和体验

在索诺玛州立历史公园（Sonoma State Historic Park）中，你能了解大量关于索诺玛的历史知识，园内收集了很多与加州建州有关的历史古迹。全长5公里始于巴塞洛缪帕克酒庄（Bartholomew Park Winery）的乡间徒步路线深受徒步者（和饮酒者）的热爱，完成徒步以后，你可以去Fairmont Sonoma Mission Inn的水疗中心泡泡温泉，好好放松一下。

www.parks.ca.gov；www.bartpark.com；www.fairmont.com

庆典

10月初举办的索诺玛县收获节（Sonoma County Harvest Fair）是一个持续3天的庆典，活动期间会举办葡萄酒、啤酒和苹果酒品尝活动。塞瓦斯托波尔著名的格拉文施泰因苹果每年8月上市销售，6月举办的骄傲游行（Pride Parade）和"同性恋葡萄酒周末"（Gay Wine Weekend）则会迎来大群LGBT人士。

www.harvestfair.org；www.gravensteinapplefair.com；www.outinthevineyard.com

06

Courtesy of Fairmont Sonoma Mission Inn and Spa

01

【美国】

威拉梅特谷 WILLAMETTE VALLEY

短短几十年时间，勃艮第移民和波特兰的时髦人士就将这个美国的西北地带改造成了一个美食和美酒的重镇。

过去50年间，俄勒冈酿酒商人所取得的成就可谓举世瞩目。在此之前，这个植被茂密的州几乎没有一座葡萄园，但如今，该州首要的葡萄酒产区威拉梅特谷已经被誉为世界上种植黑皮诺的最佳地带。任何质疑上述说法的人都应当去和勃艮第移民们聊聊，他们满怀热情地在这里建起酒庄，酿造出神似其乡土美酒的精致、优雅的红葡萄酒。白葡萄酒爱好者亦无须犯愁，因为黑皮诺并非这里唯一的选择——灰皮诺和霞多丽同样表现优异，芳香扑鼻的雷司令和琼瑶浆白葡萄酒一年比一年出色。

如何抵达

西雅图-塔科马国际机场是最近的大型机场，距离福里斯特格罗夫300公里。可租车前往。

威拉梅特谷占地6070公顷的葡萄园（绝大部分种的是黑皮诺）一直向南部延伸，俄勒冈州位于西南的最大城市波特兰相当于一个理想的中途停留站，方便来此观光的游客进行补给。波特兰以怪咖著称[你多半见过请求当地居民“让波特兰保持特立独行”（Keep Portland Weird）的标语和涂鸦]，据说嬉皮士便是从这里诞生的。但与此同时，它也是一座充满活力的城市，这里有数不清的一流餐馆和酒吧。极其丰富的有机食材、手工咖啡、精酿啤酒以及街头美食，都足以证明这里美食文化的发达，而葡萄酒是其中的主角。这里有超过250家酒庄，开车前往任何一个都不太远。所以说，去俄勒冈旅行等于将城市旅游和乡村品酒体验完美地融合在了一起。

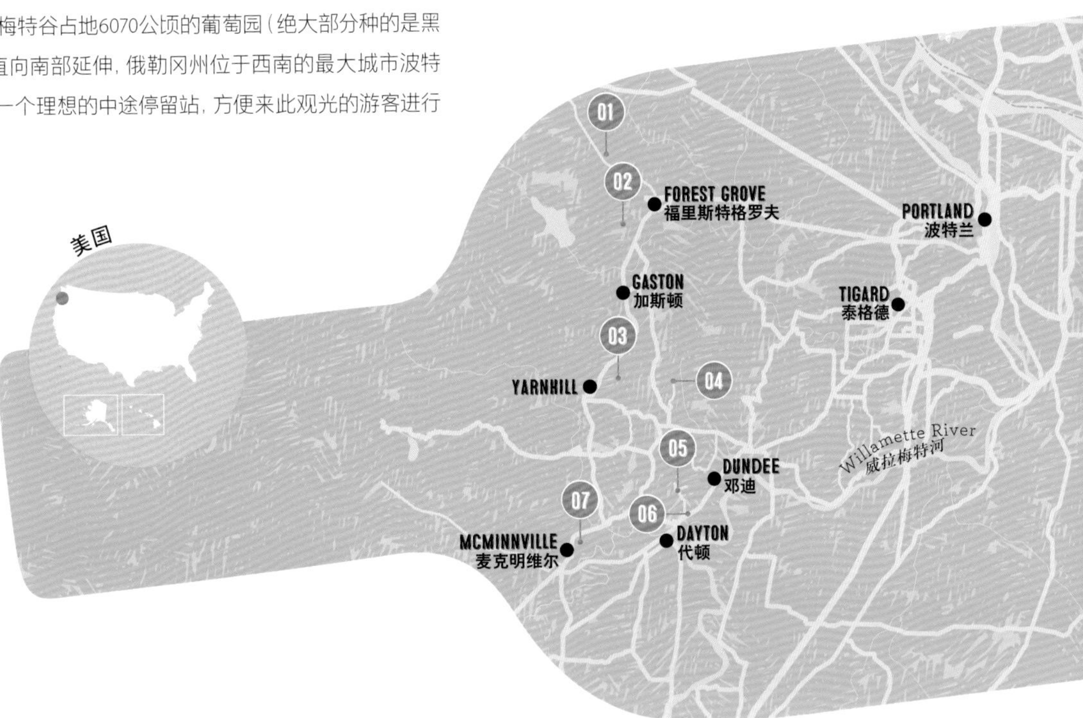

David H. Collier @ Getty Images

Courtesy of Jim Fischer

01 大卫希尔酒庄(DAVID HILL)

这座美丽的庄园是威拉梅特谷历史最悠久的酒庄——这里酿造葡萄酒的历史可追溯至19世纪晚期，那时候俄勒冈人完全没有将葡萄种植视为一份正经的工作。1919年，禁酒令的推行改变了一切，直到20世纪60年代中期，俄勒冈人才重新种起了葡萄。大卫希尔酒庄起初被称为“希尔酒庄”（后来的更名是为了纪念本地的大卫家族），它是第一批重新种植葡萄的庄园，并一直兴旺发展至今天，而且很多最早的葡萄园到现在依然保持完好。黑皮诺葡萄酒是主要品类，不过大卫希尔酒庄也生产其他系列的葡萄酒，甚至还有一些强化版波特风格的葡萄酒。

游览酒庄会让人感觉放松，因为这里不仅有美酒，更有美景。10美元的品酒费用让你可以品尝到7种葡萄酒，购买金额超出40美元，还可以退还品酒费用。

www.davidhillwinery.com*; 电话 *+1 503-992-8545*; *46350 Northwest David Hill Rd, Forest Grove*; *11:00~17:00

02 蒙蒂诺酒庄(MONTINORE)

创办于1982年的蒙蒂诺酒庄是个引领你了解威拉梅特谷特色所在的好地方。和整个山谷一样，黑皮诺也是这里最重要的葡萄品种，不过庄主鲁迪·马尔凯西（Rudy Marchesi）也非常钟情于芬芳的白葡萄酒，他们的雷司令、琼瑶浆和灰皮诺也纷纷位列本地最佳。蒙蒂诺酒庄通过了德米特尔认证（Demeter-certified），所以任何对生物动力农耕现状感兴趣的人都可以来这里，深入了解这种不可思议的耕种方式。威拉梅特谷拥有大批生物动力农耕的践行者。

品酒室俯瞰着庄园85公顷的葡萄园，花10美元你就能品尝6种葡萄酒。如果天气晴好，你也可以在酒庄里举办野餐会，或者去葡萄园里转转。

***www.montinore.com*; 电话 *+1 503-359-5012*; *3663 Southwest Dilley Rd, Forest Grove*; *11:00~17:00*开放**

03 巍峨酒庄(WILLAKENZIE ESTATE)

巍峨酒庄的名称是由威拉梅

01 俄勒冈州的波特兰

02 蒙蒂诺酒庄的董事长鲁迪·马尔凯西

03 伯格斯多姆酒庄

特河(Willamette river)和麦肯齐河(McKenzie river)这两个名字各取一部分组合而成，处于山谷和河流之间的地理位置也造就了本地区最为独特的土壤条件。1991年创办该酒庄的拉克鲁特(Lacroute)家族拥有法国血统(不出意外，当然是勃艮第)，对于威拉梅特谷风土(用当地话说就是"脏东西")的信念促使他们运用自己最感兴趣的葡萄酿造单一园葡萄酒。巍峨酒庄是推动威拉梅特谷葡萄酒向着高质量迈进的最重要力量之一，同时也是接待游客最周到的酒庄之一。

巍峨酒庄的品酒室哪怕是对"不速之客"也同样欢迎，花上20美元你就能体验两种品酒项目其中的一种。另外还有搭配奶酪的品酒活动(40美元)，在所品尝的6种葡萄酒中就包含有令人垂涎欲滴的单一葡萄园葡萄酒。

www.willakenzie.com; 电话 +1 503-662-1327; 19143 Northeast Loughlin Rd, Yamhill; 5月至10月11:00~17:00, 11月至次年4月11:00~16:00

❹ 贝里斯特伦酒庄
(BERGSTRÖM)

当很多勃艮第人漂洋过海来到俄勒冈创办酒庄时，乔希·贝里斯特伦(Josh Bergström; 贝里斯特伦酒庄创始人的儿子)却反其道而行之。在黑皮诺的精神故土(勃艮第)学习了酿酒技术以后，乔希带着心爱的妻子卡洛琳(Caroline)一起返回威拉梅特谷，从那时起就奠定了俄勒冈州最佳酿酒师的名头。他会告诉你成为大师的秘诀在于尽心尽力的耕作——贝里斯特伦酒庄15公顷的葡萄园都通过了有机认证，乔希的生物动力耕作理念又进一步确保能产出完美的果实。

如果你想探寻俄勒冈的黑皮诺究竟能好到何种程度，那么来贝里斯特伦酒庄肯定错不了，他们出产的Cumberland Reserve葡萄酒和Bergström Vineyard葡萄酒都堪称一流。乔希也是霞多丽的行家里手，所以别忘了尝尝白葡萄酒。无须预约就可以游览酒庄，然后去品酒室尝尝基准款葡萄酒(20美元)。

bergstromwines.com; 电话 +1 503-554-0468; 18215 Northeast Calkins Lane, Newberg; 10:00~16:00开放

❺ 杜鲁安酒庄
(DOMAINE DROUHIN)

在法国勃艮第，杜鲁安(Drouhin)是个声名显赫的大家族，他们决定在威拉梅特谷开辟葡萄园的做法等于"官宣"：俄勒冈也能产出世界一流的黑皮诺。自1988年抵达威拉梅特谷以后，又有更多的显赫人物来到这里，但维罗尼卡·杜鲁安(Véronique Drouhin)的黑皮诺一直是行业标杆，而且他们的Cuvée Laurène也是俄勒冈州最佳葡萄酒的有力竞争者。

游客们无须预约就可以顺道参观酒庄如田园一般的品酒室和梯田，再品尝一下3种葡萄酒(10美元)。想多待一会儿的游客可以选择杜鲁安体验游(Drouhin Experience; 需要预约)，即游览酒庄之后再去品鉴对比俄勒冈和勃艮第葡萄酒的不同之处(搭配奶酪)。30美元的收费其实并不算贵，通过这样的方式，你才能真正理解为什么说创新式的勃艮第才是威拉梅特谷葡萄酒独树一帜的关键因素所在。

www.domainedrouhin.com; 电话 +1 503-864-2700; 6750 Breyman Orchards Rd, Dayton; 周三至周日11:00~16:00开放

"我们满怀信心地培育着这片神奇的土地，希望用双手酿造出美国最好的黑皮诺。"

——乔希·贝里斯特伦，贝里斯特伦酒庄的庄主兼酿酒师

Ø4

Courtesy of Montinore Estate

Courtesy of Pok-Pok / David Reamer

04 行走在威拉梅特谷的道路上

05 蒙蒂诺酒庄

06 Pok-Pok供应原汁原味的泰式美食

07 Jupiter Hotel

06 莎高-布丝酒庄(SOKOL-BLOSSER)

这座家庭经营的酒庄是由比尔·布丝(Bill Blosser)和苏珊·莎高-布丝(Susan Sokol-Blosser)在1971年创办的，它在威拉梅特谷葡萄酒产业中一直扮演着开拓者的角色。莎高-布丝酒庄是该地区首批创办的酒庄之一，同时也是1978年首批向游客开放品酒室的庄园之一，在葡萄酒上的一系列创新让他们在行业中一直享有崇高的地位。黑皮诺是莎高-布丝酒庄的核心，但其他品种同样出色，其进化系列红白混酿葡萄酒是俄勒冈最具收藏价值的葡萄酒之一。

游览酒庄的客人享受到的不只是美味的葡萄酒，招待他们的访客中心本身就是一座建筑瑰宝。从这座设计精美的建筑中，你可以欣赏到葡萄园和喀斯喀特山脉的美妙景致。酒庄的标准或珍藏级品酒体验价格分别为15美元和25美元，游览整个葡萄园和酒庄，附带品酒和零食的游览活动为50美元；半天课程性的庄园徒步，外加共进午餐和品酒费用为75美元。如果说到了俄勒冈有哪家酒庄必须要去，那肯定就是这里了。

www.sokolblosser.com；电话 +1 503-864-2282；5000 Northeast Sokol Blosser Lane，Dayton；10:00~16:00开放

07 艾瑞酒庄(EYRIE VINEYARDS)

如果没有去艾瑞酒庄，那你的威拉梅特谷之行就注定是不完整的，威拉梅特谷的兴盛正是从这座庄园开始的。1965年，大卫·莱特(David Lett)不顾当时所谓的“专家”建议，在俄勒冈州种下了首批黑皮诺，随后又开辟了新世界的第一座商业化灰皮诺葡萄园。当时的人们都觉得他疯了，但到了20世纪70年代中期，他的葡萄酒开始赢得国际声誉，而他的英勇无畏也激励了整个俄勒冈的葡萄酒产业。最近围绕着老艾瑞酒庄葡萄酒的一次品鉴活动受到了出席评论家们的广泛赞誉，这足以证明艾瑞的确是一座特殊的葡萄酒庄园。现如今，经营酒庄的是大卫才华横溢的儿子约翰·莱特(Jason Lett)，他们酿出的葡萄酒一如既往地好。

酒庄的品酒室位于麦克明维尔(McMinnville)市中心。包含6种葡萄酒的探索品酒(Exploration Flight)收费15美元，要体验包含两种葡萄酒的馆藏品鉴(强烈推荐)则需要再加10美元。此外，品酒室里还珍藏着新世界最珍贵的熟成葡萄酒，所以记得带上几瓶，留到特殊场合饮用。

www.eyrievineyards.com；电话 +1 503-472-6315；935 Northeast 10th Ave，McMinnville；正午至17:00开放

去哪儿住宿

KENNEDY SCHOOL

隶属麦克门纳明斯酒店集团(McMenamins)的Kennedy School是一座用校舍改造而成的酒店，它曾是这一带的历史地标。如今，这个稍显诡异的建筑群已经聚集了一家酿酒厂、无数酒吧以及一座平时用来举办现场音乐会的体育馆，另外还有57间设备完善的客房。

www.mcmenamins.com; 电话 +1 503-249-3983; 5736 Northeast 33rd Ave, Portland

JUPITER HOTEL

在波特兰中心，如果你想找个价廉物美的住宿地，那就可以考虑Jupiter Hotel。它给人以豪华汽车旅馆之感，房间宽敞，热闹的Doug Fir Lounge酒吧充满了吸引力。

www.jupiterhotel.com; 电话 +1 503-230-9200; 800 East Burnside St, Portland

去哪儿就餐

LE PIGEON

尽管面积不大，Le Pigeon却有着不小的影响力——波特兰的美食爱好者们会告诉你，这家餐厅是重振这座城市现代餐饮业的重要力量，也是美国最令人振奋的餐厅之一。

www.lepigeon.com; 电话 +1 503-546-8796; 738 East Burnside St, Portland

POK-POK

安迪·里克尔(Andy Ricker)的Pok-Pok默默无闻地成长于无名街道，如今已经开始引发全球性的轰动了。他将自己对于泰国北方菜肴的理解带到了纽约和洛杉矶，不过最早创办的这家Pok-Pok餐厅依然是最好的，如果没来这家店体验一回，来波特兰的游客肯定会觉得扫兴。无须预约。

www.pokpokpdx.com; 电话 +1 503-232-1387; 3226 Southeast Division St, Portland

活动和体验

波特兰所拥有的酿酒厂比其他任何城市都要多，这里是精酿啤酒爱好者的天堂。你可以登录www. portlandbeer.org自己规划旅行路线，或者参加Brewvana组织的游览活动。城市的街头美食也不容小觑，你可以登录Food Carts Portland查阅相关信息。

experiencebrewvana.com; foodcartsportland.com

07

Courtesy of The Jupiter Hotel

庆典

密集的庆典活动包括波特兰玫瑰节(Portland Rose Festival; 5月/6月)、世界裸体自行车骑行(World Naked Bike Ride; 6月)和成人肥皂盒德比(Adult Soapbox Derby; 8月)。每周集市对波特兰人同样重要，其中最出名的当属波特兰周六集市(Portland Saturday Market)和波特兰农夫集市(Portland Farmers Market)，这两个集市都有现场音乐表演，顶级大厨还会进行现场烹饪。

www.rosefestival.org; pdxwnbr.org; soapboxracer.com; www.portlandsaturdaymarket.com; www.portlandfarmersmarket.org

幕后

关于本书

这是*Lonely Planet《环球葡萄酒之旅》*的第1版。

本书由以下人员制作完成:

项目负责 关媛媛

项目执行 丁立松

翻译统筹 肖斌斌

翻　　译 张小乐　国　蓓　徐黄兆

内容策划 邓莘蕊（本土化内容）　寇　杰　周伯源　沐　昀

视觉设计 刘乐怡　李小棠

协调调度 沈竹颖

责任编辑 林紫秋

编　　辑 戴　舒

地图编辑 马　珊

制　　图 田　越

流　　程 孙经纬

终　　审 朱　萌

排　　版 北京梧桐影电脑科技有限公司

感谢米迪、周喻、郝长春、杨璇对本书的帮助。

本书作者

Mark Andrew、Robin Barton、Sarah Bennet & Lee Slater、John Brunton、Bridget Gleeson、Virginia Maxwell、Jeremy Quinn、Helen Ranger、Luke Waterson。

声明

本书地图由中国地图出版社提供，审图号GS（2019）1454号。

说出你的想法

我们很重视旅行者的反馈——你的评价将鼓励我们前行，把书做得更好。我们同样热爱旅行的团队会认真阅读你的来信，无论表扬还是批评都很欢迎。虽然很难一一回复，但我们保证将你的反馈信息及时交到相关作者手中，使下一版更完美。我们也会在下一版特别鸣谢来信读者。

请把你的想法发送到china@lonelyplanet.com.au，谢谢！

请注意：我们可能会将你的意见编辑、复制并整合到Lonely Planet的系列产品中，例如旅行指南、网站和数字产品。如果不希望书中出现自己的意见或不希望提及你的名字，请提前告知。请访问lonelyplanet.com/privacy了解我们的隐私政策。

环球葡萄酒之旅

中文第一版

书名原文：*Wine Trails*（1st Edition，August 2015）

图书在版编目（CIP）数据

环球葡萄酒之旅 / 澳大利亚 Lonely Planet 公司编；张小乐等译 . -- 北京：中国地图出版社，2019.4

书名原文：Wine Trails

ISBN 978-7-5204-1045-8

Ⅰ. ①环… Ⅱ. ①澳… ②张… Ⅲ. ①葡萄酒－基本知识 Ⅳ. ① TS262.6

中国版本图书馆 CIP 数据核字 (2019) 第 053127 号

出版发行 中国地图出版社
社　　址 北京市白纸坊西街 3 号
邮政编码 100054
网　　址 www.sinomaps.com
印　　刷 北京华联印刷有限公司
经　　销 新华书店
成品规格 185mm×240mm
印　　张 21
字　　数 613 千字
版　　次 2019 年 4 月第 1 版
印　　次 2019 年 4 月北京第 1 次印刷
定　　价 138.00 元
书　　号 ISBN 978-7-5204-1045-8
审 图 号 GS（2019）1454 号
图　　字 01-2018-7912

如有印装质量问题，请与我社发行部（010－83543956）联系